高职高专“十一五”规划教材

综合机械化采煤系列

综采电气控制

刘蕴哲　主编

穆连生　主审

化学工业出版社

·北京·

内 容 提 要

本书主要内容包括煤矿采掘运机械的电气控制方法与技术、启动控制设备、采煤机电气控制系统、掘进机电气控制系统、连续采煤机配套设备电控系统、胶带输送机电控系统。

本书可作为高等职业院校采矿、电气、机电类及相近专业综采电气控制课程的教材，也可作为高校教师和现场工程技术人员的参考用书。

图书在版编目（CIP）数据

综采电气控制/刘蕴哲主编．—北京：化学工业出版社，2008.1（2022.2 重印）
高职高专“十一五”规划教材．综合机械化采煤系列
ISBN 978-7-122-01744-4

Ⅰ．综…　Ⅱ．刘…　Ⅲ．采煤综合机组-电气控制-高等学校：技术学院-教材　Ⅳ．TD63

中国版本图书馆 CIP 数据核字（2007）第 200587 号

责任编辑：张双进　　文字编辑：鲍晓娟
责任校对：陶燕华　　装帧设计：韩　飞

出版发行：化学工业出版社（北京市东城区青年湖南街 13 号　邮政编码 100011）
印　　装：涿州市般润文化传播有限公司
787mm×1092mm　1/16　印张 18¼　插页 4　字数 483 千字　2022 年 2 月北京第 1 版第 8 次印刷

购书咨询：010-64518888　　售后服务：010-64518899
网　　址：http://www.cip.com.cn
凡购买本书，如有缺损质量问题，本社销售中心负责调换。

定　　价：48.00 元

前　　言

进入21世纪以来，中国引进国外先进地下采煤作业的现代化设备越来越多，微机控制的应用已经很普遍。中国消化、吸收国外先进技术，设计制造出现代化的综合机械化采煤设备，其技术性能也日趋完善，但到目前为止，有关综合机械采煤设备电气控制的高职高专教材基本上是空白，为满足煤炭生产发展的需要和有关高职高专学校及现场工程技术人员的急需而编写此书。

本书题材来源于目前中国较先进矿井的实际使用设备。在内容选取上兼顾中国煤矿生产的实际，反映目前中国引进的先进综合连续采煤设备和部分国产设备现状，全面、系统地介绍了工作原理，并考虑到高职高专院校培养目标，增加了部分操作和维护知识。

全书共六章，第一章、第二章的第一、二、三节由山西大同大学工学院张宝红副教授编写，第二章的第四节、第三章由山西大同大学工学院薛尚红副教授编写，第四章、第五章由山西大同大学刘蕴哲副教授编写，并负责全书统稿，第六章由北岳职业技术学院栗红梅编写，全书由山西大同大学工学院穆连生副教授担任主审。

本书为山西大同大学资助项目，在编写过程中得到山西大同大学、神东煤炭公司、大同煤矿集团公司的大力支持和帮助，在此表示衷心的感谢。

由于编者水平有限，书中难免存在不足之处，恳请读者批评指正。

编者

2008年1月

目　录

第一章 煤矿采掘运机械的电气控制方法与技术

第一节 概 述

现代矿井采掘运机械的种类很多，通常各类机械都是机械部分和电气部分的有机结合体。机械部分是完成特定任务的执行机构，电气部分则是机械部分的驱动和控制机构。由于电能本身输送和分配方便、经济，同时便于实现自动控制、运行状态监测、故障诊断显示和各类保护，所以采用合适的电气控制方法与技术，可以充分发挥采掘运机械的效能。

采掘运机械的电气控制方法与技术，大体上可以分成三类：第一类是对采掘运机械提供动力的拖动电动机的基本控制；第二类是为了保证采掘运机械顺利完成特定任务的电力拖动自动控制；第三类是为实施自动控制、状态监测、故障诊断和各类保护所采用的微型计算机监控技术。

采掘运机械的拖动电动机，一般为直流电动机和交流电动机。常用的直流电动机有他励电动机和串励电动机，一般采用晶闸管整流电路对这两种电动机进行供电、执行控制和速度调节。常用的交流电动机是笼型异步电动机，对于不需要调速的较小功率异步电动机，常用接触器直接控制；对于较大功率异步电动机，则使用专用启动设备以保证顺利启动，并减小电气和机械冲击；对于双速运行或启动的异步电动机，常采用改变定子磁极对数的方法满足运行或启动要求；对于需要无级调速的异步电动机，常采用变频电路完成调速的任务。

采掘运机械大多由电力拖动来完成其特定的动作和任务，所以采掘运机械的自动控制主要体现在电力拖动的自动控制上。采掘运机械又对电力拖动自动控制提出了技术要求，特别是综采工作面的采掘运机械，要求具有很高的自动化程度，并对电力拖动自动控制提出了较高的指标，如较小的稳态误差和静差率、较大的调速范围、较快的响应速度、较短的调节时间以及较强的抗干扰性能等，只有在结构上设计合理，参数上配置准确的自动控制系统，才能满足这些指标要求。

采掘运机械的控制是比较复杂的，同时考虑到煤矿生产的特殊性，其安全性、可靠性要求也是十分高的，因此大多采用微型计算机为核心的可编程序控制器（PLC）实施控制、监测、逻辑处理和保护。PLC 属于工业控制计算机，其结构设计紧凑并便于扩展；可靠性高，抗干扰性能强；具有与他机通信的能力，可以单独使用，也可以组成集散控制系统；并具有一定的输出功率，可直接驱动一些控制器件。PLC 的编程语言易于学习和应用，编程方法灵活多样，可以用语句形式或用梯形图形式编排程序。

本章主要介绍现代矿井采掘运机械涉及的直流电动机和交流电动机的基本控制方法、电力拖动的自动控制和可编程序控制器应用的基本技术。

第二节 直流电动机的控制

一、概述

直流电动机有两个最基本的绕组，一个是电枢绕组，另一个是励磁绕组。这两个绕组的连接方式确定了直流电动机的励磁方式。当这两个绕组分别接到不同的直流电源上时，称为他励，这时电动机就称为他励电动机；当把这两个绕组串联后再接到一个直流电源上时，称为串励，这时电动机就称为串励电动机。其他的励磁方式还有并励和复励等方式，常用于特殊用途的直流电动机。本节只介绍他励电动机和串励电动机的基本工作特性，以及基本调速原理和控制方法。

二、他励电动机的控制

他励电动机的电枢绕组与励磁绕组是分别供电的，因此可以对两个绕组分别进行控制。常用的他励电动机往往保持励磁绕组的电流恒定不变，调节电枢绕组的参数对他励电动机进行控制。这种控制方式可以获得优良的控制特性。

1. 直流他励电动机的机械特性

他励电动机电路原理如图 1-1 所示。当给他励电动机的励磁绕组和电枢绕组分别加上一定的直流电压时，电动机产生电磁转矩 T，这一转矩克服负载转矩使机械运转。当电动机的电磁转矩与负载转矩达到平衡时，电动机就在一定的转速 n 下稳定运行。电动机的电磁转矩 T 和转速 n 是分析电力拖动系统的重要参数，两者之间的关系称为机械特性，常表示为 $n=f(T)$。在稳定运行状态下，直流电动机的特性可由下列三个基本方程描述。

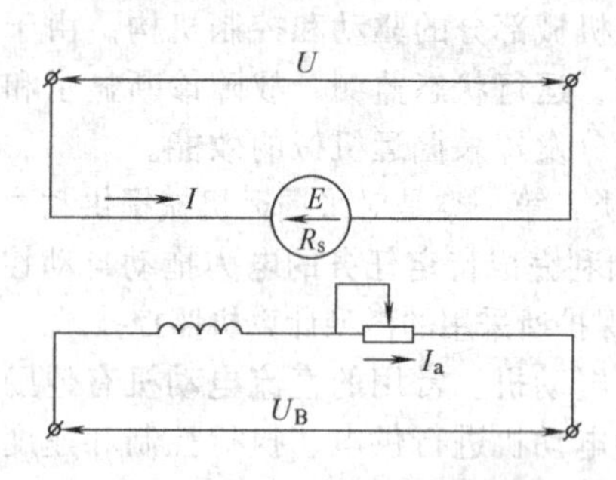

图 1-1　直流他励电动机电路原理图

转矩方程

$$T=C_m\Phi I \tag{1-1}$$

感应电势方程

$$E=C_e\Phi \tag{1-2}$$

电枢电路方程

$$U=E+IR \tag{1-3}$$

式中　U——电枢的端电压；

E——电枢绕组的感应电势；

Φ——每极磁通；

I——通过电枢的电流；

R——电枢回路总电阻，包括电枢电阻 R_s 和附加电阻 R_f，即 $R=R_s+R_f$；

C_e、C_m——电动机电势常数和转矩常数，分别为

$$C_e=\frac{pN}{60a}$$

$$C_m=\frac{pN}{2\pi a}$$

式中　p——电动机的磁极对数；

N——电枢绕组有效导体的数目；

a——电枢绕组并联支路对数。

将式（1-1）和式（1-2）代入式（1-3）中并表示为 $n=f(T)$ 的形式，就得到了机械特性方程

$$n=\frac{U}{C_e\Phi}-\frac{R}{C_eC_m\Phi^2}T \tag{1-4}$$

由于电动机的电磁转矩 T 不易测量，有时也用电枢电流代替电磁转矩来表示机械特性方程

$$n=\frac{U}{C_e\Phi}-\frac{R}{C_e\Phi}I \tag{1-5}$$

当参数U、R、Φ均固定不变时，转矩T或电流I与转速n呈线性关系，因此机械特性曲线是一条直线。

在机械特性方程中，令

$$\frac{U}{C_e\Phi}=n_0$$

$$\frac{R}{C_eC_m\Phi^2}T=\frac{R}{C_e\Phi}I=\Delta n$$

可得机械特性的转速表达式为

$$n=n_0-\Delta n \tag{1-6}$$

n_0称为理想空载转速。电动机一定时，n_0仅取决于端电压U和磁通Φ的大小，即电动机的转矩或电流为零时其转速为n_0，此时电枢感应电势E等于外加电压U。Δn称为转速降落，它与负载电流I（或转矩T）、电阻R和磁通Φ的大小有关。从上述分析可知，对于不同的电源电压U、磁通Φ或电枢回路总电阻R，机械特性对应不同的直线。当端电压U、磁通Φ为额定值且电枢回路没有附加电阻时的机械特性，称为固有机械特性，简称固有特性或称自然特性。凡不具备上述条件的机械特性都称为人为机械特性，简称人为特性。电动机的控制就是使电动机运行在需要的人为特性上，以满足生产机械的要求。

（1）固有特性　电动机在额定条件下运行时，其机械特性为固有特性，由式（1-4）可得固有特性方程

$$n=\frac{U_N}{C_e\Phi_N}-\frac{R_s}{C_eC_m\Phi_N^2}T \tag{1-7}$$

式中　U_N——额定电压；

Φ_N——额定他励磁通；

R_s——电枢电阻。

固有特性的理想空载转速为$n_0=\frac{U_N}{C_e\Phi_N}$，转速降落$\Delta n=\frac{R_s}{C_eC_m\Phi_N^2}T$。固有特性曲线是与纵轴（转速轴）交于$n_0$点的一条倾斜直线，转速随着转矩的增加而下降。由于电枢电阻R_s的阻值很小，固有特性属于硬特性，其特性曲线如图1-2所示。

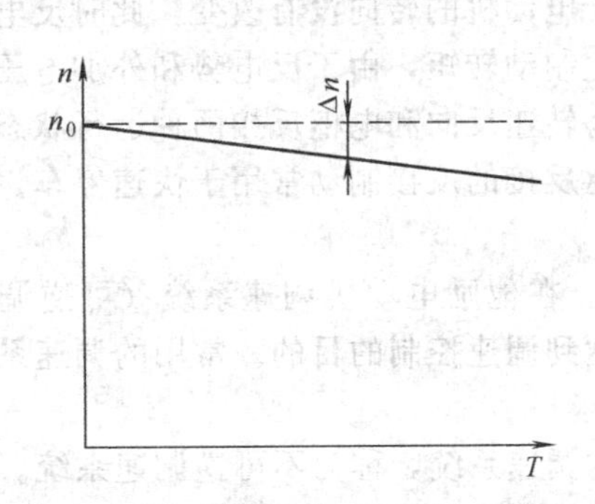

图1-2　他励电动机固有特性

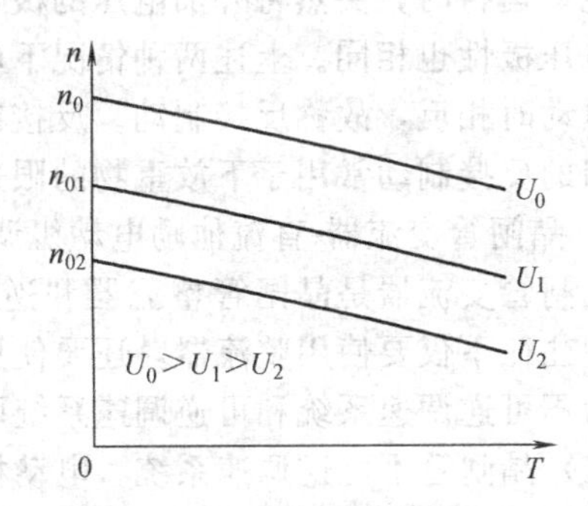

图1-3　他励电动机改变端电压的人为特性

（2）人为特性　分别改变电动机的端电压U、电枢回路电阻R和励磁磁通Φ可得到不同的人为特性。这里仅介绍采掘运机械电力拖动中常用的改变电枢端电压的人为特性，如图1-3所示。

保持电动机磁通为额定值，电枢回路中不串附加电阻，改变供电电压就能得到改变电枢端电压的人为特性，其方程为

$$n=\frac{U}{C_e\Phi_N}-\frac{R_s}{C_eC_m\Phi_N^2}T \tag{1-8}$$

由式（1-8）可知，转速降落与固有特性时相同，而空载转速与电枢端电压成正比

$$n_0=\frac{U}{C_e\Phi_N}$$

由于转速降落 Δn 不变，所以特性硬度不变，只是 n_0 随着端电压 U 的下降而减小。此时的人为特性，是位于固有特性下方并与之平行的一族直线。一般端电压是连续改变的，因此机械特性也是连续紧密的，而且其硬度不变。所以，改变电枢端电压比改变电枢电阻的方法在技术上更为先进，具有更好的控制性能。而电枢回路串电阻调速能耗较大，一般不采用。

2. 他励电动机的制动运行状态

直流电动机产生的转矩拖动负载运行时称为电动状态，其转矩阻止负载运行时称为制动状态。直流电动机的转向是由磁通方向和电枢电流的方向共同决定的。他励电动机的磁通方向通常是固定不变的，因此电枢电流的方向就决定了电动机的转向。直流他励电动机有发电反馈制动、能耗制动和反接制动三种制动运行状态。

发电回馈制动时的机械特性是电动运行时的延续，它运行在 $n>n_0$、$T<0$ 的第二象限。

当电动机电枢电压恒定不变时，发电回馈制动只能用于限速制动。当电枢电压可变时，发电反馈制动不仅能用于限速，而且也能用于减速制动。发电回馈制动的优点是不用改变电动机的接线就能过渡到制动状态，并能将机械能转换成电能回馈电源，具有较好的经济效果。

保持恒定的励磁磁通，把电动机电枢与电源断开并串入附加电阻形成闭合回路，即可实现能耗制动。机械特性曲线是通过坐标原点，位于二、四象限的直线，改变附加电阻值就改变了制动特性的斜率；附加电阻越大，特性下降的斜率就越大。

在能耗制动时，一般电枢回路应接入适当的附加电阻，以防电流过大。

电动机在电动状态下，电枢外加电压 U 和电枢绕组反电势 E 的极性是相反的，当电动机的实际转向相反时，反电势的极性将反向，并与外加电压极性相同；还有一种情况，在电动机电动运行时，突然将外加电压的极性反向，由于电动机的转向没有改变，此时反电势与外加电压极性也相同。上述两种情况下电动机都产生制动转矩，由于反电势和外加电压的极性与电动时相反，故称反接制动。反接制动又可分为转速反向和电枢反接两种运行状态。转速反向的反接制动常用于下放重物的限速制动；电枢反接的反接制动常用于快速停车。

3. 晶闸管变流器-直流他励电动机调速系统

晶闸管变流器是晶闸管整流器和逆变器的统称。在他励电动机调速系统（可逆调速系统）中往往不仅要使用整流器，还要使用逆变器以达到调速控制的目的。常用的调速系统又可分为不可逆调速系统和可逆调速系统两类。

（1）晶闸管不可逆调速系统　电动机单向运行的调速系统，称为不可逆调速系统。这种调速系统常采用改变电枢回路电阻或改变电枢端电压的方法进行调速。这里主要介绍改变电枢端电压的调速方法。目前广泛采用晶闸管电路来改变电枢端电压。用一组晶闸管整流电路为他励电动机的电枢供电，并使励磁电流保持恒定，就组成了晶闸管不可逆调速系统，其原理框图如图 1-4 所示。

图 1-4 中的电位器发出速度控制电压 U_k，U_k 控制触发电路的触发脉冲控制角 α。U_k 增大时，α 角减小，整流电路输出电压 U_{do} 增大，反之 U_{do} 减小。即控制电压 U_k 与整流输出电压 U_{do} 成正比关系，用 K_s 作为比例系数，可得

$$U_{do}=K_s U_k \tag{1-9}$$

如果三相桥式整流电路输入交流电压为U_2，则输出直流电压平均值为

$$U_{do}=2.34U_2\cos\alpha \tag{1-10}$$

那么，晶闸管整流器供电的他励电动机的机械特性方程为

$$n=\frac{U_{do}}{C_e\Phi_N}-\frac{R_e}{C_eC_m\Phi_N^2}T=\frac{2.34U_2\cos\alpha}{C_e\Phi_N}-\frac{R_e}{C_eC_m\Phi_N^2}T \tag{1-11}$$

式中，R_e为电枢回路总电阻，包括电枢绕组电阻、晶闸管电路等效电阻以及电源变压器等效电阻。机械特性曲线如图1-5所示。图中虚线部分表示电流断续的情况，此时机械特性不是直线。

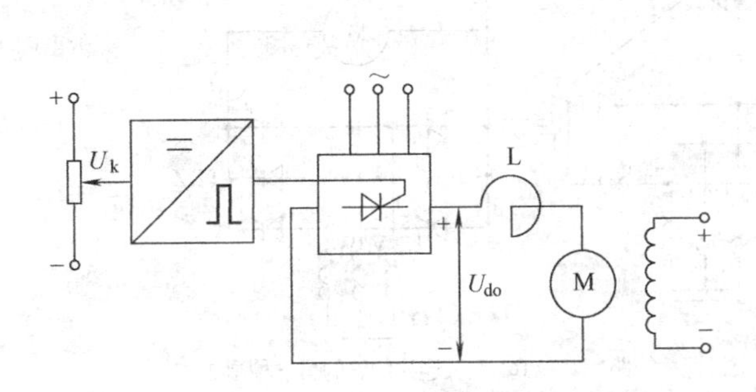

图1-4　晶闸管不可逆调速系统原理图

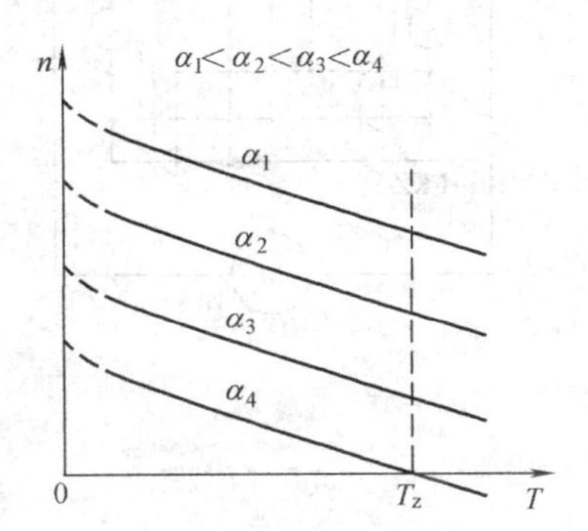

图1-5　不同α角时的机械特性曲线

由于控制角α可以连续变化，因此，图1-5的机械特性曲线是一条挨着一条的。当电动机从零速开始启动时负载转矩为T_z，对应最大的控制角α_4，其后，不断增大控制电压U_k，α角随之不断减小，电动机的转速将沿着负载转矩T_z垂线上升，直到达到给定速度为止。此时电动机就运行在相应机械特性与T_z的交点处。如果生产机械要求降低速度，可以减小U_k，α角增大，电动机转速沿着负载转矩T_z垂线下降。这种在某一恒定转矩下进行调速的系统，称为恒转矩调速系统，本节介绍的晶闸管整流器-他励电动机调速系统就属于此类。

(2) 晶闸管可逆调速系统　当生产机械需要正反转时，就需要拖动电动机能够正反转，也就要求供电电源的极性能够改变。用晶闸管电路实现电源极性的改变而进行调速的系统，称为晶闸管可逆调速系统。这种系统可分为两大类，一类为电枢可逆系统，另一类为励磁可逆系统。电枢可逆系统的正反向转变过程较快，但需要较大容量的晶闸管；励磁可逆系统的晶闸管容量小，但控制较复杂，且正反向转变过程较慢。这里仅介绍电枢可逆调速系统。

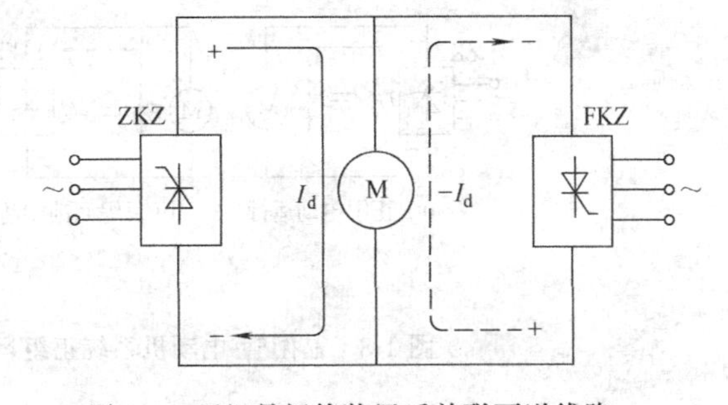

图1-6　两组晶闸管装置反并联可逆线路

电枢可逆调速系统的原理如图1-6所示。

图1-6中ZKZ表示电动机正转时供电的晶闸管整流器，简称正组整流器；FKZ表示电动机反转时供电的晶闸管整流器，简称反组整流器。这种可逆系统的他励电动机，励磁绕组中通入的励磁电流大小和方向保持恒定。当电动机需要正转时，正组整流器ZKZ投入工作，反组整流器FKZ停止工作；当电动机需要反转时，反组整流器FKZ投入工作，正

组整流器 ZKZ 停止工作，这样通过改变电枢电压极性，就实现了电动机的可逆运行。图 1-7 给出了几种三相桥式可逆系统常用的接线方式。

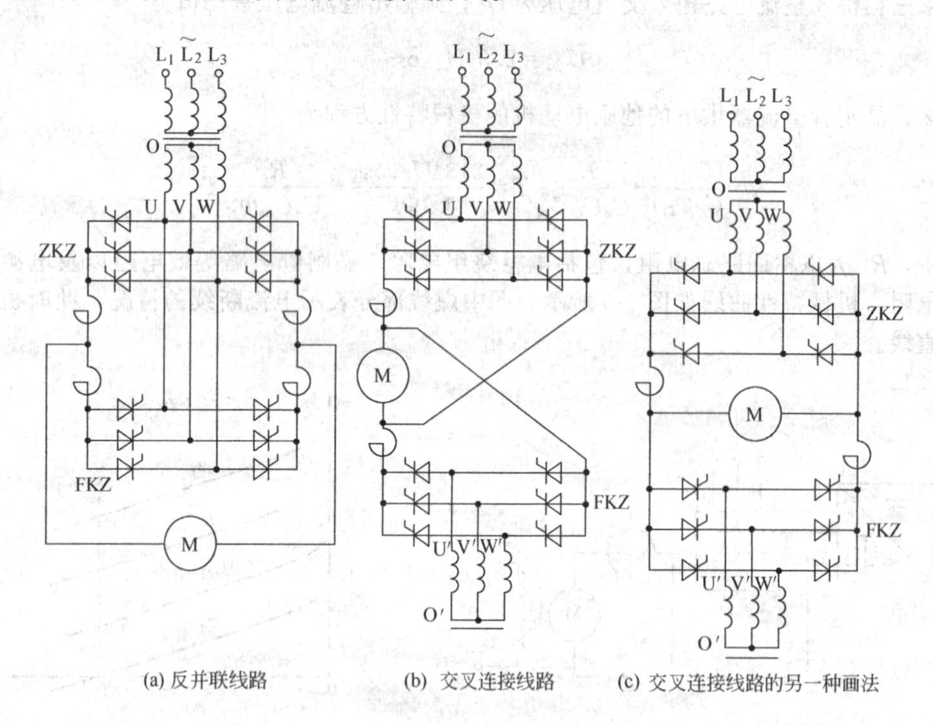

(a) 反并联线路　(b) 交叉连接线路　(c) 交叉连接线路的另一种画法

图 1-7　三相桥式可逆线路

有的生产机械并不要求可逆运行，但要求快速制动。对于这种情况，可以把晶闸管装置的控制角 α 移到 90°以上，使其工作在逆变状态，把直流电能逆变为交流电能回馈电网，实现电动机的回馈制动。由于晶闸管不能通过反向电流，同时，减速制动过程中电动机的反电势不改变极性，因此用为电动机电动状态供电的晶闸管不能实现逆变状态的回馈制动，只有像可逆系统一样，另加一套反组的晶闸管装置才能实现回馈制动。图 1-8 示出了正组电动运行、反组回馈制动及其机械特性曲线。由此可见，虽然不是可逆系统，如果需要快速回馈制动，也应有两组晶闸管装置。对于本来就使用两组晶闸管装置的可逆系统来说，正转运行时可利用反组逆变回馈制动，反转运行时可利用正组逆变回馈制动。

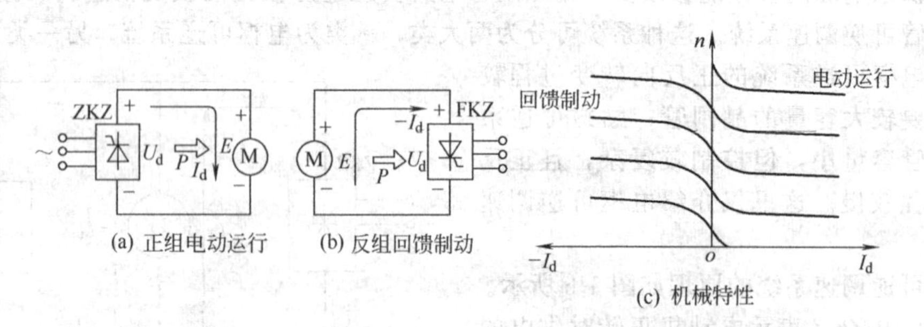

(a) 正组电动运行　(b) 反组回馈制动　(c) 机械特性

图 1-8　晶闸管-电动机系统正组运行和反组回馈制动及其机械特性

三、串励电动机的控制

串励电动机的电枢绕组和励磁绕组是串联连接的，因此电动机的励磁磁通随电枢电流变化。当电动机负载转矩增大时，磁通增加，电动机转速下降；当负载转矩减小时，磁通减弱，电动机转速上升，电动机输出功率变化不大，所以串励电动机调速属于恒功率调速。串励电动机启动转矩较大，过载能力强，常用在起重和牵引系统中。

1. 直流串励电动机的机械特性

串励电动机的接线如图 1-9 所示。

串励电动机与他励电动机一样具有直流电动机的共同属性，即串励电动机的三个基本方程，$T=C_m\Phi I$、$E=C_e\Phi n$、$U=E+IR$ 与他励电动机方程在形式上是完全一致的，所以串励电动机的机械特性方程仍为

$$n=\frac{U}{C_e\Phi}-\frac{R}{C_eC_m\Phi^2}T \tag{1-12}$$

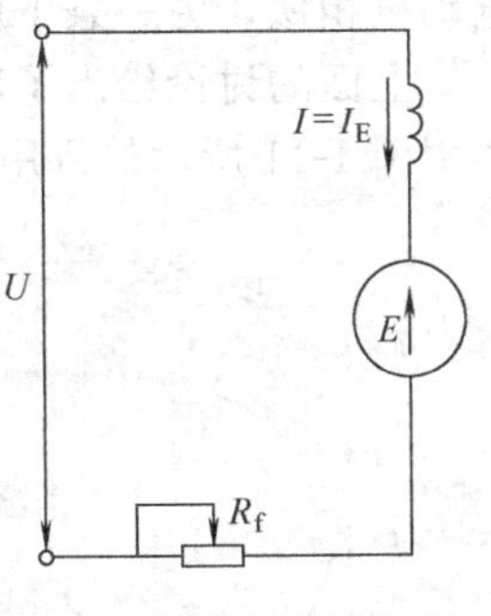

图 1-9 串励电动机接线图

或

$$n=\frac{U}{C_e\Phi}-\frac{R}{C_e\Phi}I \tag{1-13}$$

但是，串励电动机的磁通是随电枢电流变化的，两者的关系符合电动机的磁化曲线。因为磁化曲线难以用准确的数学式表达出来，所以串励电动机的机械特性也难以准确表示，只能大致分析其曲线形状，或根据制造厂在产品目录中提供的 $n=\Phi(I)$ 和 $T=\Phi(I)$ 曲线逐点给出电动机的机械特性曲线。

(1) 固有机械特性 串励电动机端电压为额定电压，即 $U=U_N$，附加电阻 $R_f=0$，此时的固有机械特性方程为

$$n=\frac{U_N}{C_e\Phi}-\frac{R_s}{C_e\Phi}I \tag{1-14}$$

当电动机负载较小时，电动机电枢电流也较小，这时电动机铁芯不饱和，电枢电流与磁通成正比，即有

$$\Phi=KI \tag{1-15}$$

式中 K——比例常数。

电动机的电磁转矩可表示为

$$T=C_m\Phi I=C_mKI^2 \tag{1-16}$$

电枢电流为

$$I=\frac{\sqrt{T}}{\sqrt{C_mK}} \tag{1-17}$$

磁通 Φ 为

$$\Phi=\frac{T}{C_mI}=\frac{\sqrt{K}\sqrt{T}}{\sqrt{C_m}} \tag{1-18}$$

将式 (1-17) 和式 (1-18) 代入式 (1-14) 得

$$n=\frac{U_N\sqrt{C_m}}{C_e\sqrt{K}\sqrt{T}}-\frac{R_s}{KC_s}=\frac{A}{\sqrt{T}}-B \tag{1-19}$$

式中，$A=\frac{\sqrt{C_m}}{C_e\sqrt{K}}U_N$，$B=\frac{R_s}{KC_s}$均为常数。所以在轻载磁路不饱和区域，串励电动机的机械特性为双曲线，如图 1-10 中的第 1 段。电动机负载增大，电流也增大，电动机铁芯趋于饱和。当电枢电流再增大时，磁通 Φ 增加很少，可近似认为 Φ 为常数，机械特性与他励

电动机相似，为一条下斜直线，如图 1-10 中的第 2 段。

上面的讨论给出了串励电动机机械特性曲线的形状，要具体绘制一条固有特性曲线，可利用图 1-11 所示的万用特性曲线。

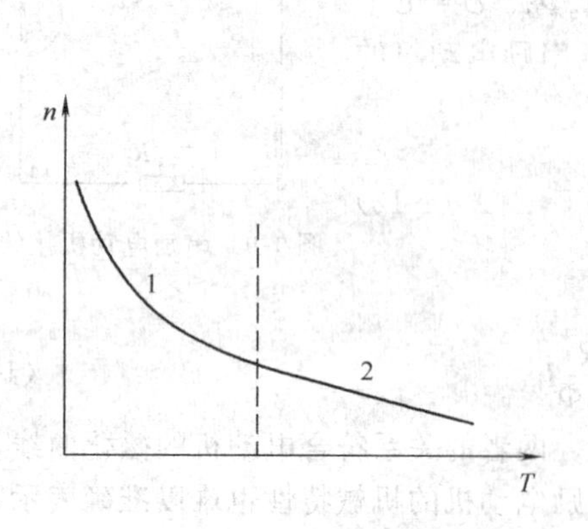

图 1-10　串励电动机的机械特性曲线

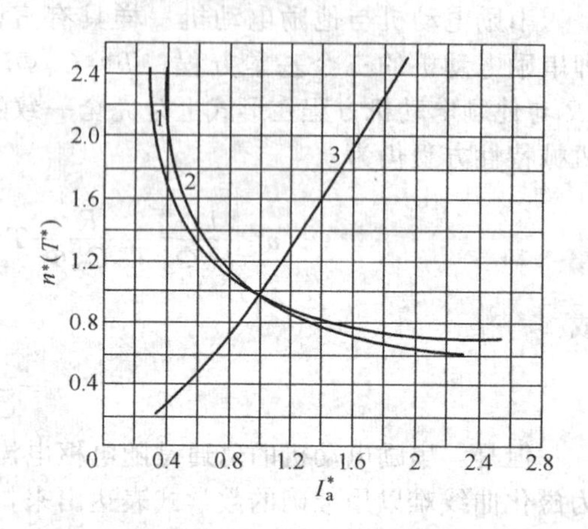

图 1-11　ZZ 系列串励电动机万用特性曲线

图 1-11 中曲线 1 为 5 号机座及以上电动机 $n=\Phi(I)$ 特性；曲线 2 为 4 号机座及以下电动机 $n=\Phi(I)$ 特性；曲线 3 为 $T=\Phi(I)$ 特性。绘制固有机械特性的步骤为：根据电动机铭牌数据求出相对值基底参数 I_N、R_N 和 T_N；然后任取一个电流相对值 I，在万用特性曲线上查得对应的 T^* 和 n^*，再由相对值关系求出对应的绝对值 I、n 和 T；就得到了机械特性曲线上的一点。选取一系列 I^* 值重复上述计算，就能得到机械特性上一系列的点，将这些点平滑连接就给出了一条固有特性曲线。

(2) 人为机械特性　串励电动机可利用电枢回路串入附加电阻、降低供电电压、磁场并联分路电阻、电枢并联电阻等方法得到人为机械特性。下面仅讨论应用较多的改变电源电压的人为特性。

改变串励电动机供电电源电压时，用电流表示的人为特性方程为

$$n=\frac{U-IR_s}{C_e\Phi} \tag{1-20}$$

在某一负载电流下，磁通 Φ 保持恒定，电源电压改变时，人为特性曲线在这一电流下的硬度不改变，因此人为特性是一族平行曲线，如图 1-12 所示。

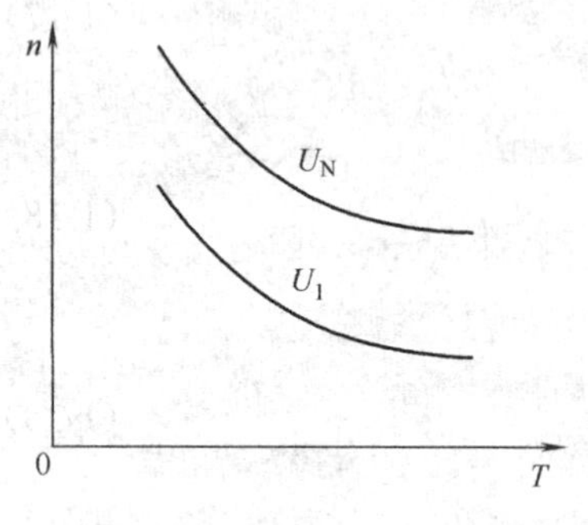

图 1-12　串励电动机降压时的人为特性

2. 制动运行状态

串励电动机的理想空载转速为无穷大，因而不能产生再生发电制动，只能进行能耗制动和反接制动。

串励电动机有自励和他励两种能耗制动方式。自励能耗制动利用电动机剩磁自励来建立电动势形成发电运行，产生制动转矩。应注意，电动机从电动状态变为制动状态时，电枢电流反向，因此必须把电枢绕组或串励绕组头尾调换，使励磁绕组电流保持原来的方向不变，才能实现自励能耗制动。这种制动在转速较高时，产生很大的制动转矩，会使机械受到冲击，随着转速下降，感应电动势和电枢电流减小，磁通也随之减小，因此制动转矩迅速减小，制动时间延长。这种制动特性是不理想的，这种制动方式多用于事故制动。

为了获得较好的制动特性，常采用他励能耗制动方式，即把励磁绕组接到外加的直流电源上，并串入一个限流电阻，电枢绕组接耗能电阻构成回路。这种制动的机械特性曲线与他励电动机的能耗制动机械特性曲线相同，也是通过原点的直线。

3. 晶闸管整流器-直流串励电动机调速系统

晶闸管整流器供电的串励电动机不可逆调速系统，其主回路接线与他励电动机不可逆调速系统类似，仅使用一套晶闸管整流器向电动机供电，控制整流器输出电压的方法完全一样。如果使用三相桥式整流电路，串励电动机得到的端电压平均值仍为

$$U_{do}=2.34U_2\cos\alpha$$

所以，晶闸管整流器供电的串励电动机的机械特性方程为

$$n=\frac{U_{do}}{C_e\Phi}-\frac{R_\Sigma}{C_eC_m\Phi^2}T=\frac{2.34U_2\cos\alpha}{C_e\Phi}-\frac{R_\Sigma}{C_eC_m\Phi^2}T \tag{1-21}$$

式中，R_Σ为电路总电阻，包括电枢绕组电阻、励磁绕组电阻、晶闸管电路等效电阻和电源变压器等效电阻。改变控制角α就改变了电源电压，也就改变了串励电动机的机械特性曲线。当负载电流恒定时，随着电源电压变化的串励电动机机械特性是一组相互平行的曲线，如图 1-13 所示。

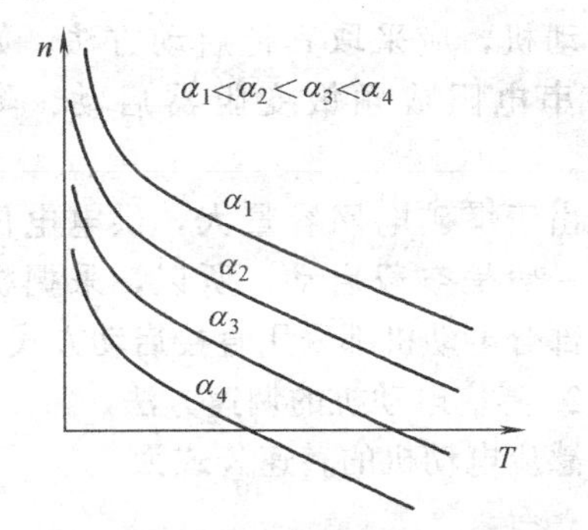

图 1-13 不同α角时串励电动机的机械特性曲线

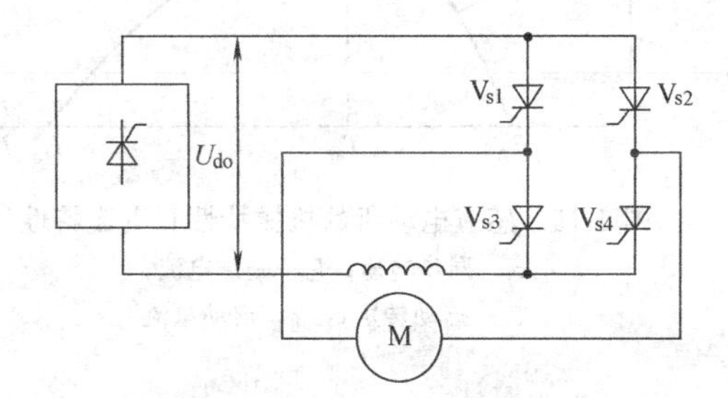

图 1-14 串励电动机可逆调速系统接线原理图

由于α角可以连续变化，因此机械特性曲线是一条挨着一条连续紧密的。由于串励电动机的机械特性较软，速度变化时本身又具有恒功率特性，同时又不允许空载运行，所以串励电动机的调速范围较他励电动机小一些。

需要可逆运行的串励电动机调速系统，可采用电枢绕组反向、励磁绕组供电极性不变，或励磁绕组反向、电枢绕组供电极性不变的方法实现可逆运行。为了变换电枢绕组或励磁绕组，需增设一套转换装置。转换装置可采用接触器或晶闸管，改变电枢或励磁绕组的电源极性，实现正向电动、制动和反向电动的可逆运行。图 1-14 是一种全部采用晶闸管供电和转换极性的串励电动机可逆调速系统的主回路接线原理。其供电电源是一套三相桥式整流器，极性转换由四只晶闸管组成的单相桥式电路完成。设正向电动运行时三相桥式整流器直流电压输出为U_{do}，极性上正下负，此时触发单相桥式电路中的V_{s1}和V_{s4}管，电动机电枢绕组电压的极性为左正右负，励磁绕组的电压极性为右正左负。反向电动运行时关断V_{s1}、V_{s4}、V_{s2}、V_{s3}管，电枢电压极性与正向时相反为右正左负，励磁绕组电压极性仍为右正左负，电枢电流反向，产生反向转矩，电动机反向电动运行。上述电路还能方便地实现电源反接制动，即在触发V_{s1}和V_{s4}管正向电动运行时，突然触发V_{s2}和V_{s3}管，此时电源电压和电动机电势串联，使V_{s1}和V_{s4}管关断，电枢电流反向产生制动转矩，使电动机迅速停止转动。美国久益（JOY）公司 LS系列电牵引采煤机中的牵引电动机就采用这种接线方式。

第三节 交流感应电动机的控制

一、控制方法概述

根据使用场合的不同，感应电动机可以采取不同的控制方法。对于不要求调速的场合，如采掘机械中的大部分电动机，其控制方法比较简单，仅涉及电动机的启动、停止、保护等，而对于要求调速的场合，如各种机械的行走部分，则必须采取有效的速度控制方法。

1. 感应电动机的启动

当感应电动机直接加额定电压启动（称为“直接启动”）时，启动电流大，而启动转矩小，图 1-15 是感应电动机在额定电压、额定频率下的典型机械特性和电流特性。对于一般电动机，启动电流可达其额定电流的 4～7 倍，而启动转矩仅为额定转矩的 0.9～1.3 倍。所以，在启动感应电动机时，根据负载条件，必须设法限制启动电流，提高启动转矩。

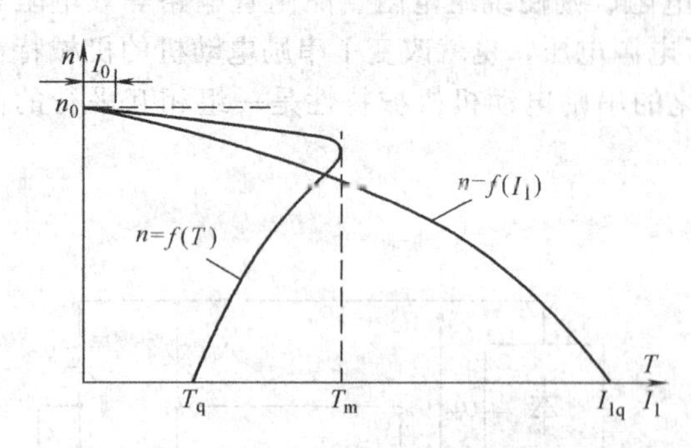

图 1-15 感应电动机的机械特性和电流特性
n_0—同步转速；I_0—励磁电流；
T_q—启动转矩；I_{1q}—启动电流

小功率电动机，因其启动电流较小，一般采用直接启动。而大功率或重载启动的电动机，应采取其他启动方法，如转子回路串电阻或频敏变阻器启动、降压启动等。

由于煤矿电网容量大，供电电压等级高，一般是空载启动，所以，采掘机械中的大部分电动机都采用直接启动方式。

2. 感应电动机的调速方法

感应电动机的转速公式为

$$n=n_0(1-s)=\frac{60f_1}{p}(1-s) \tag{1-22}$$

式中 f_1——供电电源频率；

p——电动机磁极对数；

s——转差率；

n_0——同步转速，即旋转磁场的转速。

由上式可见，改变感应电动机的转速可从以下三个方面着手。

① 改变电动机的定子电源频率 f_1 以改变同步转速 n_0，即变频调速；

② 改变电动机定子绕组的极对数 p 以改变同步转速 n_0，即变极调速；

③ 改变电动机的转差率 s。

其中，改变转差率 s 的方法很多，主要有定子变压调速、绕线式电机转子串电阻调速及串级调速等。

在众多调速方法中，变频调速最为理想，其调速性能最好，系统的效率及功率因数高，并能实现最高精度速度控制；其主要缺点是需要一套变频电源，其成本较高，技术先进也比较复杂。然而，近几年来，随着电子技术的飞速发展，变频器的成本不断降低，性能不断改进，变频调速已在许多领域推广应用。

变极调速是靠改变定子绕组的接法使电动机磁极对数发生变化，从而实现调速的。磁极对数的变化十分有限，一般只能有两、三挡速度变化，且调速是有级的、不连续的。此外，该方法要求电动机必须是专门的变极电动机（或称多速电动机），其成本比一般的感应电动机要高，体积也要大。

在现代采掘机械中，变频调速和变极调速都有应用，故本节对这两种调速方法的基本原理进行简述。

二、感应电动机变频调速

1. 变频调速系统的组成及其基本控制原则

(1) 组成 变频调速系统主要由变频装置、交流电动机和控制电路三大部分组成，如图 1-16 所示。

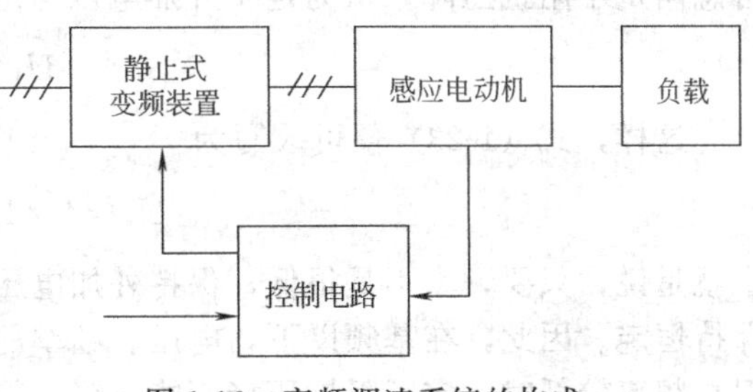

图 1-16 变频调速系统的构成

图中静止式变频装置的输入是三相或单相恒频恒压（CVCF）电源，输出则是频率和电压均可调（VVVF）的交流电（变频调速系统中，供电电源的电压和频率必须同时变化）。变频调速系统的控制电路要比直流调速系统和其他交流调速系统复杂得多，这是由于被控对象——感应电动机本身的电磁关系以及变频器的控制均较复杂所致。因此，变频调速系统的控制是由微处理机承担的。

(2) 基本控制原则 用变频的办法调节感应电动机的转速，实质上是通过改变电动机旋转磁场的转速（即同步转速：$60f_1/p$），从而使转子转速跟着改变。从改变转速的角度看，似乎只需要改变供电电源的频率就行了，其实不然，变频调速系统在变频运行的同时，电压也必须跟着变化，其具体分析如下。

工业中使用的感应电动机是为恒频、恒压供电电源所设计的，它有额定频率和额定电压。设计电动机时，为充分利用电动机的铁芯材料，使单位转子电流能产生较大的电磁转矩，总是让电动机在额定频率和额定电压下工作时的气隙磁通接近饱和值。在变频调速这一特殊情况下，虽然频率是变化的，但仍然希望在变频的时候，电动机的气隙磁通能基本保持不变。因为，如果磁通太小，没有充分利用铁芯材料，是一种浪费；而磁通太大，则会使铁芯饱和、励磁电流过大，严重时甚至会因绕组过热而损坏电动机。

当供电电源频率为电动机的额定值时，电压也应该是电动机的额定电压，这是毫无疑问的。但是，当电源频率不等于电动机额定频率时，电压应如何变化以保证气隙磁通基本恒定，却是需要研究的。

在变频调速系统中，把电动机的额定频率称为调速系统的基频。系统的实际频率可能低于或高于基频，所以下面按基频以下和基频以上两种情况分析。

① 基频以下的电压、频率基本控制原则。三相感应电动机定子一相电势的有效值是

$$E_1=4.44f_1K_NN_1\Phi_g \tag{1-23}$$

式中 E_1——定子每相感应电势有效值；

f_1——定子频率；

N_1——定子每相绕组串联匝数；

K_N——基波绕组系数；

Φ_g——每极气隙磁通。

由此可得

$$\Phi_g=\frac{1}{4.44K_NN_1}\frac{E_1}{f_1}=K\frac{E_1}{f_1} \tag{1-24}$$

可见，当定子频率 f_1 变化时，如果定子反电势 E_1 也成比例地变化，即保持二者的比

值恒定，则气隙磁通 Φ_g 将保持恒定不变。但是，定子电势无法直接控制，所能控制的是定子外加电压和定子频率。由电机学已知，定子外加电压 U_1 和反电势 E_1 之间存在下列关系。

$$U_1=E_1+(r_1+j\omega_1 L_1)I_1=E_1+Z_1 I_1$$

只要频率不是太低，上式中的定子阻抗压降 Z_1，I_1 便比 E_1 小得多。因此，在一般情况下，可忽略定子阻抗压降，认为定子外加电压与定子电势近似相等，即

$$U_1\approx E_1$$

这样，式（1-23）便可改写为

$$U_1\approx 4.44 f_1 K_N N_1 \Phi_g \tag{1-25}$$

也就是说，只要频率不是很低，保持外加电压和频率的比值恒定，气隙磁通 Φ_g 就可以近似保持恒定。因此，在基频以下，电压、频率的基本控制原则是保持电压、频率比基本恒定。但在频率较低时，定子阻抗压降不能忽略，需要适当提高外加电压来补偿。

② 基频以上的电压、频率控制原则。当外加电源的频率超过电动机的额定频率，即在基频以上时，若要保持气隙磁通近似恒定，那么电源电压也应成比例地增加。但是，这将造成电动机的外加电压超过其额定值。因此，在基频以上，定子外加电压只能保持为额定电压，不能继续升高。也就是说，基频以上的电压、频率控制原则是保持电压恒定。

由式（1-25）可知，保持电压恒定而频率增加时，将引起气隙磁通与频率成反比地减小，因此，常把这种情况称作弱磁运行。

把基频以下和基频以上两种情况合起来，便可得到感应电动机变频调速时的基本控制特性，如图 1-17 所示。这里需要说明，按照该特性运行时，在基频以下，气隙磁通只能保持近似恒定。特别是在低频时，$U_1\approx E_1$ 的近似关系误差很大，实际的气隙磁通将会减小（如图中虚线所示）。

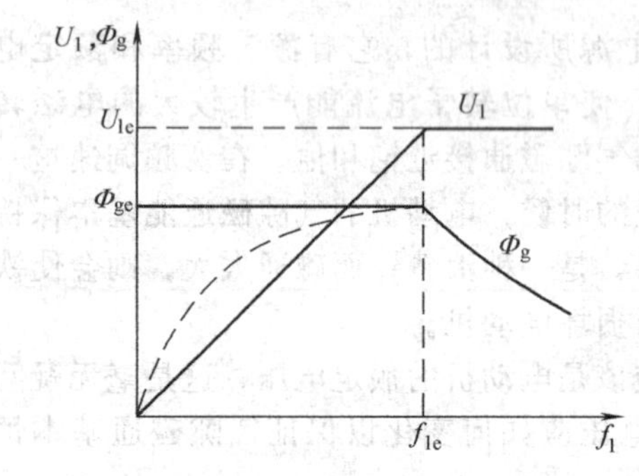

图 1-17　变频调速时的电压、频率基本控制特性

2. 恒压频比运行时的机械特性及电压补偿

保持电压、频率比基本恒定是基频以下变频调速系统最常采用的一种电压、频率协调控制规律。这样做的一个原因是，按这种方式运行，电压和频率之间的关系很简单，控制易于实现；另一个更为重要的原因是，感应电动机在这种电压、频率关系下运行，其气隙磁通可保持近似恒定。因此，在简单的开环变频调速系统中，通常采用这种运行方式。恒压频比感应电动机机械特性如图 1-18 所示。

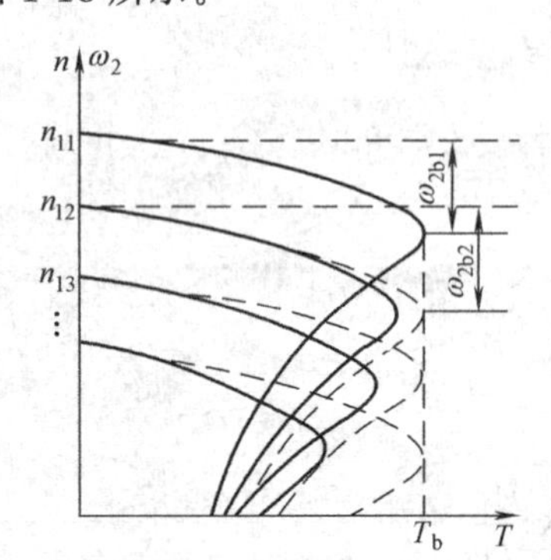

图 1-18　恒压频比运行时感应电动机的机械特性

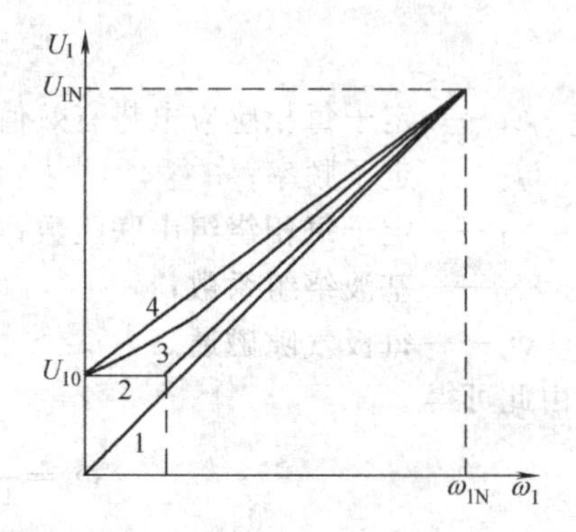

图 1-19　补偿气隙磁通的不同方案

由图 1-18 可见，在高频段（高速）运行时，改变频率时机械特性的线性工作段平行移动，且每一个频率下的最大转矩 T_b 近似恒定。但在低频（低速）运行时，最大转矩逐渐减小。当频率很低时，最大转矩会变得很小，以至于不能带动负载。低速时的最大转矩降低，是恒压频比运行方式存在的一个突出问题。

为了提高低频时的最大转矩，应该在低频段适当提高电压的数值，以补偿气隙磁通的减小。也就是说，电压、频率的比值应随着频率的降低而适当提高，而不应一直保持恒定不变。用提高电压来补偿低频转矩，称低频电压补偿，也称低速 IR 补偿。

在图 1-19 中，曲线 1 表示$\frac{U_1}{\omega_1}$恒定时 U_1 与 ω_1 的关系（$U_1=K_1\omega_1$）。从理论上讲，当考虑 IR 补偿时，可以有各种不同的补偿方法，如图中的曲线 2、3、4 等，最常用的是曲线 4，因为它的电压、频率关系很简单，更易于实现。曲线 4 可以表示为

$$U_1=U_{10}+K\omega_1 \tag{1-26}$$

其中，U_{10} 为补偿电压，应按 $\omega_1=0$ 时产生额定磁通所需的电压来确定。

由式（1-26）可见，考虑低速 IR 补偿时，电压 U_1 和频率 ω_1 的比值并不恒定，但这个关系却是大部分“恒压频比”控制系统所采用的电压、频率关系，并且，按照习惯上的说法仍把它称作恒压频比控制。

3. 转速开环、恒压频比控制的变频调速系统

变频调速系统的结构和类型很多，根据在采、掘机械中的应用情况，这里选择最简单但在小功率系统中应用最广的转速开环、恒压频比控制的电压源系统进行分析，来说明它的基本组成和工作原理。

（1）系统的组成　电压源逆变器供电的转速开环变频调速系统，在基频以下一般采用带低频电压补偿的恒压频比运行方式，因为在这种方式下电压和频率的关系非常简单，使控制系统得以简化。

恒压频比控制、转速开环变频调速系统的基本结构如图 1-20 所示。图中的变频器可以是电压和频率分别独立控制的方波变频器，也可以是二者在一起控制的 PWM 变频器，因而把它画作一个整体，而不画出具体线路。

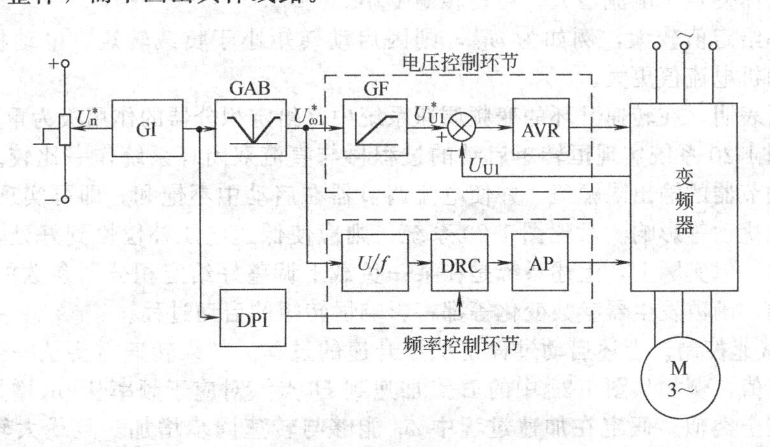

图 1-20　电压源逆变器供电的转速开环变频调速系统

（2）系统的工作原理　利用图 1-21 所示的机械特性，进一步说明系统的工作过程。

图 1-21 是频率变化时感应电动机变频调速系统的机械特性曲线，并假定低速时电压补偿恰能使各条机械特性的最大转矩都近似相等。下面分三种情况讨论其工作过程。

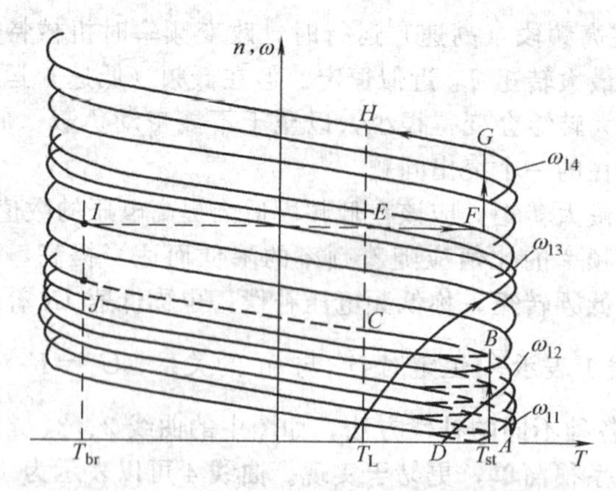

图 1-21 开环变频调速系统的工作过程

① 突加给定时的启动过程。在启动过程中，电动机所产生的电磁转矩必然要大于图 1-21 中的负载转矩 T_L，其大小由人为决定。假定为了快速启动，确定启动转矩接近最大转矩，如图中的 T_{st}所示。即在开始启动瞬间，机械特性应该是 ω_{11} 所对应的那一条，这就限定了定子频率 ω_1 的值。

在这个启动转矩的作用下，电动机开始加速。如果逆变器的频率 ω_1 如图 1-21 所示的跳跃变化，则启动过程如图中虚折线所示，最终稳定在给定频率（假设为 ω_{12}）所对应的那条特性上。但是，逆变器的频率实际上是连续变化的，启动过程可能会沿着 A、B、C 三点连成的实线进行。这样就能保证以最大恒转矩启动，比较理想。然而，要实现这一启动过程要求启动中的频率 ω_1 和转速 n 必须同步增加，既不能太快，也不能太慢，才能使转速沿着 A、B、C 实线上升。这就要求图 1-20 中给定积分器 GI 的时间常数，必须根据电动机的负载通过实验调试确定。

如果在启动过程中，频率和转速不能保持同步会怎么样呢？若在图 1-20 中不使用给定积分器，则在突加给定时，逆变器输出频率也突增为给定值。假定给定值仍为 ω_{12}，则启动过程将沿 D、B、C 三点连成的实线进行。显然，在大部分启动过程中，电动机的转差都大于临界值，从而使定子电流增大，启动转矩变小。

如果频率给定值较大，例如为 ω_{13}，则因启动转矩小于负载转矩，电动机根本无法启动，此时电动机电流值更大。

以上分析表明，在转速开环的变频调速系统中，给定积分器的作用极为重要。

现在将图 1-20 系统实现恒转矩启动的过程再与直流双闭环系统作一比较。直流系统只要确定转速调节器的输出限幅值，并使电流调节器在启动中不饱和，即可实现恒转矩启动，它可承受负载扰动等影响。对比图 1-20 系统，则应使低速电压补偿恰到好处，定子频率和转速同步增加。但实际上，上述系统是在某一负载下调整好给定积分器参数的，负载变化，电网电压波动、函数发生器参数变化等都将影响恒转矩的启动过程。

② 加、减速控制。上述启动过程是从零升速的过程。如果转速需要从一个稳定值增加到另一个稳定值，例如从图 1-21 中的 E 点加速到 H 点（对应于频率从 ω_{13}增加到 ω_{14}），则其加速过程完全类似。假定在加速过程中 ω_1 能够与转速同步增加，且最大转矩仍为 T_{st}，则加速过程将沿 E、F、G、H 进行。

减速过程与加速过程也类似。假设频率指令值由 ω_{13} 下降到 ω_{12}，即要求运行点由 E 点降低到C 点，如果在减速过程中 ω_1 能随转速同步减小，使制动转矩 T_{br}保持恒定，工作点将沿着 E、I、J、C 的次序变化。在减速过程中，同步转速低于电动机转速，电动机处于发电状态。

前面已指出，仅仅依靠给定积分器是很难保证这样的加、减速控制的。如果在系统中引入电流极限值控制，使在加、减速过程中的电动机定子电流限制为某一个最大值，便有可能实现上述控制特性。因为，限制最大电流意味着限制了加、减速过程中的最大转差，保证其小于临界转差。实现上述控制特性的条件仍然是：低频电压补偿的恰到好处，即能保证气隙磁通恒定。

在转速开环电压源变频调速系统中，交流电网的电压波动、阻抗压降等干扰因素都会使实际的电压频率比发生变化，从而引起电动机气隙磁通和转矩的波动。为此，需要对电压进行闭环控制，以稳定电压。图 1-20 中的 AVR 即为电压调节器。

三、感应电动机变极调速原理

变极调速是通过改变感应电动机定子绕组的磁极对数，来实现电动机转速的有级变化。要使定子具有两种磁极对数，容易想到的办法是用两套磁极对数不同的定子绕组，每次用其中一套，即所谓双绕组变极，显然，这是一个很不经济的办法，只能在特殊情况下才采用。理想的办法是：只装一套定子绕组，而用改变绕组接法来获得两种或多种磁极对数，即所谓单绕组变极。

1. 单绕组变极调速的基本原理

以倍极比 2/4 极双速电动机为例来说明。假设原来是一个 $2P=2$，$Z_1=24$ 槽的双层 60°相带的正常三相绕组，只是线圈节距特地取得较小，例如取 $y_1=\frac{1}{2}\tau$。这时每相有两个线圈组，每个线圈组串联四个线圈，各线圈组在圆周上的分布情况如图 1-22（a）所示。为使图面清楚，图中只画出 A 相的二个线圈组 A_1X_1 和 A_2X_2，并且每个线圈组只画两个线圈作代表。按正常 60°相带双层绕组的连接法，每相两个线圈组应反接串联或反接并联［图 1-22（b）］，以使它们的电流方向沿圆周观察时是相反的。从图 1-22（a）可见，这时定子绕组产生的磁场是两极的。

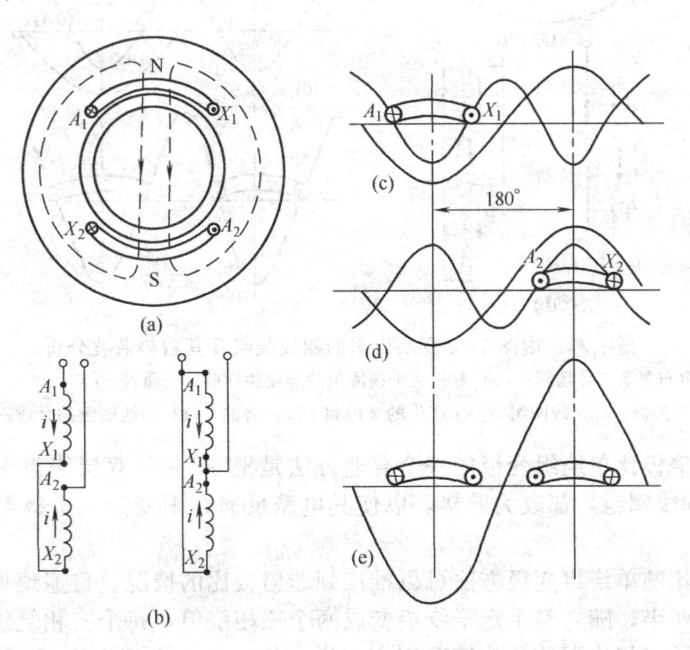

图 1-22　两极绕组及其磁势谐波分析

（a）绕组布置及其磁场圈；（b）每相两个线圈组的连接法；（c）线圈组 A_1X_1 产生的 2 极和 4 极磁势波；（d）线圈组 A_2X_2 产生的 2 极和 4 极磁势波；（e）两线圈组的合成磁势波

根据单个线圈的磁势谐波分析，每个线圈组都可能产生极对数为$P=1$，2，3，4…的所有谐波磁势，各谐波幅值的相对大小与其绕组系数成正比，而与其极对数成反比，极数越多则幅值越小。对所举例子，以二极波为最强（$P=1$，$K_{\omega1}=0.677$），四极波次之（$P=2$，$K_{\omega2}=0.836$），二者幅值之比为0.677∶0.418，其他谐波的幅值都较小。在图1-22（c）中画出A相第一个线圈组A_1X_1产生的二极波及四极波，图1-22（d）则为第二个线圈A_2X_2的二极波及四极波。比较图1-22（c）和（d）可见，两个二极波空间上同相位，而二个四极波则反相位，因此合成结果，两极波直接相加起来，而四极波却完全抵消掉了，如图1-22（e）所示。

从上述分析不难看出，若将每相的第二个线圈组，即反接线圈组都改为顺接，如图1-23（b）所示，则第二个线圈组中的电流改变方向，于是由它产生的二极和四极波都应正、负波幅对调，如图1-23（d）所示。与图1-23（c）比较可见，这时变为两个四极波在空间上同相位，而两个二极波则反相位，因此合成结果，两极波完全抵消掉，而四极波却直接相加起来而有较大的波幅，如图1-23（e）所示。这个结果从图1-23（a）也可清楚看到。变为四极后，每对极下有三个线圈组，每个线圈组的线圈边在圆周上占$\frac{360°}{3}=120°$电角度，称为120°相带绕组。

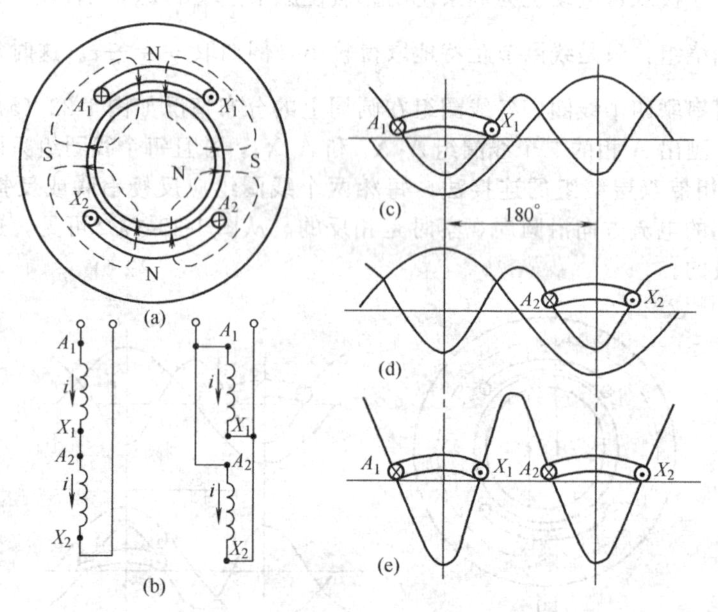

图1-23 由图1-22变换得来的四极绕组及其磁势谐波分析

（a）绕组布置及其磁场圈；（b）每相两个线圈组的连接法；（c）线圈组A_1X_1，产生的2极和4极磁势波；（d）线圈组A_2X_2产生的2极和4极磁势波；（e）两线圈组的合成磁势波

由上述可得倍极比单绕组变极的一个普遍方法是把60°相带双层绕组中所有反接线圈组（即负相带构成的线圈组）都改为顺接，以使其电流反向，则变为一个极数比原来多一倍的120°相带绕组。

上述对倍极比的单绕组变极方法可以推广到非倍极比的情况。普遍地说，把每一相绕组的线圈都等分为两半，随之整个定子绕组变成两个三相绕组，每个三相绕组称为半绕组。两个半绕组所包含的三相线圈的分布情况完全一样，但二者在空间上有适当的位移角，例如，当两种极对数中一为奇数、一为偶数时，这个位移角可取180°机械角度。这时只要把每个半绕组设计成对所需的两种极对数来说都是三相对称并有较大的分布系数，也就是说，画出该两极对数的半绕组槽磁势矢量图时，三相矢量互差120°并且每相矢量比较集中，就可以采用把两个半绕组顺接串联或反接串联的方法来任意突出其中一个极对数的磁势波，而消掉其他一个极对数的磁势波。

上述的单绕组变极法没有改变各槽的相属，仅在每相内部改变所属线圈的连接方向，因此有时把它称为“反向法”。实际上，还存在一种变极时打破相的界限，把各线圈重新组合和分相的单绕组变极法，称为“换相法”。用“换相法”变极时可以做到两种极数都有较高的分布系数，但接线比较复杂，只在特殊情况下才采用。

2. 变极电动机三相绕组的连接方法

采用“反向法”变极时，每相分成两半，每半均称为“半相绕组”。每相的两个半相绕组可以采用串联［图 1-22（b）和图 1-23（b）］或并联［图 1-22（c）和图 1-23（c）］两种不同方法连接。这样，三相之间一般可以采用单Y（每相一条支路）、双Y（每相二条支路）和△（每相一条支路）三种接法。从少极数到多极数一般采用下列几种连接方法：YY/△，YY/Y，△/YY，YY/YY。其中常用的接法是YY/△和YY/Y两种，出线头只有六根，结合前面实例说明如下。

对前面所举的 2/4 极 $Z_1=24$ 槽例子，常采用YY/△接法，即二极时用双Y接法，而四极时用三角形接法。整个绕组 24 个线圈的连接方法和六根出线的接法如图 1-24（a）所示。图中箭头表示每相两个半相绕组中电流的相对方向，实线箭头为二极接法时的情况，虚线箭头为四极时的情况。变极时与三相电源线 L_1、L_2、L_3 的接法见图 1-24（b）。从图 1-25 所示的三相共六个半相绕组的磁势正方向沿圆周的分布情况可见，二极接法时三相磁势的空间相序 $F_U \rightarrow F_V \rightarrow F_W$ 沿顺时针方向，但改为四极接法时则 $F_U \rightarrow F_V \rightarrow F_W \rightarrow F_U \rightarrow F_V \rightarrow F_W$ 沿反

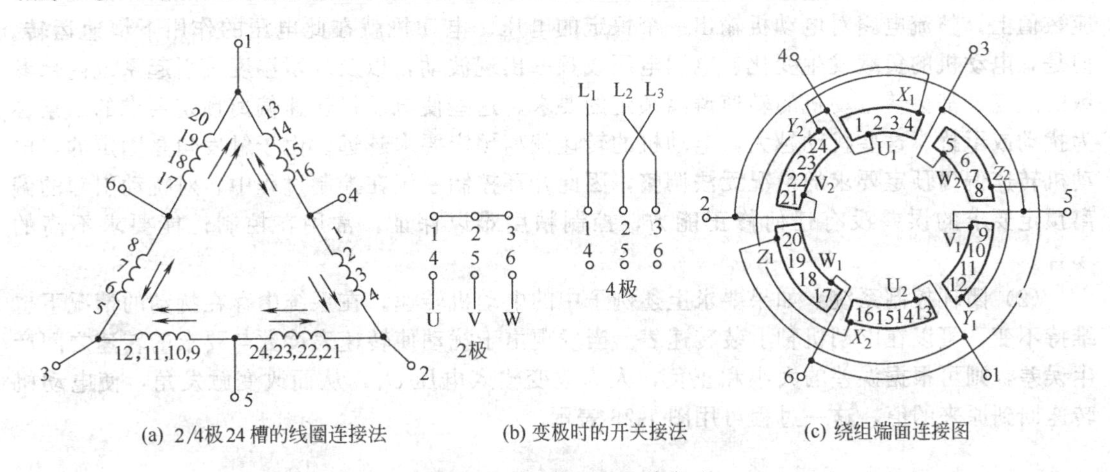

(a) 2/4极 24 槽的线圈连接法　(b) 变极时的开关接法　(c) 绕组端面连接图

图 1-24　变极绕组的连接方法

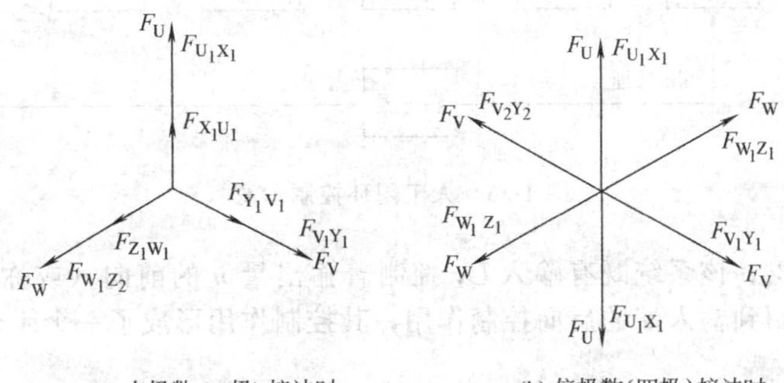

(a) 少极数(二极)接法时　(b) 倍极数(四极)接法时

图 1-25　倍极比是六个半相绕组的磁势正方向沿圆周的分布情况

时针方向。因此如果两种接法的三相电流相序不改变，则两种接法的旋转磁场转向将相反，随之变极后电动机变为反转了。为使变极后电动机的转向不改变，应在变极时把接至电动机的三根电源线对调其中两根，如图 1-24（b）所示。在图 1-24（c）中画出了绕组端面的实际接线图。

第四节 电力拖动自动控制

一、自动控制概述

自动控制就是在没有人直接参与的情况下，利用电气或机械设备构成控制装置，使机器设备、生产过程中的位移、速度、温度、电压、电流以及某些化学成分等，自动地按照预定规律运行或变化。例如要求供电装置的电压和频率自动维持恒定、要求电动机的转速按给定规律变化、要求采煤机自动维持恒转矩或恒功率运行等，都需要应用自动控制技术来完成。这种能对被控对象的工作状态进行自动控制的系统称为自动控制系统。自动控制总是通过自动控制系统实施控制的。

1. 开环控制系统和闭环控制系统

（1）开环控制系统　只有输入量对输出量的前向控制作用，没有输出量反向影响输入量控制作用的系统称为开环控制系统。例如由整流电路供电的直流电动机拖动系统就是一个开环控制系统的例子。如果希望电动机以某一转速恒定运转，可将整流电路的触发角固定在对应数值上，整流电路对电动机输出一个恒定的电压，电动机就在此电压的作用下恒速运转。但是，电动机的负载发生变化、电网电压或频率出现波动，以及环境温度等引起系统内部参数的改变，都会使电动机的转速偏离预定的要求，这些使电动机转速偏离预定要求的因素称为扰动或干扰。这些扰动越大，电动机的转速偏离预定要求越远。由于触发角是固定的，电动机转速偏离预定要求的情况无法调整，因此开环控制系统在控制过程中，对扰动引起的偏离预定要求的误差没有任何修正能力，控制精度难以保证，常用在控制性能要求不高的场合。

（2）闭环控制系统　如果要求上述例子中的电动机转速，在系统中存在扰动的情况下也维持不变，可以在电动机轴上装转速表。当发现由于扰动使转速表读数与要求的转速之间产生误差，则可根据误差的大小和正负，人为改变输入电压 U_r，从而改变触发角，使电动机转速回到原来的值，这一过程可用图 1-26 表示。

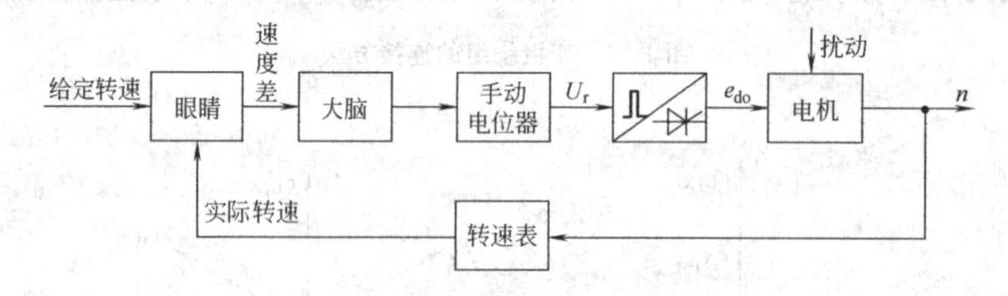

图 1-26　人工闭环控制示意

从图可清楚看出，该系统既有输入 U_r 控制着输出量 n 的前向（或称顺向）控制作用，也有将输出量 n 引回到输入端的反向控制作用，其控制作用形成了一个闭合回路，所以称它为闭环控制系统。

通常将把输出量引回到输入端与参考输入量进行比较的过程称为反馈。如果反馈信号与参考输入信号的符号相反，称为负反馈；两者符号相同，称为正反馈。在自动控制系统中多用负反馈。上面闭环系统的例子就是一个负反馈控制系统，但其是通过人的作用才形成闭环的，故称为人工闭环系统。显然该系统不可能及时地完成控制，不能满足系统对快速性和高精度的要求。

欲自动完成上述闭环控制作用，必须用一些元器件代替人的作用。可将图 1-26 中的转速表换为测速发电机（测量），将参考输入 U_r 与反馈电压 U_b 反向连接（比较），直接控制作用就变成了 $\Delta e = U_r - U_b$。为了提高控制精度，引入了放大器，其放大系数为 K，则人工闭环系统变成了自动控制闭环系统，如图 1-27 所示。

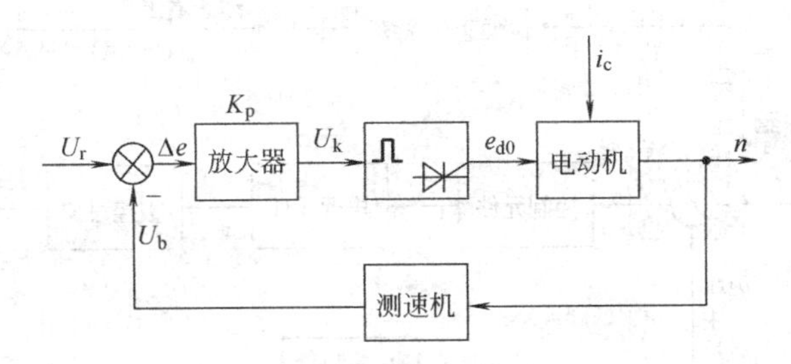

图 1-27　自动控制闭环系统

图中从参考输入端 U_r 到输出端 n 的信号传递通道称为前向（正向、顺向）通道；从输出端引回到输入端的信号传递通道称为反馈通道。“⊗”表示比较环节，比较环节的输出是参考输入 U_r 与反馈信号 U_b 的代数和。当 U_r 取“＋”号，U_b 取“－”号时表示负反馈，两者同号时表示正反馈。通常按负反馈组成的闭环系统才能实现自动控制，它具有自动修正误差的能力，具有较高的控制精度和较强的抗干扰能力。

补偿扰动产生的不利影响，并非只有采取反馈控制一种方法。当扰动可以测量时，利用前馈控制也是消除扰动对系统影响的有效方法，而且可以在扰动产生不利影响以前就产生补偿作用。在闭环控制中，只有当输出受到影响后才能产生补偿作用，因此前馈控制有其突出的优点。带有前馈控制的系统如图 1-28 所示。

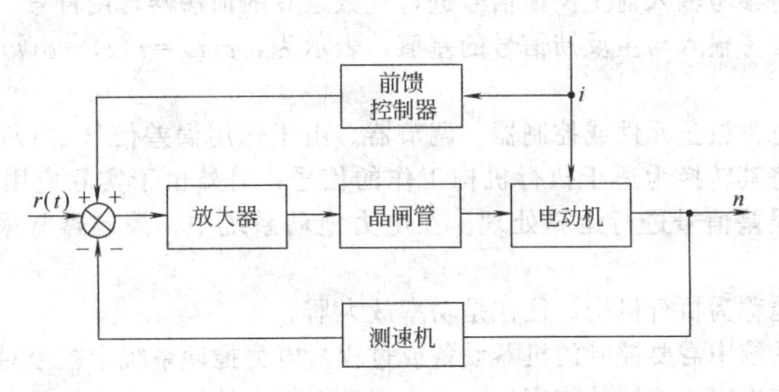

图 1-28　有扰动输入的前馈控制系统

前馈控制器用来测量扰动量，并产生控制作用加到系统的输入端，用以补偿扰动对输出的不良影响。但是前馈控制是开环控制，前馈控制器本身的结构精度直接影响着补偿扰动的效果，另外，对于未被测量的扰动量前馈控制也无法进行补偿。而在闭环控制中，系统的结构参数变化和未被测量的扰动均能得到补偿，这就是闭环系统被广泛使用的重要原因。一般在前馈系统中仍然保留反馈闭环，它实际上是既有反馈控制、又有前馈控制的复合控制系统。此外，为了提高系统对参考输入的跟踪精度，有效的方法是加入参考输入的前馈控制，构成复合控制系统。由于参考输入是已知，前馈控制器的结构参数很容易确定，因此在实际应用中，参考输入的前馈控制比扰动输入的前馈控制更加简单方便。

2. 自动控制系统的组成及术语

根据不同的机器设备或不同的生产过程，利用相应的控制元件可组成控制不同物理量的控制系统。组成这些系统的元件可能有电气的、机械的、液压的或气动的等等，系统的结构可能是各式各样，但这些系统一般都采用负反馈的基本结构。因此，无论哪种自动控制系统，通常都可以把组成系统的元件按功能划分成典型的形式，再用这些典型形式的元件组成具有普遍意义的典型系统，典型系统的方块图如图 1-29 所示。

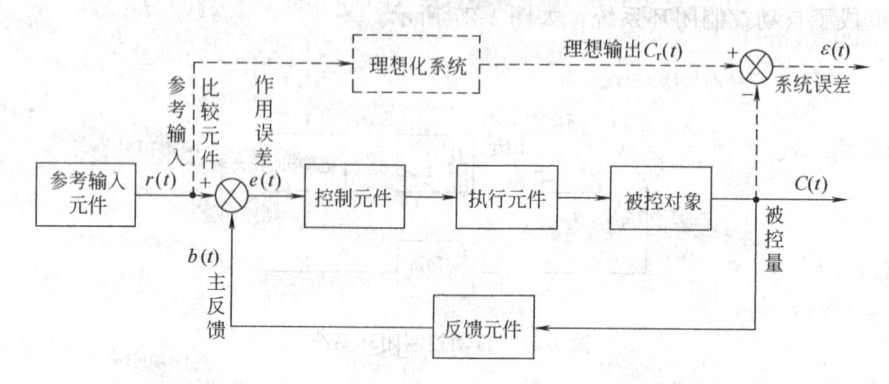

图 1-29　典型自动控制系统的方块图

一般实际应用的自动控制系统，基本上具有典型系统的结构和元件。当然，根据具体技术要求的不同，也可能在典型系统的基础上，加入另外一些典型元件结构。例如，为了提高跟随精度，参考输入前馈控制；为了提高系统中某些物理量的响应速度，对这些物理量构成局部反馈的多闭环系统等，这些并不影响利用典型系统来说明自动控制系统的基本概念和术语的代表性。如图 1-29 所示，自动控制系统中常用的术语如下。

参考输入 $r(t)$：自动控制系统的参考输入元件产生的输入信号。

主反馈 $b(t)$：被控量通过反馈元件产生的信号，它是被控量的函数。

比较元件：将参考输入与主反馈信号进行代数运算的加法器，用符号“⊗”表示。

作用误差：参考输入与主反馈信号的差值，表示为，$e(t)=r(t)-b(t)$，也是系统的作用信号。

控制元件：也称校正元件或控制器、调节器。由于作用误差信号 $e(t)$ 往往十分微弱，一般需要放大，将其转换为适于执行机构工作的信号；另外由于实际应用对系统性能的要求，需要对作用误差信号进行运算处理。在电力拖动系统中，控制器常采用 PI 或 PID 控制器。

执行元件：也称为执行机构，往往是功率放大器。

被控对象：系统中需要控制的机器设备或过程。电力拖动系统中被控对象是电动机。

被控量：系统中需要控制的物理量，电力拖动系统中的被控量往往是电动机转速 n。

反馈元件：将被控量转换成反馈量的元件，它可以对被控量进行测量并转换成能与参考输入进行比较的量值，所以反馈元件也称为测量元件。电力拖动系统中的常用的反馈元件有测速装置、电流变送器、电压变送器等。

理想化系统：能从参考输入直接产生理想响应的系统。

理想输出 $C_r(t)$：也称希望的响应值，它是理想化系统产生的理想响应。

系统误差 $\varepsilon(t)$：理想输出与被控量之差。

典型自动控制系统一般是由参考输入元件、比较元件、控制元件、执行元件、被控对象和反馈元件 6 个基本元件组成。每个基本元件用一个方块表示，信号联系则用带箭头的线段表示，信号只能按箭头方向进行传递，按此规则构成的图形称为方块图。方块图表示方法是自动控制系统中，进行系统分析和设计的重要方法之一。

二、电力拖动自动控制的特点

电力拖动自动控制中应用最普遍的是电动机的自动调速控制。自动调速控制又可分为直流调速控制和交流调速控制两大类。虽然直流、交流两类调速控制的被控对象直流电动机和交流电动机以及执行机构整流器和变频器，从结构方式和工作原理上都有很多差异，但从闭环反馈控制的角度来看，两者的控制特点基本相同。本节中介绍的电力拖动自动控制的特点，适合于直流调速和交流调速控制。

1. 调速控制的性能指标

调速控制的性能指标分为动态和静态指标两个方面。

(1) 调速控制的静态性能指标

① 调速范围。在调速控制过程中，被控制的电动机在额定负载下，所能达到的最高转速和最低转速界定了转速可以调节变化的范围。为了便于量化计算，常定义电动机在额定负载下的最高转速 n_{max} 与最低转速 n_{min} 之比为调速范围，并用字母 D 表示。

$$D=\frac{n_{max}}{n_{min}}$$

各类生产机械由于工作任务不同，要求的调速范围也不同。例如龙门刨要求调速范围 $D=20\sim40$，热连轧机要求 $D\leqslant10$，提升机的 $D\approx30$。

② 静差率。电动机在某一条机械特性曲线上运行时，负载由理想空载变到额定负载时，电动机的转速降落 Δn_{ed} 与理想空载转速 n_0 的比值，称为静差率 δ，通常以百分数表示。

$$\delta=\frac{\Delta n_{ed}}{n_0}\times100\%=\frac{n_0-n_{ed}}{n_0}\times100\%$$

一般调速系统对静差率的要求是指在调速范围内，电动机在最低转速条件下的静差率，即理想空载转速为最小值 n_{0min} 时的静差率，则

$$\delta=\frac{\Delta n_{ed}}{n_{0min}}\times100\%$$

调速范围 D、静差率 δ 和静态速降 Δn_{ed} 三者之间是有关系的，因为

$$n_{min}=n_{0min}-\Delta n_{ed}=\frac{\Delta n_{ed}}{\delta}-\Delta n_{ed}=\Delta n_{ed}\frac{1-\delta}{\delta}$$

所以

$$D=\frac{n_{max}}{n_{min}}=\frac{n_{max}\delta}{\Delta n_{ed}(1-\delta)}$$

又因为，在额定负载下电动机的最高转速 n_{max} 等于额定转速 n_{ed}，即

$$D=\frac{n_{ed}\delta}{\Delta n_{ed}(1-\delta)}$$

上式说明，静差率要求越高（δ 越小），调速范围越小；静态速降越大，调速范围也越小。

(2) 调速控制的动态性能指标

① 稳定性。一个能够进行自动调速的系统必须是稳定的。当系统运行在某一速度上，负载、电源发生变动或有其他扰动时，系统的输出（速度）必然发生变化，但这一变化必须在有限调节时间内得到校正，使系统的输出恢复原来的运行速度，这样的系统是稳定的，否则系统是不能正常工作的。一个系统是否稳定，可根据自动控制原理中的劳斯-胡尔维兹判

据，或奈魁斯特判据进行判别。

② 超调量$\sigma\%$。当系统输入为单位阶跃信号时，其输出响应的最大值C_m与输出响应稳态值C_∞之差，再除以C_∞的百分比值，称为超调量$\sigma\%$。

$$\sigma\%=\frac{C_m-C_\infty}{C_\infty}\times 100\%$$

此值一般与系统的响应速度有关。当系统的自然振荡频率一定时，响应速度快的系统超调量较大。一般系统要求具有较小的超调量。

③ 调节时间T_s。系统的输出响应进入2%或5%的允许误差带，而不再超出误差带所需要的时间，称为调节时间T_s。一般系统要求较短的调节时间，但调节时间与超调量是一对矛盾指标，缩短调节时间T_s会使超调量$\sigma\%$增大；反之，减小$\sigma\%$又会导致T_s延长。实际应用中往往根据具体要求综合考虑。

④ 抗干扰能力。系统抗干扰能力的动态性能指标，可以用突加阶跃干扰（负载突然增大）时，输出响应的最大动态降落百分数$\Delta C_{max}\%$和响应恢复到稳态值的95%以内所需的恢复时间T_f来表示。阶跃干扰下输出响应的动态降落越小，恢复时间越短，系统的抗干扰能力就越强。

2. 有差调速控制和无差调速控制

在调速控制中调速范围和静差率是相互关联的，要使系统具有足够的调速范围，静差率必须减小到相应的数值。开环控制往往不能满足要求，必须采用闭环控制来解决这一问题，而闭环控制的结构和参数（主要是控制器的结构和参数），对系统的性能起着决定性的作用。

(1) 有差调速控制　为了分析有差调速控制，现以整流电路供电的直流电动机单闭环调速系统为例，来说明控制过程。图1-30是转速负反馈闭环调速系统静态结构图。

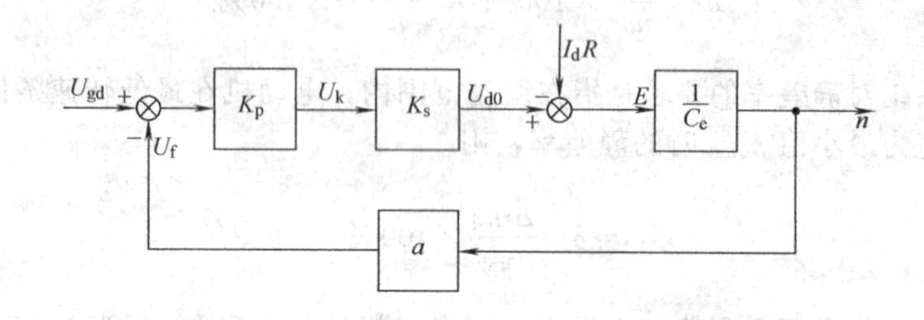

图1-30　转速负反馈闭环调速系统静态结构图

U_{gd}—转速给定电压信号；U_f—转速反馈电压信号；K_p—可调节的控制器放大系数；
U_k—整流电路控制电压信号；K_s—整流电路固有放大系数，不能调节；
U_{d0}—整流电路空载输出电压；I_dR—负载压降，代表负载干扰；C_e—电动机反电势常数；
a—转速反馈系数；n—被控输出转速

当给定信号U_{gd}一定时，设电动机转速n也为与U_{gd}对应的数值。当系统受干扰（如负载变化）的影响转速下降时，反馈电压信号U_f就会减小，实际作用于系统的信号为$U_{gd}-U_f$必然增大，经控制器（这里的控制器是一个放大器）的放大作用，使整流控制电压U_k增大从而增大了整流器输出电压，电动机的转速将回升到原来转速附近，这就是闭环自动调速的基本过程。

当U_{gd}给定一个数值，例如1000r/min，而实际稳定运行电动机的转速并不是1000r/min，两者的差值称为误差，这种调速控制称为有差调速控制。上面的例子就是一个有差调速系统，可以从结构图上清楚地看出来。当U_{gd}为某一定值，如果电动机转速n恰好与之对应值相等，经反馈系数a的变换后，反馈信号U_f一定等于给定信号U_{gd}，这样，实际作用于系统的信号为$U_{gd}-U_f=0$，以至于整流器输出电压也为0，电动机将会停止转动，因此该系统电动机能够稳定运行的条件就是$U_{gd}-U_f\neq0$，其误差也正好为$\Delta e=U_{gd}-U_f$。那么这个误差的大小与什么有关，是否可以减小呢？一般来说，误差的大小与控制器的放大系数K_p有关，K_p越大误差越小，系统的静态速降也越小。如果设开环系统的静态速降为Δn_k，闭环系统的静态速降为Δn_b，则有$\Delta n_b=\Delta n_k/(1+K_p)$。如果开环、闭环系统电动机的最高转速都是$n_{ed}$，对最低速静差率的要求相同，那么，必有$\Delta n_{edb}=\Delta n_{edk}/(1+K_p)$。因此，闭环系统的调速范围可达开环时调速范围的（$1+K_p$）倍。

有差闭环调速控制，可以在保证一定静差率的要求下，大幅度提高系统的调速范围，使系统具有一定的调速精度。但由于控制器的放大系数K_p不可能无限制增大，因此误差和静差率都不可能消除。

(2) 无差调速控制　对于某些调速精度要求很高的场合，有差调速控制显然不能满足要求，必须寻求另外的控制规律来解决误差问题。根据以上有差调速控制的讨论可知，要使一个系统能够稳定运行在某一状态下，实际作用于系统的信号必须稳定在某一数值上。任一个闭环系统能够自动调节的依据都是误差，任一个闭环系统在调节过程中的误差总是存在的。有差调节控制只是利用了误差信号本身进行调节，是否可以利用误差本身和历史上的误差共同参与控制呢？这就需要具有记忆功能的元器件来完成这一任务。积分器正是具有记忆功能的元件，它不仅可以利用当前输入信号（误差），而且也能对历史输入信号（误差）进行积累。这样，当输入信号（误差）为0时，其输出仍保持在一定数值上，因此系统能够得到一个稳定的实际作用信号，在没有误差的情况下稳定运行。所以，可将图1-30中的控制器（放大器）换成积分控制器，也就将有差调速控制变成了无差调速控制。

积分控制器虽然能够消除系统的稳态误差，但它的动态响应却很慢。假如积分器的输入是一个突加阶跃信号，它的输出只能逐渐增大，控制效果只能逐渐显示出来。而采用放大控制器的系统，虽然系统存在静差，动态响应却很快。现在既要无静差又要响应快，只要把两种控制器结合起来就行了，这就是比例积分（PI）控制器。采用PI控制器的自动调速控制系统，既能获得较高的调速精度，又能获得较快的动态响应，因而得到了广泛的应用。

三、电力拖动自动控制系统

1. 电力拖动自动控制系统的一般结构

电力拖动自动控制系统的主要作用是对电动机的转速进行控制。任何拖动电动机总是带有一定的机械负载在预定的转速下运行，而机械负载基本上与电动机电流成正比。另外，直接送电启动的电动机其电流冲击是十分大的，因此，电力拖动自动控制系统不仅要对转速进行控制，而且要对电流进行控制。

(1) 带电流截止负反馈的调速系统　转速闭环的调速控制系统，能够对电动机的转速进行控制，但它对电动机的电流却没有直接控制。对于较大容量电动机拖动的系统，仅有转速闭环是不能投入实际运行的。因为在电动机启动时，电流的冲击很大，其上升速度远远大于转速上升的速度，当电流已上升到最大数值时，转速仍然较低，使得系统对电流没有任何抑制作用，误差很大。根据反馈控制的基本知识，在恒值给定的情况下，要维持某个物理量不变，只要引入该量的负反馈控制就能达到目的。显然，采用电流负反馈就能够保持电流基本不变，使它不超过允许值。这里采用的电流负反馈主要对电动机启动过程中的大电流进行限制，即当电流超过某一数值时，电流反馈迅速投入；电流小于这一数值时，电流反馈不起作用，因此把这种电流反馈称为电流截止负反馈，其结构如图1-31所示。

该系统当电流负反馈起作用时，使系统的作用误差迅速减小，电动机转速也快速下降，形成了很软的机械特性。电流负反馈不起作用时电动机转速基本保持恒定，因此整体上形成了两段式机械特性，常称为下垂特性或挖土机特性。这种系统既具有一定的调速范围和稳速

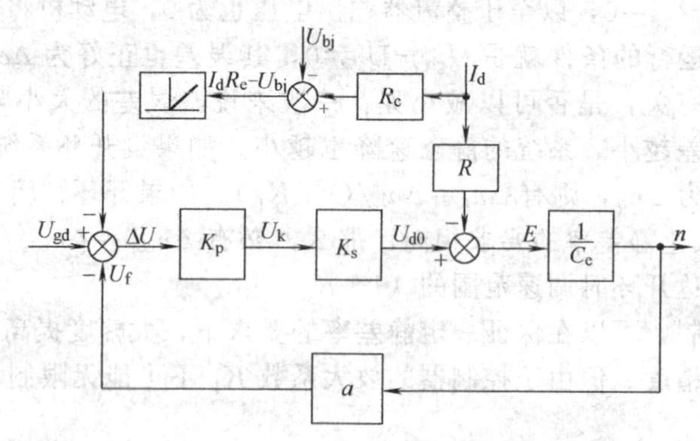

图 1-31 带电流截止环节的转速负反馈调速系统静态结构

精度，又能限制启动电流，允许突加给定电压启动，线路简单，调速方便，但它的静态和动态特性都还不够好，适用于对启动特性和调速要求不太高的场合。

(2) 转速、电流双闭环调速系统 上面介绍的带有电流截止环节的调速系统，转速负反馈和电流负反馈都加在同一个控制器的入口处，当电流小时电流反馈不起作用，因而对电流没有什么控制作用；当电流大时电流反馈起作用，但与转速反馈互相牵制，得不到很好的稳速性能。常用的转速、电流双闭环调速系统，把转速和电流两种反馈分开，设置两个控制调节器，分别调节转速和电流，两者之间实行串级连接，即以转速调节器的输出作为电流调节器的输入，再用电流调节器的输出作为晶闸管触发装置的控制电压，使两种调节作用互相配合、相辅相成。双闭环调速系统的结构图如图 1-32 所示。

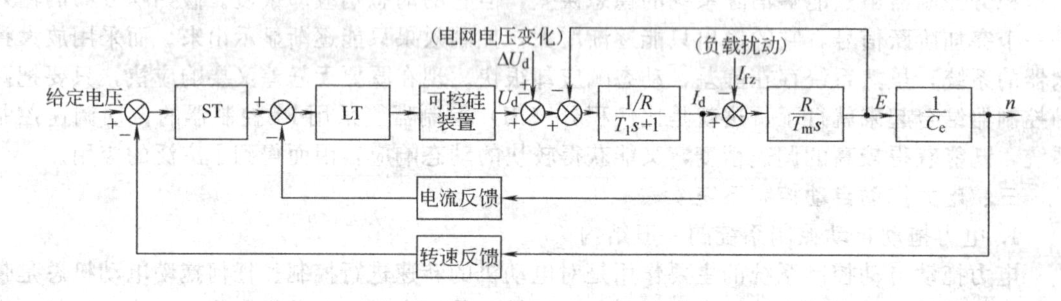

图 1-32 转速、电流双闭环调速系统结构图

双闭环调速系统在电动机启动过程的大部分时间内，转速调节器处于饱和限幅状态，系统表现为恒值电流调节，使系统在最大允许电流下，实现了最短时间或时间最优控制，能够充分发挥电动机的过载能力，加快动态响应。双闭环调速系统的另一个突出优点是抗干扰能力强。如图 1-32 所示，调速过程中的主要干扰是电网波动干扰和负载变化干扰。电网波动干扰被被包围在电流环之中，可以及时通过电流反馈得到调节；负载变化干扰则被包围在转速环之中，通过转速反馈就可以有效地克服负载变化干扰。由于双闭环调速系统具有优良的静态和动态性能，在电力拖动自动控制系统中得到了广泛的应用，并且在要求较高的多环调速系统中，在转速、电流双闭环的基础上，增加了其他功能的调节环路。

2. 典型的采掘运机械电力拖动自动控制系统

在综合机械化采煤的采掘运机械中，电牵引采煤机的牵引控制系统是比较复杂的，也是比较典型的电力拖动自动控制系统。

(1) 美国 6LS 电牵引采煤机牵引自动控制系统 美国 6LS 电牵引采煤机的电气控制系统将会在后面的章节中详细介绍，这里主要结合自动控制系统的概念说明其牵引自动控制系统的结构。

6LS电牵引采煤机牵引自动控制系统的主要作用，是用调节采煤机牵引速度的方法来控制截割电动机的负荷率，使截割电动机在不同的煤质情况下，既保持饱满的负荷率又不超过限定的温升和电流值，始终在最高效率下工作。6LS电牵引采煤机牵引自动控制系统结构如图1-33所示。

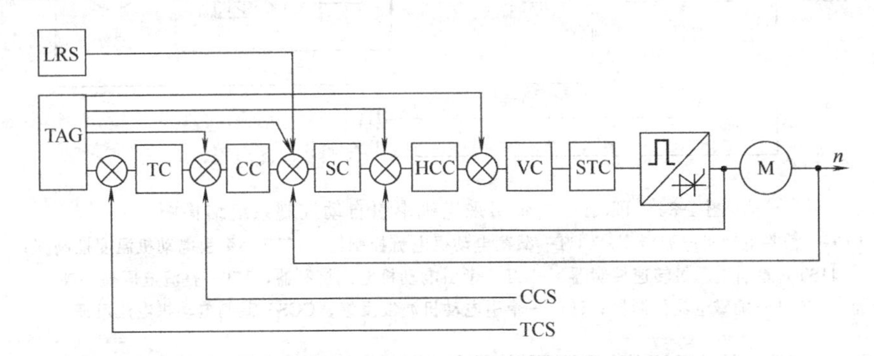

图1-33　6LS电牵引采煤机牵引自动控制系统结构图

LRS—牵引速度给定；TAG—速度、电压、电流、温度最大限定值；TC—温度控制器；CC—截割电动机电流控制器；SC—牵引速度控制器；HCC—牵引电动机电流控制器；VC—整流电压控制器；STC—触发控制模块；CCS—截割电动机电流反馈；TCS—截割电动机温度反馈

从结构图可看出，其基本控制结构仍是转速、电流闭环。但是，一般调速系统的被控对象是被调速的电动机，而采煤机牵引控制系统的最终控制对象是截割电动机，因此又在牵引电动机的转速、电流双闭环之外，增加了截割电动机的温度、电流两个闭环，使整个系统变成了四闭环控制系统。该控制系统仍然采用了各个闭环控制串级连接的思路，使四个闭环既相对独立，又相互联系、相互补充。

该四闭环系统的内环是牵引电动机电流环，主要作用是及时调节牵引电动机电流，从而调节牵引电动机的转矩，增加调速的快速性，同时抑制供电电压的波动，增强系统的抗扰性；次内环是牵引电动机转速环，主要作用是跟随速度给定，提高牵引速度的平稳性，从而保证了截割电动机的正常工作（因为截割电动机只能在相对平稳的牵引速度下正常工作）；次外环是截割电动机电流环，主要作用是调节截割电动机电流，使截割电动机的电流基本保持在额定值附近，从而保证了截割电动机的恒功率工作状态；外环是截割电动机温度环，主要作用是调节截割电动机温度。衡量电动机工作状态的最终指标是电动机的温度，但电动机的温度上升是比较慢的，设立此环的目的是为了使截割电动机能够长时运转而不超过设定的温度值。另外，该系统还利用参数模块TAG存储的各最大限定数值，分别直接送到截割电动机电流控制器CC、牵引电动机转速控制器SC、牵引电动机电流控制器HCC和整流电压控制器VC的输入端，构成了给定前馈控制，使各闭环的控制量都不会超过最大限定值，保证了整个系统能够始终安全、高效运行。该系统实际上是一个复合控制系统，其特点是结构简单，功能齐全，运行可靠。

(2) 英国Electra电牵引采煤机牵引自动控制系统　英国Electra电牵引采煤机牵引自动控制系统结构如图1-34所示。

从结构图可看出，该系统是一个五闭环控制系统。这五个闭环分别是截割电动机电流闭环、牵引电动机温度闭环、牵引电动机转速闭环、牵引电动机电流闭环和整流器电压闭环。由于采用了直流他励电动机，系统中还加入了励磁电流协调控制，其控制规律是：电枢电压在额定值以下励磁电流保持恒定，牵引电动机为恒转矩调速方式；电枢电压在额定值以上励磁电流减小，牵引电动机为恒功率调速方式。该系统与6LS牵引控制系统相比，多设了一

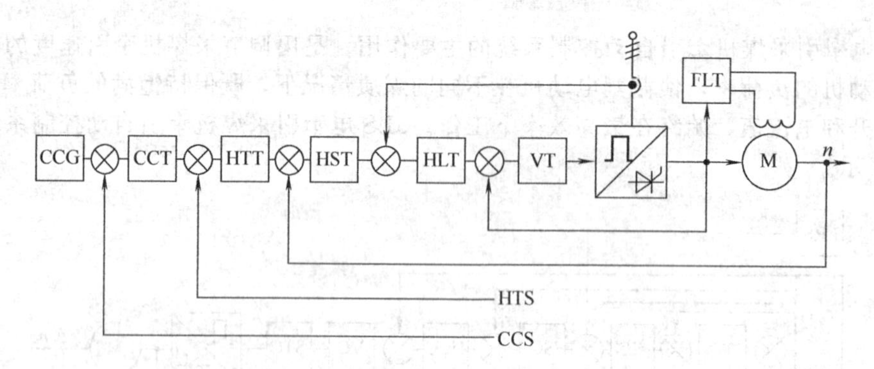

图 1-34 Electra 电牵引采煤机牵引自动控制系统结构图

CCG—截割电动机电流给定；CCT—截割电动机电流控制器；HTT—牵引电动机温度控制器；
HST—牵引电动机转速控制器；HLT—牵引电动机电流控制器；VT—整流电压控制器；
FLT—励磁电流控制器；HTS—牵引电动机温度反馈；CCS—截割电动机电流反馈

个整流器电压闭环，其主要原因是该系统要利用电枢电压进行励磁控制，因而对电压的平稳性有较高的要求。另外，该系统设置了牵引电动机温度闭环而没有设置截割电动机温度闭环。从理论上看两温度闭环的作用基本相同，差别在于截割电动机与牵引电动机的容量配合上。设置截割电动机温度闭环的系统，牵引电动机应留有一定的功率设计余量；设置牵引电动机温度闭环的系统，截割电动机应留有一定的功率设计余量。

总体上看，Electra 采煤机的牵引控制系统结构较为复杂，但具有较快的响应速度和及时调节电压波动干扰的能力。

上面介绍的两个采煤机的直流牵引自动控制系统，一个是串励直流电动机的牵引控制系统，另一个是他励直流电动机的牵引控制系统，这两个系统基本上概括了直流电动机牵引控制系统的特点。除了直流电动机牵引控制系统之外，交流电动机牵引控制系统在采煤机中也有应用。从自动控制的原理来看，交流电动机牵引控制与直流电动机牵引控制基本相同，但是，为交流电动机供电的变频器以及交流电动机本身，其数学模型的建立与处理却是十分复杂的，这些问题在有关书籍和文献中均有详细介绍，本书不再赘述。

第五节 可编程序控制器应用技术简介

一、概述

可编程序控制器（Programmable Controller，简称 PC）是根据工业自动控制的特点和需要专门开发的微型工业控制计算机。可编程序控制器是 20 世纪 60 年代末兴起的，当时称为可编程序逻辑控制器（Programmable Logic Controller，简称 PLC），20 世纪 70 年代后期由于其具有微型计算机的结构及功能，被美国电气制造商协会（NEMA）正式命名为可编程序控制器，但其简称 PC 与个人计算机（PersonalComputer）的简称 PC 容易混淆，故现仍将可编程序控制器简称为 PLC。它与早期的可编程序逻辑控制器有很大不同，它是将微型计算机技术、自动控制技术及通信技术融为一体的高科技产品，可完成逻辑运算、顺序运算、定时、计数和算术运算等功能，并具有数字和模拟量输入输出接口，可以控制开关量，也能控制模拟量，还可以构成高速数据采集与分析系统，实现闭环的位置控制和速度控制，以及与计算机联网进而构成整个生产过程的自动控制系统。

目前，世界上生产 PLC 的厂家有几百家，产品千余种，如美国的哥德公司（Gould

Modicon)、GE公司(General Electric)、AB公司(Allen Bradly)、德州仪器公司(Texas Instruments),日本的立石公司(C系列)、三菱公司(F系列)、东芝公司(EX系列),德国的西门子公司(Siemens)、BBC公司,法国的AMhom公司和Telemecanigue公司等。中国也有多条引进PLC生产线和自行研制的产品,如上海起重电器厂、广州南洋电器厂引进了日本三菱的F系列生产线,并有了国产化产品。

PLC的显著特点是能够在恶劣环境中运行,具有很强的抗干扰性能,可靠性高,便于维护,编程语言简单明了,设计调试灵活方便,因此已在机械、冶金、电子、化工、煤炭和轻工等行业部门中得到了广泛的应用,并取得了显著的社会经济效益。目前,是否采用PLC控制已成为衡量自动控制水平的标志。

二、可编程序控制器简介

目前国内外PLC产品很多,各有特色,但其原理基本相同。下面以质量稳定、功能较强的日本立石(OMRON)公司生产的C系列P型机为例,介绍其基本原理和主要功能。

1. PLC的基本结构

PLC采用了典型计算机结构,即由中央处理器CPU(含存储器ROM和RAM)、输入输出(I/O)接口电路、编程装置及其他接口电路组成,如图1-35所示。

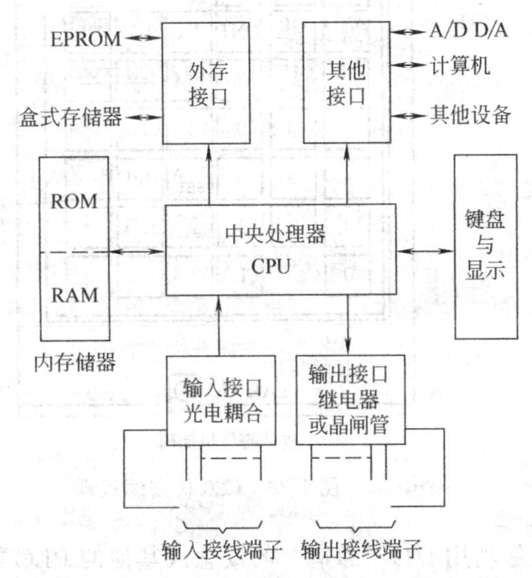

图1-35 PLC基本结构框图

(1) 中央处理器CPU CPU是PLC的核心部件,其主要作用是监控PLC,处理用户程序、并根据输入和输出信号状态对控制程序进行扫描,作出逻辑判断和各种运算。不同型号的PLC使用的CPU可能有所不同,常用的有8085、Z80、8088或8031、8049、8051、8098等。

(2) 输入输出接口 PLC的输入接口电路常用发光二极管和光敏三极管组成光电耦合器。由于该器件是靠光电信号耦合的,所以在电气上是完全隔离的,不会产生地线干扰。另外,发光二极管只有通过一定数值的电流才能发光,这就有效地抑制了干扰信号,提高了PLC抗干扰的能力。

PLC的输出接口常采用继电器或双向晶闸管和晶体管,在这些输出器件的前级一般也使用光电耦合器进行隔离,使输出接口不仅与控制对象电气上相隔离,而且具有安培级的驱动能力。

(3) 编程装置 PLC的编程装置大体上可分为两类,一类是留有编程接口,直接与个人计算机连接,将个人计算机作为编程装置,利用其硬件、软件进行编程,编程结束后将编好的程序加载到PLC中,PLC按预定的启动方式脱机运行;另一类是使用PLC专用编程器,图1-36就是日本立石公司C20机型的编程器。

在编程器上将程序逐条输入,也可以对已输入的程序进行编辑、修改和检查。编程器上还设置了程序输入MIC和输出EAR插孔,通过输出插孔(EAR),可将编好的程序存放在通用盒式磁带上,也可通过输入插孔(MIC)将盒式磁带上的程序输入到PLC中。

(4) 其他接口电路 其他接口电路是指A/D或D/A转换模块、光传输I/O单元、链接适配器等,通过这些接口电路可扩展PLC的功能,当使用不到相应的功能时,一些相关的其他接口电路可以不必配置以减小投资。

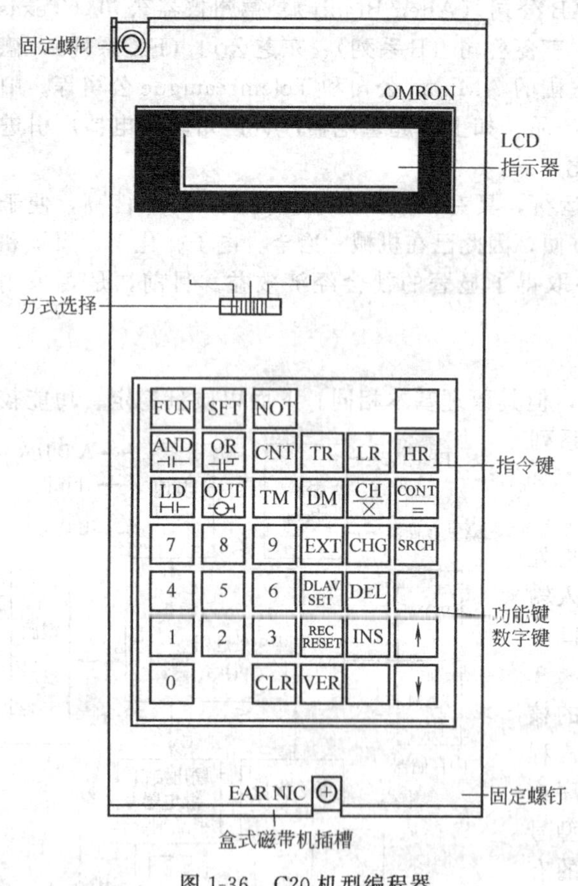

图 1-36 C20 机型编程器

2. PLC 的通道和继电器

PLC 通道和继电器的概念是十分重要的。为了与继电器控制逻辑相对应，在 PLC 中引入了“继电器”这一术语。这里的“继电器”只是一个逻辑概念，通常并非指某一个物理继电器，可以把它理解为具有接通和断开两种状态的逻辑变量。PLC 中除了继电器输出方式中的输出继电器具有一个物理常开接点外，其余均为逻辑继电器，可提供无数个常开、常闭接点供 PLC 编程使用。PLC 的每一个输入“继电器线包”（实际上是光电耦合器的输入端）和每一个输出“继电器触点”（可能是继电器触点，也可能是双向晶闸管或晶体管）均需占用 PLC 的接线端子，因此，PLC 输入、输出继电器的个数很容易从接线端子上辨认出来。通常把输入、输出继电器的个数称为 PLC 的“点”数。PLC 的“点”数越多，说明 PLC 能够处理的物理量越多，往往所具有的功能也越强大，所以“点”数已成为判别 PLC 类型和功能的重要标志。

日本立石公司 C 系列 P 型 PLC 都是利用 I/O “通道”的概念（其他的 PLC 机也大致如此），来识别各 I/O 端子（“点”）或逻辑继电器。每个通道由 16 个继电器组成，用 4 位数字定义一个 I/O 点或逻辑继电器，左边两位数字表示通道号，右边两位数字表示该通道的一个继电器。

(1) PLC 的通道分配　PLC 的通道（CHANNEL）简称 CH。PLC 的通道一般是固定的，例如 P 型机的 00～04CH 五个通道是输入通道，最多可以设置 80 个输入继电器；05～09CH 五个通道是输出通道，最多可以设置 80 个输出继电器；10～18CH 九个通道为内部辅助继电器所占用。PLC 中还有其他的一些通道，将在具体内容中进行介绍。

(2) PLC 的继电器分配　在 PLC 中，一般运算指令的操作对象是继电器。PLC 中通常定义了三类继电器，即输入输出继电器、内部继电器和专用继电器。

① 输入/输出继电器。输入继电器是专门接受输入信号的，它的输入端是“继电器线包”，其输出是直接供 PLC 编程用的常开、常闭触点。输入继电器占用的输入通道是固定的，但不一定占满，根据不同点数的机型而异。例如 C28P 机只占用 00CH，共有 16 个输入继电器，其编号为 0000～0015；C60P 机占用 00CH、01CH，共有 32 个输入继电器，其编号为 000～0115。剩余的输入通道只能作为扩展输入继电器的备用通道，不能移为他用。

输出继电器是 PLC 的信号输出接口，它有一个物理常开触点（或无触点的双向晶闸管或晶体管）直接与输出端子相接。因此，一个输出继电器只能对外输出一路信号，但它对 PLC 内部的逻辑接点既有常开也有常闭，还可以任意多次编程使用。输出继电器也占用固定的输出通道，如 C28P 机占用 05CH 的 12 个输出接点，编号为 0500～0511；C60P 占用 05CH 全部和 06CH 的 12 个输出触点，编号为 0500～0611，共 28 个输出触点。其余输出通道是输出继电器扩展备用通道，也不能用作其他用途。

② 内部继电器。内部继电器不能直接输入外部信号，也不能控制外部设备，只能控制PLC的其他继电器或进行逻辑、数据的运算处理。这些继电器类似于一般继电器控制系统中的中间转换继电器包括以下四种。

内部辅助继电器：PLC中运用最多的通用继电器。P型机中共有136个内部辅助继电器，占用通道10～18CH，继电器编号为1000～1807。

保持继电器HR：带有掉电保持功能的继电器，它占用通道为HR00～HR09CH，共有160个，继电器编号为HR0000～HR0915。

暂存继电器TR：也叫分支继电器，常用在程序分支处，P型机中共有8个，继电器编号为TRO～TR7。

数据存储继电器DM：数据存储区，一般编程中以通道为单位，一个通道是一个16位的字，共有64个DM，通道号为00～63CH。DM有掉电保持功能。在高速计数时DM32～DM63CH只能用于高速计数存贮区。

③ 专用继电器。为了便于对PLC本身进行监测和便于用户使用，PLC中常设置一些能够反映PLC工作状态、时钟脉冲、运算标志等专用继电器。P型机中共有16个专用继电器，分别如下。

1808：PLC中的电池故障时，该继电器闭合（ON）。

809：程序循环一次的扫描时间超过100ms时为ON并报警，但程序照常执行。扫描时间超过130ms时，CPU停止工作。

1810：使用高速计数指令时，0001端子收到复位信号后，ON一个扫描周期。

1811、1812、1814：常开（OFF）触点。

1813：常闭（ON）触点。

1815：在程序启动后的第一个扫描周期（PLC从地址0000开始执行程序到END指令为止的时间）内，此继电器为ON。

1900：产生占空比为1的0.1s时钟脉冲。

1901：产生占空比为1的0.2s时钟脉冲。

1902：产生占空比为1的1s时钟脉冲。

1903：执行算术运算指令，其结果不以BCD码形式输出时，该继电器为ON。

1904：进位标志。当算术运算有进位/借位时，该继电器为ON。

1905：执行比较指令，第一操作数大于第二操作数时，该继电器为ON。

1906：两数比较，结果相等时为ON。

1907：第一操作数小于第二操作数时为ON。

PLC中常设置多个定时器和计数器，有的机型将两者分别编号使用，有的则混合编号使用。P型机共设了48个定时或计数器（对于每一个来说，用作定时就不能用作计数，反之亦然），采用混合编号形式，即TIM/CNT00～47。

3. PLC的基本指令

为了适应于现场工程技术人员的习惯和实际情况，PLC采用了继电器梯形图编程方法，继电器梯形图是一种直观反映控制关系的形象逻辑语言，它与继电器控制系统图十分相似，也由电源母线、继电器线包和继电器接点等构成。梯形图总是由电源母线开始，然后是继电器触点的各种连接，最后以线包结束，这就构成了逻辑控制线路的一个梯级，梯形图则是由能够完成逻辑控制的多个梯级组成。梯形图的基本环节和连接关系等均可由程序语句来表示，一个语句就是一条指令，指令由操作码和操作数组成。操作码规定了CPU应执行的操作，是指令的助记符。操作数指明了参与操作的逻辑变量，也就是PLC中的各类继电器。

各种型号的PLC指令有多有少不尽相同，但基本指令相差无几，这里以C系列P型机为例，对PLC的指令进行介绍。

(1) 逻辑运算指令 逻辑运算指令共11条，是PLC控制中运用最频繁的指令。

① LD指令。每一个梯级的起始指令，用来处理常开触点与电源母线的连接。

② LDNOT指令。每一个梯级的起始指令，用来处理常闭触点与电源母线的连接。

③ OUT指令。输出指令，把逻辑运算结果输出到指定的继电器线包。

④ OUTNOT指令。反相输出指令，把逻辑运算结果取反后再输出到指定的继电器线包。

⑤ AND指令。与运算指令，用来处理常开触点的串联（串联触点个数无限制），又称为常开触点串联指令。

⑥ AND NOT指令。与非运算指令，用来处理常闭触点的串联（串联接点个数无限制），又称常闭触点串联指令。

⑦ OR指令。或运算指令，用来处理常开触点的并联（并联接点个数无限制），又称常开触点并联指令。

⑧ OR NOT指令。或非运算指令，用来处理常闭触点的并联（并联接点个数无限制），又称常闭触点并联指令。

⑨ AND LD指令。接点组串联指令。两个或两个以上的接点并联称为一个触点组，该指令用来处理并联触点组的串联，串联触点组的个数无限制。

⑩ OR LD指令。触点组并联指令。两个或两个以上的接点串联也称为一个触点组，该指令用来处理串联触点组的并联，并联触点组的个数无限制。

⑪ TR指令。暂存指令，用于多触点组成的分支输出线路中暂存分支点处的逻辑运算结果。

(2) 定时计数指令 定时、计数指令共有2条。

① TIM指令。定时指令，一般格式为TIMXX，#XXXX，例如TIM00，#0150，表示使用00号定时器，定时常数为150（定时单位为0.1s），定时时间为15s。其作用相当于延时动作继电器，最长定时为999.9s。

② CNT指令。计数指令，一般格式为CNTXX，#XXXX，例如CNT10，#0020，表示使用10号计数器，计数预置值为20。计数器线包的输入信号从OFF到ON变化一次，计数器预置值减1，减到0时产生一个输出信号，即计数器触点动作。最大预置值为9999。

(3) 专用指令。这类指令在编程器上没有特定的键相对应，都是由功能键FUN和数字键组合编程的，共有23条。

① CNTR指令（FUN12）。可逆计数指令，与计数器配合使用。可逆计数器与TIM/CNT统一编号，其线包有正向输入（ACP）、反向输入（SCP）和复位输入（R）。ACP输入信号前沿到达时，CNTR计数值增1；SCP输入信号前沿到达时，CNTR计数值减1；R输入信号到达时，CNTR回零。计数值与预置值相等时，CNTR动作。其最大预置值为9999。

② FUNg8指令。高速计数指令。计数当前值存于CNT47中，0000端子为其高速脉冲输入端。当计数值达到设定范围时，指定的继电器动作。最高计数脉冲频率为2kHz。

③ TIMH指令（FUN15）。高速定时指令，与TIM指令功能相同，只是定时单位为0.01s，定时最长时间99.99s。

④ KEEP指令（FUN11）。锁存指令，可使输出继电器、辅助继电器和保持继电器成为锁存继电器，类似于带自保回路的继电器。

⑤ SFT指令（FUN10）。位移指令，常用作步进控制，可将指定通道的继电器按编号

顺序逐位移位输出。

⑥ WSFT 指令（FUN16）。字移位指令，可将数据在通道与通道之间进行 16 位的字移位输出。

⑦ CMP 指令（FUN20）。比较指令，可将一通道 16 位数据与另一通道 16 位数据进行比较。前者大于后者专用继电器 1905 为 ON，两者相等 1906 为 ON，后者大于前者 1907 为 ON。

⑧ MOV 指令（FUN21）。数据传递指令，可将一通道 16 位数据传送到另一通道。

⑨ MVN 指令（FUN22）。数据取反传送指令，将一通道 16 位数据逐位取反后再传送到另一通道。

⑩ ADD 指令（FUN30）。加法运算指令，将一通道 4 位 BCD 数据与另一通道 BCD 数据相加，结果输出到指定通道。相加结果为 0000 时 1906 为 ON，若有进位 1904 为 ON。

⑪ SUB 指令（FUN31）。减法指令，将一通道 4 位 BCD 数据与另一通道 BCD 数据相减，结果输出到指定通道。相减结果为 0000 时 1906 为 ON，若有错位 1904 为 ON。

⑫ BIN 指令（FUN23）。BCD 码到 BIN 数据转换指令，将 4 位 BCD 码转换成 16 位二进制数，结果输出到指定通道。

⑬ BCD 指令（FUN24）。BIN 数到 BCD 码转换指令，将 16 位二进制数转换成 4 位十进制数，结果输出到指定通道。

⑭ MLPX 指令（FUN76）。4 到 16 的译码指令，将 4 位二进制数表示的数值，译成 16 位的对应某一位。

⑮ DMPX 指令（FUN77）。16 到 4 的编码指令，将 16 位二进制数最高有效位表示为十进制数，再将该十进制数编码为 4 位二进制数。

⑯ JMP/JME 指令（FUN04/FUN05）。跳转指令，JMP、JME 必须成对编程。若 JMP 前的输入触点全为 ON，则顺序执行程序，否则立即转移执行 JME 以后的程序。

⑰ END 指令（FUN01）。结束指令，编程结束时必须以此为最后一条指令。

⑱ IL/ILC 指令（FUN02/FUN03）。分支指令，必须成双编程。当 IL 前所有接点为 ON，分支指令失效；如为 OFF 时，IL 与 ILC 指令之间的每个继电器为 OFF，定时器复位，计数器、移位寄存器、保持继电器保持当前值。

⑲ DIFU 指令（FUN13）。前微分指令，对输入信号前沿微分，形成一个扫描周期宽度的脉冲，以此脉冲输入于指定的继电器。

⑳ DIFD 指令（FUN14）。后微分指令，对输入信号后沿微分，形成一个扫描周期宽度的脉冲，以此脉冲输入于指定的继电器。

㉑ STC 指令（FUN40）。置位指令，将进位标志（CY）置 1。

㉒ CLC 指令（FUN41）。清除指令，将进位标志（CY）清 0。

㉓ NOP 指令（FUN00）。空操作指令，不进行任何操作。

三、PLC 控制系统

下面以 PLC 控制系统为例，说明 PLC 的指令与梯形图的对应关系和 PLC 控制系统的组成。

1. PLC 的指令与梯形图的关系

工程技术人员一般都十分熟悉继电器控制线路。PLC 正是从这个角度出发，将自身的控制逻辑按照继电器控制线路进行编排而构成了梯形图。有的 PLC 可将梯形图直接输入 CPU，有的 PLC 只有把梯形图对应为指令后才能输入 CPU。可以说 PLC 的指令是其梯形图的语言表达，而梯形图则是指令的图形表示，两者之间是一一对应的。

现以异步电动机正反转控制为例，要求按正转按钮电动机正转闭锁反转，按停止按钮电

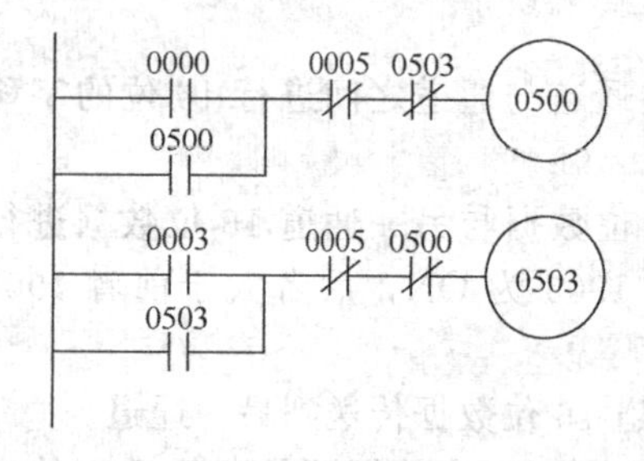

图 1-37 电动机正反转控制梯形图

动机停转，再按反转按钮电动机反转闭锁正转。用 PLC 实现上述控制时，首先要对输入输出继电器进行分配。控制中需要 3 个按钮输入，对应 PLC 的 3 个输入继电器；电动机要求正反转，对应 PLC 的 2 个输出继电器。现定义 PLC 输入继电器 0000 接收正转按钮 QAZ 的输入信号，0003 接收反转按钮 QAF 的输入信号，0005 接收停止按钮 TA 的输入信号。PLC 的输出继电器 0500 为正转继电器，0503 为反转继电器。根据控制要求和继电器的分配可得 PLC 控制梯形图如图 1-37 所示。

图中的圆圈表示输出继电器线包，一般 PLC 梯形图中不画与线包相连的母线，如果从左边的母线经过各触点到线包形成通路，表示该线包“得电”，其对应的触点动作；如果形不成通路表示该线包“失电”，其对应接点恢复原状态。对应图 1-37 的指令如下。

```
LD          0000
OR          0500
AND NOT     0005
AND NOT     0503
OUT         0500
LD          0003
OR          0503
AND NOT     0005
AND NOT     0500
OUT         0503
```

该梯形图为 2 个梯级，在每一个梯级内的指令顺序应与梯形图完全对应；梯级与梯级之间的指令顺序最好与梯形图对应，但顺序颠倒一般不影响控制效果。根据所列出的指令与梯形图相对照，不难看出两者的对应顺序。指令总是以梯级为单位编写的，每一梯级开始的每一条指令总是 LD（LD NOT）指令，然后从左到右依次编写。一个梯级编写完毕再编写下一个梯级，直到全部完成。分析 PLC 的控制时，最好阅读梯形图，因为梯形图表示的控制关系形象直观，一目了然。

2. PLC 组成的控制系统

了解了 PLC 的指令和梯形图，要构成一个 PLC 控制系统还需要了解 PLC 的接线形式。PLC 的等效电路如图 1-38 所示，可将 PLC 分成 3 大部分，即输入部分、逻辑运算部分和输出部分。这里主要介绍 PLC 输入、输出部分的结构和与外部的接线。

（1）输入部分的结构与接线 PLC 的输入部分是以光电耦合器为主的电子线路，实际应用时可将其看作为继电器线包，PLC 有多少个输入点就有多少个这样的继电器线包。每个线包有两个接头，一个接头与 PLC 的输入接线端子相连。输入接线端子将输入点按通道分区，每个通道又按 00～15 将输入点依次编号。某一编号的输入端子对应一个输入继电器线包，该线包又对应于输入触点，三者具有相同编号，应用中常将它们整体上看作为一个输入点。输入继电器线包的另一个接头全部接在一起，与 PLC 的输入公共端（COM）相连。

PLC 的输入部分相当于继电器线包，对 PLC 输入信号时就是使这些继电器线包得电或是失电，因此必须有一个输入电源来完成这一任务。通常 PLC 本身带有一个 24V 直流电源，可将电源的正极（或负极）与 PLC 输入公共端 COM 接在一起，电源的负极（或正极）与所有作为 PLC 输入的按钮、开关等接在一起，如图 1-38 所示。当某一个外部按钮、开关闭合时，就将相应编号的输入继电器线包上电，其接点动作，从而实现了外部信号对 PLC

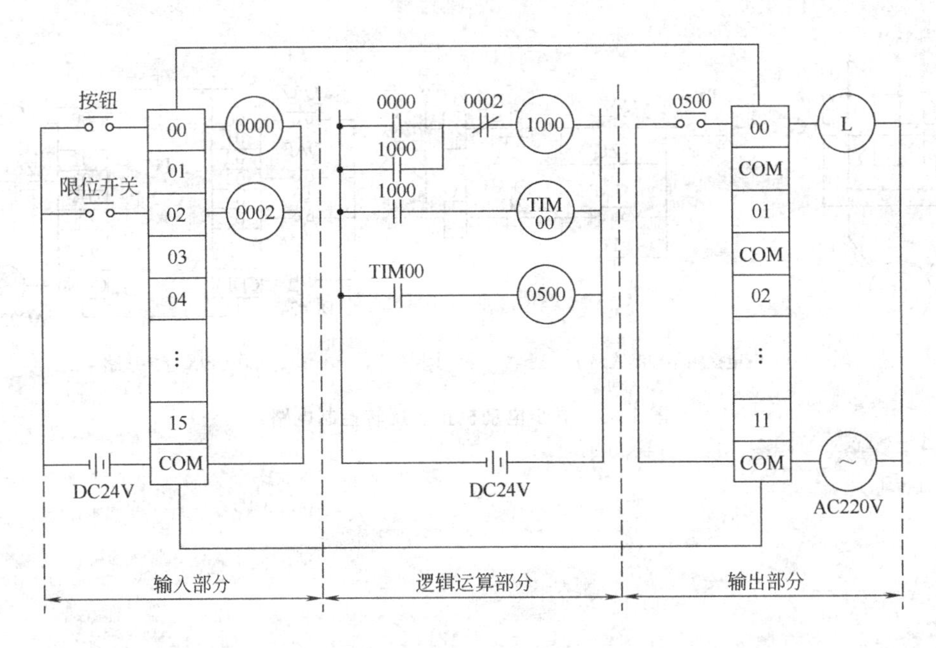

图 1-38　PLC 的等效电路图

的输入。

(2) 输出部分的结构与接线　PLC 的输出信号首先经光电耦合器隔离，然后再由继电器或晶体管和双向晶闸管对外输出。PLC 的输出有一定的带载能力，一般继电器输出可通过 1～2A 的电流，晶体管输出可通过 0.5～1A 的电流，双向晶闸管输出可通过 0.2～1A 的电流。这三种输出方式，对外部相当于触点输出。每个触点有两根引线，一根与 PLC 的输出接线端子相连。输出接线端子将输出点按通道分区，每通道又按 00～15 将输出点依次编号。某一编号的输出端子对应一个输出接点，该接点又对应梯形图中的输出继电器线包，三者具有相同编号，应用中常将它们整体上看作为一个输出点。输出接点的另一根引线有的直接与 PLC 输出公共端（COM）相连，有的 2 根引线接在一起再与输出公共端相连，还有的 4 根引线接在一起再与输出公共端相连。之所以将 PLC 输出公共端分开，是为了满足输出信号（对外部设备的输入信号）往往需要相互独立的要求。

PLC 对外输出是触点信号，需要外部设备提供 PLC 的输出电源。通常 PLC 本身的 24V 直流电源不用作输出电源，一方面该电源容量较小，另一方面不利于输入、输出信号的隔离。

3. PLC 控制系统

为了叙述方便，仍以异步电动机正反转控制为例。前面已经介绍了异步电动机正反转控制的逻辑关系和梯形图，这里主要介绍控制系统的线路连接。异步电动机正、反转控制电路如图 1-39 所示。将 PLC 连接线路与图 1-37 的梯形图相对照可以看出，正转按钮 QAZ 对应 0000 号输入点，反转按钮 QAF 对应 0003 号输入点，停止按钮 TA 对应 0005 号输入点。正转接触器 ZC 对应 0500 号输出点，反转接触器对应 0503 号输出点。系统的控制过程是，按下 QAZ 按钮，0000 号触点闭合，0500 号输出继电器得电，其物理输出接点将输出公共端 COM 与 0500 号接线端子接通，使正转接触器 ZC 得电，电动机正转；其逻辑常开接点闭合形成自保回路，其逻辑常闭触点打开实现对 0503 号输出继电器的闭锁。按下停止按钮 TA，0500 号输出继电器失电，梯形图线路和实际继电器均恢复原状态，电动机停止转动。反转的控制过程与正转完全相同。

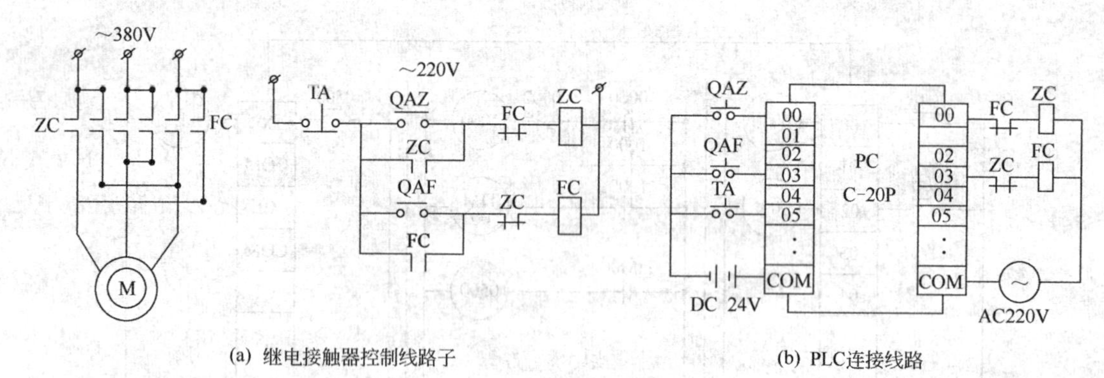

(a) 继电接触器控制线路子

(b) PLC连接线路

图 1-39 异步电动机正、反转控制电路

第二章　启动控制设备

第一节　概　述

现代矿井的采煤、掘进、运输等机械设备不仅驱动电机的功率大，而且启动控制设备的工作原理复杂，所以从控制、监测、保护等方面都对启动设备提出了较高的要求。目前，国外生产新型启动器的厂家较多，如德国的西门子公司和本布罗公司、英国的B&F矿公司，澳大利亚的MM公司等。与普通的矿用启动设备相比，用于现代矿井的启动器有许多特点。

一、具有先进的控制系统

控制系统是整个启动器的核心。它既要先进、灵活、功能完备，又要简单、可靠、便于操纵。新型启动器的控制系统有着许多先进之处。

1. 每台启动器带有多组驱动器

为了减少启动器的数量和便于多台电动机之间逻辑控制关系的实现，在同一台启动器内往往装有多组驱动器。例如引进英国CH33组合开关装有8台驱动器；而LC33型带有7组驱动器，因此被称为负荷控制中心。各驱动器既可独立驱动对应的电动机工作，也可实现多台驱动器之间的顺序控制或联锁控制，使各对应的驱动电动机按预定的程序工作。

2. 以真空接触器作为主控器件

根据现代矿井大负荷、长距离供电的实际情况，要求提高电动机的电压。所以，启动器的工作电压也要相应提高，如MMS型和LC11型的工作电压为1140V，TD33、LC33、CH33的工作电压为3300V。为了适应高电压回路通、断时熄弧的要求，启动器的驱动器采用灭弧性能优越的真空接触器。

3. 以工业计算机作为启动器的控制中心

工业计算机的使用，取代了常规的以继电器或半导体元件为控制器件的系统，不仅使启动器结构简单可靠，而且便于控制程序化。

根据逻辑控制的特点，多数启动器都选用可编程序控制器（PLC）作为启动器整个控制系统的指挥中心。按照矿井机械工作的特点和各机械之间常见的控制关系，编制详尽的程序，写入PLC中。PLC通过对外部控制电路的状态监测，了解各驱动器的现时状态（准备启动、运行或跳闸等），从而根据输入信号的要求，确定各驱动器的工作方式，发出相应的工作指令。

除了PLC作为整个启动器的控制中心外，各驱动器还带有微处理器，可以实现本驱动器的独立控制。

4. 可以实现多种控制方案

由于一台启动器内部装有多台驱动器并且由PLC控制，所以，可十分灵活地实现多种控制方案。各种型号的启动器都有几个供控制用的接线端头和规定的接线方式，经过简单连接，就可让PLC或微处理器按规定的程序工作，实现多种控制方案，如独立先导控制、C接头控制、主-从顺序控制、顺序联锁控制等。

二、具有可靠的保护系统

启动器内的每组驱动器都能通过自身的微处理器，检测出各种运行状态及故障状态，从而实现驱动器的过载保护、短路保护、过压保护、欠压保护、漏电保护等。这些保护都是通过启动器内接触器的跳闸来实现的。当接触器失控或真空接触器漏气时，保护系统会实现后备脱扣；当控制系统内部出现故障时，也能实行相应的保护。

1. 过载保护

当驱动器的输出线路电流达到整定电流的110%时，过载保护环节开始工作。过载保护一般应具有反时限保护特性，即过负荷的电流值越大，保护环节脱扣的时间越短。

为了说明该环节的反时限工作原理，图 2-1 给出了一个原理示意图。

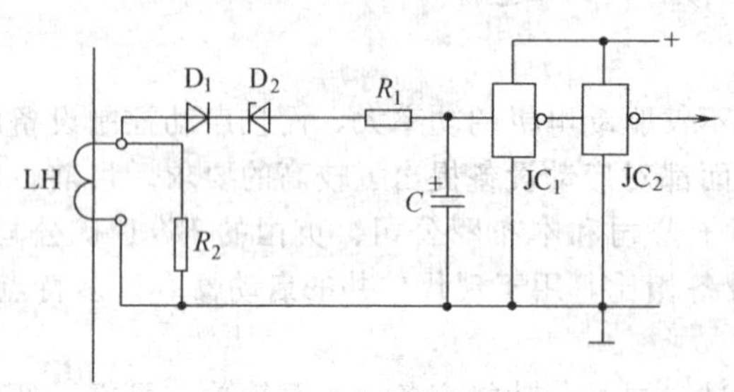

图 2-1 过载保护原理图

图中电流互感器测出的主回路电流（折算值）经 R_2 变成电压信号由 D_1 整流。正常时稳压管 D_2 不击穿，当电流达到过载保护动作值时，D_2 被击穿，经 R_1C 积分环节，信号送入由 JC_1、JC_2 组成的施密特触发器。当 C 两端的电压达到触发器的门限电压时，触发器翻转，发出跳闸信号。反时限的延时特性是由 R_1C 积分电路实现的。

通常，在驱动器的前面板上既有电动机满载电流的整定开关，又有过载的复位方式选择开关。过负荷的复位既可以经过一段延时后自动复位，又可过载时立即锁定，在事故查明并处理后进行保护性复位。例如，过载复位方式选择开关有10个位置，0～8为延时复位（0位不延时、1位延时2min、2位延时4min、8位延时16min），第9位选择过载锁定。

2. 短路保护

煤矿井下供电属于中性点不接地的小电流接地系统，所以按规程要求只需对相间短路加以保护。相间短路保护可以有多种方案，常用的有两种。其一是以各相电流的量值来判定是否短路的方案，其接线方式及动作原理与上述的过载保护类似。这种方案的动作整定值一般都比较高，如MMS型启动器的短路电流整定值为100%～900%的额定电流。但是当远离电源侧发生短路时，该保护就可能出现灵敏度不够的现象。二是相敏保护方案，例如在LC33、TD33型启动设备中使用了灵敏度比较高的相敏短路保护方案，其短路电流整定值为60%～420%的额定电流。

电动机在启动或正常运行时，三个相的功率因数角可以看成是相同的；而相间短路时，各相的功率因数角不再相同。相敏短路保护就是利用这一特点来鉴别短路故障而实现保护的。

相敏短路保护要求在各相设一个相敏检测环节。为了说明其工作原理，现以A相为例。在图 2-2 所示的电路中，四只二极管组成了环形相敏整流桥，以电压互感器送来的相电压信号 $\dot{U}_A$ 为桥路的工作电源（在主回路出现短路前后可视为不变）。从A相电流互感器测得的电流信号 $\dot{I}_A$ 经电阻 R 变为电压 $\dot{U}_i$，反映A相电流的大小。相敏整流输出电压 $\dot{U}_{0A}$ 由电阻 R_z 上取得。

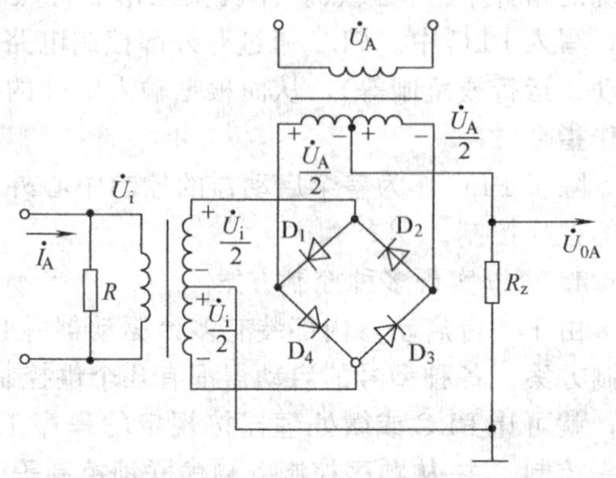

图 2-2 相敏短路保护环节 A 相检测环节原理图

当 $\dot{U}_i=0$ 时，在 $\dot{U}_A$ 的正半周（左正右

负），D_3、D_4 导通。由于 D_3 与 D_4 导通后在电阻 R_z 上所形成的电流大小相等，方向相反，故合成电流为零，$\dot{U}_{0A}$无输出；同理，在 $\dot{U}_A$ 负半周时 D_1、D_2 导通，$\dot{U}_{0A}$仍无输出。

当 $\dot{U}_i \neq 0$ 时，由相敏整流的原理可知：在保持 $U_A > U_i$ 的情况下，D_1、D_2 和 D_3、D_4 两两交替导通，4 只二极管的电流以不同的方向流经 R_z，在 R_z 上所形成的平均（输出）电压为

$$U_{0A} = KU_AU_i\cos\varphi_A \qquad (2\text{-}1)$$

式中　K——计算系数；

φ_A——A 相的功率因数角。

由于相电压 $\dot{U}_A$ 在短路前后可视为不变，所以 $\dot{U}_{0A}$的大小不仅与电流 $\dot{I}_A$ 有关，且与 $\cos\varphi$有关。

在实际使用中 A、C 两相各设一个相敏检测环节，采集的信号一起送往 $\cos\varphi$ 比较鉴别环节（见图 2-3）。若无相间短路，则两相输出相同，鉴别环节无输出；若出现相间短路，则两相的 $\cos\varphi$ 肯定会有很大差别，鉴别环节立即会有输出。

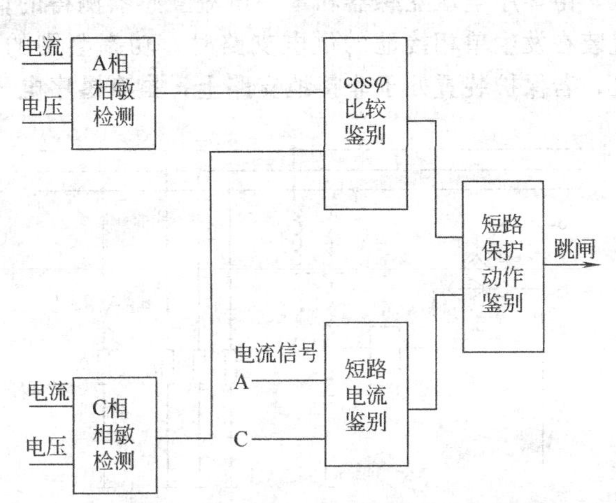

图 2-3　相敏短路保护原理框图

短路保护动作鉴别环节的另一个输入量来自短路电流鉴别环节。该环节的作用是：当两相电流中有一相达到整定的短路保护动作值时，它发出一个信号，表示线路电流已达动作值；当短路保护动作鉴别环节同时接到两个输入信号时，立即发出跳闸指令。

短路保护动作电流的整定，由短路保护动作电流鉴别环节实现。短路保护动作电流的整定值可以远小于电动机的启动电流，所以在电动机启动时，短路电流鉴别环节可以有输出；但 $\cos\varphi$ 比较鉴别环节（三相 $\cos\varphi$ 相同）无输出，故短路保护动作鉴别环节不会发出跳闸指令。

3. 漏电保护

由于井下供电系统的中性点不接地，所以，当发生漏电故障时，将造成火花外露，有点燃瓦斯和煤尘的危险；当发生漏电故障时还可能提前引爆电雷管；当发生单相接地时，因零点漂移会造成正常相的对地电压升高，而且出现间歇性的接地电弧，可能引起过电压，危害整个供电系统的绝缘。所以，必须加强绝缘监视和漏电保护。

在启动设备中所用到的漏电保护方式主要有如下两种。

（1）零序电流保护　在中性点不接地的供电系统，当供电系统线路正常时，三相电流之和（无论是相量还是瞬时值）为零，不存在零序电流；若发生单相接地（例如 A 相接地）时，则全电网的 A 相对地电压均为零，B、C 两相对地的电容电流都从接地点流回电源。该接地电流就是零序电流。

为了测量线路的零序电流，使用了零序电流互感器。如图 2-4（a）所示。它的一次线圈为线路的三相动力线，二次线圈的输出为零序电流。为了保证漏电保护的选择性，防止误动作，在进行保护装置的整定时应留有余地。

在辐射式供电系统中，当某供电支路发生单相接地时，所有支路均会测得零序电流，为了防止误动作，增强零序保护的可靠性和选择性，必要时可使用零序功率方向保护，其工作

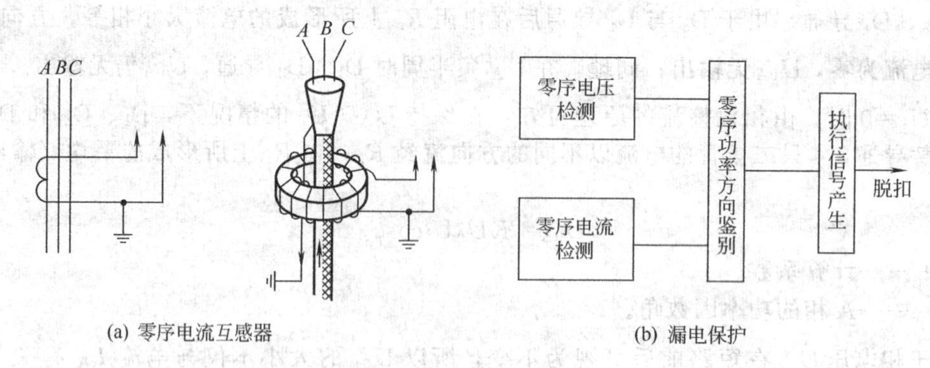

(a) 零序电流互感器 (b) 漏电保护

图 2-4 零序电流漏电保护

框图如图 2-4（b）所示。

由零序电压互感器和零序电流互感器测得的信号，送入零序功率鉴别环节。如果保护装置装在发生单相接地的供电支路时，功率鉴别的结果为正，向执行环节发出动作指令；反之，若保护装置处于非接地支路上，虽有零序电压和零序电流输入，但因零序电流的方向与故障线路的相反，故功率鉴别的结果为负，不会发出执行指令。

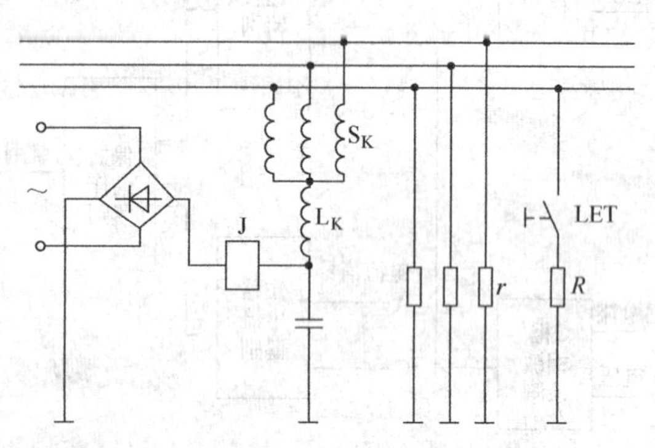

图 2-5 附加直流电源的漏电保护原理图

（2）附加直流电源保护 附加直流电源保护电路如图 2-5 所示，三相电抗器 S_K 提供一个人工中性点，通过零序电抗器 L_K 使三相电网与直流检测回路沟通。附加的直流电源（10～15V）经 L_K、S_K 电缆的绝缘电阻 r 构成绝缘检测回路。当绝缘电阻 r 较大时，流经继电器 J 的电流小于其动作电流；若线路出现绝缘损坏，r 值小于允许值时，J 动作，发出漏电信号。如果此时动力回路的接触器未闭合，则实施漏电闭锁，不允许接触器吸合；若漏电出现在电动机工作时刻，则接触器跳闸。图 2-5 中设有试验电阻 R 和漏电试验按钮，供试验使用。

在实际使用中，多用附加直流电源的线路作为启动器工作前的绝缘检测环节，以实现漏电闭锁；用零序电流保护电路作为启动器工作中发生单相接地的保护。在有的启动器中，将两种保护方式都用来作为启动器工作中的漏电保护，将零序保护叫单点漏电保护，将附加直流电源及使用三相电抗器的保护叫多点漏电保护。

4. 过压及欠压保护

将驱动器工作电压的检测信号输入电压鉴别器，当工作电压超过 110％额定值时，鉴别器发出过压动作指令，接触器跳闸；当工作电压低于额定值的 60％时，鉴别器输出欠压动作指令，接触器跳闸；如果驱动器没有运行，当电压低于额定值的 75％时，不允许启动。

5. 后备保护

上述几种保护都是通过接触器的跳闸实现的。如果启动器的接触器失控，该吸合时不合、该断开时不断，或者真空管漏气、启动器的电源入线端发生短路，则要实行后备保护。后备保护靠输入端馈电开关的跳闸来实现。

6. 启动器内部短路的保护

启动器内部主变压器的原、副边都设有熔断器，用以实现对各种短路故障的保护。

三、具有完善的试验监测系统

为了使启动设备的运行性能和保护功能正常、可靠，同时能在工作过程中将驱动器的运行参数及时传输给调度中心，各型启动设备都有较完善的试验、检查、监测系统。

启动装置的前面板上都备有各种试验开关及完善的显示装置，所以，在投入工作前，可对启动设备进行如下试验和检查。

① 总体送电检查。在电源主隔离开关处于“试验”位置的情况下，通过送电可以检查各种控制电源是否正常，显示装置的工作状态及 PLC 的状态是否正常等。

② 各驱动器的试验和检查。可以检查驱动器的各项整定值是否正确，控制芯线是否正常。通过有关试验，检查驱动器的过载、漏电等保护是否可靠，接触器的动作是否正常。

③ 检查启动器的外部控制电路及辅助电源是否正常。

④ 检查动力电缆的绝缘水平。启动器的监测系统可将各驱动器的工作参数向全矿数据系统传输，同时通过数模转换可将驱动器的电流、电压、功率等参数，直接输送给图形记录仪等设备。

四、具有直观的故障查寻系统

故障查寻功能是新型启动设备的重要特点，故障查寻系统与显示装置配合，使故障查寻系统完善且直观，有助于对带电线路的故障、辅助电源的故障、驱动器的故障、控制系统的故障以及由于各种保护装置动作而引起的跳闸进行仔细查寻。这就为启动设备的正常维护、检修带来了极大的方便。

在讨论中所涉及的 TD33 型、MMS 型、MMS/DTU 型等启动器，都与 LC33 型负荷控制中心有着许多共同之处，而 LC33 是结构、功能都较全面的启动设备，所以本章以 LC33 作为讨论的重点。

第二节 LC33 负荷控制中心的控制系统

一、控制系统概述

LC33 型启动器内装有七个驱动器组成多功能开关，所以称为负荷中心。具有完善的控制系统、保护系统、试验监测系统和故障查寻系统。它主要由隔爆型箱体、引入引出电缆装置、隔离开关、真空接触器、控制变压器、保护及显示单元、各种就地远方操作装置等组成，其外形如图 2-6 所示。

3300V 电源由右侧引入防爆的隔离器室，与主隔离器和辅助隔离器的一次侧相连，主隔离器向七个驱动器供电；辅助隔离器向变压器供电。由图 2-6 可知，主电源由指示灯 16 和 12 给予显示，辅助电源由指示灯 5 予以显示。

变压器输出的照明电源经辅助开关 6 对外供电。开关 2 可以进行照明电源漏电试验，漏电后指示灯 4 燃亮。合上复位开关 3 可实现漏电复位。

接触器室前门的试验/运行选择开关 7、驱动器选择开关 8、试验选择开关 9、测试触发按钮 14 与主隔离开关 18 配合使用，可以实现对所选驱动器进行故障重现和保护装置的整定（DISPLAY）、先导接地测试（PET）、过载试验（OL）、漏电试验（EL）、保护复位（RESET）、接触器试验（CONT）、高压试验（HVS）等试验检测。

LC33 的额定电压为 3300V，额定电流为 315A。主回路的负荷有 7 路输出，即有 7 个驱动装置，每路的额定电流为 250A。这 7 个驱动装置变换十分方便，可以互换，也可与 TD33 开关的驱动装置互换。LC33 控制工作面刮板输送机的两台双速电动机最为方便。

(1) 主要技术参数

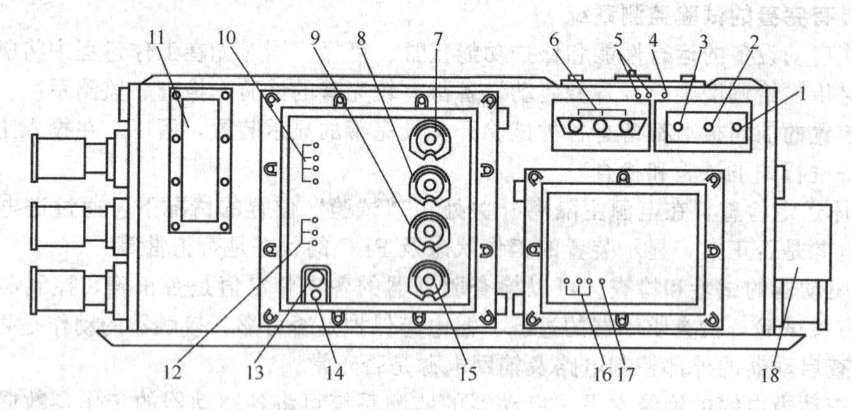

图 2-6 LC33 组合开关外形

1—本安电源隔离开关；2—辅助电源漏电试验开关；3—辅助电源漏电复位开关；4—辅助电源接地跳闸显示；5—辅助室电源显示；6—辅助电源开关；7—试验/运行开关；8—驱动器选择开关；9—试验选择开关；10—辅助电源指示；11—显示窗；12—主电源指示灯；13—全停按钮；14—测试触发按钮；15—刮板输送机顺序控制插入/退出开关；16—电源输入指示灯；17—后备脱扣指示；18—主隔离开关和终端箱

① 型号：LC33

② 额定电压：3300V，三相，50Hz

③ 额定电流：315A

④ 工作电压范围：60%～110%U_N（1980～3630V）

⑤ 电源电缆进线：三相 3 线，配 300A 电缆插座

⑥ 负荷电缆出线：7 路，三相 6 芯，配 300A 插头
1 根先导线，2 根数据线

⑦ 主隔离开关：3300V，315A
断流容量 1890A，$\cos\varphi=0.35$ 为 2520A
机械寿命 3000 次

⑧ 驱动装置：7 个驱动器（真空接触器）

⑨ 真空接触器：3 极，250A
线圈电压 110V
机械寿命 500 万次

（2）接触器保护

① 过载保护：调节范围 10～250A，以 1A 为 1 步
自动复位（约 15min）

② 相敏短路保护：调节范围 60%～420%I_N（I_N 为额定电流）
每 40%为 1 步
跳闸时间＜200ms

③ 欠电压/过电压保护：阻止接触器吸合＜75%U_N（U_N 为额定电压）
接触器跳闸＜60%U_N
跳闸时间 180ms
接触器跳闸＞110%U_N

④ 接地漏电保护：通过铁芯平衡变压器，灵敏度调整值分 3 档
75～85 mA，160～180mA，250～290mA
跳闸时间＜180ms
检测时间＜100ms

人工复位

⑤ 接地漏电闭锁：检测电压 15V

跳闸等级 30～40kΩ

跳闸时间＜100ms

人工复位

⑥ 显示：每台驱动器都有液晶显示器，24 字母×2 行

⑦ 照明灯电源：3 路

⑧ 输出电压：AC125V

⑨ 输出电流：每路 15A

⑩ 接地漏电保护：限定 124mA

跳闸值 30mA

人工复位

⑪ 本安电源：DC7.5V，AC15V

⑫ 环境温度：－5～40℃

⑬ 湿度：＜95%（相对湿度）

⑭ 海拔高度：＜2000m

二、LC33 负荷中心控制系统

1. 主回路及相关环节

LC33 组合开关电气系统如图 2-7（见插页）所示，主要包含由主回路、辅助电源、控制保护系统、试验监测系统、显示查寻系统等。

主回路由 2 个输入电缆插座、主隔离器、7 个驱动器、7 个输出电缆插座等组成。各驱动器相互独立，可以单独控制电动机，也可程序控制，控制方式灵活方便。

（1）驱动器　驱动器 1、2、3、4、5、6、7 分别与 PCB 板的插座 A、B、C、D、E、F、G 对应连接，是主回路中的主要执行单元，它以框架结构组成可拔插、可互换的控制执行、保护、监测为一体的独立驱动单元。驱动单元工作原理框图如图 2-8 所示。

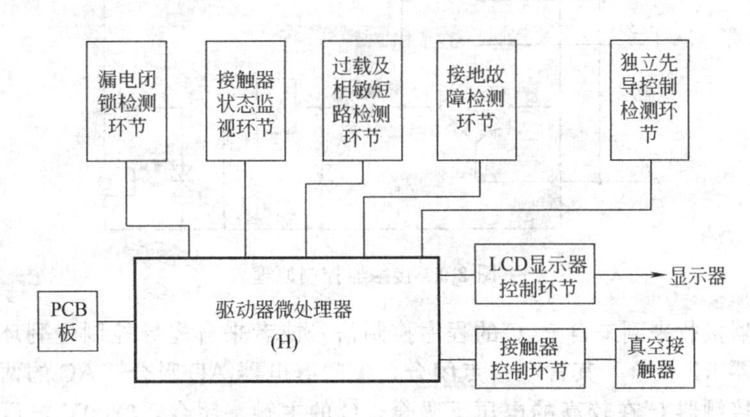

图 2-8　LC33 驱动器原理框图

图中各环节在微处理器的指挥协调下完成各种功能。

（2）PLC 可编程序控制器　PLC 作为 LC33 的控制核心，经 T、P、R、S、M 插座与其他控制环节相联系，以实现各种控制功能。它的主要功能是通过扫描、记录自“接口 HVS”单元传来的外部接头 C_1、C_2、C_3、TS、A、B、HL 的状态，以选定相应的控制模式，然后分别向对应的驱动器发出控制指令。

PLC 单元有两个开关，一个是“I/O”通/断开关，另一个是“RUN/STOP/COPY”运

行/停止/拷贝开关。在使用中两个开关分别处于“I”和“RUN”位置。

（3）微处理器　在LC33装置中每个真空接触器（驱动器）都有其自己的微型计算机（微处理器）。微处理器通过漏电闭锁判别器、接触器监测器、过载和相敏短路保护判别器、接地故障判别器、独立先导控制检测器等与各外围电路模块共同组成相应的检测环节，完成各种保护控制功能。微处理器是驱动器自身的控制核心，它经H插口与PCB板的对应插座相连，接收和发送如下主要信息指令：

① 接收四位二进制的遥测（主）编码；

② 接收控制方式选择环节送来的不同工作方式指令；

③ 接收三位二进制的测试项目编码和驱动器选择指令；

④ 接收PLC发来的控制指令；

⑤ 接收由“全停”按钮发出的“全停”指令；

⑥ 经SAP遥测环路向外发送触发器的运行状态和驱动器的工作参数等信息；

⑦ 向外发送后备脱扣的紧急指令。

（4）接触器控制环节　图2-9为接触器控制原理图，真空接触器的线圈C受中间继电器AC的控制。AC和C并联在由整流桥Z_1、Z_2所组成的直流电源上，Z_1、Z_2的交流侧，分别接110V（AC）和30V（AC）电压。当接触器C未吸合时，其常闭触点使Z_1桥工作，输出较高的直流电压，使Z_2桥的二极管截止；当接触器C吸合后，其常闭触点C打开，此时Z_1桥停止工作，Z_2桥有电压输出。

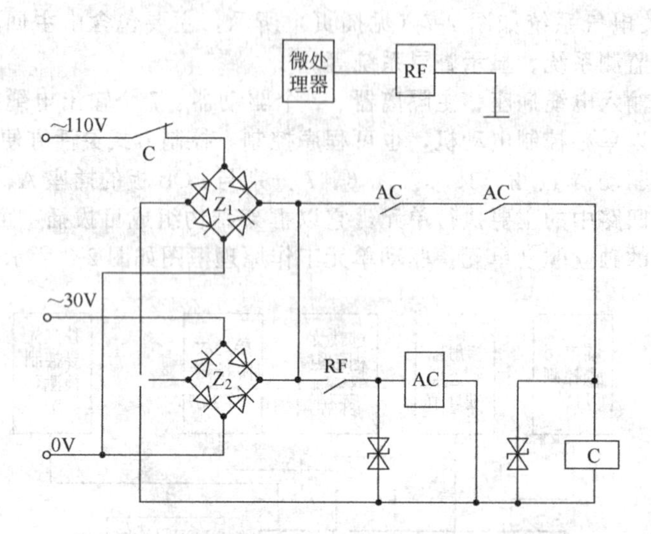

图2-9　接触器控制原理

当微处理器接收来到来自PLC的程序控制信号或者来自先导控制检测环节的启动信号时，微型继电器RF吸合，其常开接点闭合，中间继电器AC吸合，AC的两个串联的常开触点闭合，使接触器C在较高的电压下吸合，C的主触头闭合，3300V电压接通，电动机启动；C的辅助常闭触点打开，使Z_1桥中止工作，Z_2输出较低的电压维持C的吸合。

（5）安全检测环节　安全检测共有4个环节，即漏电检测环节、接地故障检测环节、接触器状态监视环节、过载和相敏短路检测环。

① 漏电闭锁检测环节，使用了附加直流电源的绝缘检测电路。当接触器跳闸后，该环节投入检测，当绝缘电阻低于允许值时，微处理器就禁止接触器合闸，即进行漏电闭锁；当接触器合闸后，该检测回路与主回路脱离，解除漏电闭锁。上述实现了在驱动器工作前对动力回路的绝缘状态进行监视。

② 接地故障检测环节，使用了零序电流漏电保护电路，当驱动器在工作过程中出现漏电故障时，微处理器检测到这一故障时，发出指令，使接触器跳闸。

③ 接触器状态监视环节，是根据接触器两个常开辅助触点的开闭状态，来判别接触器的通断，以供微处理器存储记忆。

④ 过载及相敏短路检测环节，由电流互感器与过载、相敏短路保护判别器共同组成。当出现过载或短路故障时，微处理器发出跳闸指令，使断路器跳闸。

(6) 独立先导控制检测环节　所谓独立先导控制，就是驱动器的启动、停止不受 PLC 的制约，而利用自身的先导电路进行的独立控制方式。先导控制实际上就是区别与由 PLC 所实行的程序控制的一种控制方式，当 LC33 选定这种控制方式时，利用先导电路发出的控制信号，经检测环节鉴别确认后，向微处理器发出工作指令，驱动器工作。检测环节可以是施密特触发器之类的电压鉴别电路。

(7) LED 显示控制环节　微处理器将各种需要显示的信息及数据输给该环节，经过变换处理，产生相应的控制信号，送至对应的液晶显示器，使之显示出其信息。

(8) 驱动器的整定开关　在驱动器的前盖板上有 7 个整定开关。按从左至右的顺序分别说明如下。

① 过载整定开关。前 3 个开关用于整定电动机的额定电流。

② 过载动作方式开关。第 4 个开关可以选择电动机过载跳闸后的复位方式。若选“9”则为过载后锁定；其他任意数字为过载跳闸后延迟一段时间复位。

③ 相敏短路整定开关。第 5 个开关用于短路电流的整定。短路电流按额定电流百分数设定。

④ 电流阀值设定开关。在双速控制方案中，当电动机电流下降到一个确定的百分数时实行高/低速切换。第 6 个开关（阀值整定）为指定低速工作的驱动器设定切换值。当低速电流下降到其设定值时，该驱动器通知 PLC，由 PLC 完成从低速拖动到高速拖动的切换。

⑤ 遥测地址开关。第 7 个开关为该驱动器确定一个在遥测系统中的从地址（详见监测系统）。

2. 辅助电源

变压器室的变压器组，除对外通过辅助电源输出三路照明电源外，还能通过接口板对外输出控制、联络电源，图 2-10 为控制电源原理图。

辅助变压器输出的控制电源送至隔离室门上的 PCB 板的 H 插座。其中 110V（AC），30V（AC）、120V（AC）三种交流电压经 J 插座向各驱动器和高压试验单元供电，即提供接触器操作及试验电源；同时 110V（AC）、30V（AC）两种交流电压还可经插座 N、隔离室的微动开关与插座 X、试验选择开关相接，以保证主隔离器在试验位置时能单独供电。

变压器输出的 35V（AC）交流电压经整流稳压板输出 24V（DC）直流电压，供 PLC 使用。

变压器输出的 4 种交流电压经插座 W 引向设备前盖，作为指示灯的电源。其中两只发光二极管显示 30V（AC）、35V（AC）电压，两只指示灯显示 110V（AC）和 120V（AC）电压。

3. 控制保护系统

接触器有一块安装在门上的 PCB 印刷电路板，该板除了有与各种插座连接的控制环节外，还有 7 个驱动器的控制方式选择开关；控制电源熔断器；SAP 遥测环节地址选择开关以及集成电路元件。它们与各种所连接的环节组成控制、保护、监测、显示等系统。

(1) PLC 可编程序控制器　PLC 为 LC33 的控制核心（参看前面的介绍），是通过扫描、记录“接口 HVS”单元传来的外部控制口的状态，选定相应的控制模式，向驱动器微处理器发出控制指令。

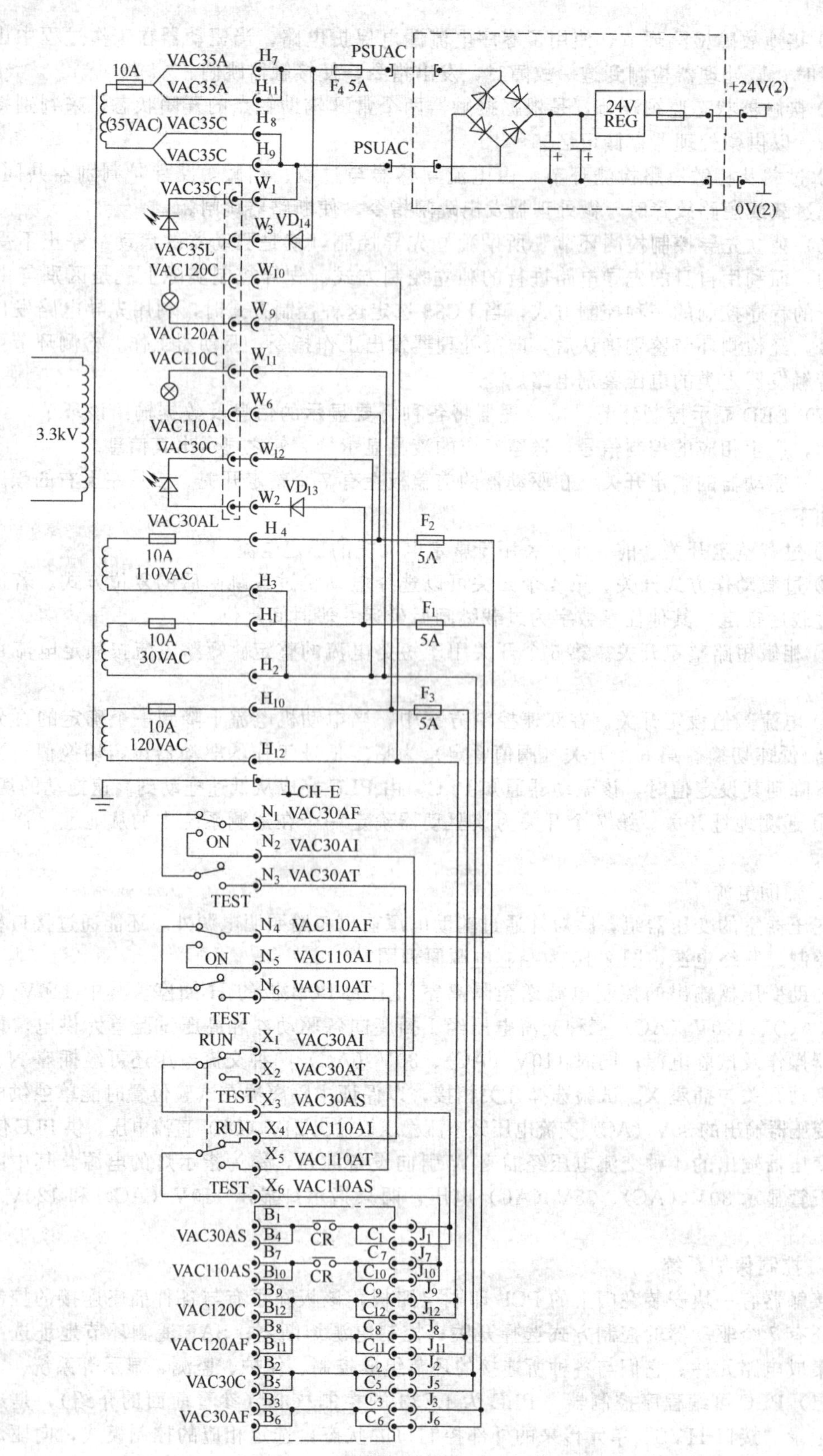

图 2-10　LC33 控制电源原理图

(2) 后备脱扣环节　由图 2-6 可以看出，后备脱扣（跳闸）密封单元与 PCB 板的 N 插座连接。当某驱动器出现需要后备脱扣的状态时，经驱动器的 H 插座将信息送给 PCB 板，然后由 PCB 板上的 N 插座向后备脱扣密封单元输入后备脱扣指令。

正常状态时，密封单元的执行继电器是吸合的，其常开触点是闭合的。该触点经 BT 端串联在前方馈电开关的无压释放线圈回路中。当任一驱动器发出后备跳闸信息时，PLC 的密封单元发出动作指令，执行继电器断电，触点打开，使前方馈电开关跳闸。馈电开关跳闸后，将 LC33 的主隔离器打开。重新合上馈电开关后，若再次跳闸，则表明为后备跳闸。当故障排除后需要馈电开关投入正常运行时，将主隔离器打在“试验”位置，则其微动开关 ISO 闭合，将执行继电器触点旁路，BT 端将馈电开关的无压释放线圈接通，则可使馈电开关重新合闸送电。

后备跳闸指示灯 17 在正常工作时点亮（黄灯），当发生馈电开关跳闸故障时，该指示灯熄灭。

(3) 全停环节　图 2-6 中的“STOP”按钮（元件 13）是全停信息的控制元件。正常工作时按钮“ALLSTOP”闭合，方波脉冲发生器向所有的驱动器连续发送脉冲信号，各驱动器的微处理器根据这一信号的存在，保证各驱动器持续工作；当按压“ALLSTOP”按钮时，其触点断开，方波发生器断电停止工作，则各驱动器收不到信号，接触器释放，停止工作。

4. 试验、监测系统

该系统主要由第八个框架单元及检测系统组成。实现对 LC33 主回路的工作状态检测、控制、保护的各环节共同形成对装置的全面检测。

(1) 高压试验和接口单元　图 2-7 中的“接口 HVS”是一个密封单元，它是 PLC 的接口电路与高压试验合装的环节。

① 与外部的连接。该单元共有四个外连接插座。G 座与 PCB 板连接，获得 120V（AC）电源；J′插座与接触器室的 J 座相接，将 LC33 的左侧外部控制口 C_1、C_2、C_3、TS 的状态引入；K′插座与自隔爆室引来的插座 K 相连，将 LC33 的右侧外部控制口 A、B、HL 的状态引入；H 插座与 PCB 板的 L 插座相连，传递输入、输出信息指令及有关数据。

② 密封单元的功能。该单元大致归纳为 4 个功能。

a. 对外部控制口（接头）的状态进行检测。

b. 作为 PLC 的输入接口。A、B、HL、C_1、C_2、C_3、TS 的状态输给 PLC 后，就会输出对应的控制程序。

c. 高压试验。接到高压试验指令后，产生 3000V 直流电压，对动力电缆及真空接触器等进行耐压试验和绝缘测试。

d. 输出信息数据。经 H 端，将外部接头的状态参数传给 PLC；将高压试验及绝缘测试的信息等经 PCB 板的 K 插座输送给显示装置。

(2) 监测环节　由图 2-7 可见，PCB 板的 Q 输出端，将各种数据经 B 插座送至监测环节。监测环节包括三部分。

① SAP 遥测环路。遥测环路工作原理如图 2-11 所示。

驱动器 A～G 与 PCB 板均保持着双向数据通讯方式。在 PCB 板上设有数据传输的主地址（四位）开关，每个驱动器框架中设有从地址开关，两者数码一致时，才能进行数据传送。图 2-11 中“SAPTX”为（到驱动器）数据的输入线，“SAPRX”为（自驱动器）数据的输出线，“PVI”为驱动器的功率、电压、电流数据线。

SAP 遥测环路可将每个驱动器的电压、电流、功率等物理量以及过载保护的整定值、保护跳闸信息、接触器的状态等数据送给矿井数据系统。SAP 遥测环路共可传输 16 个数字

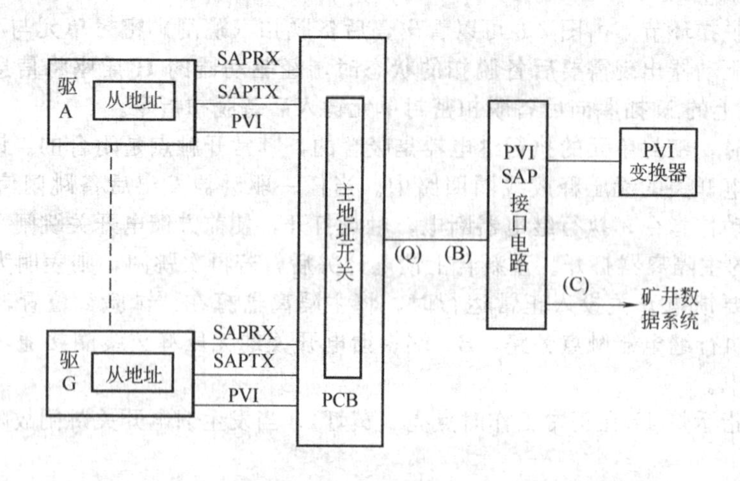

图 2-11 SAP 遥测环路工作原理框图

量，7 个模拟量。正常情况下，驱动器的显示屏一直在显示着 SAP 的工作状态，“TXON”表示正常；“TXOFF”表示环路工作不正常。

② PVI 变换输出。由 SAP 接口电路输出的 PVI 信号，经接收器变换成相应的模拟电压信号 0.4～2.0V，去推动模拟电量记录仪工作；同时，用正、反向发光二极管的导通来分别表示接触器的通、断工作状态。

③ 先导控制数据输出（7s 数据传输）。2 条 7s 线可以将两个驱动器的先导控制数据输出，见图 2-7。

5. 显示、查询系统

显示、查询系统包括电源指示、运行状态指示、驱动器显示器、高压测试显示器和 PLC 显示器。各腔室前面板的指示灯和发光二极管在前文已介绍，这里不再重复。

(1) 驱动器显示器　共有 7 个两行液晶显示器，分别指示 7 个对应驱动器的操作、运行提示、各种试验（包括高压试验）及故障状况。在每个液晶显示器旁均有 3 只发光二极管。标记“+U”、“-U”的两只绿色二极管亮，表示本驱动器控制插件的工作电压正常；标记为 FLT（位于中间）红色二极管亮，表明故障信息（包括瞬时故障信息）被储存，可以通过“故障再现”的操作使被储存故障在液晶显示器上重现。

(2) 高压测试显示器　高压测试显示器是位于显示窗底部的液晶显示器，经 K 插座将高压测试系统的数据输入，进行显示，如图 2-12 所示。

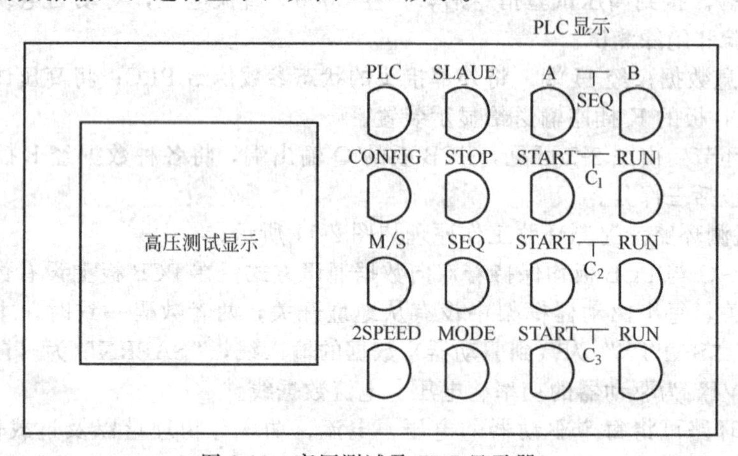

图 2-12 高压测试及 PLC 显示器

（3）PLC显示器　PLC显示器与高压测试显示器同位于显示窗的底部，见图2-12。它由16只发光二极管组成。由各管的亮、灭显示PLC的各种工作状态。各管的标记含义分别如下。

“PLC”：绿色闪亮，表示PLC单元正在工作；

“CONFIG”：红色闪亮，表示PLC处于不正常的控制方式；

“STOP”：红色，表示按下“全停”按钮；

“SLAUE”：黄色，表示主一从控制时的“从驱动器”工作；

“M/S SEQ”：（2只）绿色，表示低速（左）至高速（右）顺序控制；

“2SPEED MODE”：（2只）琥珀色，表示TS接口已接入双速开关且投入工作；

“SEQ”（A—B）：（2只）绿色，表示联锁控制时，对应驱动器分别发送（右）、接收（左）允许启动信号；

“START、RUN”：（三组6只）绿色，分别表示由C_1、C_2、C_3实现独立接口控制时的启动和运行状态。

三、LC33控制原理

LC33控制系统框图如图2-13所示。

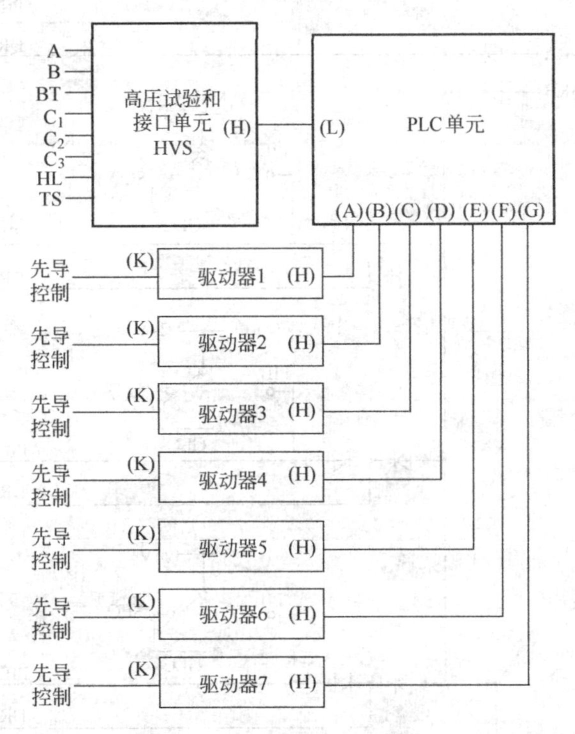

图2-13　LC33控制系统框图

PLC可编程序控制器是整个控制系统核心，它通过接口电路与外部的控制电路相连。PLC有A、B、C、D、E、F、G 7个输出端，可以分别控制7个对应的驱动器。

外部的控制电路包括远方启动/停止按钮、双速开关和其他的控制元件。它们通过许多的密封接头，经LC33的高压试验和接口单元HVS，将各控制端的状态检查记忆，再送往PLC，PLC经过检查判断向相应的驱动器发出控制指令。

此外，LC33还有一些控制器件在调试，运行中发挥重要的作用。

主隔离开关、辅助电源开关、试验/运行选择开关等在运行中均需闭合到合闸运行位置。

采煤工作面机械设备的典型工作方式是，用驱动器C、D、E、F控制大功率双速双电

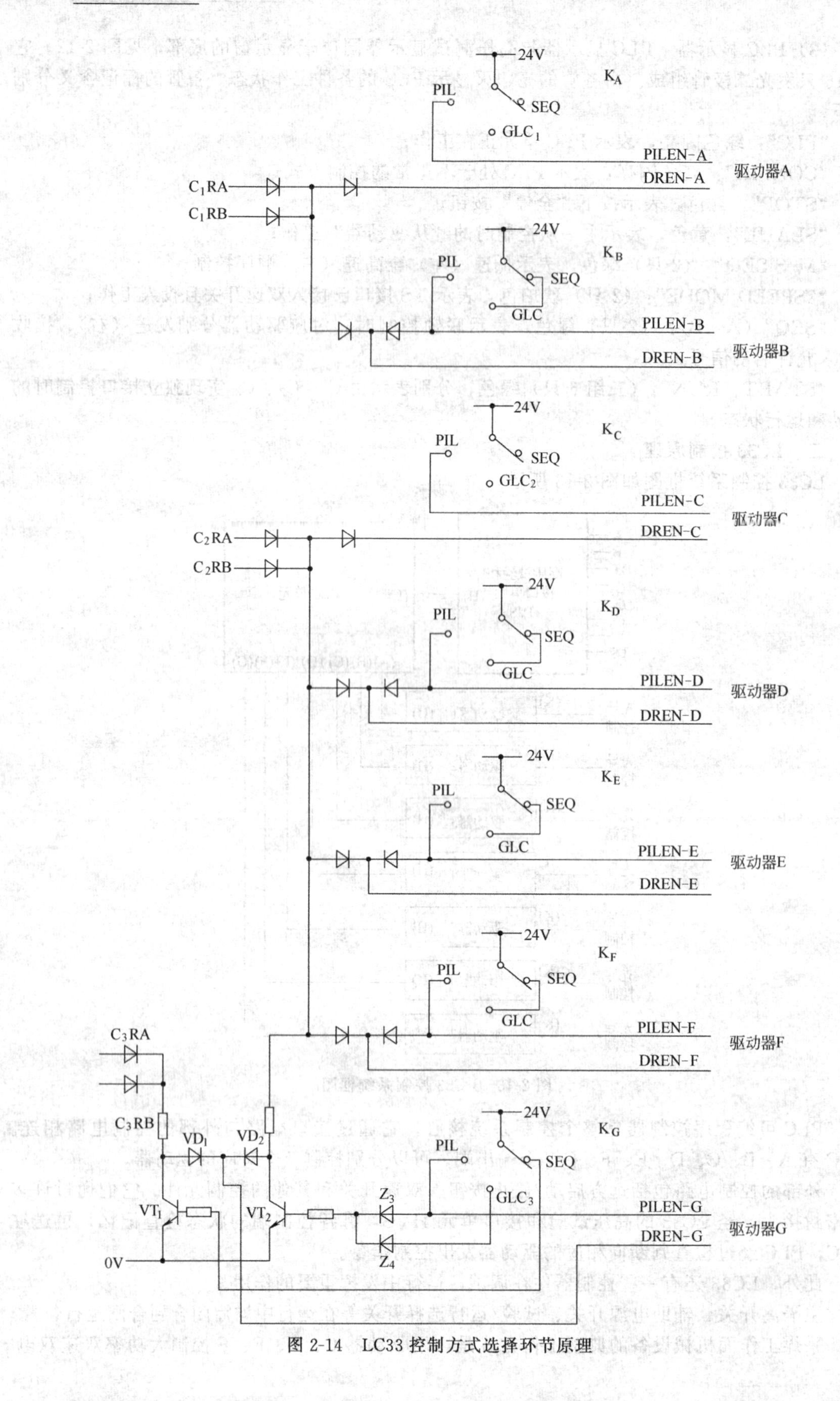

图 2-14 LC33 控制方式选择环节原理

动机拖动的刮板输送机，用驱动器 A 和 B 分别驱动转载机和破碎机。设置刮板输送机顺序控制“插入/退出”这一开关的目的是：当开关“插入”时，驱动器 C、D、E、F 必须在驱动器 A 和 B 提供顺序控制的允许信号后实现顺序控制方式；该开关“退出”时，不需运行驱动器 A 和 B 就能使刮板输送机反转，不再遵照事先设定的逻辑顺序。

1. 控制方式

LC33 的控制系统总体可分为两类工作方式。一类是各驱动器分别由先导控制电路配合自身的微处理器进行的单独控制；另一类是由 PLC 根据外部控制端口的状态而对各驱动器实施集中程序控制。

PCB 板上与连接驱动器插座对应的 7 个工作方式选择开关，每一只开关有 3 个档位，即“PIL”（先导控制）、“GLC”（外部接口 C 控制）和“SEQ”（顺序控制）。这 7 个开关与来自“接口 HVS”单元的 C_1、C_2、C_3 三组输出端组成了控制方式选择环节，如图 2-14 所示。

LC33 接口电路对外的 8 个控制接口具有不同的功能，见表 2-1。

表 2-1 LC33 的对外控制接口功能

接口	功能
A	接收允许启动信号，实现与另一台 LC33 的联锁
B	发送允许启动信号，实现与另一台 LC33 的联锁
BT	当接触器失控或真空管故障时，实现后备跳闸，切断上级馈电断路器
C_1	连接 BS3101 控制线路，控制驱动器 A 或主-从对中 A，B 驱动器
C_2	连接 BS3101 控制线路，控制驱动器 C 或双速主-从设置中的 C、D、E、F 驱动器
C_3	连接 BS3101 控制线路，用于驱动器 C 的控制
HL	与第二台 LC33 相连，以分离两台 LC33 之间的双速主/从顺序控制（即主低速-高速在一台 LC33 中，从低速-高速在另外一台 LC33 中）
TS	在主控制装置中与双速选择开关相连，以获得高速和低速锁定或自动、延时切换方式

(1) 独立先导控制　每个驱动器都可选择“PIL”工作方式，则 24V（DC）电位由“PILEN”输出端给对应的驱动器发送“允许启动控制”的指令。若将 PCB 板的某个输出插座对应的控制方式选择开关拨在“PIL”位置，则对应的驱动器便由相应的（即驱动器 K 端口引出的）先导控制电路控制。而 PLC 只能对该驱动有“停止”功能，构成独立的先导控制。所以该控制方式相当于“手动”控制方式。

先导控制电路 BS3101 如图 2-15 所示。它由一只负极接地的二极管、一只 30Ω 的电阻和起/停按钮组成。

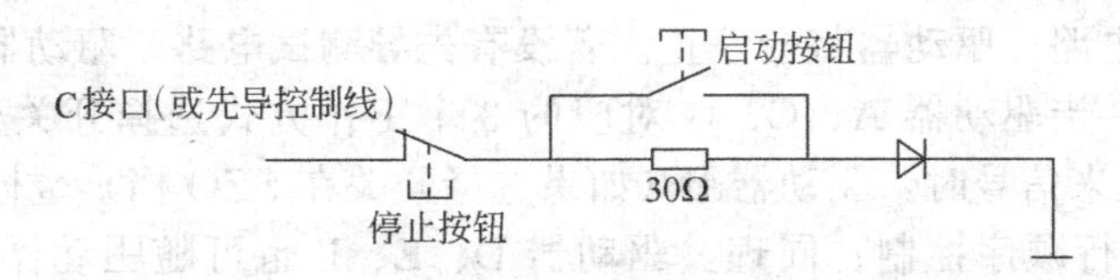

图 2-15 BS3101 控制电路

如果 A、C、G 驱动器选择了先导控制方式，则对应的控制接口 C_1、C_2、C_3 分别与图 2-16 所示的测试接口连接。

凡是工作方式开关不在“PIL”位置，不实现独立先导控制的驱动器，先导控制芯线与图 2-17 所示的测试接口相连。

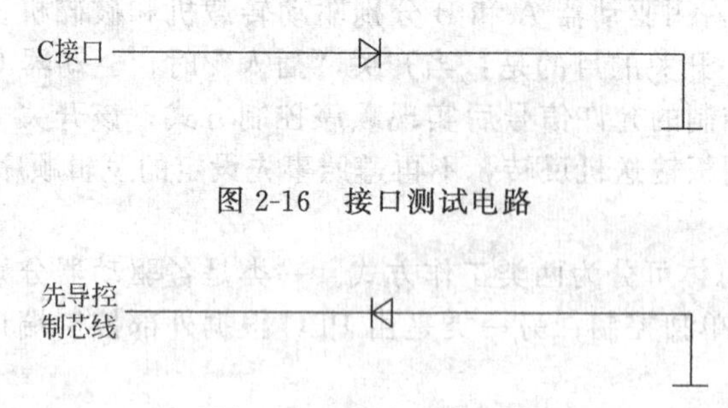

图 2-16　接口测试电路

图 2-17　先导测试电路

当某驱动器选为先导控制方式，各方面均正常准备启动时，相应驱动器显示单元将显示“Pilot”，表示施行先导控制。

为了启动电动机，先导控制回路必须完成一个 POIS（防止意外启动）程序，即控制开关由 OFF→START→RUN。如果在 4.5s 内没有把开关转到 RUN（运行）位置，则驱动器将不会启动，需把开关拉回到 OFF 位置，重新启动。

如果控制回路开路，驱动器将停止；若接头“C”电路受干扰，驱动器也将跳闸。

（2）独立接口“C”控制　实际就是远方控制信号经 C_1、C_2、C_3 端输入 PLC，对相应的驱动器实现远方自动控制。

由于接线的原因，只有驱动器 A、C、G 对应的 3 个选择开关具有独立的“GLC”档位。所以当 C_1、C_2、C_3 接口发来信号时，驱动器 A、C、G 可分别经 DREN－A、DREN－C、DREN－G 端得到“允许由 PLC 控制”的指令。

将 PCB 板上 A 或 C 或 G 驱动器对应的工作方式开关拨在“GLC”位置，接口 C_1 或 C_2 或 C_3 分别与 BS3101 电路相接，则 C_1 接口可实现对 A 驱动器的远方控制；C_2 口可实现对 C 驱动器的远方控制；C_3 接口可实现对 G 驱动器的远方控制。实行独立接口 C 控制的驱动器，在动力电缆的远端，给先导控制芯线接一个如图 2-17 所示的测试二极管。

如果驱动器 A 为“GLC”方式，则驱动器 B 必须是“PIL”方式；如果驱动器 C 为“GLC”方式，则驱动器 D、E、F 必须为“PIL”方式。

在独立接口控制方式下，C_1、C_2、C_3 接口电路的运行状态均可由 PLC 显示器的 LED 指示灯进行显示。当某驱动器准备以“GLC”方式运行时，将指示 PLC 控制，显示：

3300 V TX OFF	3300 V TX OFF
Readt to start (PLC)	准备启动（PLC）

在启动时，C 接口电路必须完成一个 POIS 顺序，即 OFF→START→RUN。如果按钮或开关在 4.5s 没有转到 RUN 位置，则启动器不会启动，需将开关转到 OFF 位置重新启动。如果断开控制电路，驱动器将会停止。若没有先导测试电路，驱动器将跳闸。

（3）顺序控制　当驱动器 A、C、G 对应的 3 个工作方式选择开关处于“GLC”档位，当控制接口 C_1 端发来信号时，驱动器 B（如果选择开关在 SEO 档）也同时受 PLC 的控制，驱动器 B 与 A 将实行顺序控制；同理，驱动器 D、E、F 也可随驱动器 C 一起从控制接口 C_2 端得到由 PLC 控制的指令而实现顺序控制。

驱动器由 PLC 控制，且连接到另一个驱动器上，作为顺序联锁的一部分。LC33 的驱动器能够由许多种方案进行顺序控制，最常用的工作面机械的控制方案被编程到 PLC 中，具体工作原理在下面讨论。对于驱动器 G 的控制原理，后面将专门讨论。

① 主-从顺序控制。在 PCB 板上 A、B 两个工作方式选择。开关旁注有“CRUSHER”（破碎机）和“STAGELOADER”（转载机）字样，说明这两种机械的控制属于典型的主-从

控制。将驱动器 A、B 的先导控制芯线经检测二极管接地，BS3101 控制电路与 C_1 输入端相连接，组成图 2-18 所示的主-从控制框图。

操纵远方启动按钮，使主驱动器 A 动作，破碎机电动机启动。经 1s 延时，PLC 的内部程序使驱动器 B 启动转载机的电动机。当任一驱动器跳闸，则另一驱动器也随之停止。在操作顺序控制电路时，也需要完成一个 POIS 顺序（OFF→START→RUN）。

② 双速主-从顺序控制（1 台 LC33）。当单独使用一台 LC33 实现双速主-从顺序控制时，参与工作的驱动器为 C、D、E、F。其控制框图如图 2-19 所示。

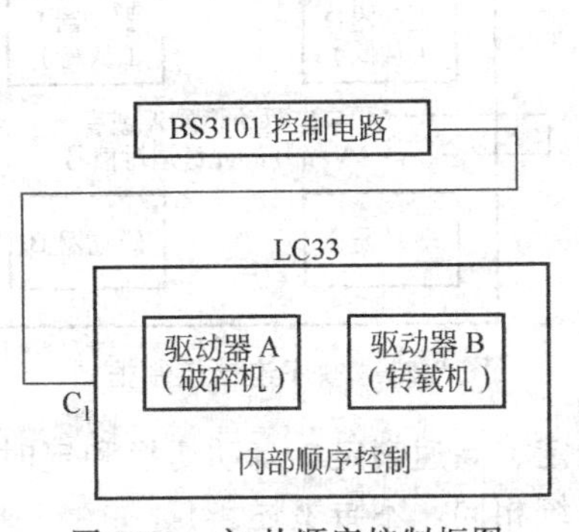

图 2-18　主-从顺序控制框图

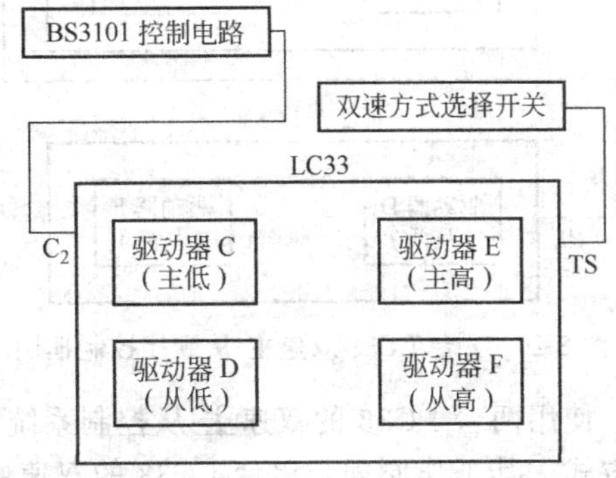

图 2-19　双速主-从顺序控制框图

4 个驱动器均选择“SEQ”控制方式，每个驱动器先导控制芯线连接一个二极管测试电路，C_2 端接 BS3101 控制电路，TS 端连接一个“双速方式选择开关”。该控制方式用于双速双电动机的机械，例如工作面刮板输送机。双速主-从顺序控制可由双速方式选择开关选定 4 种操作方式。

a. 低速锁定。用开关同时启动驱动器 C 和 D，分别作为低速主控和从控，机械（如刮板输送机）以低速运行。

b. 高速锁定。用开关同时启动驱动器 E 和 F，分别作为高速主控和高速从控，机械以高速运行。

c. 自动切换。用开关同时启动驱动器 C 和 D，当低速主控驱动器 C 的启动电流由最大值下降到切换整定值时，经 5s 延时后，C 和 D 同时停止，而 E 和 F 同时启动。于是，机械先以低速运行，在达到整定切换值后，转为高速运行。

d. 延时切换。与自动切换的过程类似，但从低速到高速的切换是在 C、D 启动后 5s 进行，而与整定的切换电流无关。

③ 双速主-从顺序控制（2 台 LC33）。也可以用 2 台 LC33 实现双速主-从顺序控制。第 1 台“主”LC33 中的驱动器 C 和 E 作为低速主控和高速主控；第 2 台“从”LC33 中的驱动器 D 和 F 作为低速从控和高速从控。其原理框图如图 2-20 所示。

需要说明的是，第 1 台 LC33 中的驱动器 D、F 以及第 2 台 LC33 中的驱动器 C、E 虽然不参与顺序控制，但可用于其他先导控制。而第 2 台 LC33 的驱动器 C 还可进行独立接口 C 控制。

2 台 LC33 的接线规则叙述如下。

a.“主”LC33：驱动器 C 和 D 选择“SEQ”控制方式，E 和 F 选择“PIL”控制方式，“C_2”接口连接一个 BS3101 控制电路；“HL”接口与“从”LC33 的“HL”接口相连接；“TS”接口连一个双速选择开关；驱动器 C 和 D 的先导控制芯线接二极管测试电路。

b.“从”LC33：驱动器 E 和 F 选择“SEQ”控制方式，D 选择“PIL”方式，C 选择“PIL”或“GLC”方式；驱动器 E 和 F 先导控制芯线接二极管测试电路。

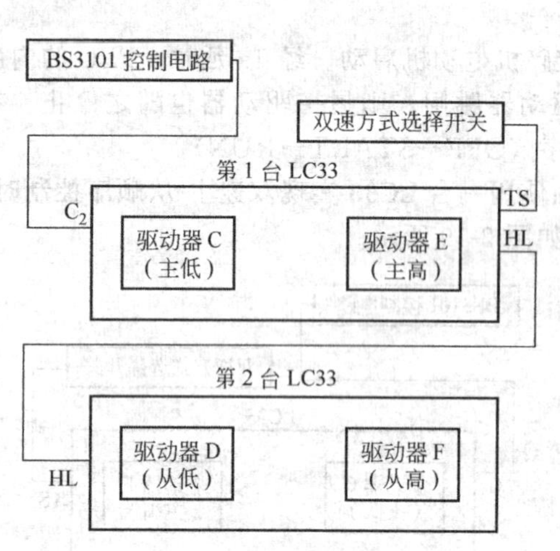

图 2-20 2 台 LC33 双速主-从顺序控制框图

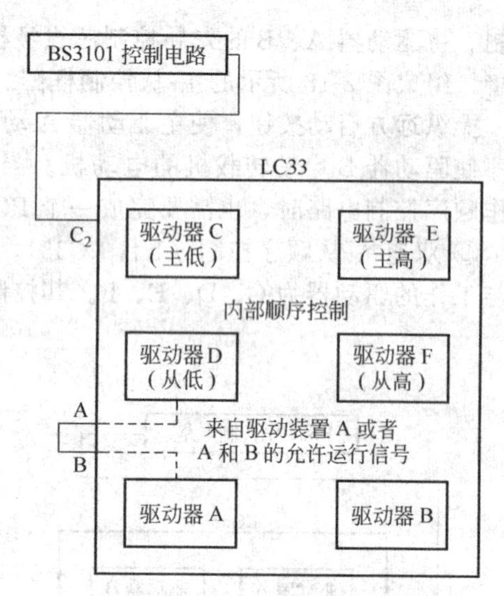

图 2-21 顺序连锁控制框图

使用两台 LC33 的双速主-从控制系统也有低速锁定、高速锁定、自动切换和定时切换 4 种方式。其工作原理与单台 LC33 的双速主-从控制系统相同，不再赘述。

④ 顺序联锁控制（1 台 LC33）。该控制方式的特点是只有当驱动器 A 或者 A 和 B 发出了“允许运行”的信号后，驱动器 C、D、E、F 方能进行顺序控制。图 2-21 为顺序控制的框图。

驱动器 C、D、E、F 按双速主-从工作方式接线；A 和 B 选择“SEQ”控制方式，或者 A 选择“SEQ”方式，而 B 选择“PIL”方式；连接 C_2 口到一个 BS3101 控制电路；A 和 B 或 A 的电缆先导控制芯线接二极管测试电路；将“A”和“B”接口用短路帽连接。

该控制系统的特点是：只有驱动器 A 或驱动器 B 启动，向外发出一个允许顺序控制的启动信号后，驱动器 C、D、E、F 才能实现顺序控制。例如驱动器 A、B 分别带动破碎机和转载机，C、D、E、F 驱动一台双速刮板输送机，就可实现破碎机、转载机与刮板输送机的联锁控制。

⑤ 顺序联锁控制（2 台 LC33）。用 2 台 LC33 也可实现顺序联锁控制，共有 2 种实施方案。

a. 顺序控制由 1 台 LC33 单独完成。

图 2-22 中，第 1 台 LC33 产生允许启动联锁信号，第 2 台 LC33 完成顺序控制的功能。对第 1 台 LC33，驱动器 A 和 B 选择“SEQ”控制方式，或者驱动器 A 选择“SEQ”，而驱动器 B 选择“PIL”方式；在 C_1 接口连接一个 BS3101 控制电路；在驱动器 A 和 B（或仅为 A）动力电缆远端的先导控制芯线上连接二极管测试电路。

对第 2 台 LC33，按照双速主-从顺序控制方式连接。

在 2 台 LC33 之间，把 1 台 LC33 的“B”接头接到第 2 台 LC33 的“A”接头。

b. 主-从顺序控制功能由 2 台 LC33 联合完成。

图 2-23 表示顺序联锁控制的另一种连接方式，第 1 台 LC33 的驱动器 C、E 与第 2 台 LC33 的 D、F 组成主-从顺序控制环节，而允许启动信号由第 1 台 LC33 的驱动器 A 和 B 或驱动器 A 发出。

例如，第 1 台 LC33 的驱动器 A 控制破碎机；驱动器 B 控制转载机；驱动器 C（主低）、驱动器 E（主高）控制刮板输送机机头的双速电动机。第 2 台 LC33 的驱动器 D（从低）、F（从高）控制刮板输送机机尾双速电动机。

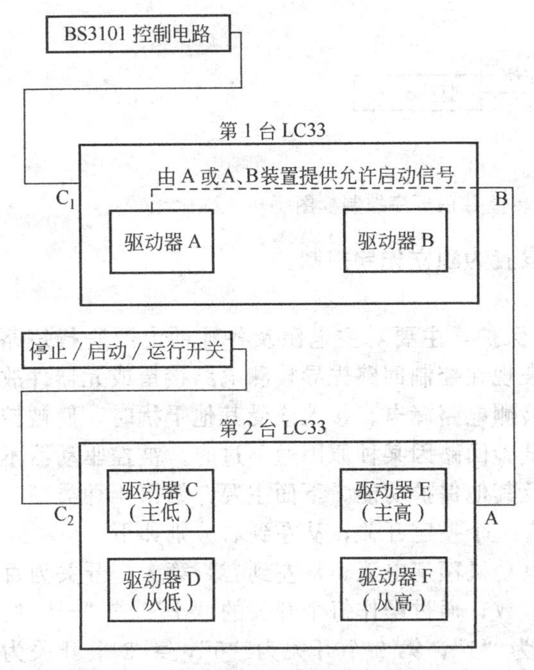

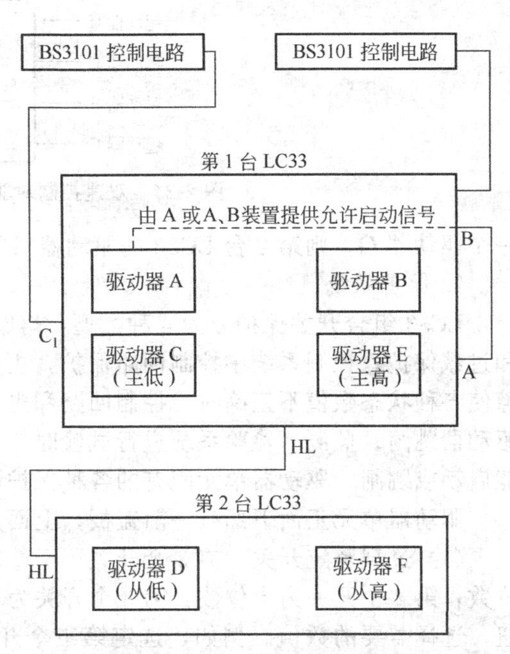

图 2-22 2 台 LC33 顺序联锁控制框图（1） 图 2-23 2 台 LC33 顺序联锁控制框图（2）

在组成系统时，对于第 1 台 LC33，驱动器 A 和 B 选择为“SEQ”控制方式，或者驱动器 A 选为“SEQ”控制方式，而 B 选为“PIL”方式；给 C_1、C_2 接口外引一个 BS3101 控制电路；在驱动器 A 和 B（或仅为 A）的先导控制芯线远端连接二极管测试电路；对驱动器 C 和 E 设置双速主控方式。对于第 2 台 LC33，驱动器 D 和 F 设置双速从控方式。在 2 台 LC32 之间将第 1 台 LC33 的“HL”接头连接到第 2 台 LC33 的“HL”接头上。

以上所讨论的顺序联锁控制，必须由驱动器 A 和 B（或驱动器 A）发出允许运行信号后，方能使驱动器 C、D、E、F 组成的主-从控制得以实现。在实际工作中，有时并不希望动作驱动器 A、B，而需要动作 C、D、E、F（例如，在不开动破碎机或转载机的情况不，刮板输送机的反转运行）。这时，可由操作人员使用“AFC 顺序控制插入/退出开关”实现。

⑥ 驱动器 G 与双速控制对的联锁控制。驱动器 G 的控制方式有其自身的特点，图 2-14 给出了驱动器 G 控制方式的选择电路。当工作方式选择开关 K_G 在“PIL”位置时，24V 电经 PILEN-G 输出，向驱动器 G 发出“允许先导控制”的指令。此时晶体管 T_2 饱和导通，集电极的 0V 电位使二极管 Z_2 截止，DREN-G 端无输出；当开关 K_G 在 GLC_3 位置，24V 电位使 T_2 导通，若 C_3 端有信号输入，则经 Z_1 由 DREN-G 端向驱动器 G 发出“由 PLC 控制”的指令；当开关 K_G 在“SEQ”位置时，24V 使 T_1 管饱和导通，使 Z_1 的阳极为 0V 而截止，则由 C_2 端引入的信号（正电位）使 Z_2 导通，仍然使 DREN-G 向驱动器 G 输出“由 PLC 控制”的指令。这样，驱动器 G 在顺序控制位置时可与驱动器 C、D、E、F 按程序配合工作。

图 2-24 表示驱动器 G 与驱动器 C、D、E、F 组成双速控制对的联锁控制逻辑关系。只要 C、D、E、F 中的任一驱动器运行，则均使驱动器 G（从属）自动启动。

无论使用 1 台 LC33 或 2 台 LC33，先按双速主-从控制方式对驱动器 C、D、E、F 进行连接，将任 1 台或 2 台 LC33（如果使用两台的话）的驱动器 G 选为“SEQ”控制方式，其先导控制芯线上接二极管测试电路。

如果使用了 2 台 LC33 的驱动器 G，则在“主控”箱中的驱动器 C 和 D 将顺序启动该箱的驱动器 G；同理，“从控”箱中的 E、F 将启动该箱的驱动器 G。当然，若系统中只需要

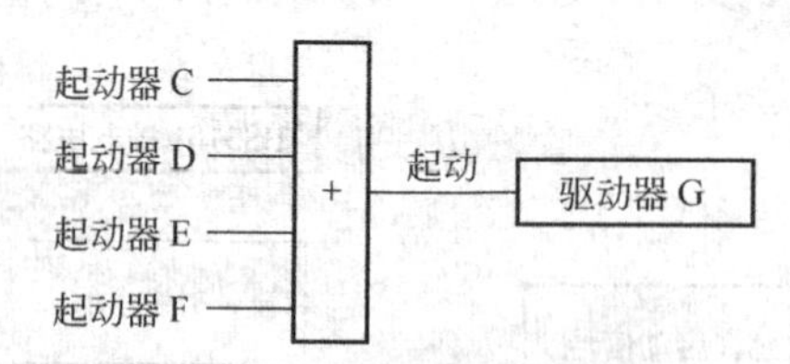

图 2-24 双速控制对驱动装置 G 的顺序控制框图

一个驱动器 G，则第 2 台 LC33 的驱动器 G 可设置为独立先导控制。

2. 保护系统

LC33 组合开关保护分为 4 种类型：熔断器保护，主要对主电源及各辅助电源进行短路和过载保护；控制系统中控制回路保护，主要表现在控制回路先导检测电路接错或元器件故障使各种状态数值不正确时、控制回路和先导检测电路漏电、接地或受其他干扰时，使被控驱动器跳闸；监测、检验系统进行试验时，被试验回路因某种原因通不过时，被控驱动器不能启动或跳闸；驱动器单元固有的各种保护以及其他保护功能。下面主要介绍第 4 种类型。

驱动器单元正面下部有一前盖板，上面共有 7 个整定开关，从左到右分别如下。

(1) 过载整定开关　前 3 个开关用于整定电动机额定电流。从左到右，第 1 个开关为百位数，第 2 个开关为十位数，第 3 个开关为个位数，通过操作每个开关的“＋”或“－”按钮，选择需要的数值。例如，选定第 1 个开关为“1”，第 2 个开关为“5”，第 3 个开关为“0”，即整定的额定电流为 150A。当实际电流达到 150A 的 110%，即 165A 时，过载保护按反时限特性开始工作。

(2) 过载复位方式选择开关　第 4 个开关可以选择电动机过载跳闸后的复位方式。该开关共有 10 个挡位，各挡位对应的复位时间见表 2-2。

表 2-2 过载复位方式

整定档位	过载复位方式	整定档位	过载复位方式
0	自动复位	5	延时 10min 复位
1	延时 2min 复位	6	延时 12min 复位
2	延时 4min 复位	7	延时 14min 复位
3	延时 6min 复位	8	延时 16min 复位
4	延时 8min 复位	9	闭锁

(3) 短路电流整定开关　第 5 个开关用于短路电流整定。短路电流按额定电流的百分数设定，见表 2-3。

表 2-3 短路电流整定值

档位整定	短路跳闸值
0	60%额定电流
2	100%额定电流
3	180%额定电流
4	220%额定电流
5	260%额定电流
6	300%额定电流
7	340%额定电流
8	380%额定电流
9	420%额定电流

表 2-4 阀值设定值

整定档位	切换阀值
0	80%额定电流
1	90%额定电流
2	100%额定电流
3	110%额定电流
4	120%额定电流
5	130%额定电流
6	140%额定电流
7	150%额定电流
8	160%额定电流
9	170%额定电流

(4) 低高速切换整定开关　在双速控制方案中，当低速/高速切换采用电流原则时，需依据低速启动电流从最大值下降到一定值时切换到高速运行。第6个开关即为阀值整定开关，允许该值为指定在低速工作的驱动器的切换值，该驱动器通知PLC，由PLC完成低速拖动到高速拖动的切换。阀值设定见表2-4。

(5) 遥测地址开关　第7个开关为该驱动器确定一个在遥测系统中的从地址（详见监测系统）。

(6) 漏电动作灵敏度选择　驱动器具有漏电保护功能，即有与驱动器输出相应的零序电流互感器CBCT来采样的单点漏电保护，也有以三相电抗器IND为隔离的多点漏电保护。其保护灵敏度设定在前盖板内，一般不调节。见表2-5。

表2-5　漏电动作灵敏度调整

调整挡位	漏电动作灵敏度	调整挡位	漏电动作灵敏度
1	75～80mA	3	250～290mA
2	180～190mA		

(7) 接触器粘连保护　驱动器具有接触器粘连保护和真空管失效保护。当接触器已经处于断开位置，检测出接触器粘连和真空管失效后200ms内，后备保护跳闸。在接触器线圈断电检测出接触器触头未断开，1～1.5s或者检测出真空管故障大约5s内，由后备保护跳闸进行保护。驱动器还具有超电压/低电压保护。

第三节　LC33负荷控制中心的试验监测系统

为保证LC33组合开关安全可靠地工作，LC33在每次送电工作时均需进行必要的检测和试验。另一方面，为了使组合开关投入工作后的重要参数迅速送往矿井的数据系统，LC33投入运行后，监测环节投入工作。这样与显示装置配合就形成了一套较为完善的试验监测系统。

一、LC33的控制器件

试验监测系统涉及了如下的操作控制器件。参见图2-7、图2-25。

1. 主隔离开关

在进行试验时，主隔离开关必须位于“试验（TEST）”位置，而与隔离开关机构联动的微型开关完成下述两个功能。

① 断开所有顺序控制接口（不包括远方控制接口）及内部所有顺序检测器，以防止该装置无意中为其他单元发送顺序信号，并隔离来自其他装置的信号；但同时又允许在试验状态下进行顺序操作。

② 允许试验电路进行接触器测试和高压测试。此时，门上的接触器试验/运行开关必须转到“试验”位置。

2. 辅助电源开关

这些开关控制3个照明电源，它们均为推拉式机构，用于操作微型断路器。

3. 辅助电源漏电试验开关

这是一个用钥匙操作的开关，该开关用于对辅助电源实行漏电保护的试验。

4. 辅助电源漏电复位开关

也是一个钥匙操作的执行机构，该机构用于由于漏电而跳闸的辅助电源断路器复位。

5. 试验/运行开关

该开关直接控制接触器线圈的电源。在进行试验时，只有当隔离开关处于“试验”位置，且“试验/运行”开关也处于“试验”位置时，才允许接触器吸合。

6. 试验选择开关

该开关用来选择对任一驱动器进行的试验项目。开关有如下几个位置，见图 2-25。

①“故障重现和保护整定”（DISPLAY）：通过复位操作测试触发按钮，显示最新存储的故障和保护整定的实际数值，以检查整定值是否正确。

②“先导接地测试”（PET）：检验控制电缆出现接地故障后的保护反应。

③“过载试验”（OL）：检验加入模拟过载电流后过载保护的反应。

④“漏电试验”（EL）：检验将一相动力线通过 4.8kΩ 试验电阻接地时漏电保护的反应。

⑤“保护复位”（RESET）：可以复位短路锁定、过载锁定、漏电锁定、漏电闭锁锁定、真空管故障锁定和接触器粘连锁定。

⑥“接触器试验”（CONT）：检验接触器控制回路和接触器自身的工作性能。

⑦“高压试验”（HVS）：检验输出电路的耐压水平，并测量外部电路的绝缘电阻。

7. “驱动器选择”开关

用来选择 7 个驱动器中的某一个，以进行测试、复位、故障重现显示等。

8. 测试触发按钮

用该按钮去触发所选择的试验。

二、测试原理

图 2-25 所示为测试电路原理。测试的类别由“测试选择”开关来选定。被测驱动器由“驱动器选择”开关选定。

1. 高压测试信号的发送原理

如图 2-25 所示，当“测试选择”开关置于“HVS”挡时，24V 电压经继电器 HVR 线圈接至晶体管的集电极。若按压“试验触发”按钮时，晶体管的基极经 R_2 得到正电位，使其饱和导通，继电器 HVR 吸合，其常开触点闭合。由于在进行高压测试时，隔离开关处于试验位置，所以其微动开关经二极管 VD_8，将 24V 电压沿 HVR 的触点从 HVTST 端输向高压试验单元，高压试验单元立即产生 3kV 直流高压，对输出动力电缆进行高压试验。

图 2-25 中 HVPASS 是由高压试验单元引出的电位端子。当高压试验未触发时，该端子为“0”电平，当高压试验触发后，该端子为“1”电平。

2. 测试类别的编码

为了给各驱动器和高压试验单元发送不同的测试指令，需要对测试类别进行编码。编码电路使用了 4 个或门电路，见图 2-25，由 SEL_0、SEL_1、SEL_2 三个输出端向外输出三位编码。

表 2-6 表示了各种测试情况下门电路的二极管导通状况；表 2-7 给出了各种试验的编码。

3. 测试时的控制关系

图 2-26 表示测试过程中的控制逻辑。每个驱动器只有同时接到“驱动器选择”和“测试选择”两种信号时，驱动器才会执行对应的动作和显示。

表 2-6 二极管导通状态

或门输出	先导接地试验	测试选择					
		过载试验	漏电试验	保护复位	接触器试验	高压试验（未触发时）	高压试验（触发后）
SEL_0	VD_1		VD_4		VD_7		VD_{12}
SEL_1		VD_2	VD_3			VD_9	VD_{11}
SEL_2				VD_5	VD_6（VD_{24}）	VD_8（VD_{24}）	VD_{10}（VD_{24}）

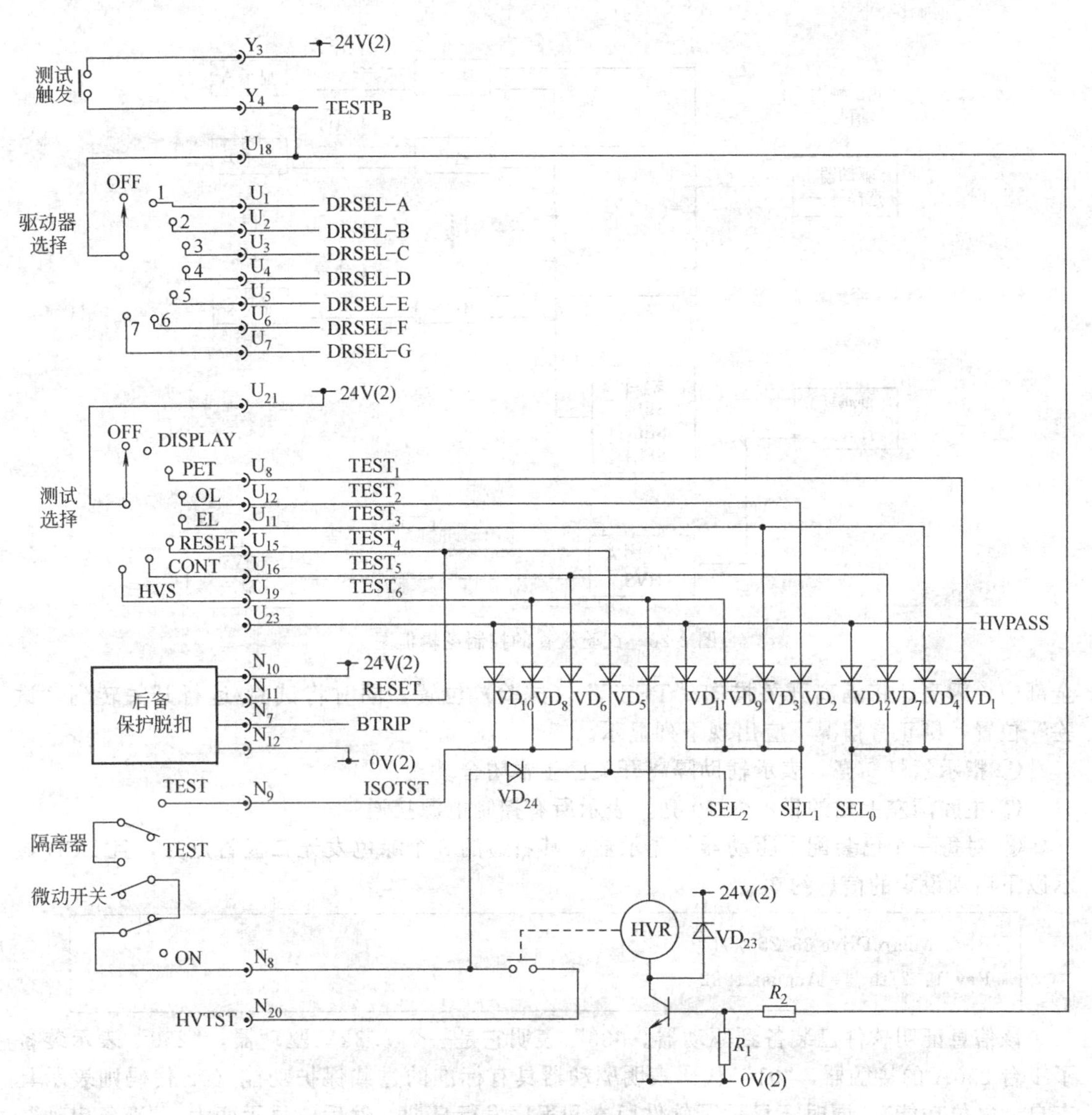

图 2-25 测试原理

表 2-7 试验类别编码（输出电平编码）

测试类别	编码输出端		
	SEL_0	SEL_1	SEL_2
先导接地试验	1	0	0
过载试验	0	1	0
漏电试验	1	1	0
保护复位	0	0	1
接触器试验	1	0	1
高压试验(未触发时)	0	1	1
高压试验(触发后)	1	1	1

三、送电检查

将隔离开关置于“OFF”（断开）位置，当三相电源输入时，隔离开关门上的指示灯 16

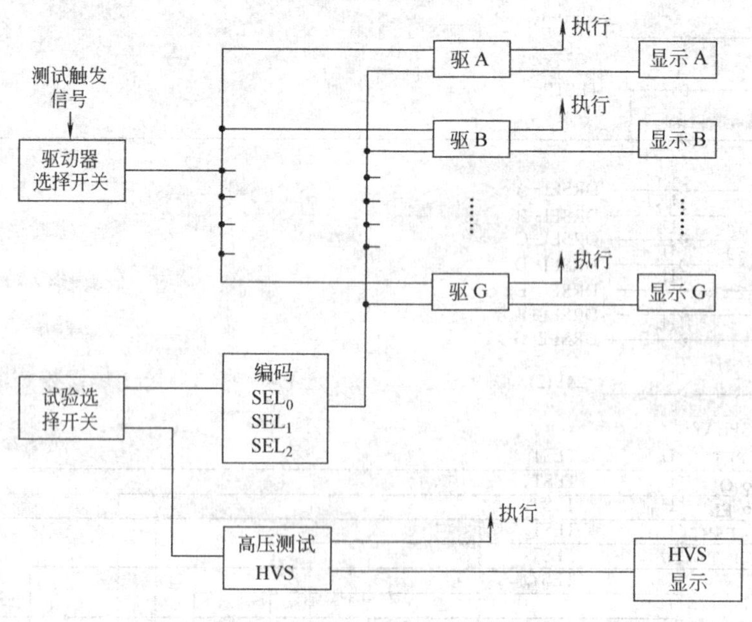

图 2-26 试验检查的控制逻辑框图

全部应该闪亮。将隔离开关推向“TEST”（试验）位置，同时将试验/运行开关转到“试验”位置，则正常情况下应出现下列显示。

① 指示氖灯 5 亮，表示辅助隔离开关已正常闭合。

② 主腔门左上角的指示灯 10 亮，表示所有控制电源接通。

③ 对每一个已装配了驱动器的显示器，其右边的 2 个绿色发光二极管点亮，且 LCD 显示以下启动设定的信息约 3s。

B&L Micro Drive 33/250/01 Rev. 1：27th　　August 1922

该信息证明软件已装备到驱动器。“33”表明它是一个 3.3kV 驱动器，“250”表示装备了 1 台 250A 的接触器，“01”代码表明驱动器具有标准的过载保护功能（02 代码则表示具有自动复位功能），同时还显示了软件版本和程序发行日期。然后，显示变为：“准备启动”。

④ 防爆显示窗底部的高压试验显示器上显示“LC33”，如果装有温度监控附件，则 5s 后显示将改变为控制箱的温度（℃）。

⑤ 1 个标记为“PLC”位于高压试验显示器右边的绿色发光二极管，在慢慢闪烁；而标记为“CONFIG”的红色发光二极管是熄灭的。

如果上述指示灯之一未出现，则表明内部有某种故障。

四、驱动器的测试

利用试验选择和驱动器选择开关对每个驱动器进行如下测试。

1. 检查驱动器的任务设定

将测试选择开关打到“故障重现的保护整定”位置，将驱动器选择开关打到被选驱动器，再将测试触发开关按下，则显示变为：

Fault Revall　　故障查询 NO faults stored　无故障存在！

下边一行也许有一个或多个故障显示，这种情况下按故障重现的方法查询。接着松开试

验触发开关，然后再按压一次，将显示最低电压、最大电流和最大功率。

PVI Memory Min V：3289	功率、电压、电源存储：最低电压 3289V，
Max. A：0 Max. kiwi：0	最大电流 0A，最大功率 0kW

再次松开、按下，将显示驱动器的整定值：

Settings：PLC. S/C＝60％	整定值：PLC 短路设定值 60％
O/L＝100A，Latching	过载电流 100A，锁定

再松开、按下，将显示：

Settings：SAP Addr＝1	整定值：SAP 地址＝1
Threshold＝110％	切换阀值 110％

之后，松开测试触发开关，5s 后显示将变为：

3300V	3300V
Ready to start（pilo）	准备启动（先导控制方式）

如果 LCD 上显示的设定值与驱动器的设定值不一致，则开关可能有故障或整定有错误。

2. 控制芯线接地测试

首先将测试选择开关打到“先导接地测试”位置，将驱动器选择开关选向被测试驱动器，然后按下测试触发开关，则所选驱动器显示：

Test：pilo earth	试验：先导控制芯线接地
Pilo earth fault	先导控制芯线接地故障

该信息会持续 10s。

3. 过载试验

过载试验是模拟一个超过整定值的一个电流加到驱动器电路中，如果接触器是吸合的，则跳闸且显示过载信息。如果过载方式设定为“锁定”，那么，将留下一个锁定状态，该状态必需使用“保护复位”功能来复位。

将测试选择开关选在“过载”位置，用驱动器选择开关选定驱动器，然后按压试验触发按钮（持续按压），则顺序显示下列信息：“即将发生过载跳闸”或者“过载锁定”。

Test：Overload	试验：过载
Impending overload trip	即将发生过载跳闸

Test：Overload	试验：过载
Overload trip	过载跳闸

或者显示：

Test：Overload	试验：过载
Overload latvh	过载锁定

以上两种过载显示决定于过载复位的方式。如果选定了自复位方式，则信息与“等待复位”将交替显示，则跳闸 15min 后自动复位。如果选定跳闸锁定，则需人工复位。

Wait for O/L reset	等待过载复位

4. 漏电试验

漏电试验是使用一个 4.8kΩ 的电阻将某一相接地，如果接触器是闭合的并且隔离开关在“闭合”位置，则包括三相电抗器在内的主回路进行了一次漏电保护试验；如果接触器是断开的，那么就完成了一次低压漏电闭锁试验。

将试验选择开关选在“漏电试验”位置，用驱动器选择开关选定被测驱动器，按下试验触发按钮，将显示如下信息：

Test：E/L & Lovkout	试验：漏电和闭锁
E/L lovkout latvh	漏电闭锁锁定

在接触器吸合，隔离开关闭合的情况下进行该项试验时，将使驱动器跳闸，显示信息为：

Test：E/L & Lovkout	试验：漏电和闭锁
Earth leakage latvh	漏电锁定

5. 保护复位

在漏电试验和过载试验中都出现过驱动器“锁定”状态，这种状态的复位属于“保护复位”。其作法是：在试验选择开关上选定“保护复位”位置，LC33 所有驱动器的显示变为：

Reset selevtek	选择了复位
Drive start inhibited	驱动器禁止启动

按下试验触发按钮，所选驱动器 LCD 的上面一行将显示“Resetting latches”（锁定复位）。松开试验触发按钮，如果引起锁定的条件仍存在，则“锁定”信息就不会消失。

6. 接触器试验

在试验选择开关上选定“接触器试验”位置，则 LC33 所有驱动器的显示将变为：

Contavtor test selevted	选择了接触器试验
Drive start inhibited	禁止驱动器启动

在驱动器选择开关上选择欲测试的驱动器。按下测试触发按钮，如果所选驱动器的控制回路电阻低于 67Ω，并且有一个二极管接地，那么所选驱动器的接触器应该吸合，显示为：

Testing vontavtor	试验接触器
Contavtor vlosed	接触顺吸合

如果未出现上述指示，而控制电路又是正常的，应进行故障查找。按上述方法对所有驱动器依次测试。

7. 高压检测试验

该项试验的目的在于检验高压测试单元及每个驱动器对命令的响应。进行该项试验时，置隔离开关于“试验”位置；通过闭合的接触器施加 3kV 直流电压到输出回路；触发高压测试单元产生测试电压，并测量外部对地绝缘电阻。该试验只有当先导控制回路为测试方式（非控制方式）、低压漏电闭锁没有锁定，并且被测电路正常（对漏电跳闸应复位）时才能进行，驱动器显示器将指示是否允许试验。若被测驱动器是双速配置的一部分时，两驱动器均满足上述条件。

(1) 试验准备　将试验选择开关选定在“高压试验”位置，LC33 所有驱动器的显示将为：

HV Search test selevted	选择了高压检测试验

同时，显示装置还将指明驱动器是否适合试验。例如显示：

HV Search test selevted	选择了高压检测试验
Can't perform	不能进行试验

表明所测试的驱动器不能进行试验。松开试验选择开关，则显示会指出原因：是控制回路或者是闭锁故障。如显示：

HV Search test selevted	高压检测试验
Ready to test	准备试验

HV Search test selevted	选择了高压检测试验
Chevk 2nd drive if 2sp	如果是双速装置，检查第 2 个驱动器

上述显示说明驱动器准备试验，然而仍然不能进行。如果驱动器是双速控制对的一部分，则应对另一配对的驱动器按前述的同样方法进行高压试验前的检查准备。任何一个驱动器显示了“不能进行试验”的信息，则两个装置均不能送入高压检查。这样是为了确保在施加直流测试电压前，连到同一电动机的两条电缆都完好。

如果隔离开关闭锁不正常或辅助控制回路系统测不到二极管，就不会出现任何反应，此时将连续显示“不能进行试验”。必须给予检查补救，待一切正常时方可加压试验。

(2) 加压试验　按下试验触发按钮并保持。若试验能进行，接触器将吸合并显示：

HV Search in Progress	高压试验在进行中

(3) 绝缘试验　在进行加压试验时，位于防爆窗底部的高压测试显示器将显示：

TEST	试验

当持续按压试验触发按钮 10s 时，将显示出电缆绝缘电阻（MΩ）。例如，显示为“1.2”，则表示绝缘电阻为 1.2MΩ。若该值大于 1.0MΩ，则试验初期所预置的漏电保护锁定被解锁复位，驱动器显示为：

HV Searcch in Progress	进行高压试验
Passed-E/L reset	测试通过一漏电复位

至此，高压试验结束。但必须注意，试验结束后，应将隔离开关转到“断开”位置，并停留一会，以确保被试电器完全放电，防止由于隔离开关直接转到“接通”位置，从而导致在电源输入端出现短路。

五、外部控制电路的检查

为防止在检查时引起接触器的吸合，应先将隔离开关打到“试验”位置，“试验/运行”开关也在试验位置。检查时注意观察防爆窗右下角处的 16 个 LED 指示器。

1. “C”接口状态的检查

进行控制操作时，则 6 个标有“START”和“RUN”的绿色 LED 指示灯分别给出“C_1”、“C_2”、“C_3”接口状态。例如：“C_1”START 表示“C_1”启动；“C_1”RUN 表示“C_1”运行。接口状态与指示灯关系见表 2-8。

表 2-8 C接口状态显示

启动	运行	接口状态
灭	灭	开路、短路、无二极管、二极管接错
灭	亮	BS3101“运行”：30Ω 电阻和二极管正常
亮	灭	BS3101“启动”：小于 10Ω 电阻和二极管正常
亮	亮	介于“运行”和“启动”之间

2.“TS”接口及双速开关状态的检查

将双速工作选择开关分别置于 4 个位置，观察 2 个标有“2—SPEED”的琥珀色 LED 指示灯，按表 2-9 判定“TS”接口和双速选择开关状态的正确性。

表 2-9 TS接口状态显示

左 LED	右 LED	开关位置/双速模式	左 LED	右 LED	开关位置/双速模式
灭	灭	自动切换	灭	亮	高速锁定
亮	灭	定时切换	亮	亮	低速锁定

3. 顺序控制的状态检查

若进行主-从顺序控制的操作，则 2 个标有“M/SSEO”的绿色 LED 点亮，右边的 LED 亮代表高速，左边的 LED 亮代表低速，说明顺序控制是有效和正常的。如果是 2 台 LC33 联合实现主-从顺序控制，则“M/S SEO”LED 亮代表“主”控单元正常；而标有“SLAVE”的黄色 LED 点亮，代表“从”控单元正常。

如果进行顺序联锁控制的操作，则 2 个标有“A/BSEQ”的绿色 LED 点亮。右边的 LED 亮表示“允许启动信号”已发出；左边的 LED 亮表示“允许启动信号”已收到，说明顺序联锁功能正常。

六、辅助电源和本安电源的检查

依次合上开关，使辅助电源带电，转动用钥匙操作的隔离开关，使本安电源带电，检查本安电路的电压表。

如转动用钥匙操作的辅助电源漏电试验开关，检查辅助漏电保护功能，则“辅助电源接地跳闸显示”灯应该点亮，并且电源消失。然后，用钥匙操作辅助电源漏电复位开关，使电源恢复。

通过前面的测试，知道了驱动器的 LCD 显示所有信息及防爆窗上部的 LED 指示，如果均正常，就可准备启动。将测试选择开关打到“故障重现和保护整定”位，再次审查有无遗留故障。一切正常，LCD 显示：

3300V READY TO START (PIOT)　　准备启动（先导控制）或（PLC）

当所使用的驱动器都显示“READYTOSTART”时，便可开始正式送电。将隔离开关推到“ON”位置，将试验开关转到“运行”位置，然后，依次启动每一个驱动器或进行顺序控制。

七、监测电路

LC33 使用了一个由 BS6556 元件构成的 SAP 遥测环路，通过数字和模拟通道向全矿数据系统提供各种数据；同时，也可通过由 BS5754 元件构成的变换器将电源电压、驱动器的电流、功率和接触器状态转换后输出。

1. SAP 遥测环路

遥测环路用于 LC33 和“英国煤矿监测矿井系统”相连。它对外传送着各驱动器的电压、电流、功率数据及地载保护的整定值、各种保护跳闸和接触器的状态。

(1) SAP 环路接线及状态显示　去掉 SAP 端子上的本安栅，在箱体上部用 4 芯电缆与 SAP 光耦的端子组相接。LCD 显示器的右上角便显示 SAP 环路的状态。

显示“SAP??”，表明驱动器的“从”地址码与“主”地址码不一致，应重新设置。

显示“TXOFF”，表明“从”地址码已在驱动器上设置，且已被验证与“主”地址相一致，但 SAP 环路没有触发。说明出现故障，应查找消除。

显示“TXON”，表明驱动器已联机（在线），且正在传输监测信息。

如果显示“BLANK”（空白），则表明驱动器在遥测地址开关上设置了“0”位，而不能被遥测。

(2) SAP 所传输的数据　英国煤矿应用数据标准如下。(SXN＝尾数)

① SXN 00H：数据识别。

发送三字节应答时，分别表示如下含义：

第 1 字节＝48H（电动机控制开关应用）；

第 2 字节＝01H（单驱动辅助型监控）；

第 3 字节＝01H（一个接触器）。

② SXN 01H：执行错误。

③ SXN 02H：从驱动器指令。

④ SXN 06H：系统数据。

⑤ SXN 08H：逻辑状态数据。SXN 08H 可用于传输的通道和数据见表 2-10。

表 2-10　SXN 08H 通道和数据

通道	名　称	量程/刻度	通道	名　称	量程/刻度
3	辅助控制方式	1＝选择	20	短路锁定	1＝锁定
4	远方控制方式	1＝选择	22	漏电锁定	1＝锁定
13	接触器状态	1＝闭合	23	漏电闭锁锁定	1＝锁定
15	接触器粘连	1＝粘连	25	控制回路正常	1＝故障
16	接触器真空管	1＝故障	27	控制回路短路	1＝故障
17	过载跳闸	1＝跳闸	29	远方停止	1＝停止
18	过载锁定	1＝锁定	42	欠电压禁止	1＝设定
19	瞬时过载	1＝设置	43	欠电压跳闸	1＝设定

⑥ SXN 16H：模拟数据（2X16 位型）。SXN 16H 可用于传输的通道和数据见表 2-11。

表 2-11　SXN 16H 通道和数据

通道	名　称	数值范围	通道	名　称	数值范围
1	系统电压/V	0～3960	5	最大电流	0～2550
2	驱动器电流/A	0～2550	6	最大功率	0～1488
3	驱动器功率/kW	0～1488	15	过载整定	0～250
4	最低电压/V	0～3960			

⑦ SXN 2BH：总识别。

⑧ SXN 2FH：通知抑制上面所有的状态或模拟通道被封锁。

2. 6BS5753 变换器输出（PVI）

驱动器的电压、电流、功率及接触器的状态经变换后，既可驱动图表记录仪或实现驱动器间的闭锁，又可进入矿井数据系统。

PVI 对于工作面是很有用的。它可提供一个快速响应系统，接触器的状态信号很适用于联锁控制（例如风扇等）。

变换器输出的通道数据见表 2-12。表中的数据量输出均为 0.4～2V。

表 2-12　PVI 输出通道和数据

通　道	名　称	量　　程
1	电压	0.4V=2kV　2V=4kV
2	备用	没有使用
3	电流(驱动器 A)	0.4=0%;2V=200%的驱动满载电流; 2V=800%的驱动器额定电流(接触器闭合后 10s)
4	功率(驱动器 A)	0.4=0%;2V=(12×过载整定值) (2V=24×过载整定值)kW(接触器闭合后 10s 内)
5,7,9,11,13,15	电流(驱动器 B～G)	驱动器 B～G 的电流输出同驱动器 A
6,8,10,12,14,16	功率(驱动器 B～G)	驱动器 B～G 的电流输出同驱动器 A

3. 7s 型（辅助数据）监测

如果选用了这个监测环节，就将 7s 接收装置与 LC33 的 PLM 密封接头连接，最多可传输 2 条拖曳电缆的数据。

第四节　其他启动器简介

一、TD33 型电动启动器

1. 概述

TD33 启动器是由英国 B&F 公司生产的，专门为煤矿井下高产高效工作面设计制造的供电设备。其外形如图 2-27 所示。

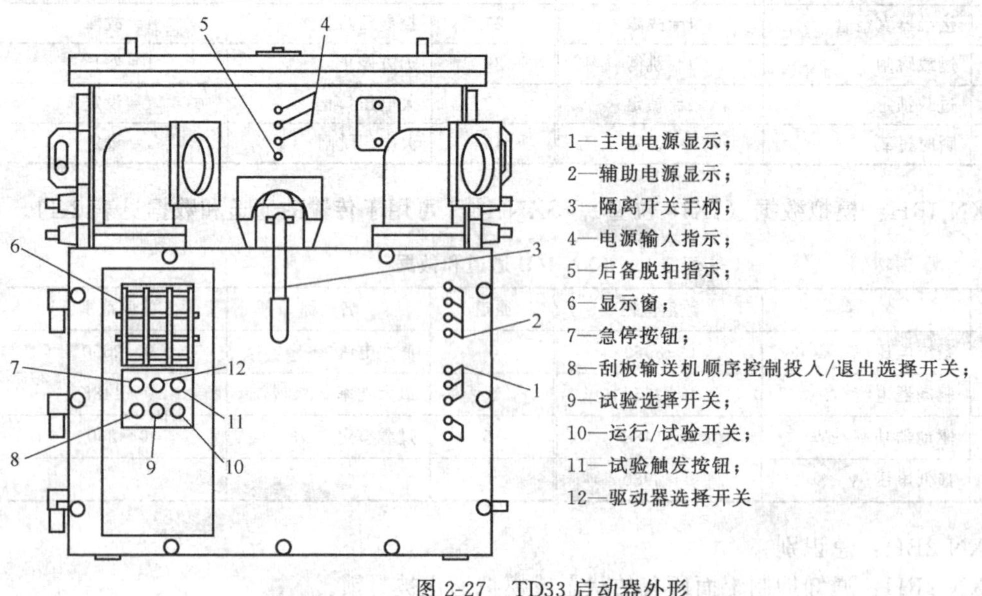

图 2-27　TD33 启动器外形

TD33启动器额定电压为3300V，动力回路有2路输出。其内部主要有1个可带载换向的主隔离开关及2个250A的驱动器。

TD33控制系统与LC33一样，以可编程序控制器PLC作为控制核心，可以实现先导控制、独立外部控制口C控制、各种顺序控制、联锁控制。

TD33保护系统完善，每个驱动器均具有过电压保护、欠压保护、过载保护、短路保护、漏电保护等功能。当出现接触器输入端过电流、真空接触器失控、真空管故障时，保护系统能实现后备脱扣。

TD33的显示装置、试验监测系统和故障查询系统与LC33完全相同。

(1) 主要技术参数

① 额定电压：3300V

② 额定电流：315A

③ 工作电压范围：60%～110%U_N

(2) 隔离开关

① 额定电压：3400V

② 额定电流：315A

③ 断流容量：1890A，$\cos\varphi=0.35$时为2520A

(3) 接触器

① 额定电压：3400V

② 额定电流：250A

(4) 接触器保护

① 欠电压/过电压保护：阻止接触器吸合<75%U_N

② 接触器跳闸：<60%U_N

③ 接触器跳闸：>110%U_N

④ 接地漏电保护（调定值）：75～85mA/160～180mA/250～290mA

⑤ 过载保护（调定值）：10～250A　以1A为1步

⑥ 相敏短路（调定值）：60%～420%I_N每40%为1步

2. TD33控制系统

图2-28是TD33控制系统框图。PLC控制单元有A～G共7个输出端，驱动器1和2可按照不同的控制模式分别接到相应的输出端，框图中暂以驱动器1—A、2—B相连。TD33的外部控制口及其功能与LC33完全相同，且TD33与LC33等可以相互联结，形成

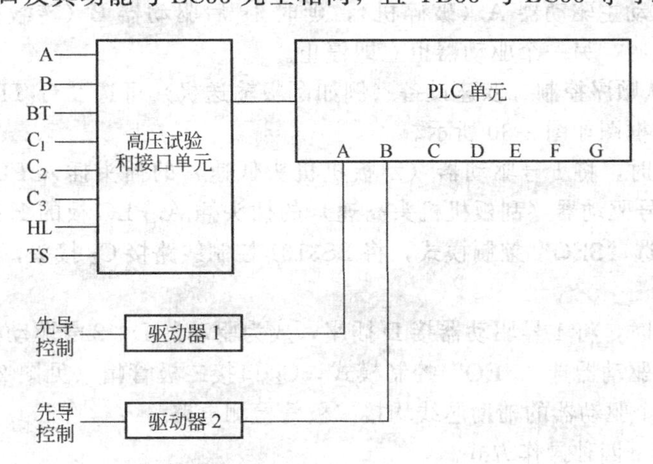

图2-28　TD33控制系统框图

系统使用。PLC的7个输出插座中，B、D、F、F的工作方式选择开关只有2个位置，即左为“独立先导控制”，右为“顺序控制”。而A、C、G的工作方式选择开关除左、右位置外，还有中间位置，可以实现“独立外部控制口C控制”。实际上，由于驱动器G没有外接的插座，所以不能工作于“独立外部控制口C控制”方式。

TD33的典型控制方式。

（1）独立先导控制　PLC上的A～G共7个驱动器位置都能按“独立先导控制”模式工作。

工作方式选择开关打到“PLC”位置，用BS3101控制电路与先导控制芯线相接。如果A或C位置的驱动器工作于此种方式，则C_1或C_2口应接一个二极管检查电路（见图2-16）。

（2）独立外部控制口C控制　独立外部控制口控制，实际上就是远方控制按钮经C_1、C_2口输入，PLC实现对相应驱动器A，C的自动控制。

将驱动器A或C的控制方式开关选择在“GLC”位置，其他驱动器选择“PIL”位置。当A是“GLC”位置时，B必须是“PIL”位置；当C是“GLC”位置时，D、E、F、G必须为“PIL”位置。

用BS3101控制线路（见图2-16）与C_1或C_2口相接。用C_1口控制驱动器A，用C_2口控制驱动器C。A或C的先导芯线接如图2-17所示的检测电路。

（3）主-从顺序控制　将驱动器1（例如破碎机控制）的插头插入PLC板的A插座，成为驱动器A。驱动器2（例如转载机控制）插入B插座，成为驱动器B。驱动器A和B选择“SEQ”控制模式。将驱动器A和B按图2-29接为顺序控制方式。用BS3101控制线路与C_1口相接。两个驱动器的先导控制芯线接检测二极管电路。

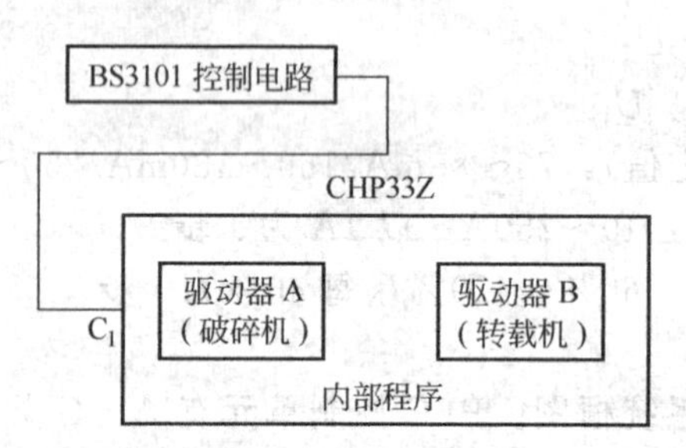

图2-29　1台TD33主-从顺序控制框图

操作开关，启动主驱动器A（破碎机），延时1s后驱动器B（转载机）启动。在运行中，任一驱动器跳闸，另一个驱动器也立即停止。

（4）双速主-从顺序控制　双速设备（例如刮板输送机）可选2台TD33实现双速主-从顺序控制。其工作框图如图2-30所示。

主TD33接线时，将1号驱动器（刮板机机头低速）的插头插入PLC板上的C插座，成为驱动器C。2号驱动器（刮板机机头高速）的插头插A. PLC板的E插座，成为驱动器E。C和E驱动器选“SEQ”控制模式，将BS3101控制线路接C_2接头，将双速方式选择开关与TS口相接。

从TD33接线时，将1号驱动器接D插座，成为驱动器D，2号驱动器接F插座，成为驱动器F。D和F驱动器选“SEQ”控制模式，C_2口接二极管帽（见图2-30）。主-从TD33的HL口相连，4个驱动器的辅助芯线均接二极管检测电路。

系统可选择如下四种操作方式。

①低速锁定。操作开关启动主TD33的C驱动器和从TD33的D驱动器，构成低速主-

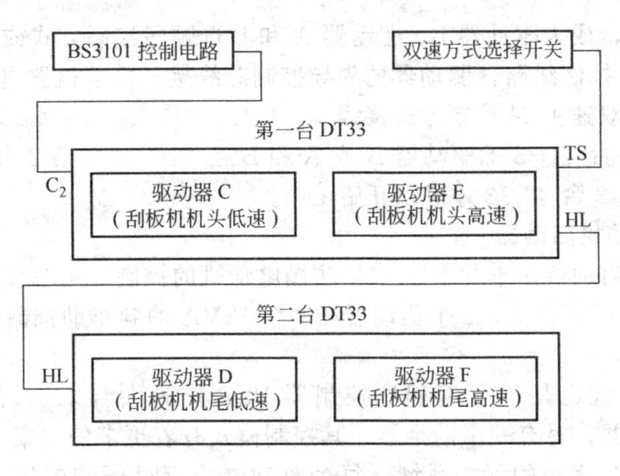

图 2-30　2 台 TD33 双速主-从顺序控制框图

从运行方式，刮板输送机低速运行。

② 高速锁定。操作开关启动主 TD33 的 E 驱动器和从 TD33 的 F 驱动器，构成高速主-从运行方式，刮板输送机高速运行。

③ 自动切换。操作开关启动主 TD33 的 C 驱动器和从 TD33 的 D 驱动器，当 C 的启动电流下降达到切换值时，延时 5s，低速驱动器停止，高速驱动器开始启动。这样刮板输送机开始运行于低速，在电流切换值时转入高速运行。

④ 延时切换。与自动切换运行过程类似，但从低速到高速的切换不是从达到切换电流时开始计时，而是从启动开始计时 5s 后切换。

(5) 顺序联锁控制　图 2-31 是使用 3 台 TD33 组成的顺序联锁控制系统的框图。在系统连接时，将第 1 台 TD33 的 1 号驱动器（破碎机）接 A 插座，成为驱动器 A，2 号驱动器

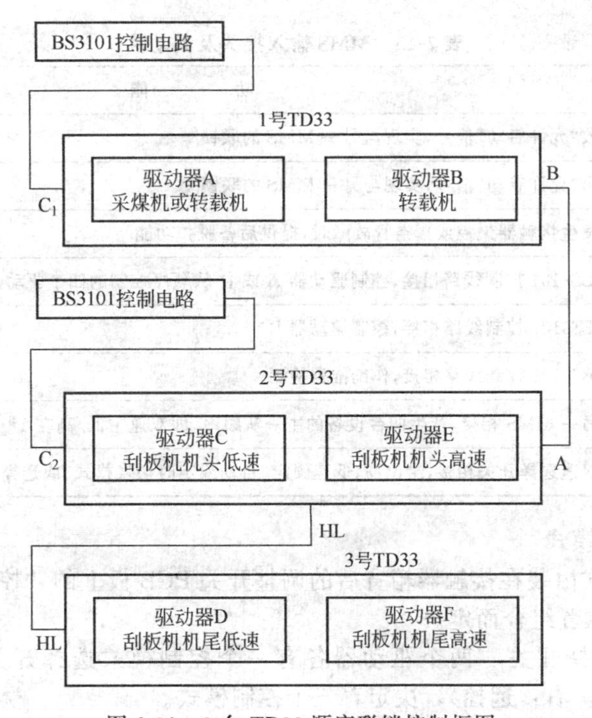

图 2-31　3 台 TD33 顺序联锁控制框图

(转载机)接B插座,成为驱动器B。驱动器A和B选顺序控制方式或B选独立先导控制方式,C_1口接BS3101控制线路,驱动器的先导控制芯线接二极管检测电路;对于第2台、第3台TD33按前述的双速主-从控制方式接线。

这样只有在第1台TD33的驱动器A或A和B经“B”口向第2台TD33的“A”口发送允许启动信号,第2台TD33才可以开始工作。

二、MMS型电动机启动器

MMS型电动机启动器用于井下1140V防爆电动机的控制。每台设备包括的主要部件有一个可带载换向的主隔离开关、2个驱动器和1个1kVA的刹车助推器。图2-32是MMS的外形正视图。

MMS的控制系统也是以可编程序控制器PLC作为大脑来实现的。与LC33相比,MMS仅有两个驱动器,另有一个助推器,其控制模式有着更多的方案。

MMS也有着十分完备的保护系统。每个驱动器均有过压和欠压、过载、短路、漏电等保护功能。当出现输入回路过电流、真空接触器失控或真空管故障时,保护系统能实现后备脱扣。与LC33相比,MMS除有对驱动器的保护外,还有助推器的保护;在漏电保护方面,除使用平衡零序电流互感器的保护环节外,还使用了三相电抗器环节的多点漏电保护。

MMS的试验监测系统与LC33基本相同,所区别的是,由于MMS启动器属低压设备,故不进行高压耐压试验。

MMS的显示装置、故障查寻系统与LC33完全相同,不再赘述。本节仅对MMS的控制系统等加以讨论。

1. MMS的控制系统

图2-33是MMS的控制系统框图。PLC单元仅有A、B两个驱动器输出端和助推器输出端。驱动器1、2分别与A、B两个输出端相接。MMS的8个输入接头及其功能见表2-13。

表2-13 MMS输入接头及其功能

接头	功能
A	接收“允许启动”信号,实现与另一MMS的联锁
B	发出“允许启动”信号,实现与另一MMS的联锁
BT	当发生接触器失控或真空管故障时,提供后备脱扣功能
C_1	与BS3101控制线路相接,控制驱动器A或主-从顺序控制的四个驱动器
C_2	与BS3101控制线路相接,控制驱动器B
C_3	与BS3101控制线路相接,作助推器检测
HL	与另一MMS相接,产生两台设备的主一从顺序,即双速主低/高在1#,从低/高在2#
TS	与双速选择开关相接,给出高、低速锁定、自动或定时切换模式,或选择正/反向

2. MMS的控制模式

MMS的控制模式由装在接触器箱背后的调整开关PCB板上的“控制模式选择开关”和“顺序模式开关”的位置组合而定。

(1) 控制模式选择开关 两个驱动器各有一个控制模式选择开关。开关有三个位置(左:先导,中:本地,右:远控),决定着三个控制模式。

先导控制:与LC33的独立先导控制的接线方式、工作原理完全相同。

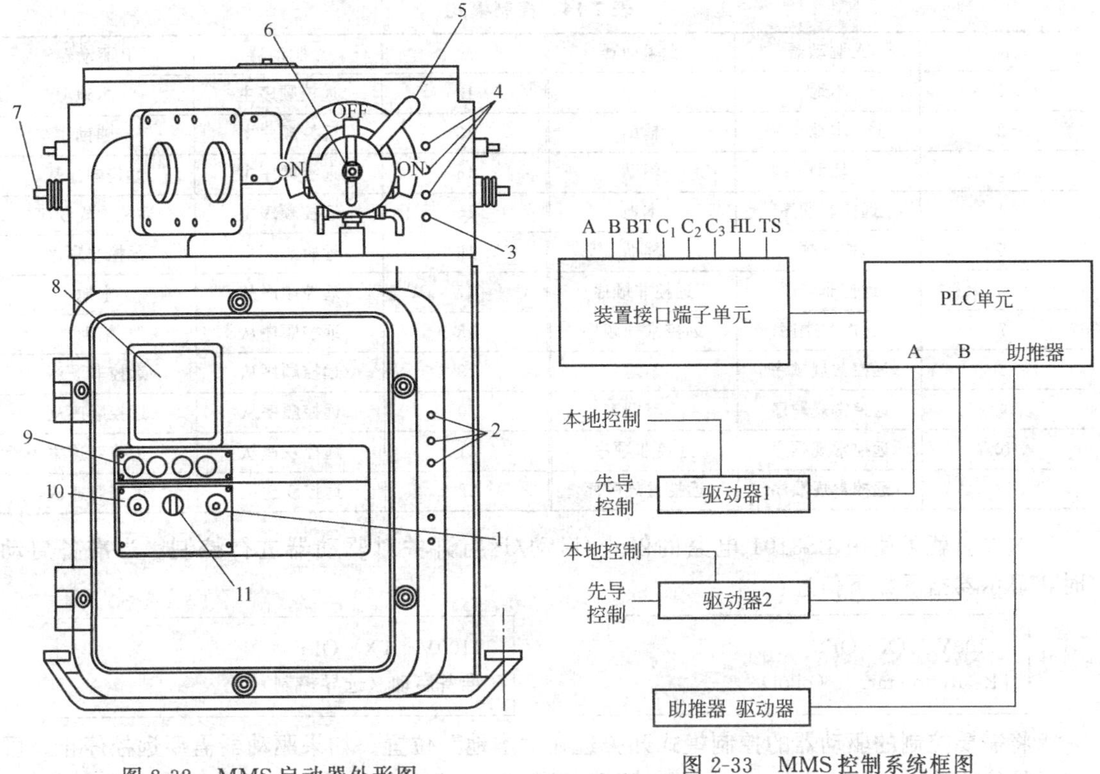

图 2-32 MMS 启动器外形图

1—试验选择开关；2—主电源显示灯；3—后备脱扣指示器；4—隔离开关箱氖灯；5—主隔离开关手柄；6—辅助隔离开关手柄；7—穿越母线；8—显示窗；9—启动/停止按钮；10—顺序开关；11—试验触发开关

图 2-33 MMS 控制系统框图

本地控制：驱动器由装在箱门外的本地启动、停止按钮 9 控制。如果需要也可经“C”接头由 PLC 使其停止。

远方控制：驱动器通过 PLC 由外部远控电缆控制。

当该开关处于“远控”位置时，方能与下述的顺序模式开关组合成各种控制方案。

(2) 顺序模式开关　每个驱动器有两个拨动开关，用于设置顺序控制的类型。

OUT—IN—2SP 开关的左、中、右三个位置代表的是：非顺序、顺序、双速顺序。

N—M—S 开关的左、中、右三个位置的含义是：常规（顺序）、主、从。

非顺序控制就是不需要外来“允许运行”信号而实行“独立 C 接头控制”；常规顺序控制是指驱动器必须有“运行信号”方可启动的顺序联锁控制（如果驱动器 A 选常规，需要自“A”端输入“允许运行”信号；如果驱动器 B 选常规，则需要由驱动器 A 向 B 输入“允许运行”信号，即 A 先运行，B 后启动）。

(3) 常用的控制模式　控制模式选择开关与顺序模式开关可以组合许多控制模式，但可行的模式只有 22 种，见表 2-14。

3. MMS 的典型控制方案

将需要控制的驱动器选在“先导”控制位置。如果驱动器 A 是先导控制，则将“C_1”端接二极管检测电路（见图 2-16）；若驱动器 B 是先导控制，则将“C_2”端接二极管检测电路。将所用驱动器的先导控制芯线接 BS3101 控制电路（见图 2-15）。

表 2-14 控制模式

№	A驱动器	B驱动器	№	A驱动器	B驱动器
1	本地	本地	12	远控顺序主	本地
2	本地	辅助	13	远控顺序主	辅助
3	辅助	辅助	14	远控顺序主	远控顺序从
4	远控非顺序	本地	15	远控顺序主	远控常规顺序
5	远控非顺序	辅助	16	远控顺序主	远控非顺序
6	远控非顺序	远控非顺序	17	远控顺序从	本地
7	远控非顺序	远控常规顺序	18	远控顺序从	辅助
8	远控常规顺序	本地	19	远控顺序从	远控非顺序
9	远控常规顺序	辅助	20	远控顺序从	远控顺序从
10	远控常规顺序	远控非顺序	21	远控双速从	远控双速主
11	远控常规顺序	远控常规顺序	22	远控双速从	远控双速从

这样，就可使用 BS3101 电路的停止/启动/运行开关对驱动器进行控制。当准备启动时，显示器指示如下信息：

1100V TX OFF Ready to start (pilot)	1100V TX OFF 准备启动（选导控制）

将需要控制的驱动器的控制模式开关选在“本地”位置。如果驱动器需要远控停止，可将远控停止按钮连到“C_1”或“C_2”；否则，“C_1”或“C_2”端应接二极管检测线路。

这样，利用箱门上的起、停按钮（或远方停止按钮）对驱动器控制。

需要指出，尽管控制来自按钮，但仍处在 PLC 内部控制之下。所以，当准备启动时显示器有如下指示：

1100V TX OFF Ready to start (PLC)	1100V TX OFF 准备启动（PLC）

(1) 非顺序远控　前已提及，非顺序远控就是“独立 C 接头控制”。将相应驱动器的控制模式开关选在“远控”位，将其顺序开关选在“OUT”位；将 BS3101 线路与驱动器的“C”端相接（用“C_1”，端控制驱动器 A，“C_2”端控制驱动器 B）；将先导控制芯线接二极管检测电路。

当准备启动时，显示器指示“准备启动（PLC）”

(2) 常规顺序联锁控制　一台 MMS 启动器的两个驱动器按第 11 号控制模式均接为“远控常规顺序”方式，即将控制模式开关选在“远控”位置，将顺序模式的两个开关选“IN”和“N”位，组成常规顺序联锁控制。其框图如图 2-34 所示。只有当驱动器 A 运行并通过 PLC 向驱动器 B 提供“允许启动”信号后，驱动器 B 方能启动。

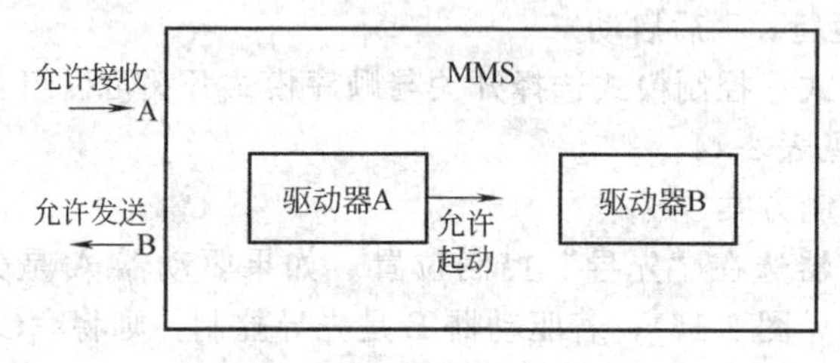

图 2-34 常规顺序联锁控制框图

当两台 MMS 组成常规顺序联锁控制时，第一台 MMS 的“B”端发送“允许运行”的信号，第二台 MMS 的“A”端接收“允许运行”的信号时，方能正常工作。

(3) 主-从顺序控制　一台 MMS 的两个驱动器接成主-从顺序控制模式时，按第 14 号控制模式，驱动器 A 工作于“远控顺序主”，驱动器 B 工作于“远控顺序从”，组成主-从顺序控制。即驱动器 A、B 的控制模式开关选“远控”位；驱动器 A 选“IN”和“M”（主）位，驱动器 B 选“IN”和“S”（从）位；“C_1”端接 BS3101 电路，两个驱动器的先导控制芯线接检测二极管。主-从顺序控制的框图如图 2-35 所示。

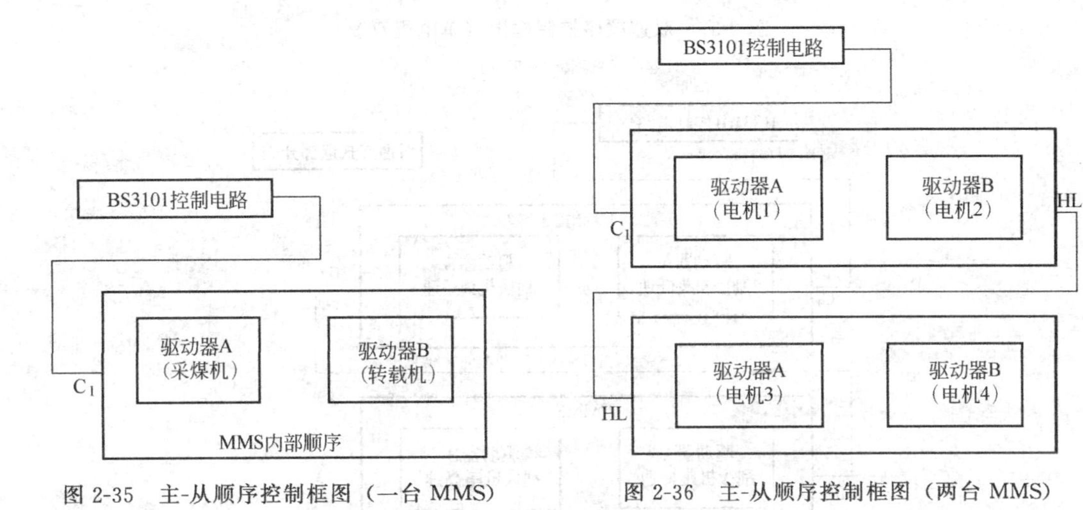

图 2-35　主-从顺序控制框图（一台 MMS）　　图 2-36　主-从顺序控制框图（两台 MMS）

两个驱动器之间可以用“顺序延时开关”确定一个延时。该开关有 10 个位置，其延时量见表 2-15。

表 2-15　顺序延时开关的延时量

位置	0	1	2	3	4	5	6	7	8	9
延时/s	不延时	0.25	0.50	0.75	1.0	1.25	1.5	2.0	2.5	3.0

如果使用两台 MMS 组成主-从顺序联锁控制时，其框图如图 2-36 所示。第一台的驱动器 B 作为 A 的内部“从”控器，第 2 台的 A 和 B 均作为外部“从”驱动器。第二台 MMS 驱动装置 A、B 均选“远控”和“IN”、“S”（从）顺序，相应的“C_1”、“C_2”端接二极管检测线路，先导控制芯线接检测二极管，两驱动器间也可设顺序延时。两台 MMS 的“HL”端相连。第 2 台 MMS 的两个驱动器按第 20 号模式工作。

需要说明的是，在实际使用中，如果第 2 台 MMS 只需一个驱动器作为“从”动单元，另一个驱动器可作“先导控制”、“本地控制”或“独立 C 接头控制”，而不影响两台 MMS 之间的主-从顺序。

(4) 双速顺序控制　用一台或两台 MMS 可以实现对双速刮板输送机的控制。

使用一台 MMS 的控制方案如图 2-37 所示。驱动器 A、B 工作于第 21 号控制模式，均为“远控双速主”状态。

使用两台 MMS 的双速顺序控制方案如图 2-38 所示。它适用于具有两台双速电动机的刮板输送机的双速工作方式。第一台的两个驱动器仍按第 21 号控制模式，作为主动设备；第二台的两个驱动器按第 22 号控制模式（均为“远控双速从”），作为从动设备。

对于主 MMS，两个驱动器均选“远控双速主”控制方式，“C_1”端接 BS3101 电路，“TS”端接双速选择开关，两驱动器的先导控制芯线接检测二极管。如果接收顺序联锁信

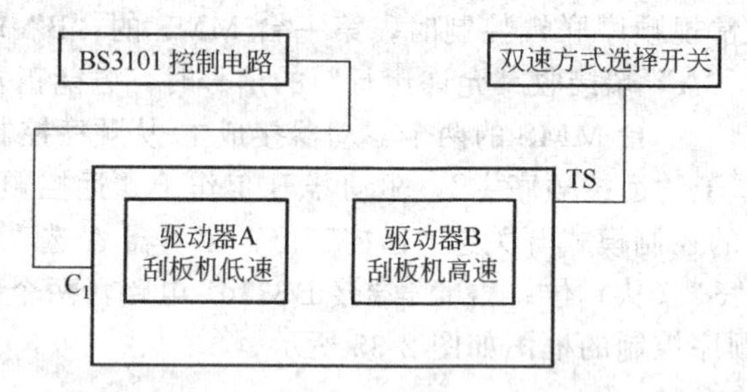

图 2-37 双速顺序控制框图（单电机双速）

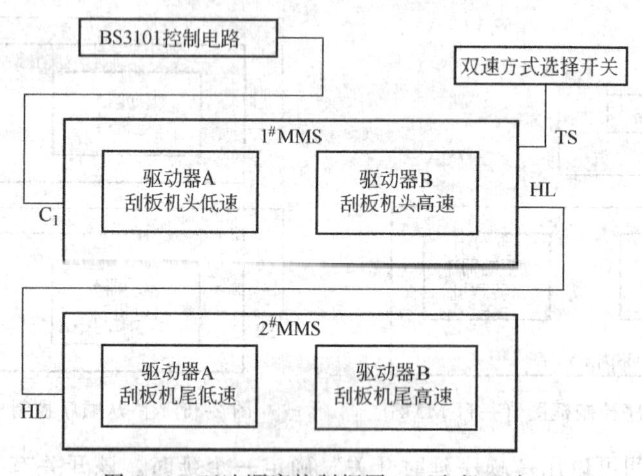

图 2-38 双速顺序控制框图（双电机双速）

号，将“允许运行”信号接“A”端；如不需要，给“A”端接一电阻和二极管插头。如果发出顺序联锁信号，将产生的“允许运行”信号通过“B”端发出。如与第 2 台 MMS 联合作双速控制，则将两台设备的“HL”端相接，否则“HL”端接一电阻和二极管插头。

对于从 MMS，两个驱动器均选“远控双速从”控制方式，驱动器的先导控制芯线均接检测二极管。MMS 的“C”端也接检测二极管，“HL”端与主 MMS 的“HL”相接。

两台 MMS 的双速顺序控制，实际上属于双速主-从顺序控制。

无论一台还是两台 MMS 的双速控制系统，均可通过双速选择开关得到四种与 LC33 的双速主-从顺序控制相同的工作方式。即低速锁定、高速锁定、自动切换及定时切换。

(5) 可反向驱动器的控制　MMS 的右驱动器（驱动器 2 或 B）可选配成一个可反向的驱动器，其结构由一对联锁的（正反向）接触器组成。该驱动器的反向功能，除了双速控制以外的任何控制或顺序模式都可使用。

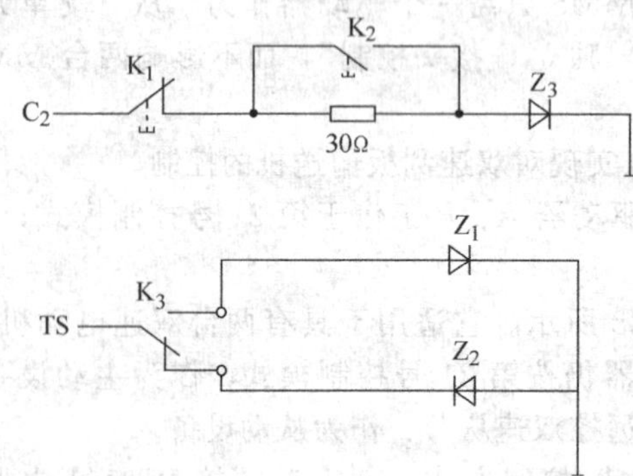

图 2-39 可反向控制的端子接线图

正、反方向的操作由接于“TS”端的方向二极管所决定，与隔离开关的方向无关。图 2-39 是一个可反向控制实例的端子接线图。通过启动/运行开关 K_2 和停止开关 K_1。组成一个启、停控制电路接于“C_2”端，以实行对驱动器 2 的“C”接头控制；双向开关 K_3 配合两只二极管接于“TS”端头实现方向控制。正向二极管（负极接地）接通，使驱动器 B 的正向接触器吸合；反向二极管（正极接地）接通，使驱动器 B 的反向接触器吸合。

需要注意的是，必须在给“C_2”端启动信号前，先给“TS”端提供二极管选向电路。

4. 助推器的控制和保护

(1) 助推器的控制　助推器可与MMS的A或B驱动器进行连接。例如，在环形绞车运输系统中，刹车助推器和驱动器A连接，环形绞车由可反向驱动器B控制。需要注意的是，与助推器相连的驱动器必须是远控模式，即由“C”端或“HL”端控制。

助推器也是由PLC控制的。助推器与驱动器的连接是由调整开关PCB板上的编码开关来分配的。当该开关为1000码时，与A驱动器相连；当设置为0100码时，与驱动器B相连。

助推器应保证具有正确的刹闸位置和松闸位置，这一状态的检测可通过“C_3”端获得。图2-40为助推器控制电路，保证启动前使一个二极管接地（刹闸），启动时接30Ω电阻和二极管（松闸）。

在开始工作前，助推器的过载和漏电保护机构必须正常，由助推器控制的刹闸在抱紧位置。如果助推器保持在跳闸状态，则PLC显示单元的“CONFIG”红灯闪亮，用测试选择开关复位；若该灯仍闪亮，则应进行检查。

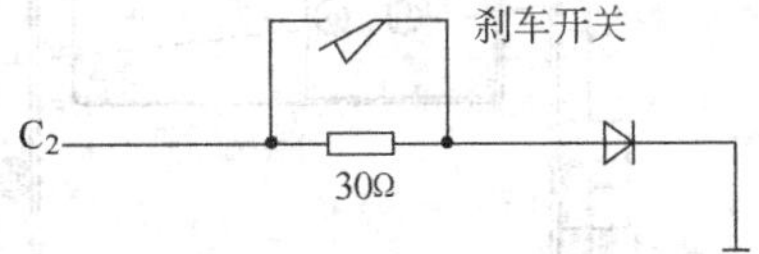

图2-40　助推器控制电路

助推器与配备的驱动器之间应有一个动作延时。即驱动器启动时，助推器延时被供电，使刹闸释放；驱动器停机时，助推器被延时断电，实施刹闸。延时的设定由安装在门上的PCB板上的“助推器延时开关”来实现。开关的延时设置见表2-16。

表2-16　助推器延时设置

位置	0	1	2	3	4	5	6	7	8	9
延时/s	不延时	1	2	3	4	5	6	7	8	9

如果助推器在工作中因过载、漏电而跳闸，则相配的驱动器立即停机；如果配备的驱动器跳闸，则助推器经延时后停电。

(2) 助推器的保护

① 过载保护。过载保护由一个装在助推器接触器上的过热继电器来实现。该过热继电器与助推器的额定值相配。如果助推器过载导致过热继电器跳闸，则一个常闭触点打开，使助推器的接触器跳闸。这个跳闸被PLC测得，使相配的主驱动器接触器打开。

过热继电器的复位不能用测试选择开关的复位功能来实现，而必须经过一个冷却期后自己复位。在冷却期间，助推器及其主驱动器不允许启动，同时，红色的“CONFIG”LED闪烁。

② 接地漏电保护。漏电保护通过对助推器变压器次级的中心点监测而实现。该点通过一个中心限定电阻接地，限制故障电流在150mA以内。

漏电跳闸状态将直接使助推器的驱动器跳闸，同时把跳闸信息回馈给PLC，使相配的主驱动器跳闸。漏电故障出现后会自动锁定，即使MMS断电，它仍将保持，必须用测试选择开关的复位功能进行复位。

③ 短路保护。助推器的供电短路事故用熔断器实施保护。共有两套熔断器，一套是助推变压器原边的熔断器；一套是助推器输出熔断器。

④ 位置监测闭锁。助推器工作时必须有正确的位置。在相关驱动器和助推器供电之前，助推器必须处于保证刹闸的位置；当助推器供电后5s内，助推器必须移到松闸的位置。刹车和松闸状态是由PLC自动查询确认的。

如果系统显示正常（即“CONFIG”LED不亮，“TS”端的正/反线路正常，相关驱动

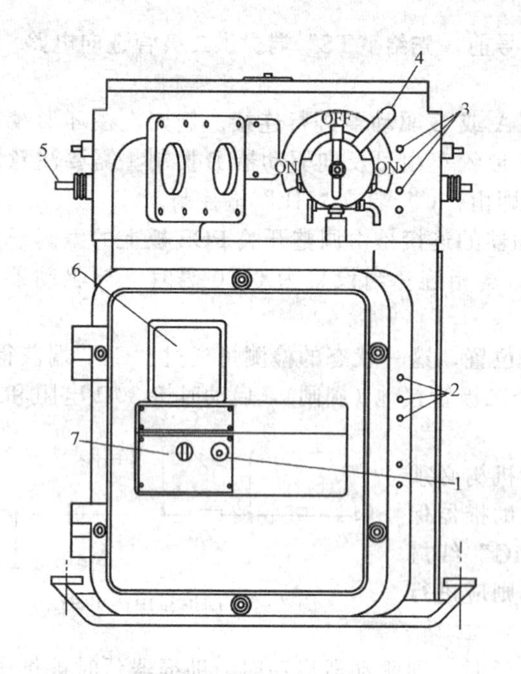

图 2-41 MMS/DTU 启动器外形图
1—测试选择开关；2—主电源指示灯；3—隔离开关箱氖灯；
4—隔离开关手柄；5—穿越母线；
6—显示窗；7—试验触发开关

器显示“准备启动”，启动时顺序联锁正常），而与助推器相关的驱动器启动失败，则应检查刹闸位置监测环节；同样，如果驱动器启动，然后跳闸，没有其他指示，则也应怀疑刹闸位置监测环节。

在检查刹闸线路时，将隔离开关放在测试位，把刹闸位置监测电路由“C_3”端（无 LED 指示）换接到“C_1”或“C_2”端，利用“C_1”或“C_2”端的 LED 指示来检测该刹闸位置监测电路。

三、MMS/DTU 型带变压器的启动器

MMS/DTU 启动器是一种带有变压器的适用于井下低压拖动装置的控制设备。它接在 1140V 电源上，向拖动装置输出 660V 低压。

图 2-41 是 MMS/DTU 启动器的外形图，其形状与 MMS 型启动器相似。它包含的主要元件是一个可带载换向的隔离开关和两个驱动器。每个驱动器有一组 1140V/660V 三相变压器、一组空气接触器及功能齐全的保护装置。

与 LC33、MMS 相比，该设备的结构和功能都较为简单。MMS/DTU 没有可编程序控制器 PLC，每个驱动器装有微处理器，用来实现监测和控制；面板上只有 LCD 液晶显示，用来指示运行和故障状态。

1. MMS/DTU 的控制原理

驱动器有两种控制方式，即先导控制和顺序控制。每个驱动器的插件上都有 7 个选择开关，最上边的是控制方式选择开关（其他开关空闲、不工作）。开关有两个位置：“0”位为先导控制，“1”位为顺序控制。驱动器 1 可以有两种工作方式，而驱动器 2 仅有先导控制方式，所以其控制方式开关只能在“0”位。

图 2-42 给出了驱动器 1 的控制原理图。在主回路中，由隔离开关箱引入的 1140V 电源经主变压器变为 660V，经接触器（主触点）、过热元件向驱动电机输出。在 660V 电压上接有单相辅助变压器，其副边 120V、110V 电压为驱动器的工作电压和检测、显示电源 35V 电压经直流变换器件向外供出 24V 电压，作为接触器的控制电源和漏电闭锁电源。

（1）先导控制　两个驱动器均可实行先导控制。在工作时必须用 BS3101 电路（见图 2-15）将外部控制信号引入。对驱动器 1，BS3101 电路接在端口“A”上（见图 2-17）；对驱动器 2，BS3101 电路接在端口 C 上。

（2）顺序控制　MMS/DTU 启动器只有驱动器 1 可以实现顺序控制。它可以与 MMS 启动器、LC 负荷控制中心兼容，与之联合工作。

图 2-43 是一个使用 MMS/DTU 与 MMS 联合实现顺序控制的典型线路，是一台输送机的控制方案。输送机的两台主电动机分别由两台 MMS 控制，每台电动机都有冷却器，由 660V 低压电动机驱动。冷却器电动机分由 1 号、2 号 MMS/DTU 控制。

驱动器 1 在进行顺序控制时，输入、输出信号的接线在端口“B”实现。端口“B”的脚 1 为信号引入，脚 2 为信号引出。所以，电路中由 1 号主电机的主控设备 MMS 发出的从

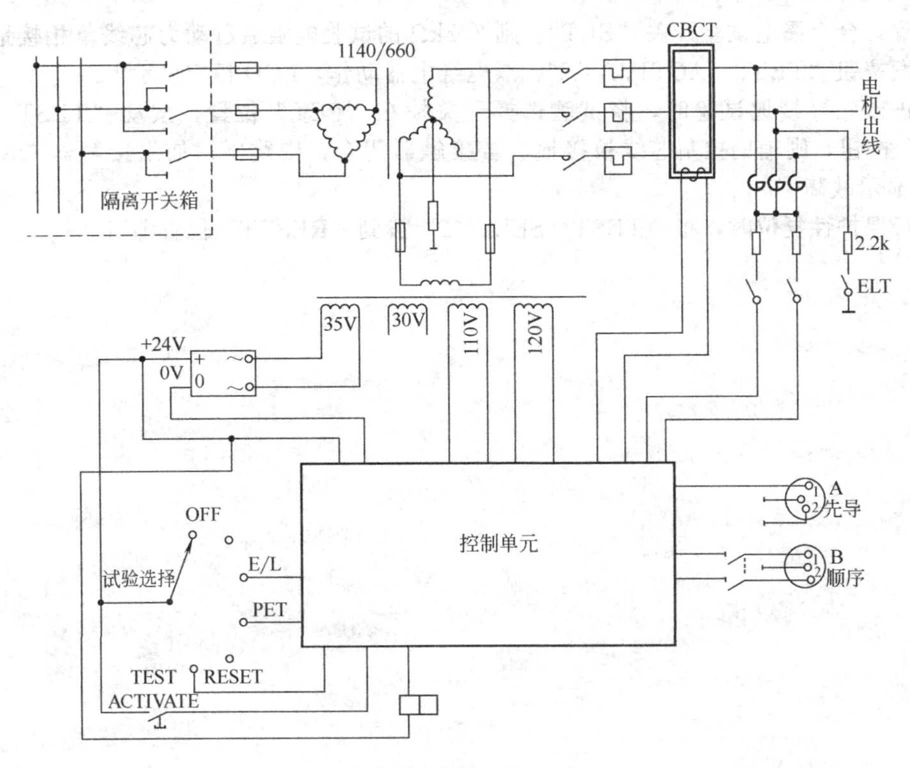

图 2-42　驱动器 1 的控制原理图

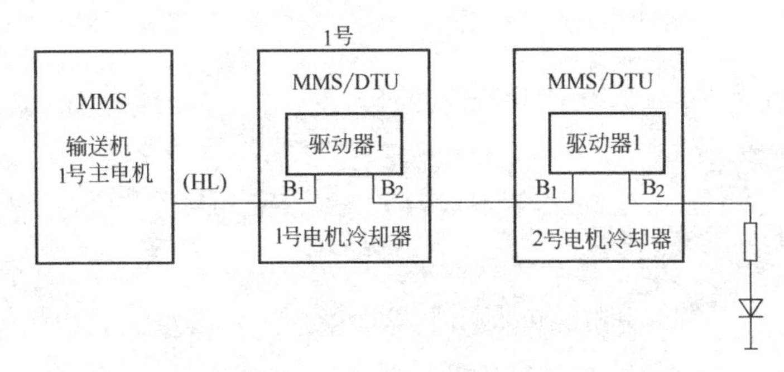

图 2-43　顺序控制框图

控信号由 HL 端引向 1 号 MMS/DTU 的“B”端脚 1。L 号 MMS/DTU 对 MMS 主控设备而言属从控设备，但对 2 号 MMS/DTU 而言它又是主控设备。所以，它的输出信号经“B”端的脚 2 引向 2 号 MMS/DTU 的“B”端脚 1。顺序控制的末端（本电路中 2 号 MMS/DTU 的“B”端脚 2）应接二极管检测电路。

2. MMS/DTU 的保护与闭锁

该装置具有过压、欠压、短路、过负荷、单相漏电、接触器失控等保护，其原理与 LC33 基本相同。这里仅就漏电保护及闭锁的原理加以说明。

图 2-42 中，零序电流互感器 CBCT 是实现单相漏电保护的检测元件。当 660V 回路出现单相接地故障时，能立即使接触器跳闸，且 LCD 显示。

电路中使用三相电抗器、限流电阻与检漏继电器，通过 24V 直流电源组成了绝缘监测线路。当 660V 回路的绝缘电阻下降到 30kΩ 以下时继电器动作，实施闭锁（如果接触器是闭合状态则跳闸），LCD 立即出现“漏电闭锁”显示。

为了检验漏电保护的可靠性，将试验选择开关“TESTSELECT”拨在“E/L”（漏电闭锁）位置，合上漏电试验开关“ELT”，则2.2kΩ的试验电阻通过动力芯线单相接地。按下试验触发按钮“TEST ACTIVATE”，漏电继电器动作，LCD相应显示。

在进行先导接地试验时，将试验选择开关拨在“PET”位置，按动“TEST ACTIVATE”按钮，则辅助控制芯线被接地。若接触器闭合，则跳闸；如果接触器未闭合，则LCD将显示故障10s。

进行保护性复位时，将“TEST SELECT”拨到“RESET”位置即可。

第三章　采煤机电气控制系统

第一节　概　　述

采煤机按其牵引方式可分为机械牵引采煤机、液压牵引采煤机和电牵引采煤机。机械牵引采煤机现在已很少用了。液压牵引采煤机的牵引部分采用液压传动装置，可方便地实现无级调速，并且易于实现换向、停止过载等各项保护，还可实现负载功率的自动调节，其操作简单，因而曾经获得了广泛的应用；但也有较大的缺点，即液压和控制系统复杂，油液容易污染，致使零部件容易损坏，使用寿命短，而且由于存在电气液压转换，大大降低了传动效率，液压牵引效率仅为0.65～0.7。电牵引采煤机是目前最先进的采煤机，它直接采用电动机完成采煤机的牵引，具有很高的传动效率，同时也省去了复杂的液压传动系统，并且有良好的调速性能，是目前国内外致力发展的新一代采煤机。下面重点介绍电牵引采煤机的特性和基本结构。

一、电牵引采煤机的特点

① 牵引特性好。可以对采煤机提供足够的牵引力，也可以在机器下滑时进行电气制动，并能进行无级调速，满足采煤机运行的任何速度要求。

② 可用于大倾角煤层。牵引电动机轴端装有停机时防止采煤机下滑的制动器，设计制动力矩为电动机额定转矩的1.6～2.0倍，所以电牵引采煤机可以用在40°～50°倾角的煤层，而不需要其他的防滑装置。

③ 调速性能好。用手动操纵变阻器，可以任意改变直流电动机的输入电压，可达到无级调速的目的。

④ 工作可靠，故障少，维修工作量小，寿命长。

⑤ 反应灵敏，动态特性好。电子控制系统能将各种信号快速传递到相应的调节器中，及时调整各种参数，防止采煤机超载或其他有害情况的发生。

⑥ 传动效率高。电牵引将电能转化为机械能只做一次转换，效率可达0.95。

⑦ 结构简单。电牵引采煤机的牵引部机械传动结构简单，且尺寸小、重量轻。

⑧ 具有完善的控制、检测、诊断、显示系统。

电牵引采煤机的出现标志着采煤机技术发展的一个新阶段，它以其优良的性能和广泛的适用性，现在已经成为采煤机技术的主潮流。

二、电牵引采煤机的基本电气结构

一般电牵引采煤机装有两台牵引电动机，分别位于左牵引部和右牵引部的采煤机机身内；装有1～2台油泵电动机，为液压系统提供动力；对于双滚筒采煤机，装有两台大功率交流截割电动机，分别驱动两个滚筒，或用一台大功率电动机驱动两个滚筒。

电牵引采煤机以牵引电动机类型可分为直流电动机牵引采煤机和交流电动机牵引采煤机两大类。交流电牵引采煤机采用变频器为交流电动机供电，考虑到波形补偿问题，变频器采用脉宽调制（PWM）的控制方式。这种方式控制技术先进，输出波形正性好，但不能实现电能反馈，因此在需要四象限运行的情况下还不能令人满意。直流电牵引采煤机又可分为直流串励电牵引采煤机和直流他励电牵引采煤机两类。直流串励电牵引方案一般将两台串励电动机的电枢绕组和励磁绕组分别串接，然后再将串接后的电枢绕组和励磁绕组接入电源。串励电牵引方案过负荷能力强，使用变流器的元件少，但两台牵引电动机的负荷分配不能调节，而且不能产生发电反馈制动，制动性能不够理想。直流他励电牵引方案的配置常有三种方式。方式一是将两台电动机的电枢绕组串联后再与一套四象限变流器相连，励磁绕组并联后再接到整流电路的输出端。这种方式很好地解决了电动与发电反馈制动的转换，但两台电动机负荷均衡无法控制，灵活性较差。方式二是将两台电动机的电枢绕组分别接于两套四象限变流器上，励磁绕组接法同方式一。这种方式不仅具有良好的四象限运行特性，而且可进行负荷均衡控制和差速保护，并可进行单电动机牵引，但该方式多使用了一套四象限变流器，且象限转换控制比方式一复杂。方式三是将两台电动机的电枢绕组串联后再接于整流电路的输出端。这种方式是利用磁场反向，实现不同象限之间的转换的。由于四象限变流器为励磁绕组供电，因此其容量比为电枢绕组供电的变流器容量小的多，但此方式控制复杂，象限间的转换速度较慢。

第二节 6LS5型采煤机

一、概述

6LS5直流电牵引采煤机是引进美国久益公司的产品，适用于中厚及厚煤层长壁工作面中的硬煤层开采，目前在国内使用，用户普遍反应其性能优良。

6LS5型采煤机的主要特点如下。

① 6LS5采煤机装有六台电动机，采用多电动机驱动横向布置方式，传动系统大为简化。总装机功率1530kW。其中两台610kW隔爆三相交流鼠笼异步电动机分别驱动左右截割滚筒，两台70kW直流串激电动机分别驱动左右牵引装置，一台30kW交流电动机驱动液压泵，还有一台110kW交流电动机驱动破碎机。

② 6LS5采煤机采用直流串激电动机调速，牵引速度可随截割电动机的负载变化而自动调整，实现了截割电动机恒功率自动控制。其调速电路采用微机控制，电气元件少，可靠性高。

③ 截煤部采用截割电动机-摇臂-行星齿轮-滚筒传动轴平行布置的方式，因而取消了承载大、易损坏、啮合间隙需调整的锥齿轮传动，使截煤部传动系统大为简化，实现了截煤部整体调高，且调高范围大，并使采煤机机身长度进一步缩小。

④ 无底托架联接。采煤机机身由左右牵引装置和中间控制箱三大部分组成，箱体之间用高强度螺栓联接，在其接合面处用两个大直径的圆柱销定位，形成固定的采煤机机身，用以承受截割、牵引阻力及其产生的翻转扭矩。这种连接方法便于解体下井和安装，但连接件易松动。

⑤ 配套性能好。采煤机可与不同类型的输送机配套使用，其方法是用不同的调节板来调节滑靴与导向滑靴之间的距离，以实现采煤机与输送机的配套。

⑥ 高电压供电系统。两台截割电动机和一台破碎机采用3300V供电电压，由采煤机电控箱控制。两台牵引电动机和液压泵电动机的供电由机载变压器降压后供电，它们在电控箱内都有独立的接触器进行控制。

⑦ 微机控制与故障诊断。在中间电控箱内设有一台HOST和一台PLC，用以控制摇臂的调高电磁阀、控制挡煤板翻转的电磁阀和直流牵引电动机晶闸管触发控制，并对截割电动机检测、监控等方面进行数据采集、处理、显示、控制和故障诊断。

中间电控箱面板上安装有一系列由发光二极管组成的指示灯，用来显示其工作状态；中间电控箱上还装有图文显示器，在机器运行时提供操作信息，当发生错误或故障时，提供诊断信息。

⑧ 手控、遥控。采煤机的运行操作可通过装在机身两端的有线遥控器来进行控制，也可采用无线电离机遥控操作。主要操作内容为两摇臂的升降、两个弧形挡煤板的翻转、牵引方向及速度的调整、停机和全机紧急停车、开停冷却喷雾水、开启消防灭火水等。

采煤机还可以通过 SIRSA 来检测采煤机在工作面的位置，实现采煤机和支架的联动。

1. 技术特征

(1) 主要技术参数

① 型号：6LS5

② 采高范围：2.2～6.0m

③ 截深：0.865m

④ 截割岩石硬度：$f=14$（布氏硬度 HBS）

⑤ 供电电压：3300V

⑥ 频率：50Hz

⑦ 总装机功率：1530kW

⑧ 牵引速度：0～18m/min

⑨ 最大牵引力：617kN

(2) 截割电动机

① 型号：JOY24EB500J，隔爆型

② 额定电压：3300V，三相交流，50Hz

③ 额定功率：2×610kW

④ 转速：1490r/min

⑤ 接线方式：Y—2

⑥ 冷却方式：定子水冷

(3) 破碎机电动机

① 型号：JOY15DC440J，隔爆型

② 额定电压：3300V，三相交流，50Hz

③ 额定功率：110kW

④ 转速：990r/min

⑤ 接线方式：Y—1

⑥ 冷却方式：定子水冷

(4) 牵引电动机

① 型号：JOY51J15

② 额定电压：250V，直流

③ 额定功率：2×65kW

④ 转速：1625r/min

⑤ 冷却方式：定子水冷

(5) 油泵电动机

① 额定电压：480V，三相，50Hz

② 额定功率：70kW

2. 6LS5 型采煤机结构特点

① 摇臂截割部左、右各一套。主要由连接板、摇臂减速箱、截割电动机和滚筒构成。截割电动机属于低滑差、大转矩单鼠笼深槽转子电动机。结构简单，过载能力大，不易

堵转。缺点是启动电流大，对电网的冲击大，频繁启动会产生过热现象。

截割电动机的输出轴是一个空心轴，右端（靠采空区侧）加工成内齿圈。在空心轴内装有一个细长的扭矩轴，其结构是轴的两端加工成外花键，与电动机空心轴和摇臂截割部齿轮箱的第一轴相啮合，将电动机的动力传递给截割部；扭矩轴靠采空区侧加工成圆弧细颈，其最小直径是按电动机额定转矩的3倍设计的，过载时从此处扭断。更换时，打开电动机后端盖，利用扭矩轴的螺纹孔将其抽出，换上新的即可。

扭矩轴的作用是，如果滚筒突然受到冲击（如割顶梁）或闷车，载荷超过额定转矩的3倍时，将扭矩轴从细颈处扭断，而不致损坏齿轮箱的齿轮和其他传动部件，起到了机械过载保护的作用；由于它是细长轴，挠性好，可以减缓冲击，从而提高传动件的寿命。

② 破碎机装设在右摇臂的外侧。破碎机是采煤机的附属设备之一，在厚煤层开采过程中，由于片帮和滚筒落煤块度较大，需要破碎机将煤块破碎，以便煤流顺利通过采煤机机身底部。破碎机由单独的电动机驱动。

破碎机电动机输出轴为空心轴，内装扭矩轴，靠内外齿轮相啮合，扭矩轴的另一端与太阳轮以内外齿轮相啮合，将电动机动力传递给破碎机。

③ 牵引部。牵引部左、右各一套，主要由直流串激电动机、齿轮减速箱、牵引装置、液压泵站（其中左牵引部未装设液压泵站）及油泵电动机等组成。

直流串激电动机机械特性较软，具有较大的启动转矩，过载能力大，特别适应于采煤机的牵引。

④ 6LS5采煤机采用销排式行走机构。即齿轮和齿排的齿形均采用非标准渐开线齿形，其特点是渐开线齿轮的中心距具有可分离性，当中心距变化时，具有速度波动变化小、齿面滑动系数小、可改善齿面的磨损等优点。

⑤ 中间电气控制箱装设有变压器、晶闸管、真空开关、半导体控制元件、微处理器及解码译码器等电气元部件。控制箱左侧为电缆插销座和高压隔离开关等强电元器件，中部为图像及数字显示屏幕，用以显示重要参数和故障信息；右侧为发光二极管指示灯面板，用以随时显示电源通、断及电动机控制电路工作状态，还可以用来检查故障，即发光二极管亮时表示工作状态正常，不亮时表明可能出现故障。

⑥ 6LS5液压系统的主要功能是摇臂的调高、破碎机升降控制、冷却水/喷雾水控制、液压制动器控制（有的采煤机上未装设）、补油回路控制、弧形挡煤板控制、灭火系统控制等。

二、6LS5型采煤机电气系统

6LS5采煤机电控箱位于采煤机中部，在两个牵引部之间是采煤机机体的组成部分。其作用是对采煤机进行配电、控制、检测及保护。工作面高压拖曳电缆由电缆引入装置进入电控箱，在电控箱中经真空接触器分配到截割电动机、泵电动机、牵引系统等。牵引系统中的主变压器、变流器及控制单元均安装在电控箱内。

1. 电控箱的总体结构

电控箱为一长方形隔爆箱体，采空区侧开有三个口，箱中的电器由这三个开口装入或拆出。每个开口上装有一个盖板，用螺栓固定在箱体上。箱体左侧盖板上装有拖曳电缆引入装置、高压隔离开关操作手柄；中间盖板上设有各种显示装置的观察窗；右侧盖板上布置了各种操作开关；在中间盖板与右侧盖板之间还装有牵引断路器操作手柄；去掉盖板后，通过三个开口可以看到电控箱中各部件的安装位置，左侧为3300V高压隔离开关，是采煤机的总开关，手动操作的断路器不具备自动断电功能；中间部分装有HOST（液压控制及晶闸管触发控制）组件、故障诊断显示盘、用图形方式显示各种参数的图形显示屏等；右侧装有晶闸管组件、电源组件等。

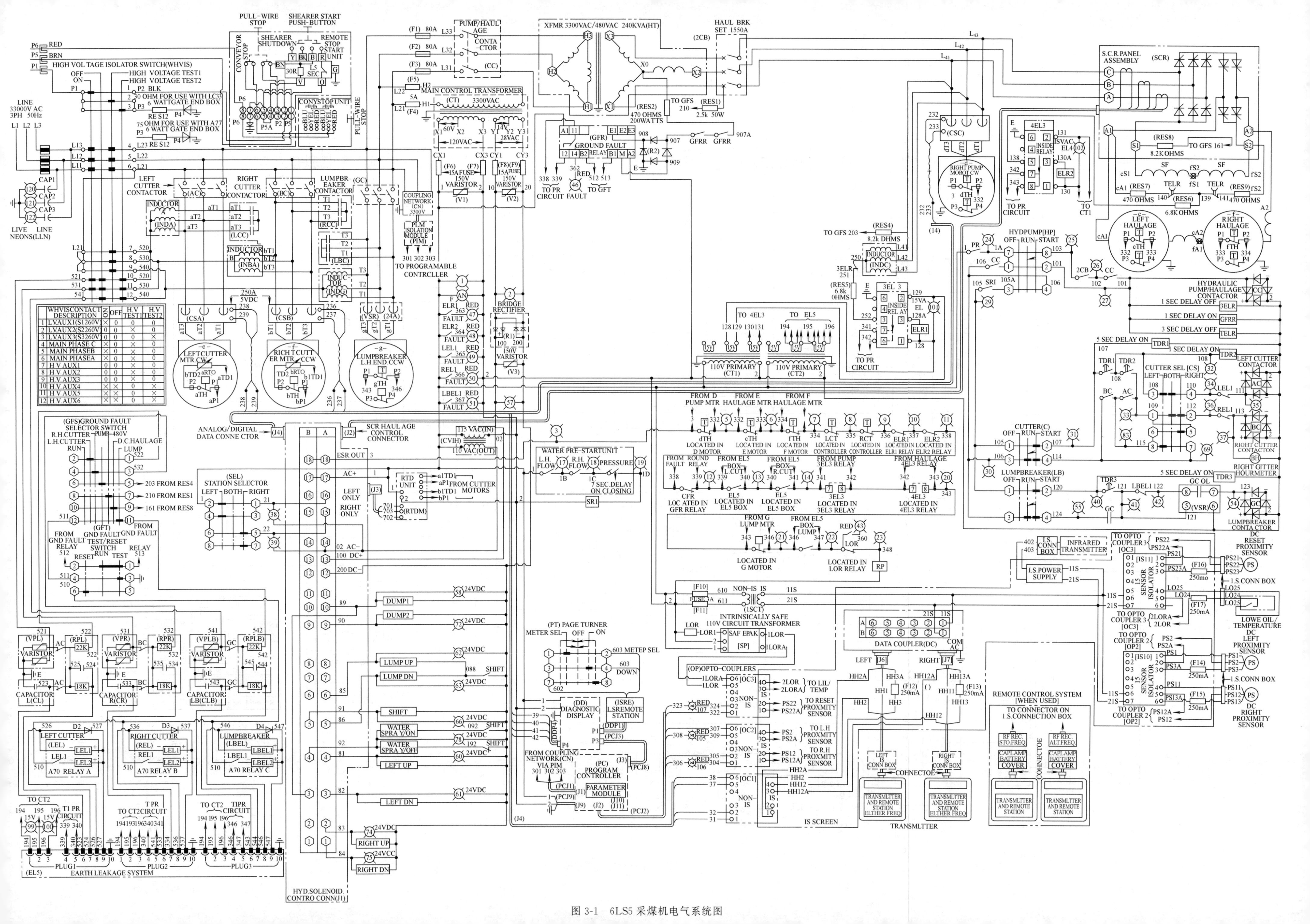

	WHVISCONTACT DESCRIPTION	ON	OFF	H.V TEST1	H.V TEST2
1	L.V.AUX1(S1260V)	×	0	0	0
2	L.V.AUX2(S2260V)	0	0	×	0
3	L.V.AUX3(S3260V)	0	0	0	×
4	MAIN PHASE C	×	0	×	0
5	MAIN PHASEB	×	0	×	0
6	MAIN PHASEA	×	0	×	0
7	H.V.AUX1	0	0	×	0
8	H.V.AUX2	0	0	×	0
9	H.V.AUX3	0	0	×	0
10	H.V.AUX4	×	×	0	×
11	H.V.AUX5	×	×	0	×
12	H.V.AUX6	×	×	0	×

图 3-1 6LS5 采煤机电气系统图

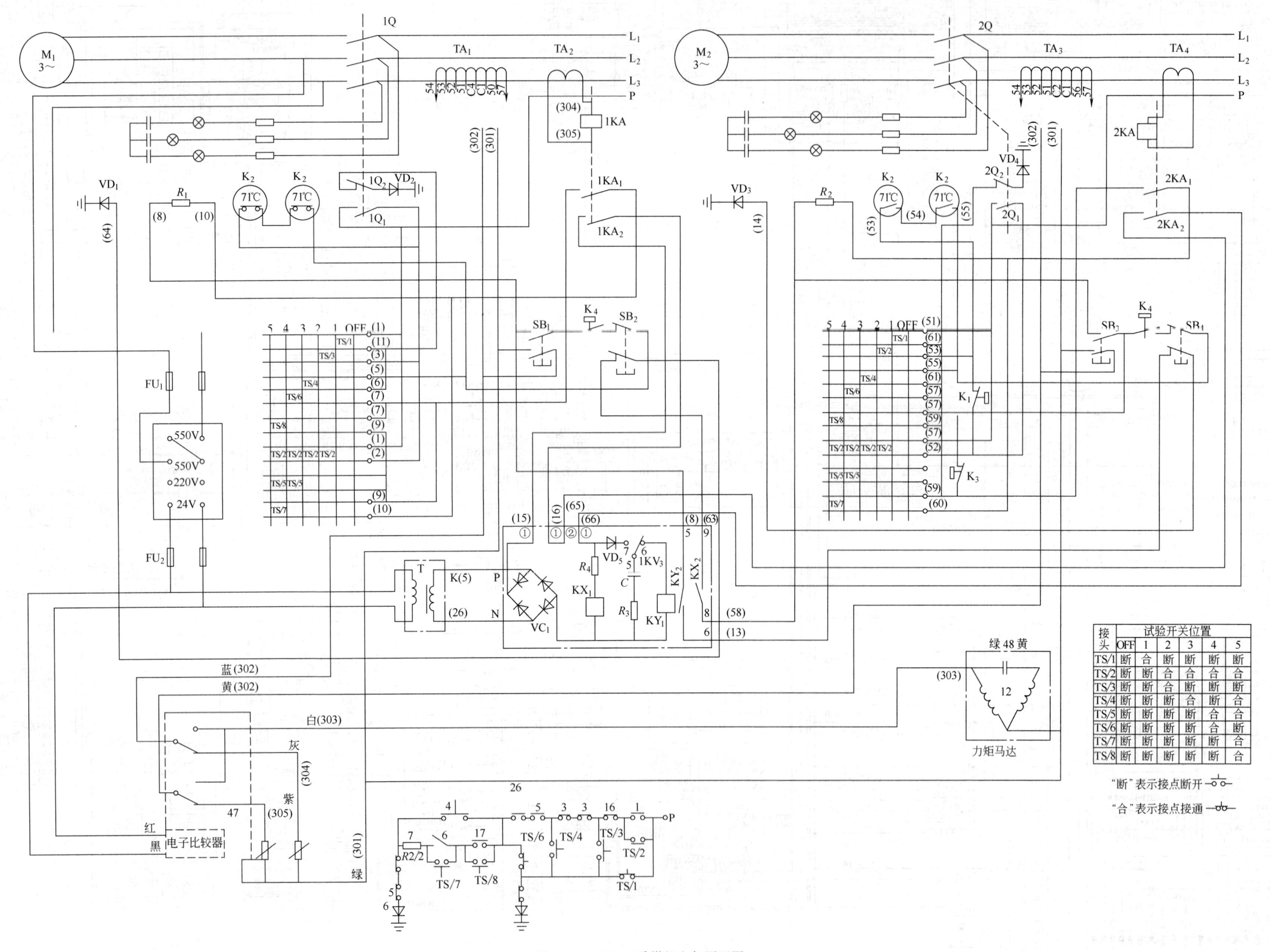

接头	试验开关位置					
	OFF	1	2	3	4	5
TS/1	断	合	断	断	断	断
TS/2	断	断	合	合	合	合
TS/3	断	断	合	断	断	断
TS/4	断	断	断	合	断	合
TS/5	断	断	断	断	合	合
TS/6	断	断	断	断	合	断
TS/7	断	断	断	断	断	合
TS/8	断	断	断	断	断	合

“断”表示接点断开

“合”表示接点接通

图 3-24　AM500 采煤机电气原理图

电控箱内装设的器件较多，除了上面介绍的组件外，还装有动力变压器、控制变压器、真空接触器组件、熔断器、过载保护继电器、隔离模块、隔离栅、温度保护器、漏电变压器、电流互感器、继电器组件、漏电闭锁组件、风扇等。

电控箱底部有水套，用水冷却动力变压器。

2. 主要组件

(1) 控制开关组　右盖板上安装有 8 个旋转开关手柄，即遥控状态选择开关（STATIONSELEVTOR)、液压泵电动机控制开关（PUMP SWITH)、截割电动机选择开关（CUTTER SELECTOR)、截割电动机控制开关（CUTTER SWITCH)、信息页转换开关（PAGE TURNER SWITCH)、检测接地故障选择开关（GROUND FAULT SELECTOR SWITCH)、接地故障检测开关（GROUND FAULT TEST SWITCH)、破碎机构电动机控制开关（LUMP BREAKER SWITCH)。

(2) 漏电保护组件　包括油泵电动机无载漏电保护组件 3EL3、牵引回路无载漏电保护组件 4EL3、截割电动机和破碎电动机无载漏电保护组件 EL5、泵/牵引变压器二次侧有载漏电保护 GFR。

(3) 真空接触器组件　真空接触器组件安装在电控箱中部，其上有四台高压真空接触器，分别控制左右截割电动机、破碎机和主变压器。三个三相电抗器用来在漏电保护中隔离高压电。三个三相密封电容器用来吸收过电压。

(4) 继电器组件　继电器组件位于电控箱中部，组件上安装有四个普通继电器和六个时间继电器，还有两个分别为 470Ω、200W 和 2.5kΩ、50W 的电阻器。

(5) HOST 组件　HOST 组件位于电控箱前部中盖板里面。HOST 组件上安装有采煤机电气系统控制核心的 HOST 单元，右部有 HOST 的扩展电路 PLC，上部是图形显示屏，用来显示采煤机运行的状态和参数。显示屏的右侧用三个氖灯显示三相高压电源线是否有电。

(6) 牵引断路器组件　断路器安装在侧板上，由电控箱体外的手柄操作。在断路器安装板的另一侧安装有漏电检测用的三相电抗器。

(7) 晶闸管组件　组件中共有十只平板型晶闸管元件，其中六只组成三相桥式整流器，用来调节采煤机的牵引速度，另外四只组成换向开关，用来改变牵引电动机电枢电压极性，从而改变牵引方向。晶闸管的旁边是十只晶闸管的脉冲变压器。晶闸管安装在铝质基座上，紧固在电控箱底板上，晶闸管的铝质基座与底板上的冷却水套相贴，以改善晶闸管的冷却条件。

6LS5 电牵引采煤机电气系统如图 3-1（见插页）所示。

3. 采煤机电气系统主回路

6LS5 采煤机的供电电压为 3300V，总装机容量为 1530kW。其中两台截割电动机各为 610kW，两台直流牵引电动机各为 65kW，一台液压泵电动机 70kW，一台破碎机电动机为 110kW。

3300V 高压交流电源由电控箱左盖板上的电缆连接器引入电控箱，电源进入电控箱后接到高压隔离开关的进线端子上，高压隔离开关的出线接有四路动力负载和两路控制电路。四路动力负载分别如下。

① 经左截割高压真空接触器 AC 接到左截割电动机。其接触器的出线侧接有吸收过电压的电容器组 LCC、漏电检测用的三相电抗器 INDA、保护用的电流变换器 CSA。

② 经右截割高压真空接触器 BC 到右截割电动机。其接触器出线端接有吸收过电压的电容器组 RCC、三相电抗器 INDB、电流变换器 CSB。

③ 经破碎机高压真空接触器 GC 接到破碎机电动机。接触器出线侧接有吸收过电压的

电容器组 LBC、三相电抗器 INDG、电流变换器 VSR。

④ 经过泵/牵引高压真空接触器 CC 到主变压器 HT，3300V/480V，经牵引断路器 2CB 到泵电动机和晶闸管组件 SCR。在断路器输出线上接有漏电检测用的三相电抗器 INDC，在泵支路上装有电流变换器 CSC，在晶闸管组件上装有三个电流互感器。

(1) 高压隔离开关　高压隔离开关 WHVIS 是采煤机的主隔离开关，WHVIS 的主触头的和辅助接点分别通、断动力回路、先导回路、漏电检测电路等。在采煤机启动之前，可通过高压隔离开关进行高压试验。高压隔离开关的操作手柄，当开关在断开位置时可以取下，使其固定在断开状态下，在机器故障时或检修中防止误合闸。

高压试验操作。要试验动力电缆和采煤机主回路时，将高压隔离开关 WHVIS 转到“高压试验 1”位置。要单独试验拖曳电缆和高压隔离开关电源侧的高压线路时，将高压隔离开关转到“高压试验 2”位置。隔离开关在任一高压试验位置时，其辅助接点使先导电路断开，机器不能正常启动。P_1 线与 P_3 线接通，经电阻（30Ω 6W）、二极管（阳极）接地。

负荷中心产生并输出 3300V 直流电压，此直流电压用来试验拖曳电缆和采煤机中的高压线路。高压隔离开关连接线如图 3-2 所示。

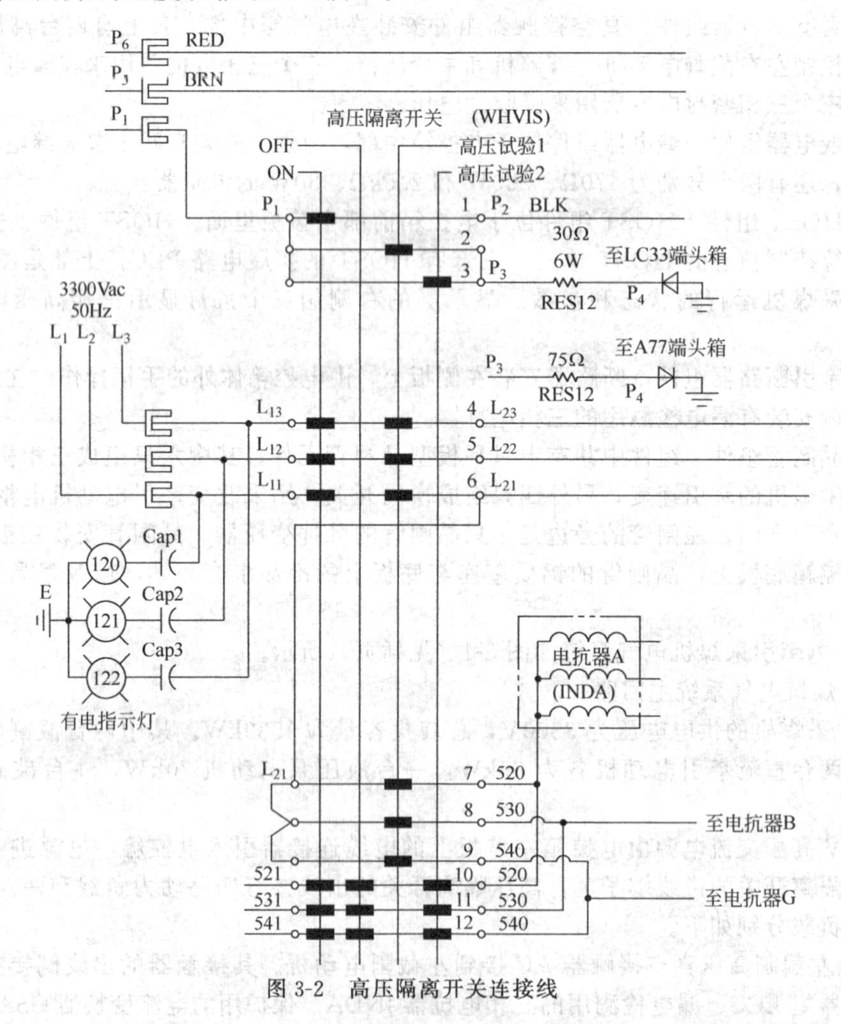

图 3-2　高压隔离开关连接线

(2) 油泵/牵引变压器　主变压器 HT。主变压器为 240kVA，3300V/480V，D，Y 接线。给液压泵和晶闸管组件供电，晶闸管整流后向牵引电动机供电。主变压器原边为三角形接线，副边为星形接法。3300V 电源侧由牵引/泵接触器 CC 控制。主变压器接线如图 3-3 所示。

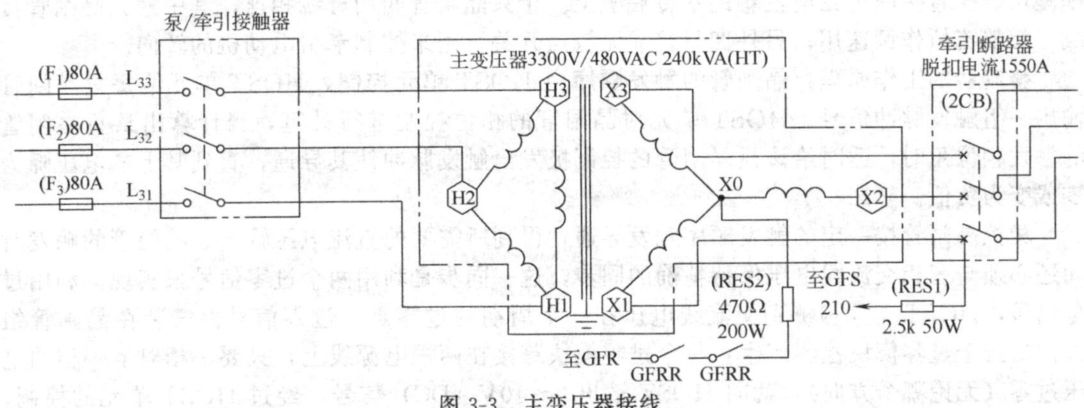

图 3-3 主变压器接线

主变压器 3300V 电源侧，即泵/牵引接触器主触头电源侧装有熔断器 F_1、F_2、F_3 (80A) 保护变压器。在主变压器副边有牵引断路器进行短路保护，其跳闸电流整定值为 1550A。

副绕组的公共点 X0 通过 470Ω，200W 的接地限流电阻 RES2，延时继电器接点 GFRR 和整流桥 R2 连接到接地故障继电器 GFR 上。继电器 GFR 在变压器带负载后，检测变压器二次侧所有供电系统对地绝缘情况。

(3) 晶闸管牵引驱动 牵引电动机由晶闸管组件供电，即用晶闸管输出的电压调节直流电动机的转速和控制电动机的转向。晶闸管驱动系统如图 3-4 所示。

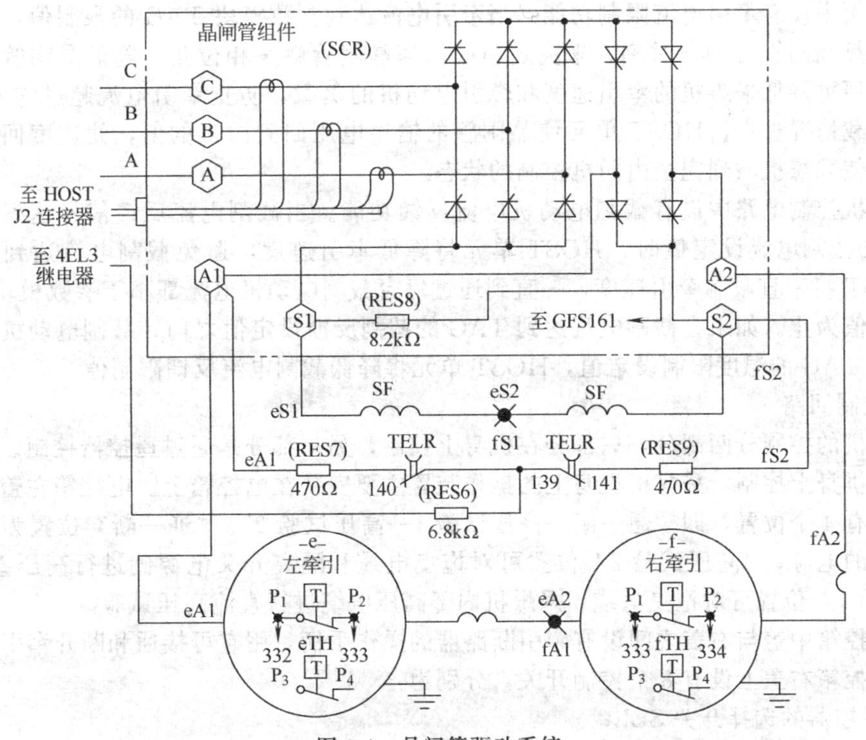

图 3-4 晶闸管驱动系统

晶闸管响应 HOST 单元传送来的控制指令，这些指令以晶闸管触发脉冲的形式出现，触发脉冲用来触发某一时刻应导通的特定的晶闸管。晶闸管组件中有十只晶闸管元件，这些元件在组件中是成对安装的，一对元件做成一个模块。晶闸管模块安装在铝质基座上，铝质基座用螺栓直接固定在电控箱的水冷底板上。十只晶闸管间用母线相连，其中六只晶闸管接成三相整流桥作调速用；另外四只接成无触点开关，用来控制牵引电动机的转向。

整流器的工作原理：晶闸管的触发顺序由 HOST 单元控制，HOST 单元给每只晶闸管输出一组触发脉冲信号。HOST 单元对晶闸管的相位控制进行计算，当计算出某只晶闸管的触发相位角时，适时给该只晶闸管的控制极发出触发脉冲使其导通，直到其上的电压降为零或变为负值。

相控晶闸管按一定的触发顺序触发导通，得到所需要的直流电压输出。晶闸管的触发时间还必须与三相交流线电压保持精确的同步，这一同步是利用两个过零信号来实现。利用过零信号，HOST 单元检测到交流线电压在一个周期的过零点。过零信号由安装在晶闸管组件内的两个过零模块检测产生，每个过零模块跨接在两根电源线上，只要一相对下一相的电压过零（无论哪个方向），就向 HOST 输出 0～10V（DC）信号，经过 HOST 单元的控制，晶闸管单元就产生一连串的直流脉动电压。由于电动机电枢的转动惯量作用，输出电压的脉动性不会引起电动机转速的脉动。所以采煤机向前牵引时还是平稳和连续的。

通常情况下，晶闸管组件由两台遥控器或其中的一台遥控器控制。在接收到遥控器发出的牵引信号后，HOST 单元运行内部检查程序使适当的晶闸管导通，开始牵引。HOST 单元计算出给定的牵引速度所需的电压，当机器开始牵引时把电压升到所需值。一般情况下，采煤机的牵引速度始终在司机的控制之下，只有当牵引电流限制或截割功率反馈起作用时，牵引速度才由 HOST 单元控制，而与司机给定速度不同（低于司机给定速度）。

晶闸管单元中由 4 只晶闸管来选择牵引电动机电枢电压的极性来改变牵引方向，而流过主磁极电流方向不变。

电控箱中设有牵引电流限制功能。当牵引电流达到参数模块 TAG 的限制值，HOST 单元重新计算晶闸管的触发时刻，来决定新的调速晶闸管触发相位角，降低晶闸管的输出电压。这样便可降低采煤机的牵引速度和牵引电动机的负载，防止牵引电流超过它的限制值。一旦大负载情况过去，HOST 单元使晶闸管的输出电压回到原来的值，使速度回到司机给定值，并使采煤机回到完全由司机控制的状态。

采煤机控制电路中设有截割电动机电流反馈功能。当截割电流反馈信号达到参数模块 TAG 中的截割电流设定值时，HOST 单元将降低牵引速度，避免截割电流达到最大限制值。HOST 将一直限制牵引速度，一直到通过每台截割电动机电流都小于参数模块 TAG 中截割反馈值为止。如果在截割电流达到 TAG 的截割反馈设定值之前，截割电动机温度达到参数模块 TAG 的温度限制设定值，HOST 单元将降低截割电流反馈限制值。

4. 控制回路

采煤机的控制分两部分，一部分在机身上控制，另一部分是通过遥控器控制。

（1）机身上控制　采煤机机身上的操作装置主要安装在电控箱上。电控箱左盖上的高压隔离开关有 4 个位置，即“通—断—高压试验 1—高压试验 2”。“通—断”位置为接通、断开采煤机的电源；“高压试验 2”位置可对拖曳电缆和隔离开关电源侧进行高压直流试验；“高压试验 1”位置可对拖曳电缆、采煤机内部高压电缆进行直流高压试验。

在电控箱中盖与右盖之间设有牵引断路器的操作手柄，用它可接通和断开牵引断路器。

在电控箱右盖上设有 8 个控制开关，分别为：

① 遥控器的选择开关 SEL；

② 截割电动机的选择开关 CS；

③ 截割电动机的启动/运行/停止开关 C；

④ 牵引/泵的启动/停止开关 HP；

⑤ 破碎机电动机启动/运行/停止开关 LB；

⑥ 漏电试验选择开关 GFS；

⑦ 漏电试验复位开关 GFT；

⑧ 显示屏翻页开关 PT。

(2) 遥控器控制 6LS5 采煤机电气系统包含有线和无线两种遥控器，两种遥控器功能相同。使用无线遥控器采煤机司机能自由走动，便于观察机器的工作情况。遥控器连续不断地向接收器发送数据，这些数据以异步串行方式传送，接收器收到发射器发来的信号后，指令采煤机改变相应的工作状况。遥控发射器用一个 4.5V 的矿灯电池供电。

5. 指示灯

在电控箱中盖板内安装有一系列绿色和红色的指示灯，这些指示灯指示电源和控制电路的工作情况为检修时提供依据。当绿色指示灯点亮时表示工作正常，如果不亮就可能不正常；当红色指示灯点亮时，表示有故障。各种指示灯代表的状态见表 3-1。

表 3-1 指示灯状态

指示灯序号	显示功能
1	120V(AC)控制电源正常
2	28V(AC)电压正常
3	HOST 内的 ESR 接点闭合
5	油泵电动机温度正常
6	左牵引电动机温度正常
7	右牵引电动机温度正常
8	左控制器温度正常
9	右控制器温度正常
10	油泵电动机回路无漏电，继电器 ELR_1 不吸合，起常闭接点闭合
11	牵引电动机回路无漏电，ELR_2 不动作
12	主变压器无漏电 GFR 接点闭合
13	左截割机电动机回路无漏电，漏电继电器 EL5 常凯接点闭合
14	右截割机电动机回路无漏电，漏电继电器 EL5 常凯接点闭合
17	左截割电动机启动前冷却水流正常
18	右截割电动机启动前冷却水流正常
19	冷却水流量/压力正常，继电器 SR_1 动作
20	牵引(4EL3)和油泵(3EL3)检漏环节完好
21	破碎机电动机温度正常
22	破碎机电动机回路无漏电，检漏继电器 EL5 动作，其常开接点闭合
23	油位和温度正常，漏电试验结果正常，油泵继电器 PR 有电
24	PR 闭锁接点闭合，液压泵开关 START 有电压
25	液压泵开关运行位置正常
26	牵引断路器在接通位置
27	泵开关启动位置正常，泵/牵引接触器 CC 有电压，接触器 CC 闭合
29	冷却水流量/压力正常，流量/压力继电器 SR_1 闭锁接点闭合，截割启动开关的电压
30	截割运行电路中油泵闭锁接点 CC 闭合，截割运行有电压
31	截割启动开关位置正常，时间继电器 TDR_1 有电压
32	TDR_1 闭锁接点闭合，时间继电器 TDR_2 有电压
33	截割回路中的 TDR_2 和左截割 AC 闭锁接点闭合。(参见注 1)

续表

指示灯序号	显　示　功　能
34	截割选择开关在左或双位置
35	左截割漏电 LEL_1 闭锁接点闭合，左截割接触器 AC 有电
36	截割选择开关在右或双位置
37	右截割漏电 REL_1 闭锁接点闭合，右截割接触器 BC 有电压
38	遥控器选择开关 SEL 在左位置
39	遥控器选择开关 SEL 在右位置
40	破碎机开关在启动位置正常，时间继电器 TDR_3 有电压
41	TDR_3 闭锁接点闭合
42	$LBEL_1$ 闭锁接点闭合，GCOL(VSR)有电压
43	液压箱油位过低或温度过高 LOR 动作，红色指示灯亮
46	主变压器副边接地故障继电器 GFR 释放，红色指示灯亮
47	泵回路漏电继电器 ELR_1 动作，红色指示灯亮
48	牵引回路漏电继电器 ELR_2 动作，红色指示灯亮
49	左截割漏电继电器 LEL_1 动作，红色指示灯亮
50	右截割漏电继电器 REL_1 动作，红色指示灯亮
51	破碎机漏电继电器 $LBEL_1$ 动作，红色指示灯亮
54	破碎机未过载，继电器 VSR 不动作，破碎机接触器 GC 有电压
55	破碎机开关在启动位置正常
57	HOST 24VDC 电源正常
58	挡煤板 1 号线圈有电
60	升左摇臂电磁阀有电
61	降左摇臂电磁阀有电
62	升破碎机电磁阀有电
63	降破碎机电磁阀有电
66	转换继电器有电
69	截割开关运行位置正常。(参看注 1)
72	挡煤板 2 号线圈有电
74	升右摇臂电磁阀有电
75	降右摇臂电磁阀有电
78	滚筒供水线圈有电
83	截割回路中的右截割 BC 闭锁节点闭合。(参看注 1)
99	从漏电变压器 CT_2 向 EL5 单元供电正常
100	从漏电变压器 CT_2 向 EL5 单元供电正常
101	从漏电变压器 CT_1 向 3EL3 供电正常
102	从漏电变压器 CT_1 向 4EL3 供电正常
105	SIRSA 向左
106	SIRSA 向右
107	SIRSA 复位

注：发光二极管 LED33、69 和 83 根据截割开关和截割选择开关的位置不同和电路的各种组合而点亮。如果这些发光二极管有不亮的，在查找故障时首先利用以上的功能说明来分析原因。

6. 急停继电器 ESR

HOST 经过它内部的急停继电器 ESR 向采煤机的控制电路提供交流控制电源。采煤机通电后，HOST 首先自检，同时也试验遥控器的状态。如果检验结果全部正常，则 ESR 得电吸合。ESR 吸合后 HOST 的 A_{18} 和 B_{18} 端子向控制电路输出控制电压，控制电路包括热敏电阻电路和漏电继电器电路等，这些电路正常，泵继电器 PR 才能得电吸合。只有泵继电器吸合后，液压泵开关才有电源，油泵启动后，截割电动机才能启动。

ESR 的吸合与释放完全由 HOST 的逻辑控制，ESR 的通、断由指示灯显示。ESR 接线情况如图 3-5 所示。

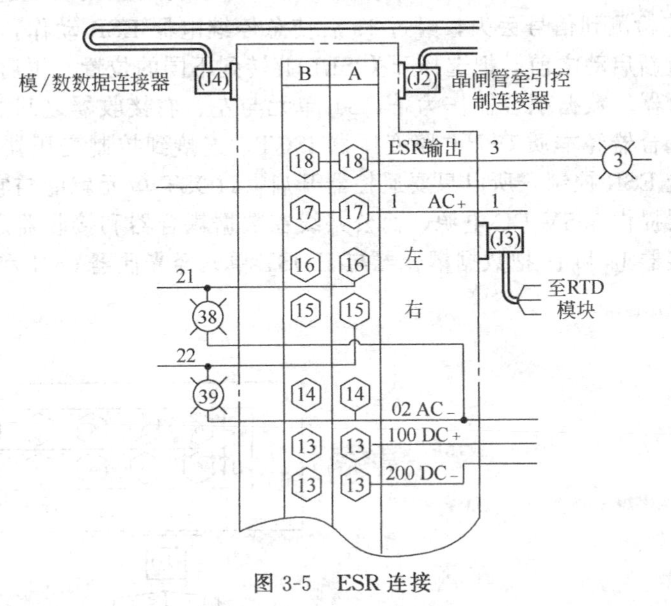

图 3-5　ESR 连接

7. 控制变压器

(1) 主控制变压器　当高压隔离开关在“通”位置时，主控制变压器 CT 得电，3300V/120V，28V。变压器原边由熔断器 F_4、F_5，5A 保护。

120V 电源供给漏电保护变压器 CT_1 和 CT_2、HOST 单元、RTD 单元、控制电路、接地故障继电器 GFR、控制电路冷却风扇 FAN。

28V 经整流桥 R1 整流输出 24V（DC），向电磁阀供电。即 24V（DC）接到 HOST 单元上，HOST 再去控制电磁阀。指示灯 LED2 监视 28V（AC）电源，LED57 监视 24V（DC）电源。

(2) 漏电变压器　采煤机上装 CT_1 和 CT_2 两台漏电变压器，110V/15V。主变压器的 120V（AC）输出向 CT_1 和 CT_2 供电，熔断器 F_6 和 F_7 作为电路的过流保护。

CT_1 的两路 15V 输出分别向油泵电动机回路漏电保护 3EL3 和牵引电动机回路漏电保护 4EL3 供电。发光二极管 101、102 点亮，指示 15V（AC）电源向 EL3 供电正常。

CT_2 二次侧的两组 15V（AC）分别向截割电动机、破碎机电动机漏电保护单元 EL5 供电。

8. 遥控系统

(1) 遥控器　采煤机电气系统中包含有一套无线电遥控系统、两台遥控器。无线遥控比有线遥控使采煤机司机有更大的活动自由度，在工作中能更好地观察机器工况和躲避煤尘。遥控系统工作时，数据以异步串行方式连续不断地从遥控发射器传送到采煤机上的接收器。

通过遥控器选择开关 EL 经 HOST 上的两个端子 A_{16}、A_{15}，向 HOST 单元供 120V

(AC) 控制电压。其目的是告诉 HOST 单元目前选用的是那台遥控器。如果 SEL 在“双”遥控位置，HOST 就收不到从 SEL 来的控制电压，它就从两台遥控器接收信号；如果 SEL 选择开关转到“左遥控器”位置，控制电压送到 HOST 单元的连接器 J_1 的 A_{16} 上，表示此时只选中了左遥控器，HOST 单元此时不接收从右遥控器来的所有数据；同样地，如果 SEL 选择“右遥控器”位置，控制电压送到了 HOST 单元连接器 J_1 的 A_{15} 端子上，HOST 此时不接收左遥控器来的所有数据。

遥控器的有效范围大约 15m，如果超出这个范围，HOST 单元将测到信号丢失，并使 ESR 动作，切断电动机电源。采煤机在运行过程中，如果司机企图改变选择开关 SEL 的位置，HOST 单元将检测到信号丢失，经过 1s 后使急停继电器 ESR 动作，全部电动机停止。司机可在采煤机重新启动之前，把选择开关 SEL 旋转到不同的位置，再启动采煤机。

(2) 数据耦合器　数据耦合器作为 HOST 单元与左、右接收器之间的本质安全电路的隔离组件。数据耦合器经本质安全电路变压器 ISCT，连接到控制变压器的 120V AC 输出上。这个电源不受 ESR 控制，所以只要遥控器开启，HOST 单元就能与它们保持联系。数据耦合器给接收器提供 5.5V DC 电源，而公共线在数据耦合器和接收器之间既是电源线又是数据线。由连接器 J_6 和 J_7 把数据耦合器与 HOST 单元经光偶器 OC1 和接收器连接起来。电路如图 3-6 所示。

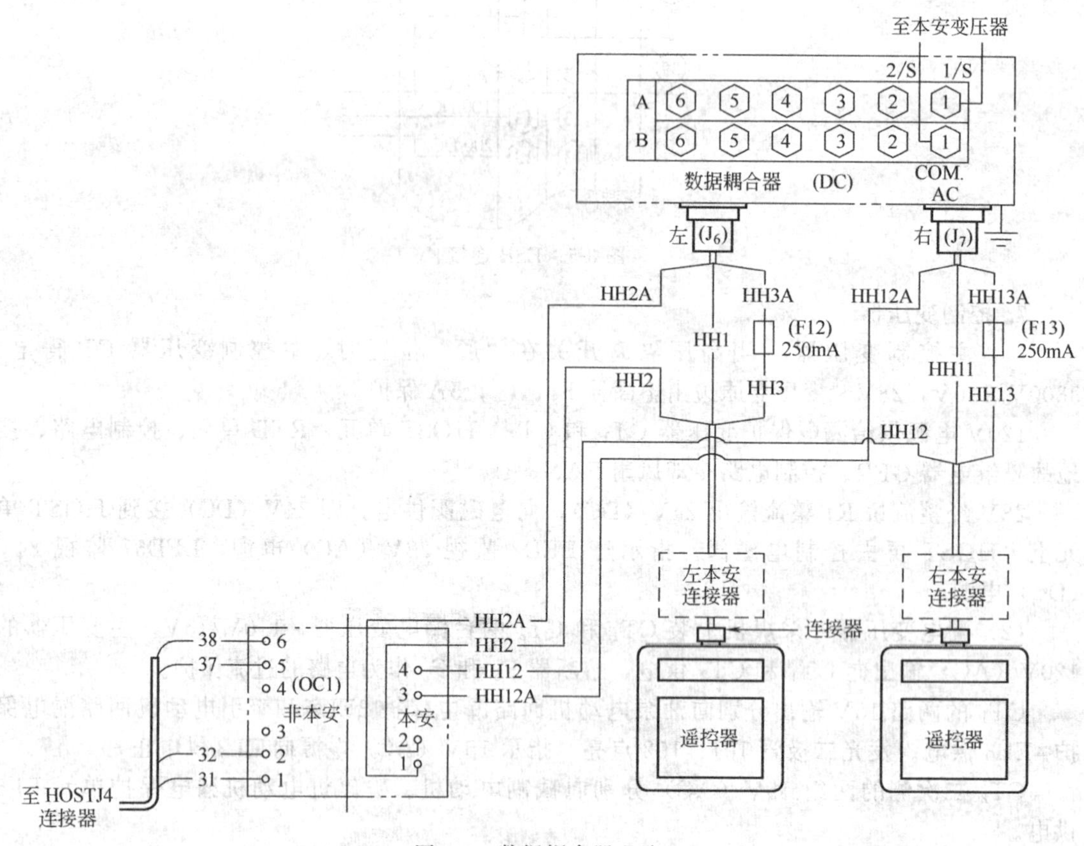

图 3-6　数据耦合器电路

9. SIRSA 电路

选择件 SIRSA 是采煤机和自移动支架计算机 RSC 之间的中间环节。SIRSA 是英文 Shearer Initiated Roof Support Advance System 的缩写。该中间环节以采煤机拖曳电缆为信号传输介质，向支架计算机 RSC 传送采煤机的位置和牵引方向信息。如图 3-7 所示。

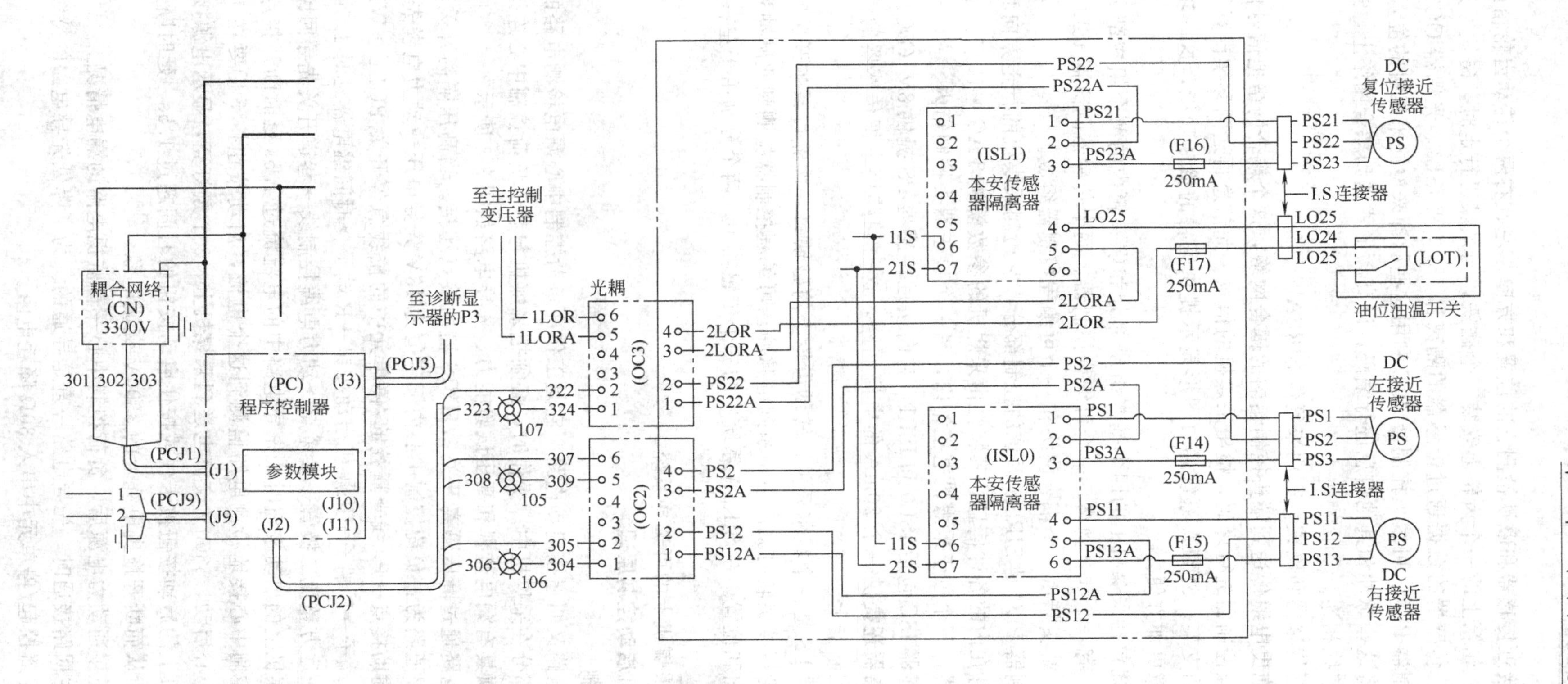
DC
复位接近
传感器
PS
PS21
PS22
PS23
I.S 连接器
LO25
LO24
LO25
(LOT)
油位油温开关
DC
左接近
传感器
PS1
PS2
PS3
I.S连接器
PS11
PS12
PS13
DC
右接近
传感器
(F16)
250mA
(F17)
250mA
(F14)
250mA
(F15)
250mA
PS22
PS22A
PS21
PS23A
LO25
2LORA
2LOR
PS2
PS2A
PS1
PS3A
PS11
PS13A
PS12A
PS12
(ISL1)
本安传感
器隔离器
(ISL0)
本安传感
器隔离器
11S
21S
2LOR
2LORA
PS22
PS22A
PS2
PS2A
PS12
PS12A
光耦
(OC3)
(OC2)
1LOR
1LORA
322
324
307
309
305
304
107
105
106
323
308
306
至主控制
变压器
至诊断显
示器的P3
(PCJ3)
(J3)
(PC)
程序控制器
参数模块
(J10)
(J11)
(J2)
(PCJ2)
(J1)
(J9)
(PCJ1)
(PCJ9)
耦合网络
(CN)
3300V
301
302
303

图 3-7　SIRSA 电路

采煤机用接近传感器和磁铁检测它的位置和方向。左、右两个传动齿轮箱内安装有两个传感器。每个齿轮箱上的一个齿轮上安装三个磁铁，当采煤机行走时，磁铁经过传感器产生一束电子脉冲。传感器的数据通过传感器的隔离器 ISL0 和 ISL1、光偶器 OC2 和 OC3，传送给可编程控制器 PLC。可编程控制器 PLC 利用这些脉冲来检测采煤机的位置和行走方向。可编程控制器将这些脉冲和其他信息进行编码，以高频形式送到耦合网络上，这个耦合网络与拖曳电缆的芯线相连。

第三个接近传感器和磁铁一起用来复位 SIRSA。

信号通过拖曳电缆传送到端头控制箱内的耦合网络，这个耦合网络把信号传送到端头控制箱内的可编程控制器进行译码，检出采煤机的信息。此信息再送到移架计算机内，移架计算机操作对应的支架。SIRSA 系统通过图形显示提供完善的诊断功能，这一功能使得有效操作和寻找故障更加方便。

SIRSA 系统包括采煤机上的四个基本组成部分和端头箱内的两个组成部分。在采煤机的组成部分中，有一个耦合网络、一个可编程控制器、两个传感器隔离器 ISL0 和 ISL1、三个接近传感器。端头箱由一个耦合网络和一个可编程控制器组成。

可编程控制器 PLC 是 SIRSA 系统的控制部分，它检测采煤机的行走方向和位置，处理数据和出错信息在内的各种信息，其特性由采煤机的参数模块 TAG 来决定。整个系统有两个可编程控制器，一个位于采煤机电控箱内，另一个位于端头控制箱内。

传感器隔离器 ISC 包括 ISL0 和 ISL1，它向接近传感器 PS 提供 8V（DC）本质安全电源，这两个隔离器还提供一个 20mA 的电流回路，这一回路用来把传感器的信息传送到采煤机的可编程控制器上。

接近传感器 PS 是一个霍尔开关。转动齿轮上的磁铁每一次经过霍尔开关时，霍尔开关就动作，当齿轮持续旋转时就产生一系列电脉冲，可编程控制器检测到此脉冲列，就知道采煤机的行走方向和位置。在 SIRSA 系统中的三个传感器中，两个分别用于左右传动齿轮箱，一个用来复位。

SIRSA 是采煤机上的可选择系统。

三、采煤机启动控制原理

1. 先导控制

先导控制电路又叫遥控启动电路，它是工作面负荷控制中心漏电检测电路的一部分，先导电路只有一部分在采煤机中。操作时，必须把采煤机与巷道负荷控制中心连接起来，此负荷控制中心必须具有漏电监视和高压试验能力。先导电路如图 3-8 所示。

先导控制电路通过高压隔离开关 WHVIS 辅助接点连接。当高压隔离开关转到“接通”位置时，其先导通路为：负荷控制中心内额定值为 13V 先导电压→动力电缆先导芯线 P_1→高压隔离开关辅助接点→P_2 线→遥控起/停单元中的拉线急停开关 PULL→WIRESTOP 的常闭接点→BN 端子→B 端子→采煤机启动按钮→R 端子→时间继电器延时 1.5s 断开的常闭接点→O 端子→远方整流二极管→参考点→动力电缆控制线→巷道开关先导回路。

当按下采煤机上的启动按钮时，先导电路中的电流流过 1.5s 延时断开接点、整流二极管到地，负荷控制中心接地检测电路监测到这个电流，启动按钮按下后要在 1.5s 内释放，巷道负荷控制中心启动，3300V 交流电送到采煤机上，3 个氖灯亮，显示电源接通。

如果采煤机上的启动按钮被卡住或按住启动按钮的时间超过 1.5s，延时断开接点打开，切断先导电路，从而断开拖曳电缆上的 3300V 交流电源。

在拖曳电缆接通动力电源后，负荷控制中心一直监视电路的漏电情况。

在采煤机主回路接通时，先导电路一直是导通的。为了降低先导电路的持续功耗，当采煤机送电后，在遥控起/停单元中串入 30Ω 降耗电阻。

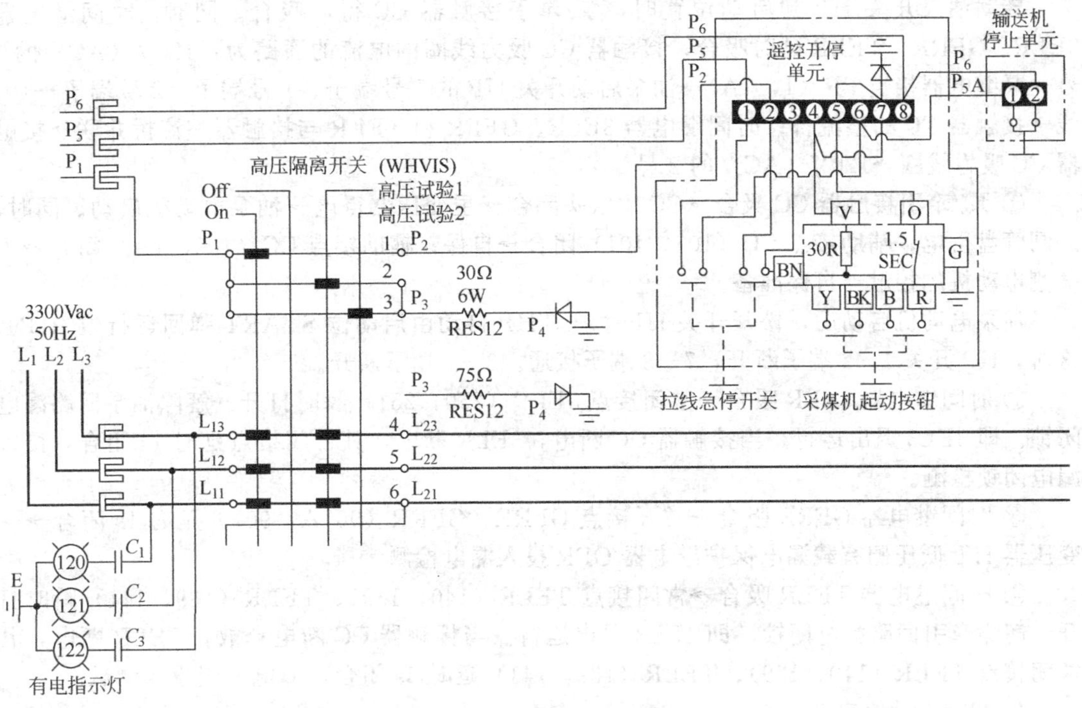

图 3-8　先导控制回路

2. 在采煤机上停止工作面刮板输送机

在采煤机上还设有停止工作面刮板输送机的拉线开关 PULL-WIRESTOP，当拉动该开关或拉动采煤机的停止开关，在控制输送机启动器控制回路内的 P_5、P_6 线断开，控制输送机的启动器跳闸。

3. 油泵电动机启动控制

油泵电动机启动控制见图 3-1。合上高压隔离开关 WHVIS 以及泵/牵引断路器 2CB，按下先导控制回路中的启动按钮，采煤机就送上了电，漏电试验一切正常；冷却水流量/压力正常，预启动报警继电器 RS1 吸合，其常开接点 RS1（105，105A）闭合，为截割电动机启动准备。

按下遥控器上“SIDE”按钮，急停继电器 ESR 吸合，120V（AC）电压经一连串的闭锁接点接通泵继电器 PR 线圈回路使其吸合，其常开接点 PR（1，1A）闭合，为油泵电动机启动准备。同时 24 号指示灯点亮，表示控制电源送到泵启动开关处。

继电器 PR 吸力线圈回路电流的通路为：120V（AC）的 1 号→HOST 的 J_1 接线排的 A_{17}、B_{17}端子→HOST 内部急停继电器 ESR 常开接点（已闭合）→HOST 的 J_1 接线排的 A_{18}、B_{18}端子→3 号线→油泵电动机温度保护接点 dTH（3，332）→左牵引电动机温度保护接点 eTH（332，333）→右牵引电动机温度保护接点 fTH（333，334）→左控制器温度接点 LCT（334，335）→右控制器温度接点 RCT（335，336）→油泵电动机漏电闭锁接点 ELR_1（336，337）→牵引电动机回路漏电闭锁接点 ELR_2（337，338）→主变压器副边有载漏电继电器接点 GFR（338，339）→左截割电动机漏电继电器 EL5 检验接点 EL5（339，340）→右截割电动机漏电继电器 EL5 检验接点 EL5（340，341）→油泵电动机漏电闭锁继电器 3EL3 检验接点 3EL3（341，342）→牵引电动机回路漏电闭锁继电器 4EL3 检验接点 4EL3（342，343）→破碎机电动机温度继电器接点 gTH（343，346）→破碎机电动回路漏电继电器 EL5 检验接点 EL5（346，347）→继电器 LOR 接点（347，348）→油泵继电器 PR 吸合线圈→120V（AC）的 2 号。

转动油泵开关 HP 到启动位置时，泵/牵引接触器 CC 得电吸合。同时，时间继电器 3ELR、GFRR、TELR 延时吸合。接触器 CC 吸力线圈的电流的通路为：120V（AC）的 1 号→泵继电器接点 PR（1，1A)→油泵启动开关 HP 的 7 号端子、1 号端子、2 号端子→101 线→接触器 CC 的整流桥；时间继电器 3ELR、GFFR 和 TELR 与接触器整流桥并联→接触器 CC 吸力线圈→120V（AC）的 2 号。

① 泵/牵引接触器 CC 吸合→CC 主触头闭合→主变压器得电→油泵电动机启动。同时，晶闸管盘得电；辅助接点 CC（102，101）闭合→自保；辅助接点 CC（106，1A）闭合→为截割电动机的接触器自保准备。

油泵电动机启动后，松开开关 HP 手把，HP 自动由启动位 START 弹回运行位 RUN，这时，HP 开关 1—2 端子断开，7—8 端子接通，3—4 端子断开。

② 时间继电器 3ELR 吸合→常闭接点 3ELR（250，251）瞬时打开→解除油泵回路漏电闭锁。即 3EL3 退出运行。当接触器 CC 断电，3ELR 断电，其常闭接点延时 1s 闭合，接入漏电闭锁检测。

③ 时间继电器 GFRR 吸合→常开接点 GFRR、GFRR（907A，907）延时 1s 闭合→主变压器 HT 低压侧有载漏电保护继电器 GFR 投入漏电检测。

④ 时间继电器 TELR 吸合→常闭接点 TELR（140，139）、TELR（139，141）瞬时打开→解除牵引回路漏电闭锁，即 4EL3 退出运行。当接触器 CC 断电释放，TELR 断电，其常闭接点 TELR（140，139）、TELR（139，141）延时 3s 闭合，漏电闭锁投入测试。

4. 截割电动机启动控制

根据需要，将截割电动机选择开关 CS 旋转到“左—右—双”的任一位置。以 CS 开关位于“双”为例作一说明。

只有油泵电动机启动后，才能启动截割电动机。

① 同时操作油泵电动机启动开关 HP 和截割电动机启动开关 C 到启动位置 START→时间继电器 TDR1 吸合。其电流的通路为：120V（AC）的 1 号→接点 PR（1，1A)→泵启动开关 HP 的（7，1）端子→辅助接点 CC（1A，106)→泵开关 HP 的（4，3）端子→报警继电器接点 SR/(105A，105)→截割电动机启动开关 C 的（1，2）端子→时间继电器 TDR1→120VAC 的 2 号。

时间继电器 TDR1 吸合→常开接点 TDR1 延时 5s 闭合→截割电动机启动之前发出左摇臂要喷水的警报，同时警报器将发出截割电动机即将启动的警报→5s 后 TDR1（107，108）闭合→接触器 AC 吸合；时间继电器 TDR2 吸合。

接触器 AC 吸合，其电流的通路为：120V（AC）的 1 号→PR（1，1A)→HP（7，1)→CC（1A，106)→HP（4，3)→SR1（105A，105)→C（1，2)→TDR1（107，108)→截割电动机选择开关 CS（3，4)→左截割电动机漏电闭锁继电器接点 LEL1（110，111)→整流桥→AC 线圈→120V（AC）的 2 号。

接触器 AC 吸合，主触头 AC 闭合→左截割电动机启动；

辅助触头 AC（115，109）闭合→为右截割电动机的接触器 BC 自保准备。

时间继电器 TDR2 吸合→常开接点 TDR2（108，109）延时 1s 闭合→右截割电动机的接触器 BC 吸合。右截割电动机延时启动的目的是躲开两台截割电动机启动时的尖峰电流，以减少对电网的冲击。

接触器 BC 吸合，其电流的通路为：120V（AC）的 1 号→PR（1，1A)→HP（7，1)→CC（1A，106)→HP（4，3)→SR1（105 A，105)→C（1，2)→TDR1（107，108)→TDR2（108，109)→CS（1，2)→右截割电动机漏电闭锁继电器 REL1（112，113)→整流桥→BC 线圈→120VAC 的 2 号。

接触器 BC 吸合，主触头闭合→右截割电动机启动。同时，计数器 BH 得电开始计时；辅助触头 BC（114，115）闭合→BC 自保。

② 两台截割电动机启动后，同时松开泵启动开关 HP 和截割电动机启动开关 C，两开关自动弹回运行 RUN 位置。此时，AC、BC 接触器线圈电流的通路为：120V（AC）的 1 号→PR（1，1A）→HP（7，1）→CC（1A，106）→C（3，4）→BC（114，115）→AC（115，109）→分两路 a、b；

a 路→TDR2（109，108）→CS（3，4）→LEL1（110，111）→整流桥→AC 线圈→120V（AC）的 2 号，同时 TDR2 仍维持吸合状态；

b 路→CS（109，112）→REL1（112，113）→整流桥→BC 线圈→120V（AC）的 2 号。

③ 如果只需要开左截割电动机，将截割选择开关 CS 转到左位置，CS（1，2）、CS（5，6）断开，接触器 BC 不能通电；如果只需要开动右截割电动机，CS 旋转到右位置，CS（3，4）、CS（7，8）断开，接触器 AC 不能通电。

5. 破碎机电动机启动控制

当泵电动机启动后，才能启动破碎机电动机。同时操作油泵电动机启动开关 HP 和破碎机启动开关 LB 到启动 START 位置，时间继电器 TDR3 吸合，其常开接点 TDR3 延时 5s 吸合，整流桥得电，破碎机接触器 GC 吸合：主触头 GC 闭合→破碎机电动机启动；辅助接点 GC（124，121）闭合→GC 自保。

破碎机启动后，松开 HP 和 LB 手把→HP 和 LB 开关弹回运行 RUN 位置。

6. 电磁阀控制

在 6LS5 采煤机上的液压系统由各个电磁阀控制，这些电磁阀安装在采煤机的各个部位。电磁阀用直流 24V 电源，24V 直流电源由控制变压器的交流 28V 经桥式整流器 R1 变为直流电源，然后接到 HOST 单元的连接器 J_1 的端子 A_{13} 和 A_{12} 上。发光二极管 LED2 显示供给整流桥 R1 的交流电压，LED57 显示供给 HOST 的直流电压。

在 HOST 单元内部，直流电压接到液压控制电磁阀的控制接点上。控制电磁阀的继电器由 HOST 逻辑控制并从 HOST 供电，继电器吸合时，安装在各处的电磁阀便动作，完成相应的功能。电磁阀控制电路如图 3-9 所示。

每个液压功能的完成都要求两个阀线圈正确配合。一个线圈通电打开实现所需功能的液压通道时，第 2 个线圈通电，使相应的泄油阀关闭。在第 2 个线

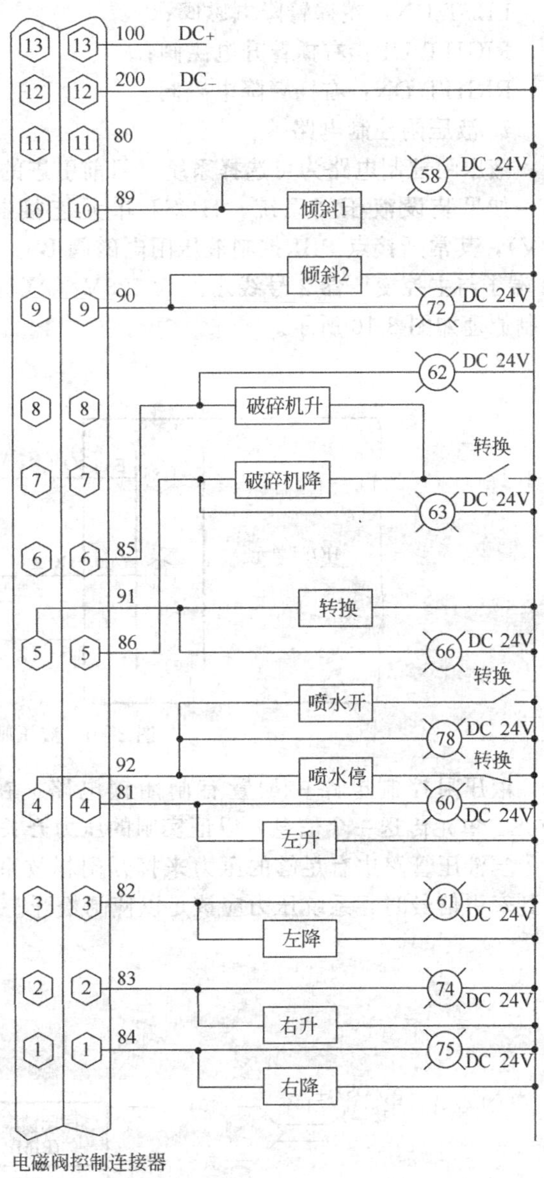

图 3-9　电磁阀控制接线

圈通电之前，泄油阀使液压油直接流回到油箱，功能阀不动作。在不需要满压之前，保持功能阀没有压力。当泄油阀的阀芯移动时，通往油箱的通路被阻断，系统压力完全加到功能阀的输入口上。当功能阀的阀芯移动时，系统压力马上作用实现所需的功能。

DUMP1：挡煤板 1 号电磁阀；

DUMP2：挡煤板 2 号电磁阀；

LUMP UP：升破碎机电磁阀；

LUMP DN：降破碎机电磁阀；

SHIFT：转换继电器，控制滚筒喷水电磁阀的开闭；

WATER SPRAY/ON：滚筒喷水电磁阀有电，开始喷水；

WATER SPRAY/OFF：滚筒喷水电磁阀有电，停止喷水；

LEFT UP：左摇臂升电磁阀；

LEFT DN：左摇臂降电磁阀；

RIGHT UP：右摇臂升电磁阀；

RIGHT DN：右摇臂降电磁阀。

7. 液压闸控制电路

液压闸控制电路为可选择系统，目前引进的 6LS5 未装设该系统。

如果装设液压闸系统，HOST 单元连接器 J_1 的 11 端子接液压闸继电器 PB1（DC 24V)，其常开接点 PB1 控制液压闸电磁阀 BS。BS 由 HOST 连接器 J_1 的 18 端子控制，即 18 端子与主控变压器 2 号线之间为 120V（AC)，经桥式整流器 R3 变为直流后，控制 BS。控制原理如图 3-10 所示。

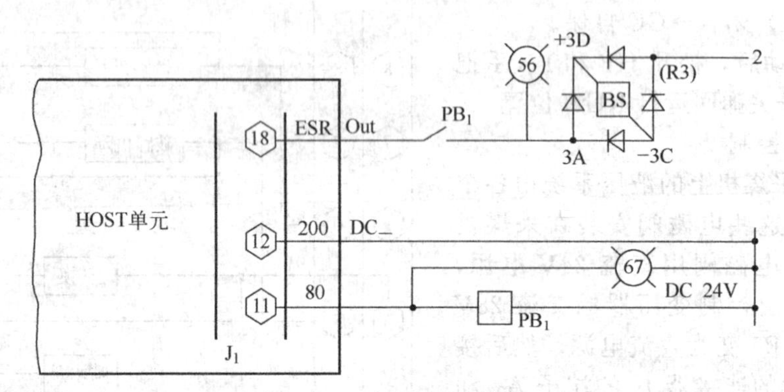

图 3-10　液压闸控制电路

液压闸控制电路中配置有闸闭锁电路，在牵引系统操作之前，闸闭锁电路必须向 HOST 单元传送一个信息，以证实闸的压力开关是闭合的。

当液压管路中有足够的压力来打开闸释放系统时，压力开关才闭合。当 HOST 单元接收到牵引信号时，系统压力应该足以使闸松开。闸闭锁模块接线如图 3-11 所示。

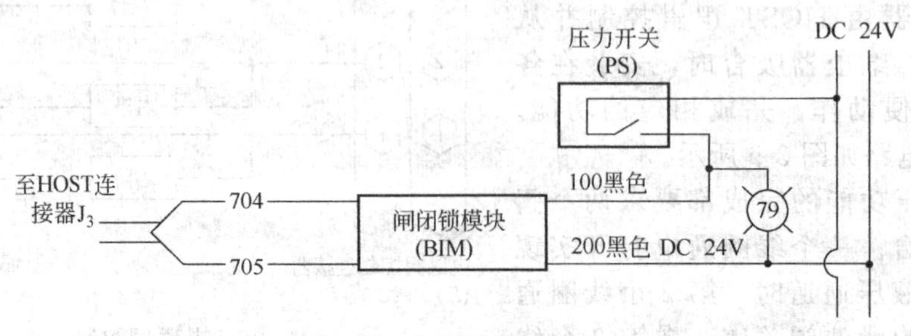

图 3-11　闸闭锁模块接线

四、6LS5型采煤机电气系统的保护

采煤机的电动机上装有过载保护、过热保护。过载保护用电流变换器取电流信号，过热保护用热敏电阻取温度信号。截割电动机回路、油泵电动机回路、牵引电动机回路、破碎机电动机回路装有无载漏电保护，即漏电闭锁保护；牵引变压器二次侧装设有载漏电保护。

1. 采煤机过载保护

(1) 截割电动机、油泵电动机过载保护　左、右截割电动机动力回路上分别安装有三相电流变送器CSA和CSB，其输出线（238，239）和输出线（236，237）；油泵电动机动力回路上装有电流变送器CSC，其输出线（232，233）。经连接器J_4向HOST单元提供电动机的电流信号，并使动力回路与HOST单元隔离。在变送器内部整流成输出电压为0～5V的直流电压信号，这个电压信号与电动机的电流成比例，将其送到HOST单元与预先定义的曲线进行比较，来确定过载的程度及动作时间。预定曲线即“满载电流百分数/动作时间曲线”，是采用编程的方法预先输入HOST单元。

电动机一般采用热过载和堵转过载两种过载保护方式。热过载是指电动机连续承受超过电动机允许的长时满载电流值；堵转过载是指短时承受比满载电流大几倍的电流。两种电流数据都通过电流变送器传送到HOST单元上。

① 热过载保护。当电动机的电流超过100%的额定电流时，电动机的温度升高，电流的百分比越高，温度上升越快，电动机就变得越热。HOST单元检测到这个信号，如果电流保持在满载值的100%以上，超过预先设定“满载电流百分数/动作时间曲线”上相应的时间，就产生热过载，急停继电器ESR断电释放，切断控制电路电源，全部电动机均停止。

热过载状态将显示在图形显示屏上，显示出那台电动机过载引起的停机，并在复位前进行倒计时，倒计时结束后（一般为4min），电动机可以再启动。这样允许有足够的时间来冷却，按压遥控器上的SIDE按钮使HOST自检并复位。

② 堵转过载（瞬时过载）保护。堵转过载是指大电流短时间过载情况。堵转保护防止电动机长时间堵转。如果电流变送器输出的堵转电流信号与HOST设定曲线比较，超过了设定的过载参数，ESR将断电，控制电路断开，所有电动机都停止。堵转过载情况显示在图形显示屏上。按压遥控器上的SIDE按钮，使HOST自检和ESR复位，采煤机就可以马上启动。

(2) 晶闸管组件过载保护　晶闸管组件中安装有电流互感器，经连接器J2向HOST单元提供晶闸管的输入电流信号，经HOST计算后，控制晶闸管触发脉冲的相位角，实现过载保护。

(3) 破碎机电动机过载保护　破碎机电动机是用固态过载保护单元VSR来检测其电动机的电流，实现过载保护的。当破碎机电动机未过载时，固态单元中的继电器常开接点是闭合的，接触器GC维持吸合状态；过载时，固态单元中继电器接点打开，切断接触器GC线圈的电源，GC释放，破碎机停止运行。

2. 截割电动机过热保护

用埋在左、右截割电动机绕组中的热敏电阻RTD来检测电动机的温度，其输出线分别为左截割电动机（aP1，a1TD1）、右截割电动机（bP1，b1TD1）。热敏电阻用铂电阻丝封装而成，铂电阻具有线性特性，电阻值随温度的增加而线性增加。热敏电阻的输出接到热敏电阻模块RTDUNIT单元上，模块长时检测各热敏电阻的阻值，并且把这些数据变换成反应电动机温度的0～10V（DC）的信号，经连接器J_3送到HOST单元进行处理。当电动机温度达到设定值时，HOST单元发出指令，急停继电器ESR释放，控制电路断开，全部电

动机停止。

3. 破碎机电动机、油泵电动机、牵引电动机的过热保护

这些电动机定子绕组中装有热敏开关，这些开关串联在油泵控制继电器 PR 吸力线圈回路中，当某台电动机过热，对应的热敏开关打开，PR 释放，全部电动机停止。复位时间约需 4min。

4. 主变压器短路保护

主变压器副边装有牵引断路器 2CB，它是主变压器副边的短路保护装置。该断路器具有磁脱扣环节，用来打开主触头，在 12.5ms 之内切除 1550A 的故障电流。一个复位手柄安装在电控箱的前面，用来复位牵引断路器。断路器切断三次短路电流后，必须进行更换。

5. 漏电保护

采煤机的漏电保护系统分为无载漏电保护和带载漏电保护两类。

无载漏电保护是指电动机启动前，动力回路对地绝缘电阻降低到规定值及以下时，接触器不能吸合，电动机不能启动。6LS5 采煤机无载漏电保护有：油泵电动机漏电保护 3EL3 单元；牵引电动机电源回路漏电保护 4EL3 单元；左右截割电动机、破碎机电动机动力回路漏电保护 EL5 单元。

有载漏电保护是指动力回路在运行中，如果发生接地故障，则变压器中性点有接地电流流动，该电流达到一定数值时，如 90mA，保护装置动作，对应的接触器跳闸。6LS5 采煤机有载漏电保护为交流 480V 回路的 GFR 单元。

当系统工作时，3300V 线路由巷道负荷中心里的监测系统进行漏电保护。

(1) EL3 无载漏电保护工作原理　6LS5 采煤机的液压泵和牵引电动机电路，用 3EL3 和 4EL3 单元作为该系统的漏电闭锁保护。这两个单元内部结构完全相同，即为 EL3 单元。这个系统检测所连接的动力回路对地的绝缘电阻，如果某条动力线的绝缘电阻降低到 12～14kΩ 以下时，断开串联在油泵继电器 PR 线圈回路中的继电器接点，使 PR 不能吸合，油泵电动机不能启动，其他电动机均不能启动，即为漏电闭锁。另外，当拆走 EL3 时，油泵继电器 PR 线圈回路断开，油泵不能启动。

EL3 漏电保护单元内部电路如图 3-12 所示，以 3EL3 为例说明其工作原理。

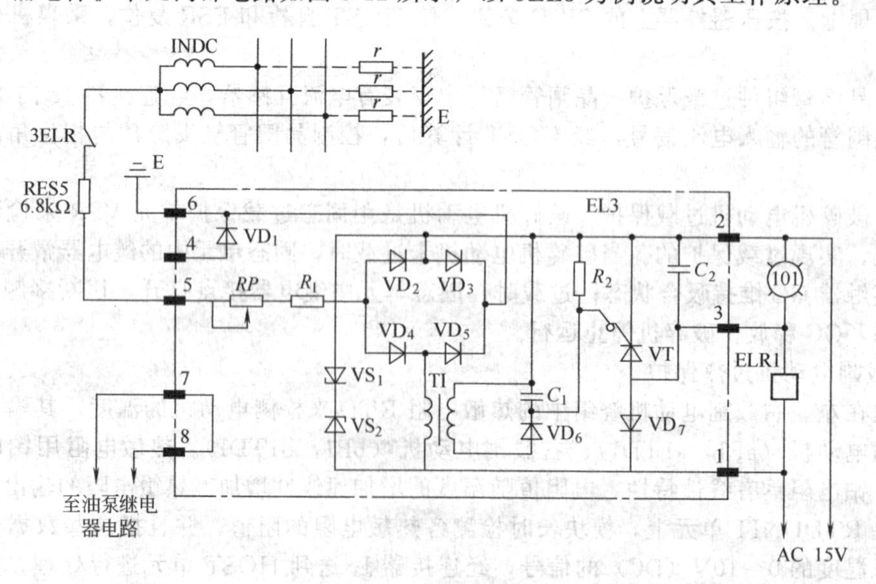

图 3-12　EL3 漏电保护单元内部电路原理

当采煤机接通 3300V（AC）电源后，油泵接触器启动之前，漏电变压器 CT_1 输出的 15V（AC）电压供给 3EL3 漏电闭锁单元，3EL3 单元在端子 5 输出直流 15V 检测电压，这个电压对动力电缆对地绝缘电阻进行测试，检测电流的通路为：15V（AC）正半波，即 2 号端子为（+）、1 号端子为（−），检测电流 I_Z→2 号端子（+）→V_3→6 号端子→地 E→大地→动力回路对地绝缘电阻 r→动力回路→三相电抗器 INDC→时间继电器 3ELR 常闭接点→限流电阻 RES5→5 号端子→RP→R_1→V_4→脉冲变压器 TI 的一次侧→1 号端子（−）；15V（AC）负半波，1 号端子为正，2 号端子为负，检测电流 I_Z→1 号端子→脉冲变压器 TI 的一次侧→V_5→6 号端子→地 E→电网对地绝缘电阻 r→电网→三相电抗器 INDC→3ELR→RES5→5 号端子→RP→R_1→V_2→2 号端子（−）。

当动力电缆未漏电时，上述检测电流很小，即流过脉冲变压器 TI 一次侧的电流很小，脉冲变压器二次侧感应电压很小，在负半波时 C_1 充电电压很低，晶闸管 VT 不导通，漏电继电器 ELR_1 不动作，油泵继电器 PR 可以启动，采煤机可以启动。

如果动力回路的某电力线绝缘电阻 r 降低到 12～14kΩ 以下，直流检测电流大大增加，在 15V（AC）负半波时，脉冲变压器 TI 二次侧感应电压使 V_6 导通，C_1 上的充电电压升高，晶闸管 VT 导通，继电器 ELR 吸合。15V（AC）正半波时，续流二极管 V_7 导通，ELR_1 维持吸合。ELR_1 吸合后，其常闭接点断开油泵继电器 PR 线圈回路，PR 不能吸合，电动机不能启动，即为漏电闭锁。

(2) EL5 无载漏电保护单元工作原理　EL5 无载漏电保护系统，作为左右截割电动机、破碎机电动机电路的无载漏电保护装置。由漏电变压器 CT_2 供给 15V（AC）电压。EL5 单元与电路的连接如图 3-13 所示。

当 3300V 直流电压加到采煤机上试验拖曳电缆和采煤机截割电动机、破碎机电动机绕组的绝缘时，高压隔离开关的辅助接点断开，保护 EL5。即当隔离开关在“高压试验 1”位时，其辅助接点 10、11、12 断开，防止直流 3300V 电压进入 EL5，损坏 EL5 单元。

EL5 漏电保护系统是一个固态集成电路模块，EL5 内含有三个独立的检测电路。EL5 的一个检测电路插头 PLUG1 接到左截割电动机动力线路上；EL5 的第 2 个电路通过插头 PLUG2 接到右截割电动机动力线路上；EL5 的第 3 个电路经插头 PLUG3 接到破碎机动力线路上。漏变压器 CT_2 的两个副绕组输出交流 15V 电压，通过每个插头的 1、2、3 端子供电给 EL5 漏电模块。交流电压在模块内部整流成稳定的±6V 直流电压供 EL5 电路使用。

模块内部有一个振荡器，振荡器的输出使一个内部继电器保持吸合状态。振荡器的输出端接在一个电阻分压网络上，网络中的一个电阻是经生产厂商标定过的内部参考电阻。当动力电缆线路对地绝缘电阻下降到 60kΩ 或更低时，振荡器停止振荡。

振荡器停振使内部继电器释放，内部继电器释放又使一个外部接地故障继电器得电吸合。即左截割电动机动力回路发生接地故障时，外部继电器 LEL1 得电；右截割电动机动力回路发生接地故障，继电器 REL_1 得电；破碎机电动机电源接地故障时，继电器 LBEL1 得电。

当有一台截割电动机动力电缆发生接地故障时，EL5 内部对应继电器释放，EL5 外部相应的接地故障继电器吸合，其常闭接点断开接触器线圈回路，使接触器不能吸合，电动机不能启动。

如果接地故障发生在破碎机电动机动力线路上，EL5 外部继电器 LBEL1 吸合，其常闭接点 LBEL1 打开，破碎机接触器 GC 吸力线圈回路断开。42 号指示灯灭可帮助查找故障。

在油泵启动继电器 PR 回路中，从 HOST 单元内部的继电器 ESR 接点输出的 120V（AC），经过 EL5 的 3 个接点串联电路接在 PR 控制回路中，只要有一个 EL5 模块从机器上取走，继电器 PR 就不能吸合，油泵电动机就不能启动。

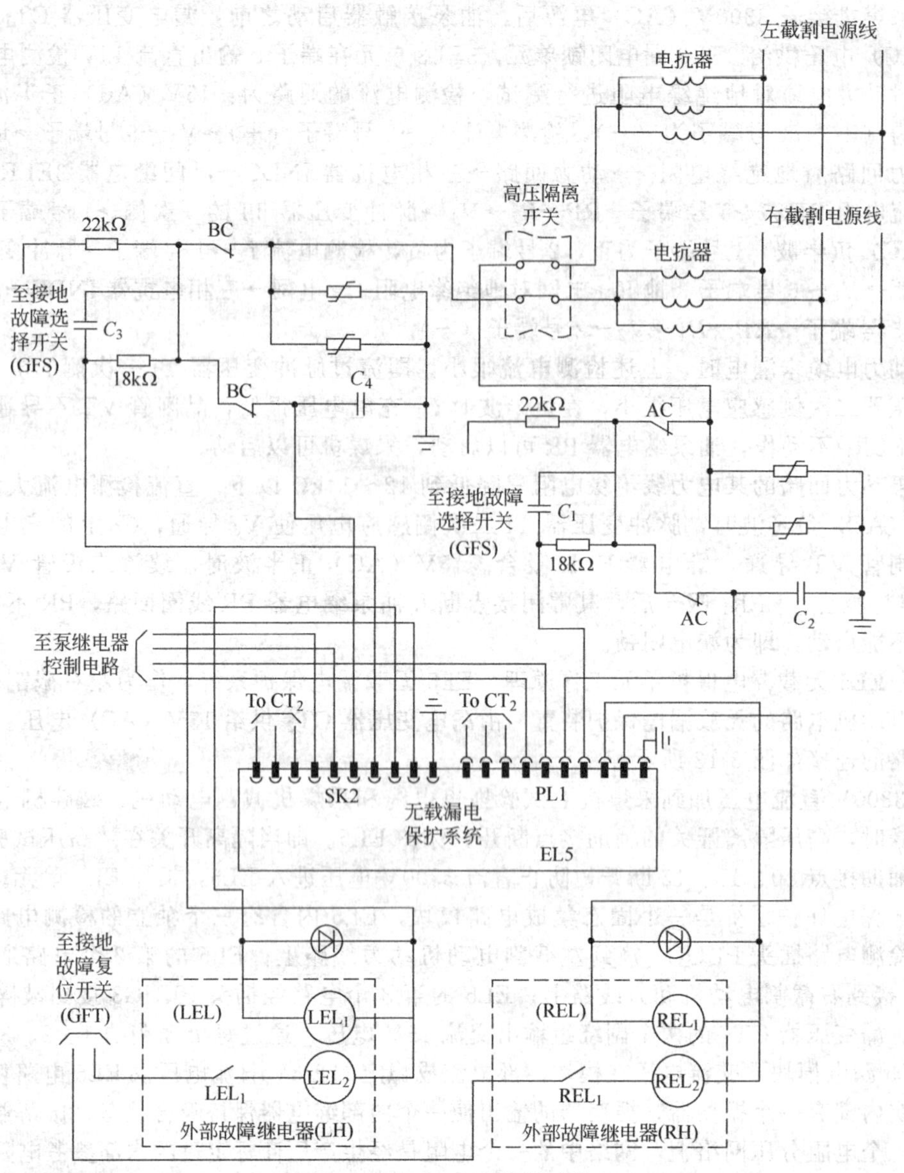

图 3-13　EL5 与电路的连接

(3) 有载接地故障继电器 GFR 工作原理　GFR 用来对液压泵、牵引电动机和主变压器副绕组进行有载接地漏电保护。其接线如图 3-14 所示。

接地故障继电器 CFR，通过一个桥式整流器 R2 和时间继电器 GFRR 的两个常开接点与主变压器副绕组中性点相连。桥式整流器在电路中的作用，是为了保证不论什么极性的接地故障都能检测到；GFRR 接点的作用是在泵/牵引接触器 CC 启动后延时 1s 闭合，GFR 投入运行，防止主变压器 HT 投入运行瞬间 GFR 误动作。

当系统正常工作时，主变压器中性点 X0 对地没有电压，桥式整流器 R2 无输出，继电器 GFR 不动作，串联在 PR 回路中的常闭接点闭合，PR 运行正常。

在运行中，主变压器二次侧 480V（AC）回路及牵引回路发生接地故障时，主变压器副绕组中性点 X0 上的三相电流不平衡，即 X0 点对地产生电压，或者说该电压使得中性点上有电流流动，该电流称为接地电流。经 R2 整流后送给了 GFR，接地故障继电器 GFR 检测到流过中性点的接地电流达到 90mA 时动作并保持，其常闭接点 GFR（338，339）打开，

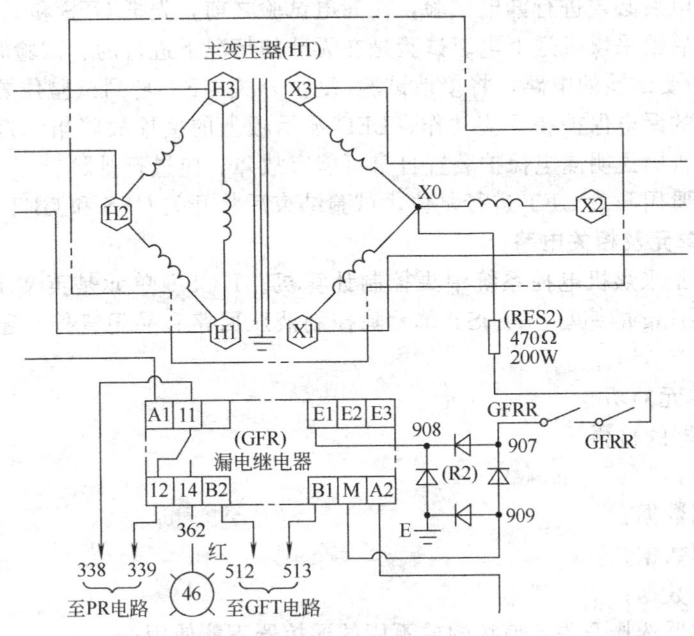

图 3-14　GFR 接地故障继电器接线

油泵继电器 PR 释放，油泵电动机停止，其他电动机均停止。同时 46 号指示灯亮，显示 480V 动力回路接地。

（4）漏电试验　采煤机具有漏电试验功能，由接地故障选择开关 GFS 和接地试验/复位开关 GFT 来完成。漏电试验开关的接线如图 3-15 所示。

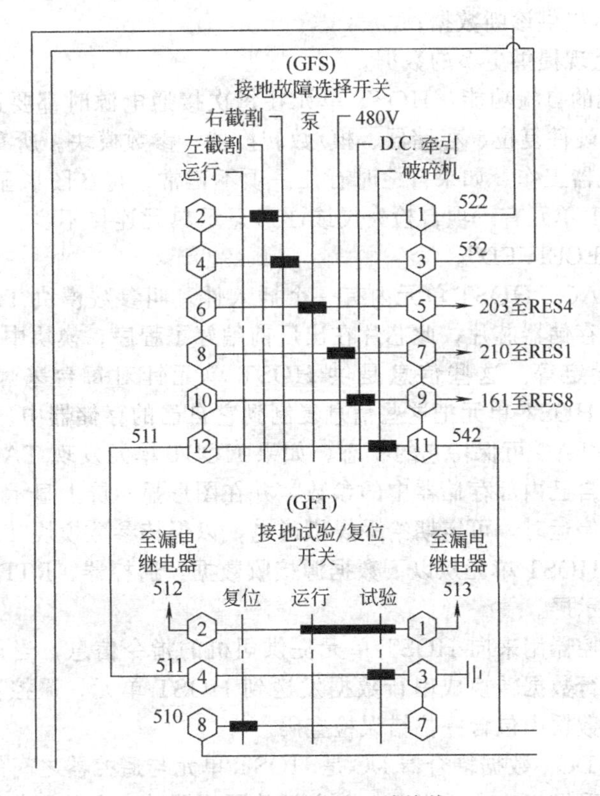

图 3-15　漏电试验开关接线

采煤机送上电后必须进行漏电试验，在漏电试验之前，先把 GFS 和 GFT 开关置于各自的运行位置，然后给采煤机送上电。试验是在无载的情况下进行的。试验时，用接地试验选择开关 GFS 选择要试验的电路，将接地试验/复位开关 GFT 转到试验位置，即把一个模拟电阻接地。对应的漏电保护装置应动作，LED 显示板上的接地故障指示灯点亮，说明漏电保护装置完好。否则说明漏电保护装置自身可能有故障，应进行排除。

每一试验都要用开关 GFT 进行复位，试验结束后将开关 GFS 和 GFT 转到运行位置。

五、HOST 单元及相关电路

HOST 单元是采煤机电控系统中央控制计算机。HOST 单元是英文 Hydraulic Outputand SCR Triggering 的缩写。HOST 单元除控制液压回路和晶闸管外，还作为检测、保护和数据采集。

1. HOST 单元的功能

(1) 对遥控器的检测

① 连续数据；

② 液压控制数据；

③ 牵引控制数据；

④ 紧急停止数据；

⑤ 检测遥控器选择开关：使坏的或不用的遥控器不能使用；

⑥ 控制电磁阀：顺序控制和优先控制；

⑦ 控制晶闸管：时间和触发顺序；

⑧ 检测和控制电动机电流：检测和控制泵、截割和牵引电动机电流，控制截割反馈电流；

⑨ 检测和控制截割电动机温度：通过热敏电阻模块信号；

⑩ 提供电动机保护：保护泵、截割和牵引电动机，热过载保护，瞬时过载保护；

⑪ 为图形显示器提供诊断数据；

⑫ 为机器信息重现提供更多的数据。

(2) HOST 单元的自检功能　HOST 单元在每次接通电源时都要进行自检，自检时检测四个方面的功能：硬件复位、存储器、模/数转换器、参数模块。所有这些检测都完成后，HOST 单元才允许机器工作。如果自检时有任一项不正常，将在图形显示屏上显示“BAD-HOST”。如果 HOST 单元有一项自检失灵或图形显示单元连接不良，将会显示“NO DISPLAY UPDATES RECEIVED”。

(3) 参数模块 TAG　HOST 单元内有一个插入件，叫参数模块 TAG。TAG 中的主要元件是一个非易失的存储器芯片，此芯片在出厂前编好了程序。模块中存储有参数数据、过载数据、最高速度设定等。这些信息是供 HOST 单元针对每台采煤机使用的。在每次 HOST 单元上电时，HOST 单元把这些信息复制到它自己的存储器中。TAG 有一个内部电源，当采煤机断电时 TAG 可保持它的状态。如果 HOST 单元发现 TAG 出了故障，HOST 单元就参考存储在它自己内部存储器中的参数，并在图形显示屏上显示“BADTAG”。

在采煤机长时间停运时，可定期给采煤机通电，以保持参数模块 TAG 内部电源有电。

(4) 数据输入　HOST 单元从以下数据源接收数据：遥控器、RTD 单元、电流变换器、晶闸管单元、图形显示屏。

(5) 遥控器　遥控器用来向 HOST 单元提供司机的指令信息，当司机按下遥控器上的按钮时，遥控器把并行数据转换成串行数据发送到 HOST 单元。遥控器每 1/6 s 向 HOST 单元发送一组数据，数据中包含一位错误检查码。

(6) 数据耦合器 DC　数据耦合器 DC 是 HOST 单元与遥控器之间的 ISC 界面，作为遥控器本质安全电路与采煤机非本质安全电路之间的隔离器件，它的工作电源为 120V (AC)，它同时向遥控器提供5.5V（DC）电源。

(7) 热敏电阻模块RTD 热敏电阻模块用来做温度检测和调节用的，它把左、右截割电动热敏电阻阻值转变成0～10V（DC）信号提供给HOST单元。热敏电阻模块还作为电动机热敏电阻与HOST单元之间的高压隔离，保护HOST单元和其他控制电路。

(8) 电流变换器 电流变换器用来把三相交流电动机的电流变换成0～10V（DC）电压供HOST单元检测用。每个传感器包括三个电流互感器，一个三相二极管整流桥，一个把电流转换成电压信号的负载电阻和一个滤波电容。每个传感器都用一对双绞线连接到HOST单元上，双绞线可以防止外部的干扰信号进入传感电路。

(9) HOST对晶闸管组件的控制 晶闸管组件向两台串联连接的牵引电动机提供可变的直流电压。

晶闸管组件中包括晶闸管保护器件和触发电路，触发电路作为晶闸管与HOST单元之间的界面。晶闸管组件上的三个电流互感器用来检测交流电流，两个过零模块用来提供交流相位信息。

晶闸管整流桥牵引电动机的驱动系统，它接受HOST单元发出的触发脉冲，实施对采煤机的牵引控制。HOST单元发出牵引速度控制信号，晶闸管驱动系统是执行机构，当HOST单元发出的触发脉冲信号前移时，晶闸管整流桥的输出电压升高，牵引速度加速；反之，牵引速度降低。由于串激直流电动机不能实现发电反馈运行，所以触发脉冲的移相范围为0°～90°。0°时整流桥输出电压最高，对应的牵引速度最大；90°时整流桥输出电压为0，采煤机的牵引速度为0。晶闸管触发控制系统原理如图3-16所示。

(10) 图形显示器 图形显示器上有一个荧光屏，用来显示HOST单元传送来的采煤机信息。14幅可选的信息页各显示检测范围的信息，页面选择可用电缆连接或无线电连接的遥控器来实现。

显示器对采煤机工作没有影响，万一图形显示器出现故障，采煤机仍能正常工作。

2. HOST单元的连接

HOST单元是采煤机的控制中心，它是一台中央控制计算机，采煤机的大多数控制都由这个单元发出，HOST单元的接线如图3-17所示。

HOST单元上共有4个连接器，每个连接器的连线方式分别叙述如下。

(1) 连接器J_1 J_1共有36个接线端子，分为A和B两列，各端子接线如下。

A_{18}（B_{18}）：急停继电器ESR的输出。当继电器ESR得电吸合时，主控制变压器输出的120V（AC）电源经过HOST单元内部到此端子，通过此端子把120V（AC）电源供到油泵继电器PR上。

A_{16}和A_{15}：接遥控器选择开关SEL。当HOST单元检测到A_{16}端子有电压输入时，左遥控器有效。当HOST单元检测到A_{15}端子有电压输入时，右遥控器有效。如果A_{15}和A_{16}两个端子都没有电压输入到HOST单元，则两个遥控器都有效。

A_{17}和A_{14}：交流电压输入端。从控制变压器输入120V（AC）电压，在HOST单元内部产生5V（DC）电源，供HOST内部集成电路和相关联的电子电路。

B_{12}：24V（DC）电源公共端。

A_{12}和A_{13}：直流电源。主控制变压器的28V（AC）电源经整流桥R1整流后，从这两个端子输入HOST单元。电源正端A_{13}接到所有继电器的接点上，当某个继电器由HOST单元控制得电吸合时，24V（DC）电压通过继电器接点接到相应电磁阀上。电源的负极A_{12}只接到HOST单元中继电器和电磁线圈的续流二极管上，当停电或电磁阀断电释放时，这种接线方式可以防止在继电器接点上产生过大的电弧，同时在电流衰减到零的过程中，为感应负载提供一个电流通道。

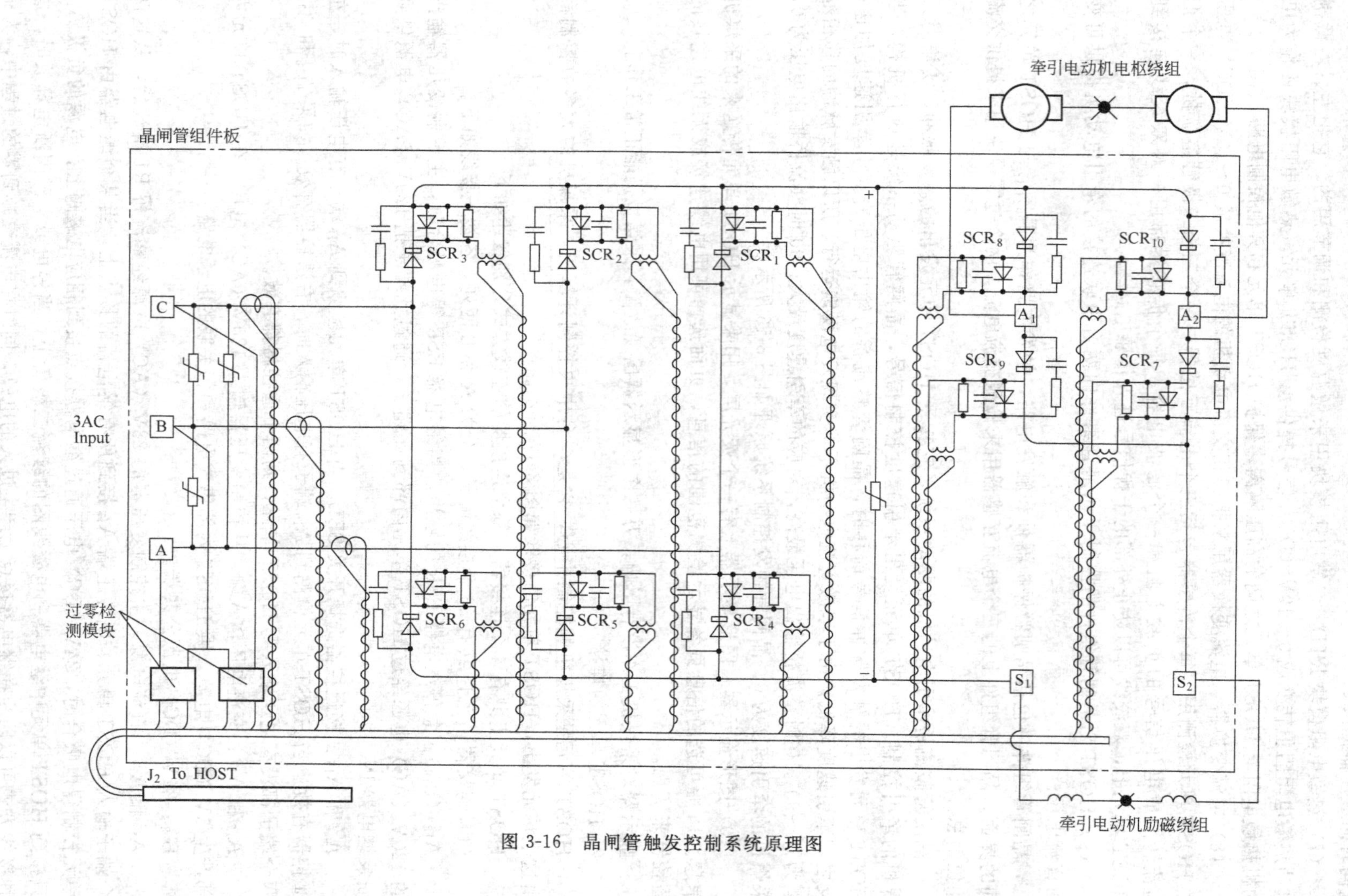

图 3-16 晶闸管触发控制系统原理图

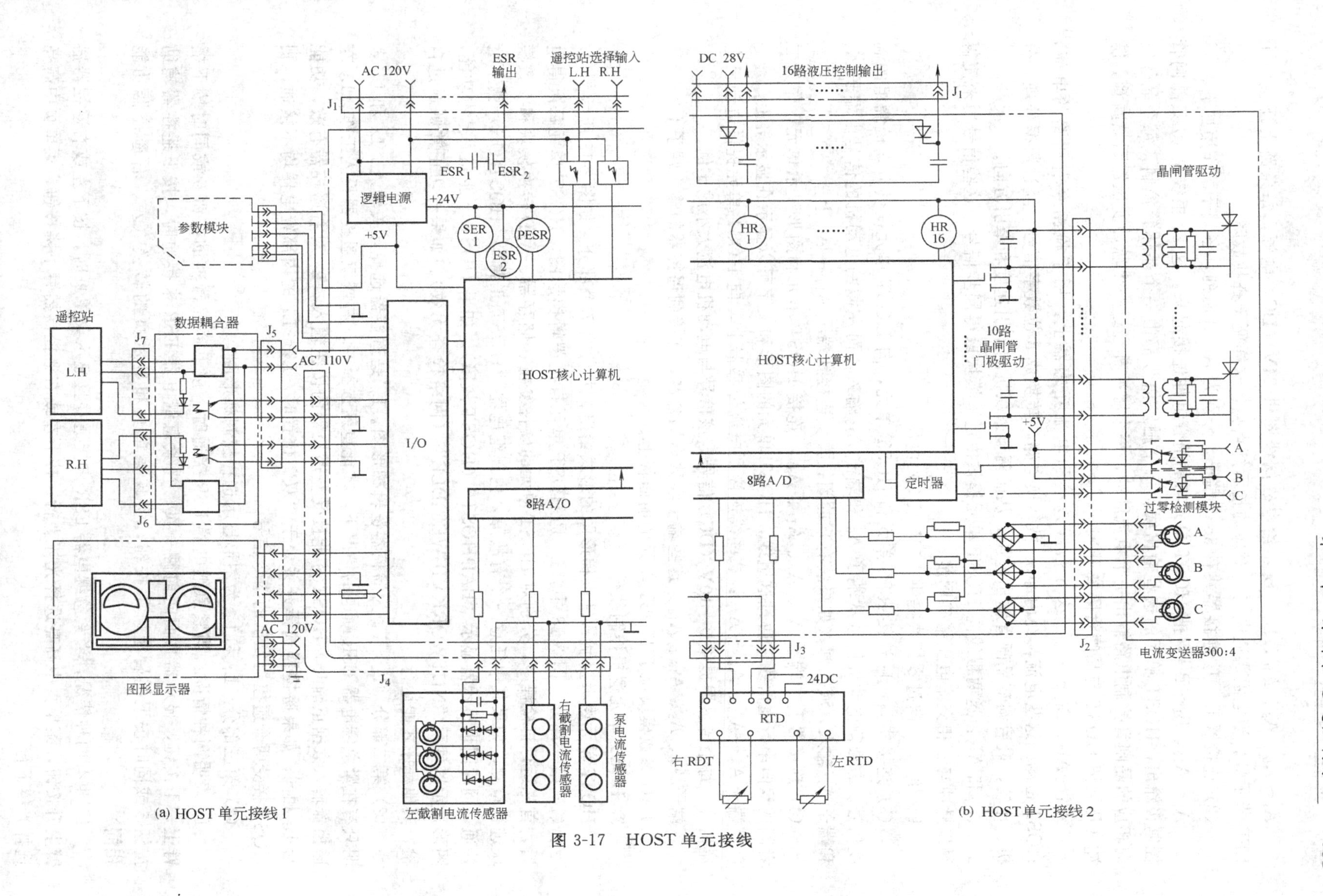

(a) HOST 单元接线 1

(b) HOST 单元接线 2

图 3-17 HOST 单元接线

A_1～A_6、A_9、A_{10}、B_3～B_5：给电磁阀线圈供24V（DC）电源，每条路上还接一个LED指示灯，当电磁阀通电时，对应的指示灯点亮，这样便于查找故障。

（2）连接器J_2　J_2连接器共有36个端子，分别为A、B两列，各端子的作用如下。

A_1～A_{10}、B_1～B_{10}：把HOST单元与晶闸管组件连接起来，这20根线是10只晶闸管控制极输出，HOST单元的这些输出线，每个触发信号都由一个晶体管控制，每个晶体管向相应的晶闸管控制电路输出一个电流脉冲，每个脉冲都经过一个脉冲变压器到晶闸管，脉冲变压器把HOST与晶闸管隔离开来。

A_{11}～A_{13}、B_{11}～B_{13}：这6根线连接到电流互感器上，用于检测牵引回路的电流，HOST检测到这些电流，经内部模/数转换电路，转换成8位数字信号，经过数据处理、分析、比较，最后调节晶闸管输出电压，从而调节采煤机的牵引速度和牵引方向。

A_{17}和A_{18}：这两根线向HOST单元提供由过零模块取得同步信号，这些信号用来使得触发脉冲与三相交流电压精确同步。

B_{17}和B_{18}：向过零模块提供+5V（DC）电压。

（3）连接器J_3　J_3连接RTD单元和HOST单元，向HOST单元提供电动机绕组的温度信号。右截割电动机信号从端子A_6和端子A_{18}输入，而左截割电动机的信号由端子A_3和端子A_{15}输入，液压闸（如果装有）的闭锁模块连接到端子A_{19}和A_{20}上。

（4）连接器J_4　端子A_1、A_7、A_{14}、A_{19}：连接HOST单元和图形显示单元，作为二者间的双向串行通信线，通过这组线，HOST单元的图形和文字可以显示在显示屏上。

端子A_8～A_{13}、A_{21}～A_{25}：这些线连接到电流传感器上，向HOST单元提供电动机电流信号，每个传感器提供0～10V（DC）信号，该信号与电动机电流大小成比例。

端子A_4、A_6、A_{16}、A_{18}：这些端子经数据耦合器，连接到遥控器的输入端子上。

TAG参数模块位于HOST单元的前面板上。

3. HOST单元逻辑控制软件

HOST单元逻辑控制软件以梯形图的形式给出，共分为7个部分。如图3-18所示。

（1）第一部分　图3-18中，L_1是HOST单元自检逻辑梯形图，HOST单元每次得电后，首先运行自检程序，分别对HOST单元的硬件复位、储存器、A/D转换模块和参数模块进行检测。如果其中任意一个有故障，内部继电器“HOST正常”（HOST OK）就不会接通，同时图形显示器显示“BADHOST”（HOST故障）。如果HOST不能完成基本功能，图形显示器显示“NETWORKVIEWERIDLE”（网络检查无效）。如果一切正常则通过自检，其他程序才能运行。

（2）第二部分　L_2～L_6为遥控器逻辑梯形图。L_2是遥控器选择开关输入。L_3和L_4表明只有在紧急继电器ESR断电的情况下，才能重新选择左、右或双遥控器投入工作。L_5左遥控器输入数据正确时，HOST才能接受左遥控器的按钮输入。L_6对右遥控器有效，功能与L_5相同；如果遥控器选择开关处于“双”位置时，L_2～L_4的内部继电器均不接通，则HOST接受两个遥控器发出的指令信号。

（3）第三部分　L_7和L_8为图形显示选择控制梯形图。

L_7表明两种情况：当紧急继电器ESR接通时，按下遥控器辅助按钮5或同时按下摇臂上、下按钮，显示器页面向前翻一页；当紧急继电器ESR未接通时，按下遥控器辅助按钮5或同时按下摇臂上、下按钮，实现菜单页和显示页的转换（左、右遥控器功能相同）。

L_8也有两种情况，当紧急继电器ESR未接通并且显示菜单页时，按下左或右遥控器摇臂上升按钮，菜单页中高亮选择光棒上行；按下左或右遥控器摇臂下降按钮，菜单页中高亮选择光棒下行。

(4) 第四部分 $L_9 \sim L_{11}$为电流检测逻辑梯形图。为了提高系统的安全性和可靠性，HOST 单元设置了以电流检测数据为基础的闭锁关系。L_9 表明如果油泵电动机电流传感器数值大于 1A，且紧急继电器 ESR 已闭合，HOST 单元就认为油泵电动机已正常运行；如果前者大于 1A，而后者未闭合，HOST 单元认为油泵电动机电流传感器故障，同时禁止紧急继电器 ESR 吸合。L_{10} 和 L_{11} 的逻辑关系与 L_9 类似，只不过是分别对应左、右截割电动机的电流传感器，其检测电流值定为大于 10A，并分别带有一个延时 1s 的内部继电器。

(5) 第五部分 $L_{12} \sim L_{14}$为紧急继电器 ESR 的闭锁关系梯形图。最左边 3 条并联支路表明，紧急继电器 ESR 未吸合时，转动遥控器选择开关 SEL 到"左"、"右"或"双"的位置，构成 ESR 吸合条件之一，如果 ESR 已吸合，再转动遥控器选择开关 SEL，紧急继电器 ESR 将会断开。接下来的两条并联支路表明，遥控器选择开关 SEL 处于"左"位置，且左遥控器的数据正确，或选择开关 SEL 处于"右"位置，且右遥控器数据正确时，紧急继电器 ESR 才维持接通状态。与并联支路串联的 8 个常闭接点反映左、右截割电动机、油泵电动机和牵引电动机的温升和过负荷状态。如果某电动机的温升超限，相应接点就会断开，并需要 4min 的停机冷却时间，其接点才能复位。如果某电动机过负荷，相应的接点也会断开，使紧急继电器 ESR 失电。最右边的两条线圈支路，上边一条支路的功能是检查两个遥控器的按钮，在 ESR 接通前没有任何按钮被按下，才允许 ESR 上电。下边的一条支路是紧急继电器 ESR 线圈支路，其逻辑关系是，要使 ESR 得电，必须同时满足：液压油泵和左、右截割电动机均未运行，牵引整流桥触发控制没有交流同步信号，任一遥控器功能按钮没有按下，必须按下左或右遥控器相对端 SIDE 按钮 4 个条件，ESR 得电后才允许电动机控制回路投入工作。

(6) 第六部分 $L_{15} \sim L_{17}$，为 HOST 单元液压控制梯形图。这一部分软件，只有当 ESR 得电后才能运行。L_{15} 由 6 个输出线圈支路组成，从左往右前 4 个是换向阀支路，其功能分别是左摇臂上、下控制，左挡煤板顺、逆时针转动控制；右摇臂上、下控制，右挡煤板顺、逆时针转动控制。接下来是灭火和位移继电器线圈支路，当按下左或右遥控器灭火按钮时，灭火继电器线圈得电。当任一个挡煤板转动，且遥控器辅助按钮 2 未按下时，可使用任一个遥控器的辅助按钮 1 或 3，使位移继电器得电。

L_{16}表明每项液压功能都是按照遥控器的指令执行的。如果同一遥控器同时按下两个动作按钮，HOST 单元拒绝执行；如果两个遥控器同时按下两矛盾按钮，则未按相对端 SIDE 按钮，遥控器的指令可以执行。

L_{17}表明左、右遥控器辅助按钮 2 可以同时按下，实际上只要按动其中一个按钮，采煤机洒水机构就开始洒水。

(7) 第七部分 $L_{18} \sim L_{35}$为牵引控制逻辑梯形图。只有当 ESR 已闭合，油泵电动机已运行，牵引整流桥控制电路中已输入交流电压同步信号时才允许运行。

L_{18} 和 L_{19} 是两个完全对称的支路，其功能是向左牵引或向右牵引的方向控制和方向闭锁，以及低速锁零控制。所谓低速锁零，就是当牵引电动机转速小于 100r/min 和牵引电流小于 5A 时，停止任一方向的牵引。

$L_{20} \sim L_{23}$是牵引加速控制逻辑，当按下遥控器向左牵引按钮时，采煤机将逐渐向左牵引加速，直到最大牵引速度。如果采煤机正在向左加速牵引，此时松开向左牵引按钮，采煤机停止加速维持原速度。向右牵引加速情况与向左时的情况相同。

$L_{24} \sim L_{27}$是牵引减速控制逻辑，当采煤机以某一速度向左运行时，按下任一遥控器向右牵引按钮，采煤机将逐渐降低向左牵引速度。向右牵引减速情况与上述相同。

L_{28}是零速和停止牵引控制逻辑。当牵引电动机转速小于 100r/min 和牵引电流小于 5A 时，该逻辑认为是零速，并停止左、右任一方向的牵引。当采煤机执行牵引减速程序时，该

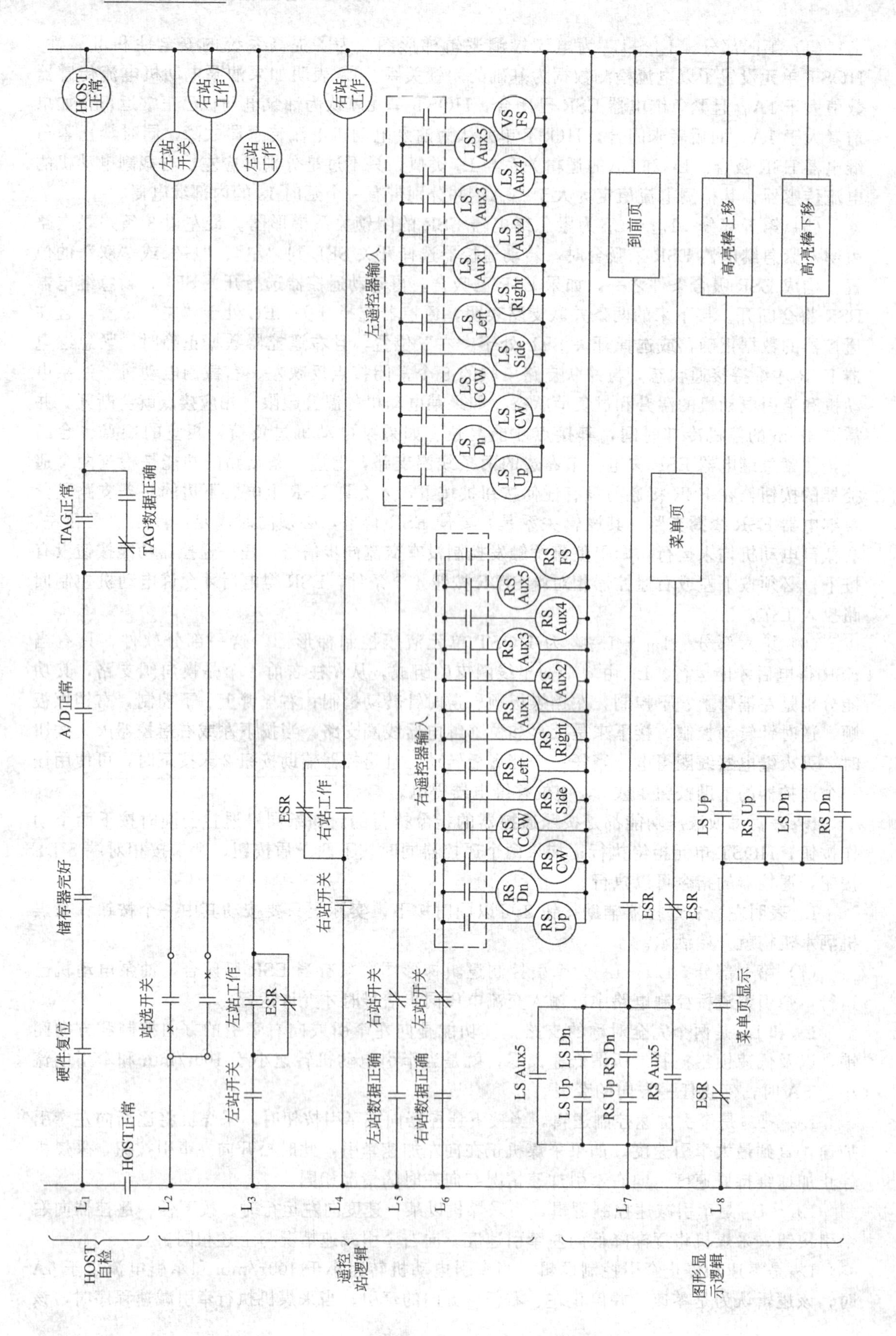
HOST正常
右站工作
左站开关
左站工作
右站工作
左遥控器输入
LS Up
LS Dn
LS CW
LS CCW
LS Side
LS Left
LS Right
LS Aux1
LS Aux2
LS Aux3
LS Aux4
LS Aux5
VS FS
到前页
菜单页
高亮棒上移
高亮棒下移
硬件复位
储存器完好
A/D正常
TAG正常
TAG数据正确
HOST正常
站选开关
左站开关
左站工作
ESR
右站开关
右站工作
右遥控器输入
RS Up
RS Dn
RS CW
RS CCW
RS Side
RS Left
RS Right
RS Aux1
RS Aux2
RS Aux3
RS Aux4
RS Aux5
RS FS
左站数据正确
右站数据正确
LS Aux5
LS Up
LS Dn
RS Up
RS Dn
RS Aux5
菜单页显示
L_1
L_2
L_3
L_4
L_5
L_6
L_7
L_8
HOST自检
遥控站逻辑
图形显示逻辑

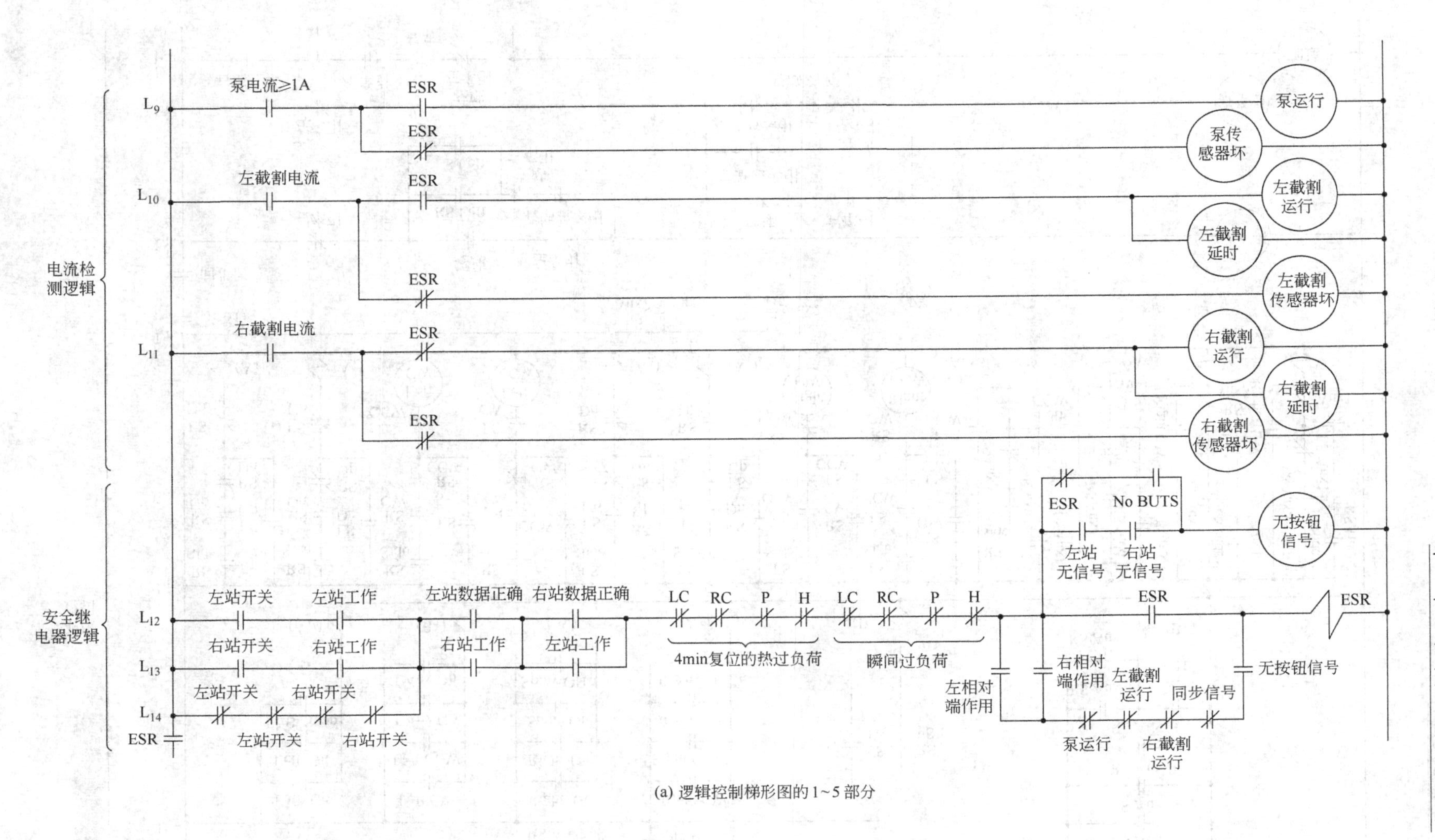

(a) 逻辑控制梯形图的1~5部分

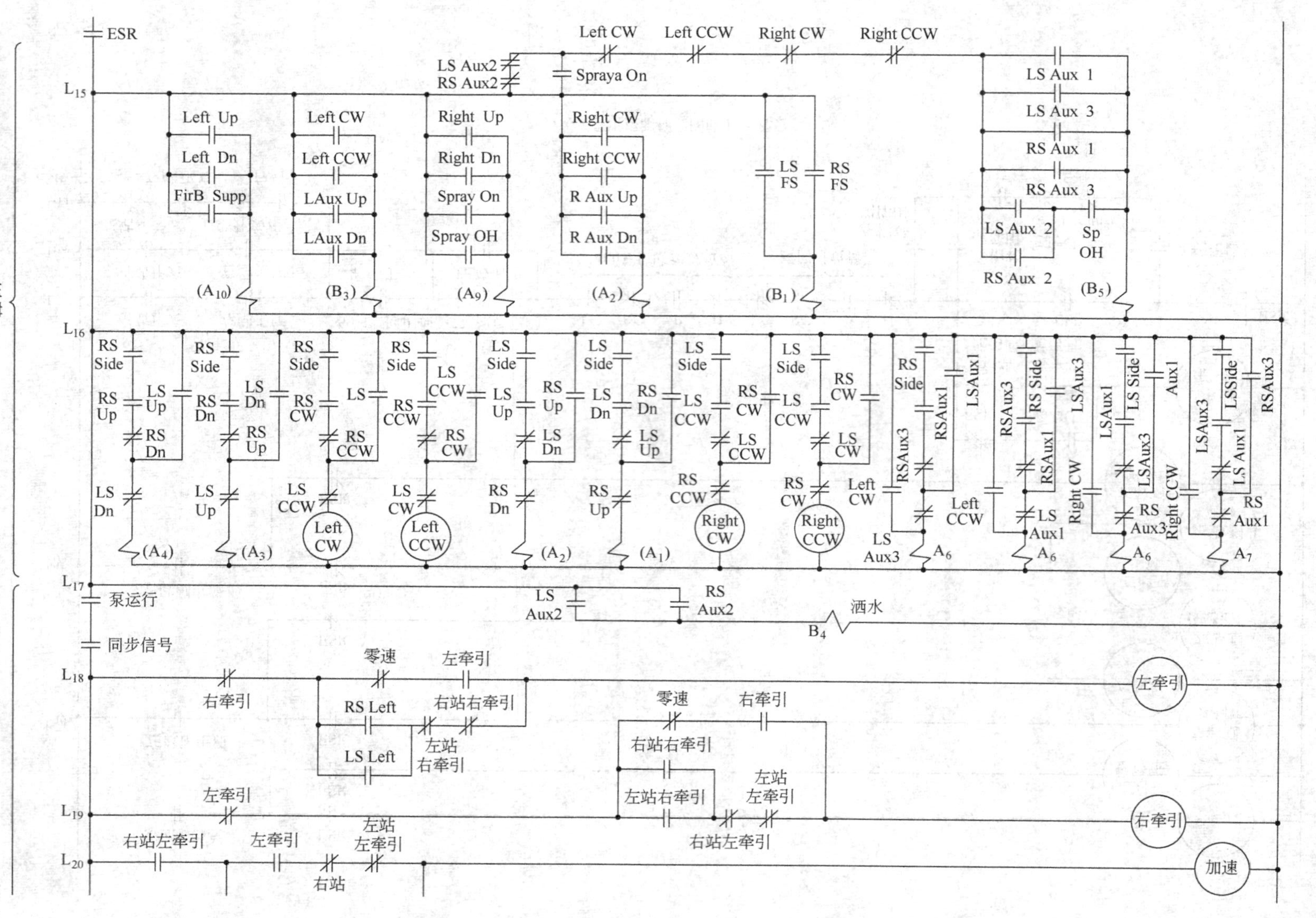
ESR
Left CW
Left CCW
Right CW
Right CCW
LS Aux2
RS Aux2
Spraya On
L15
Left Up
Left Dn
FirB Supp
Left CW
Left CCW
LAux Up
LAux Dn
Right Up
Right Dn
Spray On
Spray OH
Right CW
Right CCW
R Aux Up
R Aux Dn
LS FS
RS FS
LS Aux 1
LS Aux 3
RS Aux 1
RS Aux 3
LS Aux 2
Sp OH
RS Aux 2
(A10)
(B3)
(A9)
(A2)
(B1)
(B5)
液压逻辑
L16
RS Side
RS Up
LS Up
RS Dn
LS Dn
LS Up
RS Dn
RS Up
LS Side
LS CW
LS CCW
RS CW
RS CCW
Left CW
Left CCW
Right CW
Right CCW
(A4)
(A3)
(A2)
(A1)
RSAux3
RSAux1
LSAux1
LSAux3
RS Side
LS Side
LSSide
LS Aux1
Aux1
LS Aux3
RS Aux3
RS Aux1
LS Aux1
A6
A7
L17
泵运行
LS Aux2
RS Aux2
洒水
B4
同步信号
L18
右牵引
零速
左牵引
RS Left
右站右牵引
LS Left
左站右牵引
左牵引
零速
右牵引
右站右牵引
左站右牵引
左站左牵引
L19
左牵引
右站左牵引
右牵引
L20
右站左牵引
左牵引
左站左牵引
右站
加速

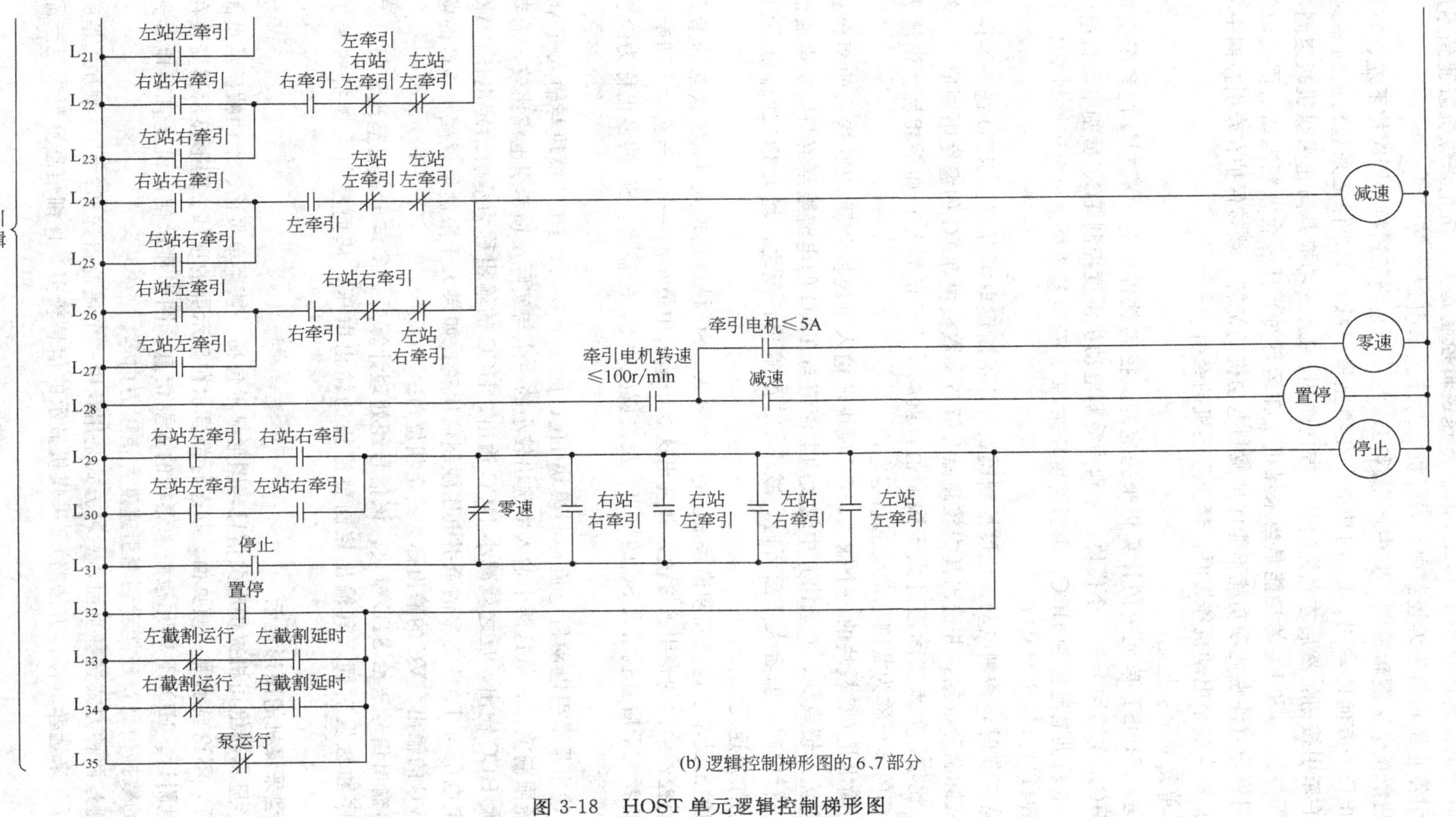

(b) 逻辑控制梯形图的6、7部分

图 3-18　HOST 单元逻辑控制梯形图

逻辑检测牵引电动机转速何时小于 100r/min。零速逻辑控制是为了防止采煤机减速到零后反向启动；牵引停止逻辑是告诉控制中心采煤机何时停止牵引。

L_{29}～L_{35}是禁止牵引逻辑控制。其中，L_{29}和L_{30}的功能是当某遥控器同时按下左、右牵引按钮时，禁止任一方向的牵引；L_{31}的功能是在禁止牵引状态下，保证采煤机回到零速，必须释放左、右牵引按钮，然后才允许向某一方向牵引；L_{32}的功能是防止采煤机减速到零后反向启动的保护；L_{33}和L_{34}的功能是当采煤机正在运行时，任一台截割电动机因故障停转，立即使牵引停止（注意此项功能不能保护截割电动机的堵转，堵转保护在牵引控制中考虑）；L_{35}的功能是当油泵电动机停转时，禁止采煤机的牵引。

4. HOST 单元的牵引控制

牵引控制是由 HOST 单元中的计算机来完成的。控制软件称为“截割反馈和牵引控制”，简称 CFHC。在结构上分 6 个模块，分别为截割电动机温度控制 TC、截割电动机电流控制 CC、牵引电动机电流控制 HCC、牵引速度控制 SC、牵引整流桥输出电压控制 VC、同步信号及晶闸管触发时间控制 STC。

采煤机正常工作时，截割电动机温度控制模块 TC 不断读取测温模块 RTD 送来的两台截割电动机的实际温升数据，并选出其中较高温升值与参数模块 TAG 的温度限制值（一般设置为 200℃）比较，如果实际温升大于限制值，就减小 TC 的输出；如果相反，则增大 TC 的输出。TC 的输出称为截割电动机的给定电流。

TC 模块的输出是 CC 模块的一个输入，CC 模块还输入电流检测器 CCS 送来的两台截割电动机实际电流反馈数据，并选出其中较大的电流值与 TAG 的电流限制值与给定电流值中较小的一个进行比较，前者大于后者时，减小 CC 的输出；反之，增大 CC 的输出。CC 的输出称为牵引给定速度。

CC 模块的输出是牵引速度控制模块 SC 的一个输入，SC 模块还输入 TAG 送来的最大牵引速度值和遥控器给出的牵引速度值，并选出这 3 个输入中最小的一个，与实际反馈牵引速度值比较，前者大于后者就增大 SC 的输出，反之就减小 SC 的输出。SC 的输出称为牵引给定电流。

SC 模块的输出是牵引电动机电流控制模块 HCC 的一个输入，HCC 模块与输入 TAG 送来的牵引电流限制值，并从这两个输入中选出较小的一个与实际反馈牵引电流比较，前者大于后者就增大 HCC 输出，反之就减小 HCC 输出。HCC 的输出称为牵引给定电压。VC 模块将牵引给定电压与 TAG 送来的牵引电压限制值比较，如果大于限制值就减小 VC 的输出，反之增大 VC 的输出。VC 的输出称为给定相位角。

VC 模块的输出信号送给 STC 模块，该信号经处理计算后，确定出牵引整流桥每只晶闸管的导通顺序和触发时间，其输出控制整流桥的输出电压，从而控制采煤机的牵引速度。

六、6LS5 型采煤机的图形显示

采煤机图形显示器给司机提供有关信息，图形显示包括一帧菜单页面、十四帧显示页面和一显示状态行，不论显示哪一帧页面，状态行都显示在显示屏的顶部。图形显示器安装在采煤机的控制盘附近。HOST 单元检测采煤机的主要信息，图形显示使司机能直观地看到 HOST 单元中的数据信息，还能看到牵引速度和牵引方向等。

司机可以通过两种方式选择页面，一种方式是用其中一个遥控器选择；另一种方式是用机器上的选页开关来选择（操作方法略）。采煤机显示的信息较多，详细信息资料参见产品说明书。

1. 过载信息

Lcut OL　左截割电动机达到热过载

Rcut OL　右截割电动机达到热过载

Pump OL　泵电动机达到热过载

Tram OL　牵引电动机达到热过载

Lout JOL　左截割电动机达到堵转过载

Rout JOL　右截割电动机达到堵转过载

Pump JOL　泵电动机达到堵转过载

Tram JOL　牵引电动机达到堵转过载

2. 参数模块 TAG 设定界面

参数模块设定页面给司机提供各参数极限值、机器上各电动机运行要求。其页面上列出的参数和它们的功能如下：

P. Module Dash＃　250（此参数为参数模块 TAG 芯片的序列号）；

Line Voltage　3300V（AC）（此参数为采煤机的工作电压）；

Bridge Voltage　480V（AC）（变压器输往整流桥的交流电压）；

Temp Limit　200℃（此参数为 HOST 允许的最高截割电动机温度）；

Cutter Pump Haulage Jam Overload：这些参数是 HOST 所允许的最大堵转电流。当碰到障碍物使电动机电流急剧增大时就会产生堵转过载；当电动机电流上升到堵转电流 0.5s 时采煤机会自动停机。要继续工作，司机必须重新启动采煤机。如：

Cutter Jam OL　210A（截割电动机过载跳闸设定电流）；

Pump Jam OL　10A（泵电机过载跳闸设定电流）；

Haulage Jam OL　253A（运输机过载跳闸设定电流）；

Machine Model　6LS（这些参数给出采煤机的型号）；

Line Frequency　50Hz（电源的工作频率）；

CurrentLimit　200A（DC）（HOST 允许的牵引电机最大连续电流设定值，牵引电流上升到此值后，牵引速度自动下降）；

Maximum Cutter Amps　此参数是 HOST 允许的截割电机最大连续电流设定值，当截割电机电流上升到限定值或最大值时，牵引速度会自动下降；

Cutter Pump Haulage Thermal Overload　这些参数是反映热过载的电流设定值，当电机到达热过载时，采煤机将自动地停机，电机到达热过载值时，状态行将显示过载的电机和以倒计时方式以秒为单位显示司机重新启动采煤机所需要等待的时间。

七、6LS5 型采煤机的操作

1. 控制开关组

采煤机的控制箱面板上设有 8 个控制开关，主要用来控制液压泵电动机、截割电动机、破碎机电动机等的启动及停止。

(1) 遥控状态选择开关 SEL（STATION SELECTOR）　SEL 开关共有 3 位，即“左（LEFT)—双（BOTH)—右（RIGHT)”，通过选择，实现左、右或双遥控器来操纵采煤机。

(2) 液压泵电机开关 HP（HYD. PUMP）　HP 开关共有 3 位，即“停止（OFF)—运行（RUN)—启动（START)”。

(3) 截割电动机选择开关 CS（CUTTERSELECTOR）　CS 开关共有 3 个位置，即“左（LEFT)—双（BOTH)—右（RIGHT)”，通过选择，实现单电机截煤或双电机截煤。

(4) 电动机启动开关 C（CUTTER）　在启动截割电动机时，必须先启动油泵电动机，截割电机启动开关必须与油泵电机启动开关一起组合使用。

(5) 信息页转换开关 PT（PAGE TURNER SWITCH）　操作者可在图文显示屏上选择

需要的信息页。逆时针旋转至“记录选择”（METERSEL）位并松开，在显示屏上将显示主菜单，顺时针方向旋转至“下”（DOWN）位并松开，使需用的信息页在主菜单高亮度反显；逆时针旋转至“记录选择”（METERSEL）位，则显示屏将显示出需要的信息页内容。

（6）检测接地故障选择开关 GFS（GROUND FAULT SELECTOR SWITCH） 其功能为：接通先导电压，测试被检测回路的接地故障。

顺时针方向旋转选择需要检测的回路，在正常工作时 GFC 位于“运行”（RUN）位置，被检测的回路全部断开。

（7）接地故障检测开关 GFT（GROUND FAULT TEST SWITCH） 其功能为：将先导电压接通至接地故障继电器。检测完毕，接地故障继电器复位。

顺时针旋转至“测试”（TEST）位，检测通过 GFT 开关选择的回路；逆时针方向旋转至“复位”（RESET）位，使接地故障继电器复位；将开关置于“运行”（RUN）位，可开动机器。

（8）破碎机电动机开关 LB（LUMP BREAKER SWITCH） 其功能：控制破碎机电动机。

顺时针旋转至“启动”（START）位，开关可弹簧复位至“运行”（RUN）位，逆时针旋转至“停止”（OFF）位，停止破碎机电动机。

2. 遥控器

（1）遥控器的功能 6LS5 采煤机电气系统可装设有线或无线遥控器，两种遥控器的功能相同，对于同一台采煤机只能选其中之一。一台采煤机可使用两个遥控器、两个司机进行操作。如左右摇臂的升降、左右挡煤板的调节、左右牵引速度的控制、内喷雾水通断控制、机身上防护板升降控制等。

（2）遥控器操作优先权 两台遥控器都可以操作采煤机两端的部件，但有一个操作优先权的问题。操作者选择近边（自边）任一功能的操作控制，将优先于对边操作者所选用此边功能的操作控制，称为操作优先权。例如，右边操作者在遥控器上按下“上升”（UP）键使右滚筒上升，而左边操作者同时按下“对边”（SIDE）键及“下降”（DON）键使右滚筒下降，采煤机只对收到发自右遥控器的信号作出反应，使右滚筒上升。“紧急停机”（EMER-STOP）键的指令在任意遥控器上始终都享有优先权，使采煤机停机，而不管另一个遥控器的操作者选用了何种功能。

3. 采煤机的操作

（1）操作采煤机之前的检查

① 采煤机上所有的液压及电控开关必须位于“断开”（OFF）位或空位；

② 所有电控线路连接必须可靠；

③ 检查机器液压油箱及各齿轮箱油位；

④ 检查机器上供电电压是否符合要求；

⑤ 如果温度低于 18℃（0°F）时，请勿启动机器。若机器温度在 18～21℃（0～700°F）之间，在机器运行前，应操作遥控器使摇臂升降数次，以达到摇臂齿轮箱中的润滑油的油温均匀，直到油温升至 27℃（80°F）以上时才能开始工作；

⑥ 如果没有冷却水，电动机不能连续运转超过 15min，长时间无水运行会降低电动机的使用寿命；

⑦ 检查所有控制开关及紧急停止开关，在机器投入生产之前，应检查所有安全保护设施的功能是否正常。

（2）6LS5 采煤机的操作与控制

① 启动程序

a. 确保巷道内移动变电站的供电电压正常；

b. 发出机器启动的警告信号；

c. 确保停机开关、液压泵、截割及破碎机构电动机控制开关都在“断开”（OFF）位置；

d. 将拉线停机开关闭锁复位；

e. 手动合闸主隔离开关及牵引断路器；

f. 按下先导回路启动按钮，巷道磁力启动器启动，采煤机上电；

g. 将遥控状态选择开关转到“双边”（BOTH）位，如果采用1个遥控器操作机器，将遥控状态选择开关置于所对应的单边控制位；

h. 在遥控器上按下并保持“对边”（SIDE）键，直到显示器上显示出“油泵电动机未启动”（PUMP MTR OFF）、“紧急继电器通电”（ESR ON）；

i. 转动喷雾冷却控制阀手柄到打开位置，接通水路向电动机供水；

j. 转动液压泵开关到“启动”（START）位并保持，直至泵电动机启动，当泵开关在启动位置时，报警器发声报警，松开泵电机开关后，自动回到“运行”（RUN）位；

k. 调整挡煤板位置，调整摇臂的位置（如果需要的话）；

l. 双手同时转动并保持截割电机开关和油泵电机开关至“启动”（START）位，直至截割电动机启动，放开两个开关使其返回到“运行”（RUN）位；

m. 同时转动并保持破碎机启动开关和油泵电动机启动开关至“启动”位置，当破碎机启动后，放开两个开关，使其自动返回到“运行”位置；

n. 其余的功能便可通过遥控器进行操作。

② 采煤机的位置和牵引速度调节

a. 采煤机位置的操作。液压泵电动机启动后截割电动机启动之前，通过两个遥控器来调节采煤机的两个摇臂和破碎机构的位置、打开液控水阀等。

b. 牵引方向和牵引速度调节。

牵引启动。在一个遥控器上按下“左”（LEFT）或“右”（RIGHT）键，牵引电动机启动，并使采煤机向所需的方向牵引。

速度选择。按下并保持表示与机器运行方向相同的按键，当显示屏上显示出所需要的速度时，松开按键，采煤机在该速度下运行。

加速。按下并保持与机器运行方向相同的按键，采煤机开始加速牵引，当达到所需要的速度时，松开按键。

减速。按下并保持与机器运行方向相反的按键，机器开始减速，当速度达到所需要的速度时，松开按键。

改变运行方向。有两种方法：其一，在任一遥控器上按下“暂停”（HALT）键停止牵引电动机，当机器停止牵引后，利用“左”（LEFT）或“右”（RIGHT）键选择新的牵引方向；其二，按下并保持与机器现运行方向相反的按键，直至机器逐渐减速至停止运行，松开按键，利用“左”（LEFT）或“右”（RIGHT）键选择新的牵引方向。

停止牵引。可以通过两种方法使机器停止牵引：按下并保持与机器运行方向相反的按键，使机器减速直至停止牵引；按下“暂停”（HALT）按键，机器可不经过减速过程直接停止牵引。

当操作者给定采煤机所需的牵引速度后，机器的实际牵引速度是由截割电动机的负载确定的。若给定的牵引速度太大，截割电动机的负载上升到其预调值时，截割电动机的反馈回路便会起作用，并调节牵引电动机的供电电压。随着截割电动机电流的增减，牵引电动机的电压就会相应改变，牵引速度也随着降低或增加，实现了采煤机牵引速度的自动调节。

截割电动机的温度是通过电阻式热探测器测量的，当它的温度或电流上升并超过给定的极限值时，截割电动机的反馈控制回路将使采煤机的牵引速度降低至安全水平，而与操作者给定的牵引速度无关。截割电动机电流预调值及温度反馈回路的触发值，可通过参数模块分别对它们的参数进行调定。

③ 采煤机的关机程序

a. 在遥控器上按下“暂停”（HALT）键，采煤机停止牵引；

b. 将截割电动机、破碎机电动机开关转至“断开”（OFF）位；

c. 摇臂降至底板；

d. 将泵电动机开关转至“断开”（OFF）位；

e. 按下遥控器上的二位二通水阀按键，关闭机器运输巷一侧滚筒的内喷雾水；

f. 关闭位于泵组件上的主水路控制阀；

g. 拉出设在机身上的“紧急停机”（EMERGENCY STOP）拉线开关，断开先导回路；

h. 将牵引断路器开关手柄及隔离开关手柄转至“断开”（OFF）位。

④ 紧急停机

在采煤机工作过程中，如果遇到紧急情况，有以下几种停机方法。

a. 在采煤机身上拉动拉线开关（PULL WIRESTOP）停机：断开机器先导回路，切断电源；

b. 按下遥控器上紧急停机键（EMERGENCE STOP）停机：切断电动机控制回路，使所有电动机停止，但机器上仍保持有电；

c. 转动油泵电动机开关（PUMP SWITCH）停机：停止所有的电动机，并未将电源从机器上断开；

d. 操作采煤机主隔离开关 WHVIS（HIGH VOLTAGE ISOL ATOR）切断电源；

e. 在采煤机上停止刮板输送机：拉动输送机紧急停止开关（PULL WIERSTOP），切断输送机电动机先导控制回路，使输送机停机。

第三节　其他采煤机电控系统简介

一、MG300/720-AWD 采煤机电控系统

MG300/720-AWD 型电牵引采煤机是天地科技股份有限公司上海分公司研制的新产品，是国产新型交流电牵引采煤机的一种机型，应用较为普遍。

1. 技术特征

(1) 主要技术参数

① 采高范围：1.4～2.89m

② 工作面倾角：≤15°

③ 煤质硬度：$f<14$

④ 型号：MG300/720-AWD

⑤ 机面高度：1130mm

⑥ 摇臂回转中心距：6870mm

⑦ 滚筒中心距（摇臂水平时）：11314mm

⑧ 行走轮中心距：4862mm

⑨ 截深：800mm

⑩ 滚筒直径：1400mm
⑪ 牵引速度：0～9.34～18.7m/min
⑫ 牵引力：550/275kN
⑬ 牵引方式：摆线轮-销轨无链牵引
⑭ 冷却喷雾水流量：200L/min
⑮ 供水压力：6.3MPa
⑯ 配套电缆：MCT-1.9/3.33×70＋1×35＋4×4

(2) 截割电动机
① 型号：Y1BC-300（隔爆型三相鼠笼型异步电动机）
② 额定功率：300kW（2 台）
③ 额定电压：3300V
④ 额定电流：67A
⑤ 额定转速：1470r/min
⑥ 冷却方式：定子水套冷却
⑦ 绝缘等级：H 级
⑧ 防护等级：IP54

(3) 牵引电动机
① 型号：BQYS2-55（隔爆型三相鼠笼异步电动机）
② 额定功率：55kW（2 台）
③ 额定电压：380V
④ 额定电流：106A
⑤ 额定转速：1450r/min
⑥ 冷却方式：定子水套冷却
⑦ 绝缘等级：F 级
⑧ 防护等级：IP54

(4) 液压油泵电动机
① 型号：YBRB2-7.5（隔爆型三相鼠笼异步电动机）
② 额定功率：7.5kW（2 台）
③ 额定电压：380V 或 1140V
④ 额定电流：15.9A
⑤ 额定转速：1438r/min
⑥ 冷却方式：定子水套冷却
⑦ 绝缘等级：H 级

2. 结构特点

MG300/720-AWD 型电牵引采煤机采用多电机驱动，横向布置。截割电动机横向布置在摇臂上的新型机组。它由左右摇臂、左右牵引减速箱、左右行走箱、前后滚筒、一台牵引变压器、两台变频器、两台截割电动机、两台牵引电动机、两台油泵电动机、液压系统、冷却喷雾系统等组成。总装功率 725kW，供电电压 3300V。

主机身分为三部分，即左右牵引箱、中间电控箱，机身通过圆柱定位销与高强度液压螺栓连成一体，左右截割部通过销轴铰接在机身上，左右截割部分别由 2 台截割电动机驱动，每台截割电动机为 300kW。4 只滑靴将采煤机支撑在工作面刮板输送机上。位于输送机采空区侧的两只滑靴分别挂在左、右行走箱的销轴上，并套装在刮板输送机的无链牵引销轨上，对采煤机进行导向，保证行走轮与销轨的正确啮合；另外两只位于煤壁侧的滑靴通过连接板铰接在机身的煤壁侧，并支承在铲煤板上，起支承机身重量与平衡截割反力的作用。

采煤机的牵引方式是采用摆线轮与销轨相啮合的无链牵引方式，左右牵引箱分别由2台50kW交流牵引电动机驱动，通过牵引减速机构驱动左右行走轮，行走轮与销轨啮合，驱动采煤机沿工作面行走。

采用交流变频调速技术，变频控制箱安置在机身中部，通过改变牵引电动机的供电频率与电压，实现牵引速度无级调速。

采煤机的牵引速度可根据截割电动机的负荷情况，实行截割电动机恒功率自动调速，同时具有牵引电动机过热、过电流保护等功能。

采煤机控制功能齐全，手动控制、无线电遥控均可，可根据用户需要选用，各种保护完善。

采煤机各种操作开关、控制按钮、显示装置均设在老塘侧，操作安全方便。

设有内、外喷雾装置。

3. 电气系统概述

(1) 电气系统的特点　MG300/720-AWD型电牵引采煤机是为适应缓倾斜薄煤层工作面的需要，而研发的新型双滚筒采煤机，该机电气系统的主要特点如下：

① 采用交流变频调速系统，牵引能力强，调速性能优良；

② 采用两个变频器分别拖动两台牵引电动机，即为"一拖一"的工作方式；

③ 采用PLC可编程序控制器控制，系统可靠性高；

④ 采用先进的信号传输技术，控制操作方便灵活；

⑤ 安装有较多的传感器，可对系统状况全面监控；

⑥ 大屏幕液晶显示器，提供全中文显示界面，系统参数显示全面准确；

⑦ 具有参数记忆功能，有助于分析查找系统故障；

电控系统具有一定的自诊断能力。

(2) 电气系统的组成　本采煤机的电气系统是为MG300/720-AWD型采煤机配套而专门研制的，它分为电气控制系统和变频调速系统两个部分。电气系统框图如图3-19所示。

采煤机的动力由两台300kW/3300V截割电动机、两台55kW/380V牵引电动机、两台7.5kW/380V油泵电动机提供。

(3) 电气系统功能

① 通过磁力启动器的远控方式，在采煤机上实现采煤机的启动与停止(兼闭锁)，

② 在采煤机上停止工作面刮板输送机(兼闭锁)；

③ 对采煤机左右截割电动机的温度监控和135℃、155℃过热保护；

④ 对左右截割电动机的功率监控和恒功率自动控制、过载保护；

⑤ 可通过电控箱、遥控器、端头控制站、变频器直接近控完成采煤机的牵引控制操作；

⑥ 可通过端头控制站、遥控器实现左右摇臂的升降控制；

⑦ 对牵引电动机的电流监测和负荷控制；

⑧ 先进的中文液晶显示界面，提供操作步骤的提示，实时显示截割电动机的功率和温度、牵引电动机的电流、牵引速度等工作参数；

⑨ 电控系统可按一定规律自动跟踪记录系统参数异常及出现可保护性故障时的工作参数，可记忆显示最近50个时间点的工作参数，具有故障自诊断能力；

⑩ 变频调速箱显示器，具有变频器输入电压、输出频率、输出电流和故障显示。

4. 电气系统

MG300/720-AWD型交流变频电牵引采煤机电气系统原理如图3-20(a)(见插页)所示。

组合电气箱置于采煤机的中间框架内，共由五个隔爆腔体组成。其中四个位于采空区

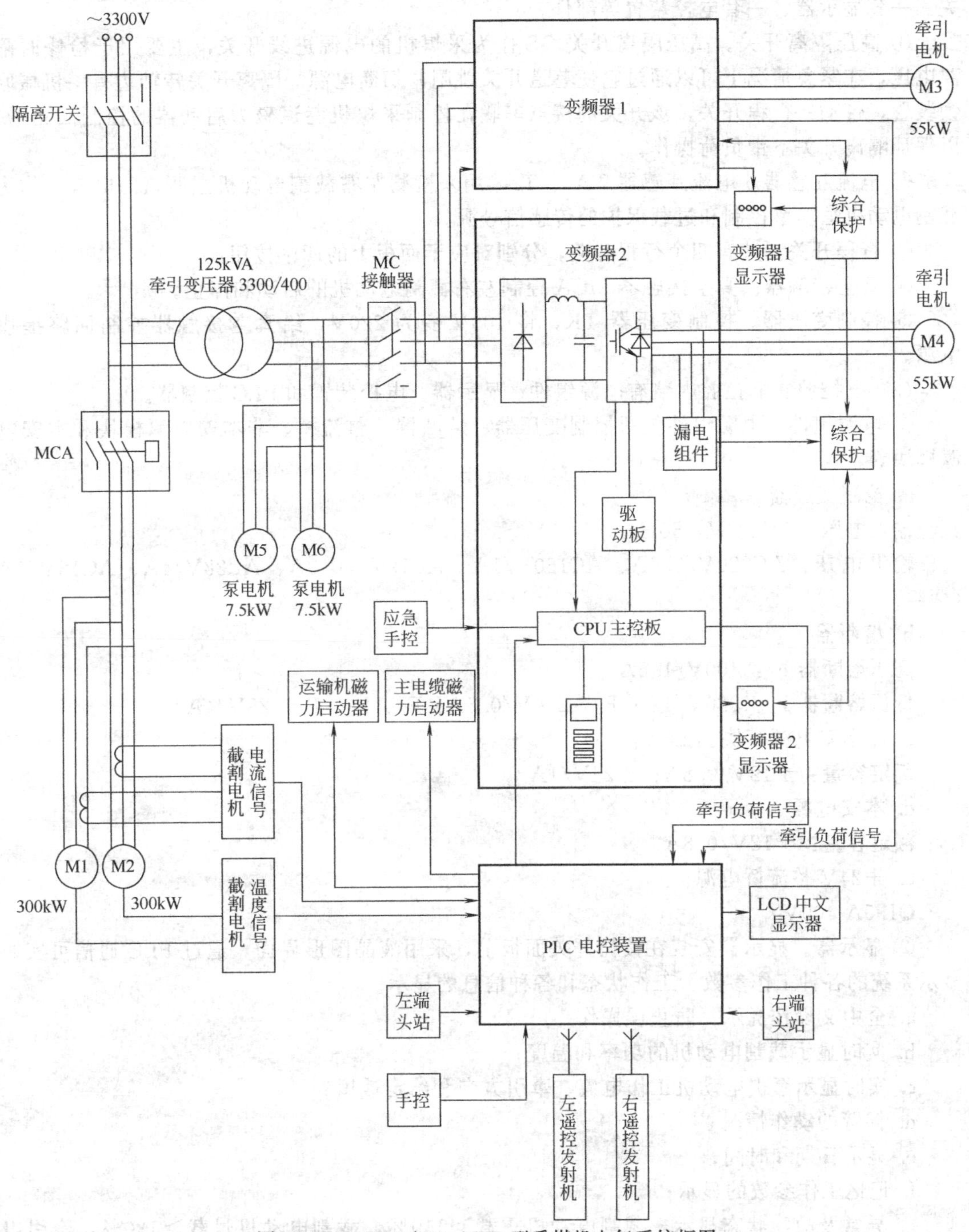

图 3-19 MG300/720-AWD型采煤机电气系统框图

侧，它们是变压器腔、高压控制腔、电气控制腔、变频器腔，这四个箱在采空区侧开盖；另外一个是为连线和分线用的接线腔，这个隔爆小腔上部开盖。各隔爆腔体之间通过穿墙套管、穿墙接线端子及进出线喇叭口连接。

(1) 高压腔 高压箱盖板上有一个隔离开关手把、一个显示窗口、四个按钮。这四个按钮的功能分别为：主起、主停（带机械闭锁）、截割送电、截割断电（带机械闭锁）。

高压箱内装有一台3300V隔离开关、一台真空接触器、两套电流互感器组件、行程开关、一套显示器、一套电控装置等部件。

① 高压隔离开关。高压隔离开关 QS 作为采煤机的电源进线开关，主要用于检修时隔离电压，在紧急情况下可以通过它使巷道开关跳闸，切断电源。隔离开关转轴边有一机械联锁装置，带动一行程开关，该开关的接点串联在控制采煤机巷道磁力启动器的控制回路中，以保证隔离开关不带负荷操作。

② 电流互感器。电流互感器 TA_1、TA_2 用来检测左右截割电动机主回路的电流，作为截割电动机恒功率控制和过载保护的传感信号源。

③ 行程开关。共有四个行程开关，分别对应于面板上的四个按钮。

④ 真空接触器。真空接触器 MCA 控制左右截割电动机的启动和停止。

⑤ 控制变压器。控制变压器 TK，将 400V 变为 220V，给真空接触器控制回路提供电源。

(2) 电控腔　电控腔内装有电源组件、显示器、电控装置和 PLC 控制器。

① 电源组件。电源组件包括控制变压器、熔断器、整流桥、非本安电源模块和本安电源模块等。

a. 控制变压器

输入电压：AC400V，50Hz

输出电压：AC220V/0.6A、AC160V/1A、AC190V/0.2A、AC28V/4A、AC18V/1A（两组）

b. 熔断器

高压熔断器 F_1：400V/1.5A

低压熔断器 F_5：220V/1A；F_6：220V/0.5A；F_7、F_2、F_3：28V/4A

c. 非本安电源模块

额定容量：±12V/0.8A；±24V/1A

d. 本安电源

额定容量：±12V/0.8A

e. +24V 整流桥电源

QL-5A-400V

② 显示器。显示器安装在按钮开关面板上，采用液晶图形界面，通过 PLC 通信可实时显示系统的各种工作参数、工作状态和各种信息的显示。

a. 全中文操作提示，防止误操作；

b. 实时显示截割电动机的功率和温度；

c. 实时显示牵引电动机工作电流、牵引方向和给定速度；

d. 摇臂的动作情况；

e. 显示日期和时间；

f. 记忆工作参数的显示；

g. 异常及故障状态显示：截割电动机重载>110%，截割电动机过载>130%，牵引电动机重载>110%，牵引电动机过载>150%，左截割电动机过热>135℃，右截割电动机过热>135℃，左截割电动机过热>155℃，右截割电动机过热>155℃。

③ 电控装置。电控装置安装在电控箱内，它由 PLC 和三个控制盒组成。PA1 为端头站接收盒；PA2 为遥控接收盒；PA7 为电流、瓦斯信号处理盒。

(3) 变频调速箱（腔）　变频控制箱内主要装有真空接触器、两个变频器、变频器外围电路等。变频器箱盖板上装有显示窗 1、显示窗 2、近控方向开关、近控速度开关和分别用于牵引送电、牵引断电、试验 1、复位 1、复位 2、试验 2 的六个按钮。

变频器的主要技术参数如下。

① 额定输出功率：100kW

② 额定电流：212A

③ 输入电压/频率：400V/50Hz

④ 输出电压（最大）：380V

⑤ 输出频率：3～100Hz

⑥ 控制方式（V/F 控制）：3～50Hz，V/F 恒定；50～100Hz，V＝Max

⑦ 过载能力：150％/min

⑧ 变换效率：≥95％

⑨ 保护功能：过载/过流/过热/过压/欠压/对地短路/漏电闭锁/漏电保护

变频器箱为水冷隔爆腔体，变频器运行过程中产生的热量经外壳由冷却水带走。

① 变频器。变频器电气系统设有两个变频器，分别拖动左右两台牵引电动机，实现“一拖一”的调速方式，见图 3-20（b）（见插页）。它主要由主回路、主控板、驱动板、显示和控制盘、漏电保护板、控制变压器及风扇组成。

a. 主回路。两变频器均为四象限运行的交—直—交电压型变频器。来自牵引变压器的 400V、50Hz 三相交流电源经真空接触器 MC 送入变频器输入端 R、S、T。

在变频器内部，400V 交流电压经快速熔断器、三相交流接触器主触头、电流互感器、三相限流电抗器，由变频器输入侧绝缘栅双极型晶体管 IGBT 的反并联二极管组成的整流电路整流，向滤波电容器充电。为限制起始充电电流，这部分电路的工作顺序是：首先交流接触器不吸合，电源的 R、T 两相经与接触器触点并联的限流电阻、IGBT 的反并联二极管整流后向滤波电容器充电，以限制起始充电电流，当充电电流小到一定值，直流回路建立了足够电压时，三相交流接触器吸合，将限流电阻短接。此时，电路建立起稳定的直流电压，然后再经过输出侧 IGBT 组成的逆变电路输出交流电源，接到牵引电动机上实现牵引调速。

变频器输入侧和输出侧各有 6 个 IGBT 管组成三相桥式电路。输入端的 6 个 IGBT 管组成三相整流桥，其输出直流电压可调；逆变器输出侧的 6 个 IGBT 管组成逆变桥，输出变频、变压的三相交流电源。IGBT 管工作在开关状态下，其导通与关断由驱动信号来控制。驱动信号由主板形成，经驱动板放大后加到 IGBT 的门极上，控制 IGBT 的导通与关断。

b. 主控板。主控板即为微机板，它是变频器控制系统的核心，各种信息的处理、控制以及指令的发送都由主控板来完成。

c. 驱动板。主要用于放大主控板产生的驱动信号。

d. 显示和控制盘。变频器的控制盘上设有数码管及发光二极管显示部分。数码管显示正常工作频率，也可选择显示输出电流等参数和故障信息；发光二极管共有 4 个，分别显示如下内容。

“12V”（黄色）：＋12V 电源指示；

“漏电”（红色）：漏电闭锁、漏电保护显示；

“FU1”（绿色）：变频器输入侧 R、S 相快速熔断器正常显示；

“FU2”（绿色）：变频器输入侧 T、S 相快速熔断器正常显示。

控制盘上的多个按键，主要用于变频器参数设定、变频器实施控制操作。进行以上操作时，只需打开变频器上小盖即可。上述操作一般用于检修作业，一般不要轻易操作。

e. 漏电保护板。漏电保护板主要用于完成变频器输出漏电闭锁、漏电保护、输入信号电路和输出显示处理电路。除此之外，板上还有松闸指令执行电路以及快速熔断器检测显示电路。

f. 风扇。变频器顶部装有 2 个冷却风扇，增强变频器运行产生的热量经外壳水冷却的效果。

② 变频外围电路。变频器外围电路的作用是完成其控制和保护功能。主要由真空接触器、控制变压器、两个变频器控制盒、显示器、控制开关组、近控开关和按钮组成。

a. 控制变压器。控制变压器原边电压为交流 400V，副边有 13、6、18V（4 组），它们分别用于公共控制盒＋12V 电源、变频器输入电源电压 LED 显示、输入电压异常保护的检测电源。

b. 公共控制盒。公共控制盒含有真空接触器的先导控制回路、制动器电磁阀控制电路、输入电压异常保护电路。

c. 显示。该显示器含有输入电源电压 LED 显示以及 4 个发光二极管。发光二极管显示内容如下。

“＋12V”（黄色）：公共控制电路＋12V 电源显示；

“牵电”（绿色）：真空接触器吸合显示；

“油路失压”（红色）：总油路油压低于正常工作值显示；

“电压异常”（红色）：输入电源电压异常显示。

d. 控制开关。控制开关组共有 3 个拨钮开关。B_1、B_2 为“远控/近控”切换开关，正常状态为“远控”位置。远控包括电控箱面板操作、端头站控制和无线电遥控；近控则为变频器调速箱面板操作控制，它不受电脑箱面板控制而独立运行，一般只在检修变频器等特殊场合使用。B_3 为漏电闭锁试验和漏电保护试验切换开关，正常状态为漏电闭锁位置。

e. 面板近控操作开关和按钮。操作按钮共有六个，分别为漏电试验 1、漏电试验 2、复位、牵引急停、牵引复电和一个备用按钮。操作开关有两个，为变频器检修时使用。

面板上标有“停、1、2、3”为近控速度开关，共有 4 挡速度转换，“1、2、3”三挡速度依次递增。

面板上标有“左牵、停、右牵”为近控方向开关，停牵引时，将方向开关打在“停”位置。

5. PLC 可编程序控制器

PLC 可编程序控制器安装在电控箱左边，在其旁边有一冷却 PLC 的风扇。采用 GE-Fanuc 系列 PLC，具有可靠性高、性能高的特点。

PLC 可编程序控制器的组成如图 3-21 所示。

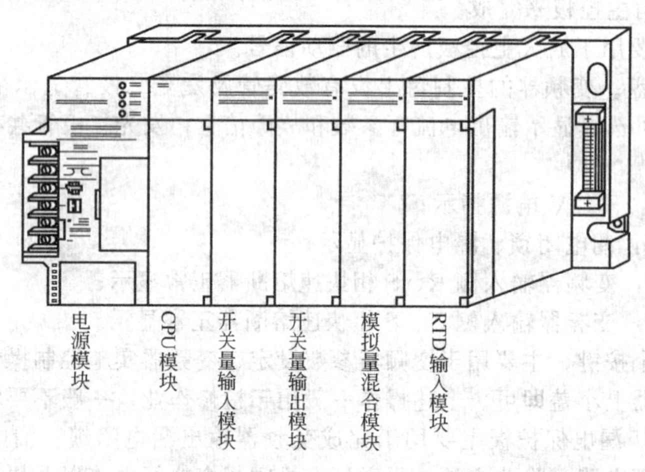

图 3-21 PLC 可编程序控制器

(1) 机架 采用5槽机架，电源模块安装在最左边，不占用槽位。

(2) 电源模块 电源模块技术特征如下。

① 型号：IC693PWR3；

② 负载容量：30W；

③ 输入电压（交流）：220V；

④ 输出：+5V/50W，+24V/20W（隔离），+24V/20W（继电器）。

电源模块内设有限流装置，短路时可自动切断电源。电源模块上有一个RS-485通信接口，用于和显示器通信。

电源模块带有4个LED，它们分别位于面板前部的右侧，显示内容如下所示。

①“PWR”为绿色指示灯LED，指示电源操作状态，LED点亮，表示电源正确，操作正常；LED熄灭，表示电源有故障，或者是电源未合上。

②“OK”为绿色LED，PLC在正常操作，LED稳定点亮；如果PLC故障，LED熄灭。

③“RUN”为绿色LED，当PLC处于运行模式时，LED稳定点亮。

④“BATT”为红色LED，如果CMOSRAM后备电源电压太低，不能在掉电条件下维持存储器中的内容，LED将会点亮；反之，LED熄灭。如果LED点亮，锂电池必须在框架上电源消失之前更换。否则，PLC存储器的内容可能丢失。锂电池的使用寿命大约为6个月。

(3) CPU CPU模块安装在第1个插槽中，采用331型CPU，最大1024个开关量I/O点和1281N/64OUT模拟通道，具有2KB寄存器和16KB的用户存储器。

(4) 开关量输入模块 开关量输入模块共有32个直流24V的输入点，所有的输入按每组8个排列成4排每组共用一个公用端，由两个24针插头连接器完成输入的连接。输入信号模块内部由光电耦合器进行隔离。

在模块上部有32个LED显示灯，显示各个输入点的动作情况。

(5) 开关量输出模块 开关量输出模块为继电器输出型模块，有16个输出点，每个输出点的容量为2A。输出点按每组4个点分成4组，每组有一个公用电源输出端子。在模块上部有16个LED显示灯，显示各输出点的动作情况。

(6) 模拟量输入输出混合模块 模拟量输入输出混合模块提供了4个4～20mA或0～10V的输入通道和2个0～10V的输出通道，用于截割电动机和牵引电动机的负载采样信号的输入和速度指令信号的输出。

(7) RTD模块 RTD模块提供了6路RTD的输入通道，直接接入传感元件Pt100，测得电动机的温度信号。

6. 遥控系统

采煤机的遥控系统包括无线电遥控装置和端头控制站两部分。

(1) 无线电遥控器 无线电遥控器工作频率为150MHz，在离采煤机一定距离内，左右遥控器分别控制左右摇臂的升降、牵引方向、牵引加/减速、牵引停止、采煤机急停。

无线电遥控器采用手持式本安型结构，板面按键布置如图3-22所示。

遥控器的使用：打开顶部电源开关，电源灯亮。按住左侧的胶皮轻触开关，“控发”灯点亮，可进行各功能的操作。

(2) 端头控制站 端头控制站采用数据编码技术，将端头控制站的指令传至电控箱，经过解码后送入控制采煤机牵引方向、牵引加/减速、牵引停止、采煤机急停、左右摇臂的升降。

端头控制站放置在左右牵引减速箱上，面板按键布置如图3-23所示。

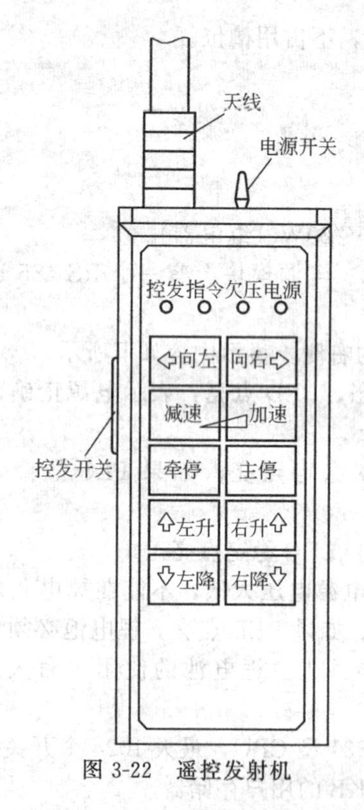

图 3-22 遥控发射机

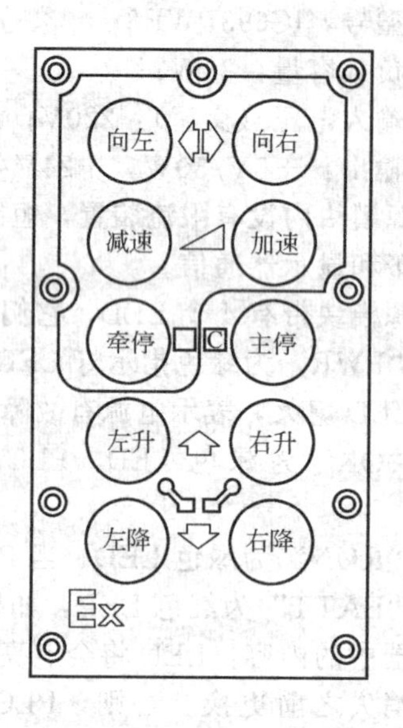

图 3-23 端头控制站面板布置

7. 采煤机启动控制原理

(1) 先导控制　先导控制回路。

① 煤机的先导控制回路见图 3-20 (a)。主电缆的控制芯线接于采煤机的控制回路中，SBQ 为“主起”按钮，SBT 为“主停”按钮（兼闭锁），QS 为隔离开关的辅助常开接点，PA1—K1“主起”自保接点，WS—K1 为瓦斯传感器接点，PA1—K14 为 PLC 保护接点，PA1—K3 为端头站急停接点，PA2—K8 为遥控急停接点。

② 停止工作面刮板输送机控制回路。主电缆另外两条控制芯线接于采煤机上，用于在紧急情况下停止工作面输送机。SBY 为停止按钮，兼闭锁。

二极管 D_1、D_2 为远方整流二极管。

(2) 油泵电动机启动控制　当采煤机具备了启动条件后，合上隔离开关 QS，按下先导控制回路中的“主起”按钮 SBQ，巷道开关启动，采煤机上电，电源指示灯亮。同时，牵引变压器得电，两台油泵电动机启动。见图 3-20 (a)。

按下先导回路中“主停”按钮 SBT，巷道开关跳闸，采煤机断电，油泵电动机停止。

(3) 截割电动机启动控制　按下“截起”按钮 SJQ，截割电动机接触器 MCA 吸力线圈得电吸合，主触头闭合，两台截割电动机启动。

如果按下“截停”按钮 SJT，接触器 MCA 断电释放，主触头断开，两台截割电动机停止。

(4) 遥臂调节

① 左摇臂升降控制。在左端头站或者左遥控发射器上均可操作。按“左升”按钮，左摇臂升起；按“左降”按钮，左摇臂下降。

② 右摇臂升降控制。可在右端头站或右遥控发射器上进行操作。按“右升”则右摇臂升起；按“右降”则右摇臂下降。

8. 采煤机电气系统保护

左右截割电动机具有过热保护、过载保护和恒功率自动控制；左右牵引电动机具有过负荷保护；变频器具有短路保护、漏电保护等功能。

（1）截割电动机的保护

① 截割电动机的过热保护。在左右截割电动机定子绕组端部内埋设有Pt100热敏电阻，热敏电阻接入PLC的RTB模块。当任何一台电动机温度达到135℃时，控制系统将截割电动机电流保护整定降低30%；任意一台截割电动机温度达到155℃时，PLC输出控制信号将先导控制回路切断，使整机停电。

② 重载反牵保护。重载反牵功能的设置是为了防止采煤机严重过载而设置的一种保护功能。当任意一台截割电动机负荷大于130%时，通过PLC的反牵定时电路使采煤机以给定速度反向牵引一段时间后，再继续向前牵引。若反牵阶段结束后，截割电动机的负荷仍大于130%I_N时，系统将断电停机。

③ 恒功率自动控制。设置恒功率自动控制的目的是为了有效利用截割电动机的功率，既不使截割电动机过载，又不欠载运行。

采用2个电流变换器分别检测左、右截割电动机的线电流，并且经过配套的信号处理电路，将截割电动机的电流信号变换成4～20mA的信号，送入PLC的模拟量混合模块，将信号处理后再送给PLC控制中心进行比较，得到欠载、超载信号。当任意一台截割电动机超载，即$I>110\%I_N$（I_N为额定电流）时，发出减速信号，直至电动机退出超载区。然后，当第2台截割电动机欠载，即$I<90\%I_N$时，牵引速度会自动增加，最大至给定速度。

（2）牵引电动机的保护 变频器输出侧装有电流变换装置（装设在变频器内部），将左右截割电动机的电流转换成0～10V的信号后，送入PLC系统进行数据处理、比较，然后进行左右牵引电动机的负荷平衡、超载、欠载控制。当左右牵引电动机负荷差悬殊时，PLC发出信号，由两台变频器分别调整两电机的速度，从而使两台牵引电动机负荷基本平衡。

当任意一台牵引电动机超载，即$I>110\%I_N$时，PLC发出减速信号降低牵引速度，直至电动机退出超载区；当左右牵引电动机都欠载，即$I\leqslant 90\%I_N$时，牵引速度自动增加，最大至给定速度；当牵引电动机严重超载，即$I>150\%I_N$且持续时间超过3s时，PLC输出信号将使牵引启动回路断开，停止牵引。

（3）变频器的保护

① 过热保护。当变频器内部温度超过＋85℃时，PLC发出警告信号或断开变频器的电源。

② 过电流保护。当变频器输出电流超过额定电流的3.75倍时，PLC控制使变频器瞬时跳闸。

③ 相不平衡保护。当主电源缺相或相不平衡时，使变频器断电跳闸。

④ 过电压、欠电压保护。当变频器整流桥输出电压超过标称值的1.3倍时，变频器跳闸。当变频器动力回路直流电压低于标称值的0.65倍时，变频器瞬时跳闸。

⑤ 漏电保护。在变频器的负荷侧装有接地漏电保护装置，见图3-20（b）。它能够实现漏电闭锁和漏电跳闸功能。

9. 采煤机的操作

采煤机整个系统操作点包括组合电气箱、左右遥控发射机、左右端头站等处。按功能分为：

a. 采煤机“主起”SBO、“主停”SBT（带闭锁）；

b. 运输机停止SBY（带闭锁）；

c. 截割操作有截割送电SJQ、截割断电SJT；

d. 牵引操作有牵起SQ、牵停ST、加速SVU、减速SVD、向左SL、向右SR方式；

e. 左右摇臂升/降操作；

f. 变频器操作有漏电试验操作、复位操作、检修时的操作。

(1) 启动程序

a. 打开冷却水阀，其流量压力符合要求值时，可以启动采煤机。

b. 合上采煤机的高压隔离开关，并将高压开关箱上的“主停”SBT按钮解锁。采煤机的“主起”按钮SBQ只有一个，设置在高压箱面板上。

c. 按下“主起”按钮SBQ，巷道磁力启动器启动，采煤机的3300V电源接通，牵引变压器得电，油泵电机启动。同时控制系统得电，电控箱显示器上出现提示。

d. 左右摇臂调整到合适的高度。

e. 按下“截起”按钮SJQ，两台截割电动机启动。

f. 根据显示器提示进行牵引操作。

(2) 停止操作　采煤机的停止有5处可以操作，组合电气箱（兼闭锁）、左右端头站（不闭锁）、左右遥控发射机（不闭锁）。

正常情况下的停止过程为，先停止牵引，再按“主停”，采煤机断电。

(3) 牵引操作　当按下采煤机的“主起”按钮，采煤机上电后，牵引变压器得电，变频调速箱控制回路有电。拉出“电牵”按钮，变频调速箱真空接触器吸合，牵引主回路得电，电控箱显示屏及变频调速箱显示窗有显示，可以进行牵引控制操作。

牵引控制操作分为正常操作和电控装置出现故障时的检修操作。

① 正常操作。正常状态操作可以在5处进行：电控箱、左/右端头站、左/右遥控发射机。但是，牵引操作只能在电控箱进行，操作说明如下。

a. 牵引启动。按下电控箱上的“牵起”按钮，显示屏上有中文提示：“左截割电机功率、温度。＜牵引送电后＞，请按牵起!”。

b. 速度给定。初始状态给定速度为零，由加/减速按钮设置给定速度指令，显示“选择牵引方向!”等。

c. 选择牵引方向。按下向左或向右按钮，采煤机开始牵引，当速度达到要求值松开按钮，采煤机在该速度下运行。

牵引过程中的换向，可直接按下相应的方向按钮，采煤机可自动完成换向。

显示器显示截割电机的功率和温度、左右牵引电机的电流、牵引速度等信息。

d. 方式选择。按下方式按钮，采煤机运行于调动状态，采煤机的速度可在0～14.5m/min之间调节，显示“调动速度13.8m/min”等信息。

调动速度只能用于空车调车用，严禁用于割煤。

e. 牵引停止操作。可以在电控箱、左右端头站或遥控发射机处操作。执行此操作后牵引速度自动降为零，显示屏上有其显示。

f. 显示操作。按下显示按钮可循环显示存储器的工作参数，连续按下可循环显示，放开后可自动返回到正常屏幕。

② 检修操作。检修操作在检修变频器或某些特定场合使用。例如，检修采煤机的牵引部、检修变频器等。操作可以不受电脑箱的控制而实现变频器的运行。

a. 打开变频器箱的中间盖板，将拨钮开关B1、B2拨向“近控”位置，然后盖好盖板；

b. 用速度旋钮G1选择牵引速度；

c. 用方向旋钮G2选择方向；

d. 牵引停止，将方向旋钮G2打在“停”位置。

操作时，必须先选择速度，再选择方向。

③ 变频器的其他操作

a. 漏电试验操作。在变频器未启动之前，按下“试验 1”或“试验 2”按钮不放，应使变频器主回路真空接触器跳闸，显示器上“牵电”灯熄灭。同时，相应变频器的指示器上显示“漏电”灯点亮，数码管显示“EF”。

松开试验按钮，再按下复位按钮，即可恢复原来的状态。

b. 变频器复位操作。当变频器发生故障时，保护装置动作，或者漏电、电压异常等故障，排除故障、关断牵引操作后，按下“复位”按钮，消除故障记忆。

二、AM500 采煤机电控系统

AM500 采煤机分双电机、双滚筒、双电缆进线和单电机、双滚筒、单电缆进线两类，下面仅介绍双电机采煤机。

1. AM500 采煤机电气设备

(1) 主电机　在一个整体结构内设置了两个独立的防爆隔室，一个隔室内装一台 375 kW 电动机，另一个隔室内装有一个 1100V、300A 小体积的紧急隔离开关，一般称开关箱。

电动机定子外壳为双层圆筒形，形成水套，以便冷却水通过该水套。铁芯采用低损耗硅钢片制成，F 级绝缘，水套设有恒温器，其触点串入电动机控制回路中。

电动机转子为双笼型，以改善电动机的启动性能，并能承受采煤机运行中频繁启动所带来的机械应力和热应力。转子芯部备有冷却通道，轴上装有风扇，内部形成风冷循环系统，排风沿定子水套外表面。

(2) 电动机开关箱组件　由于左右电动机功能不同，故两电动机开关箱组件也有所不同，其主要元件及用途说明如下。

① M_1 电动机（左电机）

a. 300A 隔离开关 Q_1：切断事故状态下，顺槽开关送来的电源及相应的联锁保护。

b. 电流互感器 TA_1：检测电动机的空载及负荷电流，分别送至必要的保护器件。

c. 电流继电器：电动机启动后自锁。

d. 按压式时间继电器：电动机启动后因低压润滑压力达不到要求时而不能自锁，此时按压此按钮强迫电动机运行时自动切断启动回路。

e. 水温继电器：电动机运行中，如果冷却水中断或因流量压力不够，则水套内的水温会超过 70℃，恒温器动作，触点打开自动切断电动机电源，起保护作用。

f. 试验开关：此开关与隔离开关和开关箱盖有机械闭锁，即首先断开隔离开关，然后才能将试验开关打到试验位置。而试验开关在试验位置时，开关箱盖不能打开。该开关设有五个试验位置，同时也将控制回路的元器件相应分为五个区域，如果因某个元器件失灵造成电动机停转或电动机不能启动时，利用它可准确查出故障位置，为维修提供了方便。

g. 启动按钮 SB_1：用来启动 M_1 电动机。

h. 停止按钮 SB_2：停止 M_1 电动机。

i. 控制变压器 T：联锁单元电源。

j. 高压熔断器 FU_1：保护控制变压器。

联锁单元，即当两台电动机正常运行时，无论哪一台电动机因故停止转动时，另一台电动机也自动停止，但它并不限制操作人员再次启动电动机。

k. 负荷比较器：AM500 双电机采煤机的两台电动机均是独立负载（左电动机 M_1 带动左滚筒和破碎装置；右电动机 M_2 带动右滚筒和牵引部）。所以有必要对两台电机中负载较大的那台实现自动速度控制或者停机，负荷比较器正是承担此项任务的。

② M_2 电动机（右电机）。

a. ～h. 与 M_1 电动机相同。

i. 油温继电器：液压回路中的油温超过规定值时，切断电动机的控制回路。

j. 油压继电器：润滑压力或者吸入压力过低时，使电动机停止或不能启动。

k. 力矩马达：力矩马达接受电流互感器的电流后，产生一个与电动机电流成正比的转矩，力矩马达与一个较精确的控制弹簧平衡。正常工作时，力矩马达的力矩与弹簧平衡，保持一定的转角，先导阀处于某一个位置，保持一个相应的牵引速度。当电动机电流增加到某一值或减少到某个值时，力矩马达的力矩也发生变化，相应的转角也随之变化，此时先导阀位置也改变，采煤机的牵引速度也就随之改变。当电动机电流超过额定电流的1.5倍时，牵引自动停止。力矩马达控制的先导阀四个位置对应的电流值分别如下。

欠载：$I<85\%I_N$　加速牵引

满载：$I=100\%I_N$　匀速牵引

超载：$I>115\%I_N$　减速牵引

持续超载：$I>150\%I_N$　停止牵引

2. 电路组成及工作原理　AM500采煤机电气原理图如图3-24（见插页）所示。

（1）主回路　主回路由隔离开关Q、电流互感器TA及电动机组成。

① 隔离开关Q。由主触头和辅助触点组成。主触头串在电动机主回路中，M_1电动机为1Q，M_2电动机为2Q，用来切除故障电流。辅助动合触点串在控制回路中，M_1电动机回路为$1Q_1$，M_2电动机回路中为$2Q_1$。动断触点在接地测试电路中，M_1电动机为$1Q_2$，M_2电动机为$2Q_2$。

② 电流互感器二次回路。两台电动机型号相同，一个接力矩马达，一个带自锁继电器。自锁继电器自锁触点：M_1电动机$1KA_1$、M_2电动机$2KA_1$接在控制回路中。闭锁触点：M_1电动机$1KA_2$、M_2电动机$2KA_2$接在闭锁回路中。

其工作原理为：转动隔离开关手把，控制顺槽内磁力启动器合闸或分闸，从而控制电动机启动、停止。

（2）控制回路　控制回路与顺槽内磁力启动器控制芯线P相接。

① M_2电动机控制回路组成及各元件作用如下。

$2Q_1$：隔离开关动合辅助触点。

K_1：油温继电器动合触点，液压回路油温高于74℃时，该触点打开使电动机断电。该触点还兼作高压保护用，当液压超载而过载自动控制系统不起作用时，继电器K，触点打开，采煤机停止启动，起到过载保护的作用。

K_2：水温继电器动合触点，当冷却水温度高于70℃时，水温继电器动作，该触点打开，采煤机停止工作。

SB_4：停止按钮，用来停止采煤机。

K_4：延迟继电器触点，非电气式。延迟继电器K_4和启动按钮SB_3之间有机械闭锁（K_4是闭合的，它是否动作完全取决于启动按钮启动后是否在预定时间约13s内回到原来起始位置）。启动后，启动按钮在预定时间内（约13s）恢复到原来状态，继电器K_4不动作。启动后，启动按钮在预定时间内未恢复到原始状态，延迟继电器K_4动作，其触点断开，切断控制回路，直到启动按钮恢复到原位，K_4触点再闭合，才能再次开机。确保启动后控制回路仅由继电器触点$2KA_1$自锁，保证采煤机出现故障或断电后，必须由司机进行重新操作才能启动，防止发生自启动事故，确保安全。

SB_3：启动按钮，启动采煤机。

K_3：油压继电器触点，润滑压力或吸入压力过低时，该触点断开，使电动机停止或不能启动。

R_2：电阻。

$2KV_2$：闭锁继电器触点，用来实现闭锁。

SB_2：M_1 电动机停止按钮，保证一按停止按钮双机一齐停止。

VD_1：远方控制二极管，兼作整流用，同时可防止由于控制线短路造成的采煤机自启动事故。

工作原理：线路一切正常时，按启动按钮 SB_3 则接通顺槽内磁力启动器控制回路，磁力启动器合闸给 M_2 电动机送电，M_2 电动机启动开始工作。电动机送电后，电流互感器 TA 有输出，自锁继电器 2KA 吸合，启动按钮 13s 后恢复，电动机由自锁回路维持通电。

② M_1 电动机控制回路组成及各元件作用。M_1 电动机控制回路设有油温继电器触点 K_1 和油压继电器触点 K_3，其他组成与 M_2 电动机控制回路基本相同，工作原理也基本一致，不再赘述。

③ 闭锁电路。如图 3-24 所示，由辅助变压器 T，桥式整流器 VC_1，自锁继电器触点 $1KA_2$、$2KA_2$，继电器 1KV、2KV 构成。作用是为了防止采煤机在运行中出现单机运行现象。其工作原理如下。

启动前采煤机无电源供电，电流互感器 TA 无输出，两台电动机的自锁继电器均无电，其触点 $1KA_2$、$2KA_2$ 都断开。继电器 1KV 无电释放，触点 $1KV_3$ 打向右方，使 5、6 两点闭合。继电器 2KV 亦无电处于释放状态，其两个动断触点均处于闭合状态。其中 $2KV_1$ 串在 M_1 电动机控制回路中，$2KV_2$ 串在 M_2 电动机控制回路中，这时两台电动机控制回路均接通，允许电动机启动。

采煤机送电启动后，电流互感器 TA 有输出，两台电动机的自锁继电器均有电吸合，触点 $1KA_2$、$2KA_2$ 均闭合，继电器 1KV 有电吸合，触点 $1KV_3$ 使 5、7 两点闭合，电源经二极管 VD_5 向电容 C 充电。继电器 2KV 仍无电，2 台电动机正常运行。

若一台电动机停止运行时，其相应的电流互感器 TA 无输出，自锁继电器 KA 释放，其串于闭锁电路的触点打开，使 1KV 断电释放，$1KA_3$ 触点回到右方使 5、6 闭合，这时电容 C 向 2KV 放电使 2KV 吸合，其串于 M_1、M_2 控制回路的动断触点都打开，使顺槽内的磁力启动器跳闸，2 台电动机同时停止运行。

电容器 C 放完电后，继电器 2KV 释放，其串于 M_1、M_2 控制回路的动断触点又闭合，为 2 台电动机再次启动创造条件。

④ 检测装置。当控制回路任一触点发生故障，使电动机不能启动时，用检测装置可以在不打开开关箱外盖的情况下，借助氖灯指示，查出故障部位及元件。

检测装置由试验开关组成，该开关共有 6 个位置，其中 OFF 为断开位置。1～5 位把控制电路分成 5 个部分，3 个氖灯指示装置与隔离开关电源相接，氖灯亮表示正常，氖灯不亮表示该段电路有故障，试验开关共有 8 对触点，开关处于不同位置，不同的触点闭合。

试验开关作用是，由于试验开关与隔离开关间有机械闭锁，只有隔离开关处于分断位置时，才能将试验开关打向试验位置，同时试验开关与开关箱外盖间也有机械闭锁，试验开关打在试验位置时，不能打开隔爆外壳。

故障查找程序是：按 1～5 位的顺序依次转动试验开关，使用试验开关查故障时，由于隔离开关是断开的，故电动机不会启动。

其工作顺序如图 3-24 所示。

试验开关转至 1 位，TS/1 触点闭合，其余触点断开，用于检查隔离开关辅助触点 1Q、2Q。

电流通路为：P→TS/1 触点→隔离开关动断辅助触点 $1Q_2$（$2Q_2$）→供试验用二极管 VD_2（VD_4）→地。这时顺槽磁力启动器控制回路接通，磁力启动器合闸，氖灯亮；表示该段电路正常。

若氖灯不亮，说明该段电路有故障，应检查顺槽磁力启动器的隔离开关是否合上；查电缆两端插头是否正确；查顺槽开关，拖曳电缆；若无上述故障，打开开关箱检查隔离开关辅助触点。

试验开关转至2位，TS/1、TS/3闭合，其余断开。用于检查油温继电器触点K_1。电流通路为P→TS/2→K_1→TS/3→$1Q_2$($2Q_2$)→VD_2(VD_4)→地。顺槽磁力启动器合闸，氖灯亮，表示该段电路正常。

若氖灯不亮，检查油温继电器K_1及有关连线。

试验开关转到3位，TS/2、TS/4闭合，其余断开。用于检查水温开关触点K_2。电流通路为：P→TS/2→K_1→K_2→K_2→TS/4→$1Q_2$($2Q_2$)→VD_2(VD_4)→地。顺槽磁力启动器合闸，氖灯亮，表示该段电路正常。

若氖灯不亮，检查水温继电器K_2及有关连线。

试验开关转至4位，TS/2、TS/5、TS/6闭合，(SB_4)，延迟继电器K_4。其余断开。用于检查停止按钮SB2电流通路为：P→TS/2→油温K_1→水温K_2→K_2→停止按钮SB_2(SB_4)→延迟K_4→$1Q_2$($2Q_2$)→VD_2(VD_4)→地。顺槽磁力启动器合闸，氖灯亮，表示该段电路正常。

若氖灯不亮应检查；停止按钮SB_2(SB_4)及连线，延迟继电器K_4及有关连线。

试验开关转至5位，TS/2、TS/5、TS/7、TS/8闭合，其余断开。用于检查运行电阻R_2，闭锁继电器2KV，停止按钮SB_2(SB_4)远方控制二极管VD_1(VD_3)。

电流通路为：P→TS/2→K_1→K_2→K_2→SB_4→TS/7→TS/8→R_2→2KV→SB_2(SB_4)→VD_1(VD_3)→地。顺槽磁力启动器合闸，氖灯亮，表示该段线路正常。

若氖灯不亮，表明该段线路故障应检查上述元件及其连线。

最后检查：油压继电器K_3、自锁继电器1KA(2KA)，启动按钮SB_1(SB_3)

⑤ 负荷比较器和电动机负荷自动控制

作用：负荷比较器将2台（或3台）电动机负荷进行比较，找出其中负荷最大的一台作出指示，并将力矩马达接到负荷最大的一台电动机的电流互感器TA_1(TA_3)上，使负荷最大的电动机得到保护。

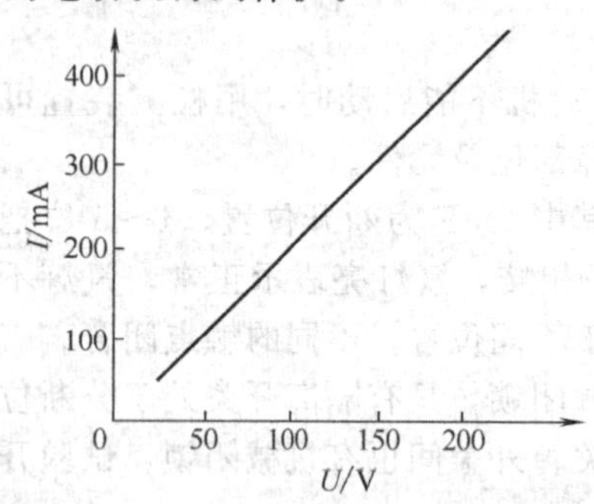

图3-25 单相电容式电动机特性

(3) 单相电容式电动机特性

力矩马达由单相电容式电动机拖动；由电流互感器TA_1(TA_3)供电，其特性如图3-25所示。

在采煤机工作情况下，力矩马达输出转矩M_2，输出力矩被一弹簧组件所平衡，弹簧组件的转动通过一个联动杆作用在滑阀式先导阀的阀芯上。

先导阀有四个位置：当采煤机的电动机实际电流$I<85\%I_N$时，先导阀处于第一个工作位置（欠载）。这时可加速牵引，采煤机就以牵引调速手把给定的速度牵引；当采煤机的电动机实际电流$85\%I_N \leqslant I \leqslant 115\%I_N$时，先导阀处于第二工作位置（满载）。采煤机在满载下，以手把给定的速度稳定运行；当采煤机的电动机实际电流$I>115\%I_N$时，先导阀处于第三工作位置（过载）。这时采煤机牵引速度下降，直到电流降至额定电流为止；当采煤机的电动机实际电流$I>150\%I_N$时，先导阀处于第四工作位置（严重超载）。采煤机立即降低牵引速度，同时压力油环开启旁通阀，解除采煤机牵引链上的张力，使电动机负荷立即减小。

负荷比较及控制电路的方框图如图3-26所示。负荷比较器由比较电路（IC_1、IC_2、IC_3）、译码矩阵电路（IC_4～IC_7）、输出单元（TR_4、TR_5、TR_6）、执行继电器（K_1～K_3）和电源电路（LM309H、LM309K）组成。

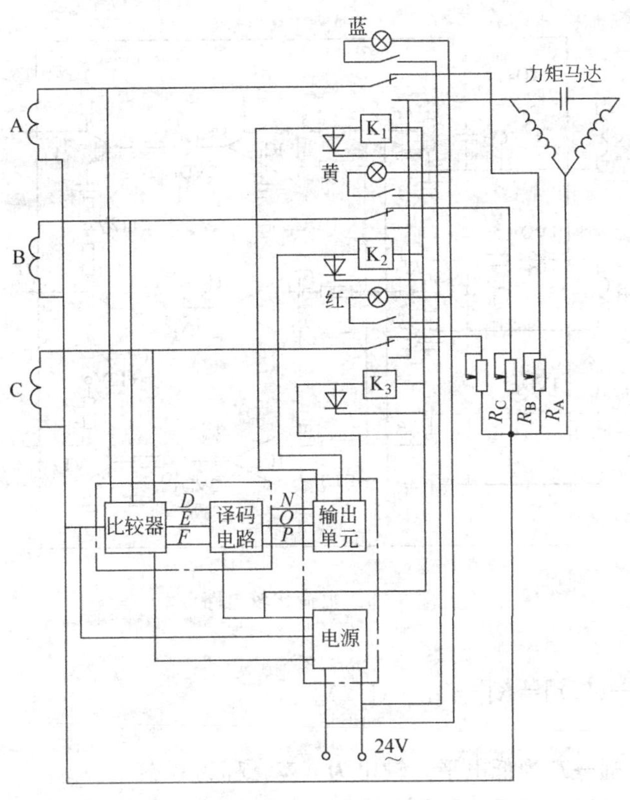

图 3-26　负荷比较器

① 电源电路如图 3-27 所示。它是由整流桥 VC、集成电路 LM309H、LM309K、电位器 RP_4、RP_5 等组成。用来提供＋12V、－6V 直流电压。

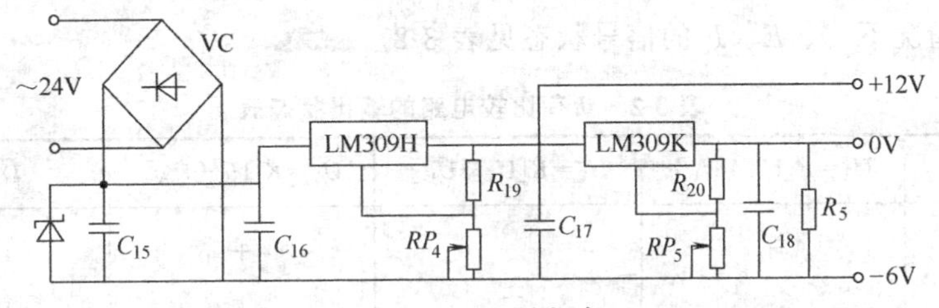

图 3-27　电源电路

② 负荷比较电路如图 3-28 所示。它是由比较器，集成电路 IC_1、IC_2、IC_3（SH72710N）直流差动放大器等组成。

3 台电动机的 3 个电流互感器 A、B、C 经二极管 $1VD_1$～$1VD_3$ 整流后对地电压为 $-U_A$、U_B、U_C。设负荷情况为 A＞B＞C，即 A 台电动机负荷电流最大，整流后直流电压绝对值仍然是 $|-U_A|>|-U_B|>|-U_C|$。

经运算放大器放大后，IC_1 输出端为

$U_1=K[-U_A-(-U_B)]=K[-U_A+U_B]$

$U_1<0$。

IC_2 输出端为

$U_2=K[-U_B-(-U_C)]=K[-U_B+U_C]$

$U_2<0$。

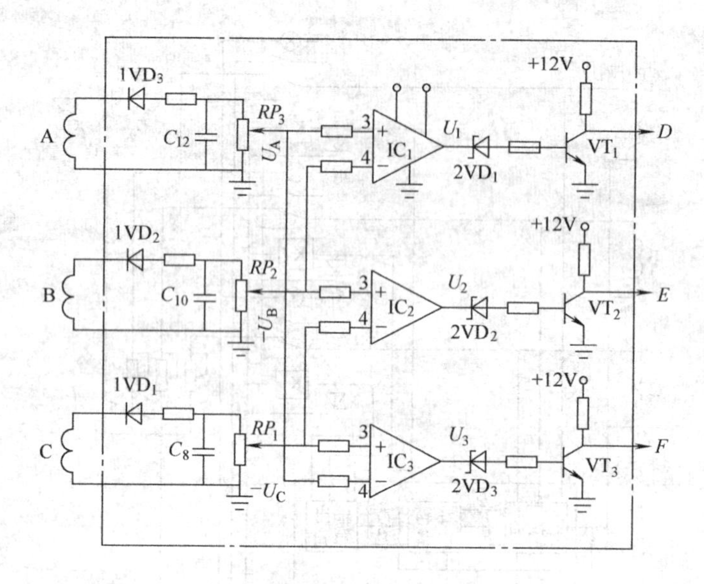

图 3-28 负荷比较电路

IC_3 输出端为

$U_3=[-U_C-(-U_A)]=K[-U_C+(U_A)]$

$U_3>0$。

$U_3>0$→VT_3 导通→F 为低电平，输出为 0 V，称为 0 态。

$U_2<0$，$U_1<0$→VT_1、VT_2 截止→正、D 为高电平；输出为 12V，称为 1 态。

比较后，输出一组比较信号 $\begin{cases}D=1\\E=1\\F=0\end{cases}$

各种不同情况下 D、E、F 的信号状态见表 3-2。

表 3-2 负荷比较电路的输出状态表

负荷情况	$U_1=K[U_A+U_B]$	$U_2=K[U_B+U_C]$	$U_3=K[U_C+U_A]$	D	E	F
A>B>C	−	−	+	1	1	0
A=B>C	−	−	+	1	1	0
A>B=C	0	0	+	1	1	0
A>C>B	−	+	+	1	0	0
A=B=C	0	0	0	1	1	1
B>A>C	+	−	+	0	0	1
B>A=C	+	−	−	0	1	1
B>C>A	+	−	−	0	1	1
B=C>A	+	0	−	0	1	1
C>A>B	−	+	−	1	0	1
C>A=B	0	+	−	1	0	0
C>B>A	+	+	−	0	0	1
C=A>B	−	+	0	1	0	1

③ 译码电路原理图如图 3-29 所示。其中 IC_4 型号为 MC672，IC_5～IC_7 型号为 MC671。设负荷情况为 A＞B＞C 经比较电路比较后，则将 $N=1$，$O=0$，$P=0$ 送入输出单元电路。

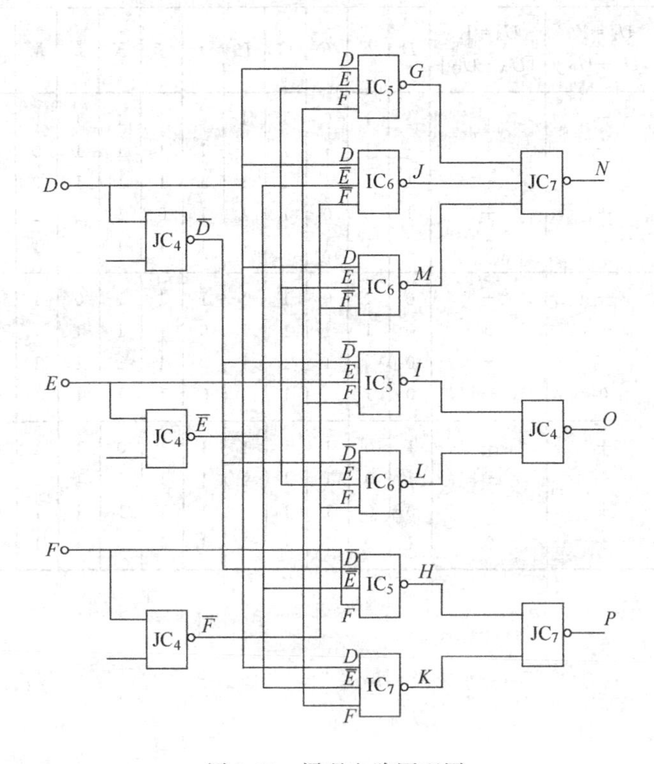

图 3-29 译码电路原理图

④ 输出单元及执行继电器原理图如图 3-30 所示。

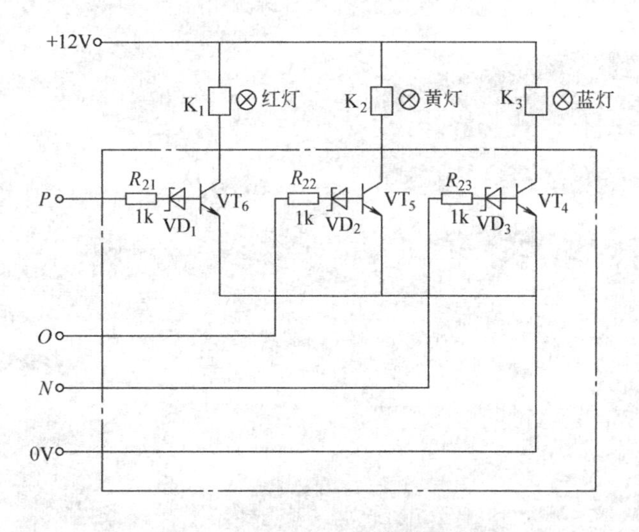

图 3-30 输出单元及执行继电器

译码电路输出控制信号 P、O、N 分别经 R_{21}、VD_1，R_{22}、VD_2，R_{23}、VD_3 送至 VT_6、VT_5、VT_4 基极。当控制信号为 1 时，晶体管导通，其相应的继电器 K 吸合，发出过载信号，并把力矩马达接到负荷最大的一台电动机的电流互感器上，使其得到保护。各种不同负荷情况见表 3-3。

表 3-3 各种不同负荷表

负荷情况	比较电路			译码矩阵各端子输出													继电器
	$U_1=K$ $[U_B-U_A]$	$U_2=K$ $[U_C-U_B]$	$U_3=K$ $[U_A-U_C]$	*D*	*E*	*F*	*G*	*H*	*I*	*J*	*K*	*L*	*M*	*N*	*O*	*P*	动作情况
A>B>C	−	−	+	1	1	0	1	1	1	1	1	1	0	1	0	0	继电器 K_1 动作（蓝灯亮）
A=B>C	0	−	+	1	1	1	1	1	1	1	1	1	0	1	0	0	
A>B=C	−	0	+	1	1	1	1	1	1	1	1	1	0	1	0	0	
A=C>B	−	+	+	1	0	0	1	1	1	0	1	1	1	1	0	0	
A=B=C	0	0	0	1	1	1	0	1	1	1	1	1	1	1	0	0	
B>A>C	+	−	+	0	1	0	1	1	1	1	1	0	1	0	1	0	继电器 K_2 动作（黄灯亮）
B>A=C	+	−	0	0	1	1	1	1	0	1	1	1	1	0	1	0	
B>C>A	+	−	−	0	1	1	1	1	0	1	1	1	1	0	1	0	
B=C>A	+	0	−	0	1	1	1	1	0	1	1	1	1	0	1	0	
C>A>B	−	+	−	1	0	1	1	1	1	1	0	1	1	0	0	1	继电器 K_3 动作（红灯亮）
C>A=B	0	+	−	1	0	1	1	1	1	1	0	1	1	0	0	1	
C>B>A	+	+	−	0	0	1	1	0	1	1	1	1	1	0	0	1	
C=A>B	+	+	0	1	0	1	1	1	1	1	0	1	1	0	0	1	

第四章　掘进机电气控制系统

第一节　概　　述

一、掘进机

巷道掘进机是一种能够完成截割、装载、转载煤岩，并能自己行走，具有喷雾灭尘等功能的巷道掘进联合机组，根据工作方式的不同可分为全断面掘进机和部分断面掘进机。前者可一次截割出所需断面，且断面形状多为圆形，主要用于工程涵洞及隧道的岩石掘进；后者一次仅能截割断面一部分，需工作机构上下左右多次摆动、移动，逐渐截割才能掘出所需断面，断面形状可以是矩形、梯形、拱形等，其中悬臂式部分断面掘进机在煤矿中使用很普遍。

1. 掘进机发展概况

悬臂式掘进机发展至今大致经历了以下四个阶段。

第一阶段：20 世纪 40 年代末期到 60 年代中期，悬臂式掘进机从无到有，逐渐发展成为将截割、装运、行走等功能集于一体的联合机组，并在煤巷掘进中应用获得成功。在这个阶段应用的机组为第一代机型，其特点是机器重量在 15t 左右，截割功率 30kW 左右，主要用于软煤巷道掘进，代表机型有前苏联的ПK-3 和匈牙利的 F 等。

第二阶段：20 世纪 60 年代中期到 70 年代末期，这个阶段煤巷掘进机发展迅速，机器的性能不断提高，大量掘进机被用于煤巷掘进中。这个阶段的机型为第二代机型，其特点是：煤巷掘进技术性能日趋完善成熟，适用范围扩大，部分截割功率大的机型有过断层和截割夹矸的能力，可截割硬度 $f<6$ 的煤岩，机重在 20～40t，截割功率在 55～100kW，代表机型有 RH25、AM-50、MRH-S100-41、4ПП-2 等。

第三阶段：20 世纪 70 年代末期到 80 年代后期，掘进机适用范围进一步扩大，半煤岩重型掘进机不断涌现，技术逐渐成熟。煤巷掘进机的功能齐全，可靠性大幅度提高。这个阶段机型为第三代机型，其特点是：机器重量增大，一般在 50t 左右，截割功率 150～200kW，可截割硬度 $f=8\sim10$ 的煤岩，代表机型有 AM-75、LH-1300、E169、E134、4ПП-5、S125-24 等。

第四阶段：20 世纪 80 年代后期到现在，掘进机技术性能仍在继续发展，计算机控制、正常运行监控、故障诊断及其他高新技术逐渐被采用。这个阶段的机型为第四代机型，其特点是机器重量进一步增加，一般在 70t 左右，截割功率也在增大，一般都在 200kW 以上，可截割硬度在 $f>10$ 的煤岩，其代表机型有 AM-85、AM-105、E200、E250、S200-50 等。

中国悬臂式掘进机的研制从 1965 年引进前苏联 K-3 型掘进机开始，并由设计、制造、使用单位共同参与生产了一些小型掘进机，用于煤巷掘进，但发展不快。从 1979 年开始，中国大量从英国、德国、奥地利、日本、前苏联、匈牙利等国引进掘进机，品种约 20 多种，数量超过 200 台，对中国煤矿巷道机械化掘进机的消化、吸收、研制起到了推动和促进作用。自 70 年代中期以来，中国先后研制出 EL-90、EMS-75、EBJ-110、ELMB-75B、EZ-75、EBJ-132、EBH-132 等机型；另外，从引进的掘进机中经过筛选、引进技术，分别生产出 AM-50、S-100 型掘进机，其中有些机型已批量生产，在煤矿中推广使用。目前，中国已形成了掘进机研究、设计、制造、使用骨干队伍，为掘进机的进一步发展创造了有利条件。

当前，中国生产的掘进机基本属于第二代机型，截割功率在 30～130kW 之间，适用于截割岩石硬度在 $f=6$ 左右的巷道，这些产品已初步形成系列，性能正在不断完善。另外，第三代机型也已研制成功，如 EBJ-160 型，截割功率 160kW，机重 60t 左右，已通过技术鉴定，正组织批量生产，推广使用。1997 年中国还签订了引进 S200-50 型掘进机的制造技术协议，为发展第三、四代机型创造了有利条件。

2. 掘进机技术发展趋势

悬臂式掘进机工作条件恶劣，工作场地狭窄，外形尺寸受到严格限制，机器结构也比较复杂，涉及机械、电气、液压、材质、工艺、冷却、除尘等一系列技术领域。随着高产高效日产万吨以下综采工作面的出现，要求掘进速度必须大大加快，掘进机的性能更加完善。当前悬臂式部分断面掘进机技术发展有下述一些特点，并面临连续采煤机的挑战。

① 不断扩大适用范围，具有在复杂条件下正常工作的性能。国外新型掘进机的截割功率及重量都在增加，截割能力不断提高，截割硬度可达 100MPa 以上，不仅可截割硬煤、半煤岩，还可在钾矿、盐矿及隧洞等工程中应用。部分重型掘进机在不移位情况下，截割断面可达 35～42m^2，所掘断面形状除拱形、梯形、矩形外，有的机型配上掩护板还可掘圆形断面。另外，掘进机的爬坡能力也在提高，多数都能在纵向±16°的坡上可靠地工作；履带也有加宽趋势，在机器加重后，不会过于增大对巷道底板比压，以扩大适用范围。

② 进一步提高可靠性。掘进机的工作对象主要是煤岩及部分矿物，工作时振动冲击都很大，因此要求其在井下能长期连续工作。例如，英国对截割减速箱设计寿命制定的标准是 50000h，并要通过实验进行严格考核。在液压、电气元部件的选项上，要进行严格筛选，许多重要及关键元件都选用世界名牌产品，而且在性能参数方面都具有比较大的安全储备，一般常是实际工作工况参数的两倍。在制造时，所选用的是优质材料，其强度等性能都很好。另外在设计过程中，尽量采用独立部件或组件，便于拆装检修。

③ 提高机电一体化程度。现代掘进机采用新型实用技术，使掘进机的性能更加完善。当前已被应用或正在试用的新技术有以下两种。

a. 现代控制技术：包括推进方向的控制（可控制和纠正掘进机与标准位置的平行偏差和角度偏差），断面尺寸的控制，避免施工中出现超挖、浪费人力和物力，截割电动机功率自动调节、离机遥控等。

b. 掘进机工况监测和故障诊断：包括供电电压，电动机负荷与温升监测，液压系统油压、油温、污染的监测，减速器油温、油液污染和轴承温度监测等。现有掘进机的监视系统已达到 25 个测点以上，只要有足够的传感器或传感装置，就可对需要的任何部位进行监测。

④ 探索新的截割技术。20 世纪 70 年代初，美国将高压水细射流引入悬臂式掘进机用来辅助截割，即在截齿为主要截割的同时，充分利用高压水射流撞击、侵蚀、液压楔等腹胀，达到破碎坚硬岩石的目的。德国在实验室做过试验，在水压为 150～180MPa 时，就有辅助切割作用并用压力为 200MPa 的高压水射流（动力为 350kW）配合平均截割功率 120kW 的截割头，即可截割坚硬的岩石。这种岩石如果用截割功率 470kW 的重型掘进机截割，则很不经济，甚至无法截割。但用高压水射流，尤其当其压力大于 200MPa 以上时，其元件研制的难度很大，回转密封等问题也不易解决，研制费用也很高，因而近几年发展不快。另外，俄罗斯图拉工业技术大学帕烈涅尔等教授研制出冲击扭矩截割技术，其工作原理是在原掘进机截割头传动系统变动不大的基础上，加了一套冲击扭矩加载机构，使截割头在正常截割的同时，又得到每分钟 3000 次的冲击扭矩，通过截齿作用到煤岩上。根据俄罗斯改装的 IIIKC样机试验的结果，改装后的掘进机能掘 $f=7$～8 的煤岩，生产率提高 30%～35%。

⑤ 提高掘进机综合配套能力。当前掘进机利用率低，没有充分发挥作用，在很大程度上与综合配套能力低、配套不完善有关。掘进系统中的主要配套环节，包括支护、转载、运输、供电、供水、通风、除尘等。其中，支护与辅助运输工作量最大，占时间最多，若不解决好这两个环节中存在的问题，掘进机的潜力约有一半不能发挥。为了缩短支护时间，当顶板中等稳定时，常用机载锚杆打锚杆支护；而顶板条件差时，掘进一架棚距后必须紧跟着架一架棚子或打一排锚杆，严格控制空顶距，截割与支护不能平行作业。国外用单轨吊运送支护材料，用各种机械扳手拧螺母，而国内多用人工，有时用掘进机上的托梁器协助架棚。为了实现掘进与支护平行作业，运用超前液压支架或主机自带盾牌式掩护支护，但使用效果均不理想，所以直至现在，解决迎头临时支护设备仍是各国研制的主要目标。在辅助运输方面，国外主要运用单轨吊或无极绳卡轨车。在煤岩运输方面，通常采用桥式转载机，后配带式输送机，有条件的还设置了活动煤仓。目前转载机只转载煤岩外运，功能比较单一，正在研制自移式转载机，功能将增加。通风除尘方面，在巷道内或主机上设置干式布袋除尘装置，配合内外喷雾防尘。英国用空气幕隔离方式，保护工作面的操作人员。国内采用伸缩风筒实现抽出式通风。供电方面，英国有一种线路电压补偿器，可解决供电距离在 3km 以内启动电压下降过大的问题，另外应提高掘进电压等级，逐步实现 1140V 供电。

二、连续采煤机

1. 连续采煤机发展简况

连续采煤机是美国现代化采掘设备，也有近半个世纪的发展过程。

美国煤层大多数是近水平煤层，且以中厚煤层居多，地质构造简单。20 世纪 60 年代以前，用房式或房柱式采煤方法开采，连续采煤机主要作为生产型设备使用，得到了迅速发展和广泛使用。20 世纪 60 年代以后，美国推广走向长壁采煤法获得显著经济效益，此时，连续采煤机又作为工作面运输、通风巷道的快速掘进设备，成为当今美国高产高效综采工作面装备中必不可少的设备。

自 1949 年美国利诺斯（LEE-NORSE）公司研制成功第一台连续采煤机以来，其发展过程如按落煤机构的演变来划分，大体经历了三个发展阶段。

① 第一阶段：20 世纪 40 年代，截链式连续采煤机。这一时期的连续采煤机采用截链式落煤机构和螺旋清煤装置。其优点是机器灵活性好，适用于不同的开采条件，可开采煤炭、钾碱、铝土矿、硼砂、页岩及永冻土；缺点是结构复杂，装煤效果差，截割头宽度窄，生产能力低。其代表机型有利诺斯公司的 CM28H 型和久益公司的 3JCM 型、6CM 型。

② 第二阶段：20 世纪 50 年代，摆动式截割头连续采煤机。这一时期的采煤机采用带 2～3个截齿环的摆动式截割头落煤机构和装煤臂清煤装置。其优点是生产能力高、装煤效果好；缺点是摆动头振动大，维护费用高。这种机型由于装煤技术上的改进，生产能力较高，受到市场普遍欢迎。其代表机型为久益公司的 8CM“ROTO”式采煤机。

③ 第三阶段：20 世纪 60 年代至今，滚筒式连续采煤机。20 世纪 60 年代末出现了生产能力大、截割效率高、装煤机构简单可靠的滚筒式连续采煤机，从而完全取代了摆动式截割头连续采煤机。20 世纪 60 年代末，美国久益公司先后推出 10CM 和 11CM 系列连续采煤机，这两系列的机型是现代连续采煤机的雏形，其技术发展过程有一定代表性。

10CM 系列的截割头宽度固定不变，由 2 个外滚筒和 1 个中心截割链组成，采用扒爪式装煤装置与宽畅 62mm 的中间输送机相配合，生产能力 8～12t/min，行走履带独立驱动，多电机布置，结构紧凑，机器能截割 90°转弯的横川。11CM 系列除保持 10CM 系列设计特点外，在提高机器可靠性方面有两个显著进步，一是截割电动机有纵向布置改为横向布置；另一个是行走履带采用 2 台双速交流电动机驱动，取代了传统的液压传动。

70 年代末，久益公司在 11CM 系列的基础上新推出 12CM 系列，这一系列机型又经过不断完善和提高后形成当今的现代连续采煤机。12CM 系列采煤机有 12CM12-10B 型（美国、澳大利亚、加拿大使用）、12CM18-10B 型和 D 型（英国、独连体、波兰、中国使用）以及 12HM31C 型和 B 型（南非使用）。这三种机型分别适用于中等硬度、坚硬、特坚硬的中厚及厚煤层开采。

12CM 系列采煤机通过不断增加齿轮强度、加大截割电动机功率和采用新技术的途径来提高机器的效率，从而实现连续采煤机的现代化目标。

12CM 系列采煤机齿轮箱的齿轮采用全圆角设计，增大压力角和齿轮中心距，超深齿廓线，使轮齿的抗弯强度达到最大；采用高质量钢材，绝大多数齿轮采用 AGMA 标准中的“超级钢”；采用感应淬火和碳化处理工艺；对整个齿轮箱内齿轮实现强度平衡，优化总体设计，采用计算机的设计程序来评估负荷变化时的影响。

12CM 系列连续采煤机截割电动机的功率从 2×55kW 增加到 2×65kW，2×90kW，2×140kW，2×157kW，21×87kW，大功率保证了截割效率和可靠性，最大生产能力达 34t/min。目前已有使用功率达到 2×270kW 的齿轮箱。

12CM 系列采煤机行走履带普遍采用机载固定电路可控硅整流直流电动机牵引，即电牵引，并在截割与行走电动机之间建立反馈控制，使系统传动简单、工作可靠，还能实现最佳截割。此外，机载除尘器和无线电遥控系统，可以保证司机在破碎顶板和单巷长距离条件下掘进的安全。该系列采煤机还采用了机载微处理系统，可提供机器操作和工况全方位的监控。

2. 连续采煤机的基本组成及其特点

连续采煤机通常由截割机构、装运机构、行走机构、液压系统、电气系统、冷却喷雾除尘装置以及安全保证装置等组成，美国公司生产的连续采煤机适用于薄、中厚及厚煤层，其采高一般在 0.8～3.9m 之间，最大采高可达 6m。不同采高的连续采煤机的结构虽有区别，但其结构的基本特点是一致的，现归纳分述如下。

(1) 多电机驱动，模块式布置　连续采煤机都采用多电动机分别驱动截割、装运、行走、冷却喷雾除尘及液压系统等，简化了传动系统，电动机多达 6～8 台。在总体布置上将各机构的电动机、减速器及其控制装置全部安设在机架外侧，便于维护检修。设计上将工作机构及其驱动系统分开，构成简单独立的模块式组合件，便于拆运、安装、维护及故障处理，从而达到缩短停机时间，减少维护的目的，这也有利于采煤机实现自动监控和故障诊断，提高运行的可靠性。

(2) 横轴式滚筒，强力截割机构　连续采煤机一般采用横轴式滚筒截割机构，滚筒宽度大，截割煤体面积宽，落煤能力强，生产能力大，这是区别于一般纵轴式部分断面掘进机的主要特点。

连续采煤机的截割滚筒上装有按螺旋线布置的齿座和镐形截齿，左右截割滚筒分别由两台交流电动机经各自的减速器减速后同步驱动。电动机、减速器和截割滚筒安装在截割臂上，截割臂则铰接在采煤机机架上并由两个升降液压缸驱动实现上、下摆动，滚筒截割落煤。

由于水平布置截割滚筒宽度大，一般都在 3m 左右，为此，将其分成左、右外侧及中间三段。左、右外侧滚筒由里向外，愈靠近端盘截齿密度愈大。截齿排列方式一般按相反的螺旋线方向布置，目的使截落的煤炭向滚筒的中间段推移，以便直接落入滚筒下方的装载机构。中间段有两种型式，一种是截链式，另一种是普通滚筒式。截链式是利用截割机构的减速器在左、右外侧滚筒之间所占用的距离，布置相应宽度的截链，保证截割机构在轴线方向的整个三段部分截割的连续性；连续采煤机三段滚筒的轴线多数采用水平直线布置方式，少数采用水平折线布置方式，即将左、右外侧段的轴线与中间段轴线成一夹角，使其呈倾斜截割煤体，其目的是保证三段滚筒截割煤体时不留煤芯或煤柱。截割机构减速器的输出轴同时带动左、右外侧滚筒和截链机构回转。截链式机构可以有效地截落左、右外侧滚筒之间的煤体，但截割阻力较大，截割效率较低，维修量较大。截链式的滚筒适合截割较坚硬煤体。

截割机构是连续采煤机的心脏，其截割性能的好坏直接影响连续采煤机的生产能力以及采掘速度和效率。近10年来，由于煤矿集中化生产的发展以及高产高效矿井的出现，对连续采煤机的性能不断提出新的要求，连续采煤机的装机总功率已从过去的177kW增长到690kW，一般也在300～500kW之间。装机总功率的增长中，以截割电动机容量的增长最快，已从过去占装机总容量的30%增至60%，普遍已达300kW左右。当前，新型的连续采煤机已具备截割坚硬煤层，包括天然碱和钾碱的能力。连续采煤机向提高截割效率、增大截割能力的强力截割方向发展。

(3) 侧式装载，刮板运输机构　连续采煤机的装运机构由侧式装载机构、装煤铲板、刮板输送机及其驱动装置组成。工作时，侧式装载机构在装煤铲板上收集从滚筒截落的煤炭，再经刮板输送机机内转载至连续采煤机机后卸载。

侧式装载机构采用侧向取料连续装载方式，有链杆扒爪和圆盘耙杆两种。扒爪或圆盘耙杆布置在装煤铲板两侧，形成左、右装载机构，取料截面宽，机构高度小，清底干净，动作连续，生产率高，适于配合横置滚筒宽面截落煤炭的工作。

扒爪式装载机构是一种传统的四连杆机构，扒集运动轨迹为一对对称倒腰形曲线，装煤效率较高，但其动负荷较大，连接部位润滑条件差、易磨损。圆盘式装载机构的运动轨迹为一对圆形曲线，结构简单，工作平稳，但耙集范围较小。

装煤铲板配合侧式装载机构承接截煤滚筒截落的煤炭并装入刮板输送机，完成装运作业。装煤铲板倾斜放置巷道底板上，后端与采煤机机架底座铰接，在两个液压缸作用下，可绕铰接点上、下摆动，以适应装载条件变化和行走时底板的起伏。

运输机构为单链刮板输送机，机头部分与装煤铲板铰接；机尾部分在两个升降液压缸和一个摆动液压缸作用下，可实现上下升降和左右摆动，以调整机后卸载时的高度和左右位置。输送机材质耐磨性能好、强度高，溜槽高度低，槽底装有可更换的耐磨合金板。刮板传动多采用套滚筒子链。套滚筒子链与刮板采用十字形接头连接，以适应输送机机尾水平摆动的需要。在采煤机机身后部刮板输送机的下方，装设有增加采煤机截割时整机稳定性的稳定靴。稳定靴在液压缸的作用下支撑在巷道底板上，采煤机行走时稳定靴抬起。

装载机构的驱动系统有两种：一种是由一台交流电动机经减速器后同时驱动装载和运输两个机构；另一种是由两台交流电动机经各自的减速器后分别驱动左、右两侧装载机构，然后再经同步轴驱动运输机构，这种系统结构简单，比较常见。

(4) 电牵引履带行走机构　连续采煤机主要用于房柱式采煤作业，机器调动比较频繁，截割滚筒的截割阻力较大，要求行走机构既有较好的灵活性，又有较大的稳定性。因此，近代连续采煤机普遍采用电牵引履带行走机构，它比轨轮式具有更大的灵活性，比胶轮式具有更高的稳定性。

这种机构由两套直流电动机、可控硅整流器、减速器和履带机构等组成。两套机构各自独立并分别驱动左右两条履带。交流电源由机器的配电箱供给，经可控硅整流器整流，利用整流后输出电压的高低控制直流电动机的转速；再经减速器减速后，使履带得到几种不同的行走速度。

在行走直流电动机与截割滚筒交流电动机之间装有闭环自动控制系统，由截割滚筒电动机负载的大小自动反馈控制行走直流电动机，以获得适合于不同硬度煤层条件下最佳的截割效果。目前，连续采煤机履带推进速度一般在0～10m/min之间，调动速度可达21m/min。

履带由行星轮输出轴的链轮驱动，惰轮导向。履带板为铸造整体结构，面对底板侧铸有突筋，以增加履带对巷道的附着力，公称比压一般在0.14～0.2MPa之间。

履带行走机构通常利用装在行走电动机与减速器之间传动轴上的液压盘式制动闸制动，以保证采煤机在上山截割时或在陡坡上电源中断时将机器制动住，防止下滑发生事故。

（5）液压与供水系统　连续采煤机的液压系统普遍为泵-缸开式系统，液压泵多为双联齿轮泵，由一台交流电动机驱动。液压缸有单作用、双作用和双伸缩几种型式，是实现截割臂、装煤铲板、刮板输送机稳定靴的升降或水平摆动以及行走履带制动闸动作的执行机构。控制方式有手动和电磁阀两种。管路系统中装有完善的压力检测装置。

连续采煤机供水系统的水源来自矿井的静压水或专用供水。供水系统主要用于冷却液压油、冷却电动机外壳、冷却可控硅整流器、内外喷雾、湿式除尘和灭火，对供水的水质、流量和压力有较高的要求，系统比较复杂。

（6）电气系统　现代连续采煤机的电气系统比较复杂，功能较多，监控和保护比较完善。在动力部分中，除行走部用低压水冷直流串激式电动机外，截割、装运、液压泵以及除尘器风机的驱动均为千伏高压水冷式三相交流电动机，主电路有可靠的过载、漏电和短路保护。

第二节　AM-50型掘进机电控系统

一、概述

AM-50型掘进机是奥地利沃斯特-阿尔卑尼公司1971年研制的，我国于1979年开始引进。1984年起由淮南煤机厂与阿尔卑尼公司按1983年引进的机型联合生产AM-50型掘进机，至1989年，AM-50型掘进机已实现全部国产化。

AM-50型掘进机采用三相660V、50Hz作为工作电源，由一台500kVA移动变电站供电，电气系统可用于有瓦斯、煤尘爆炸危险的场所。

电气系统包括：100kW的截割电动机，用于液压及运输机的11kW电动机以及15kW的行走电动机和11kW的皮带转载机电动机。主机控制开关箱及操作箱，两台140W的头灯装有保护罩，位置不固定，可在使用时视巷道具体情况而置于最佳位置。各电动机的启动、停止操作的操作箱装在司机操作台前，由巷道低压配电箱通过一条具有绝缘监视功能的拖曳电缆（型号为NSSHC$_E$OU－Z3×70/35kon＋2st＋üL）给掘进机供电。

二、电气控制系统及元件

AM-50型掘进机电气控制系统如图4-1～图4-6所示，其主要电气元件作用见表4-1。

三、电气保护装置及安全特点

① 本电气系统设置接地保护，所有可能引起人体触电的部件都接到公共接地线上。

② 控制系统（42V及220V）设置连续接地监视，可断开任何有接地故障的线路。

③ 各电动机线路均设置熔断器及热继电器保护，在电动机不工作时，检测其对地绝缘情况（即漏电闭锁）。

各电动机绕组均装有PTC热敏电阻，当绕组温度超过130℃时，PTC阻值突变，使保护插件动作，电动机断电。

截割电动机采用循环水冷却，有一附加温度开关的动断触点串联在水外冷电动机的控制回路中。当水温超过55℃时，可关闭截割电动机。

当采用开放式水冷系统，则进水温度须在35℃以下，且流量不得少于每分钟10L。

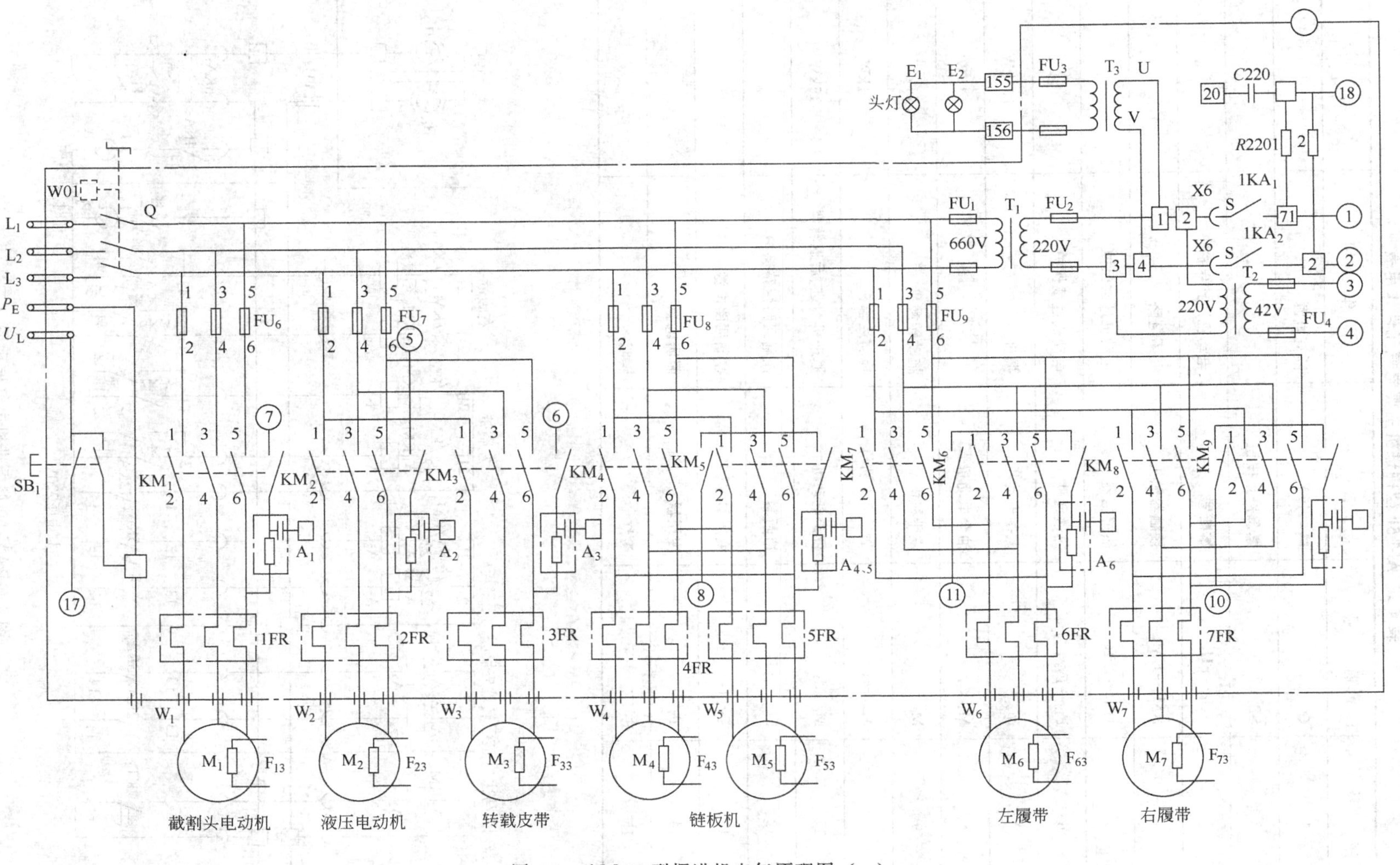

图 4-1　AM-50 型掘进机电气原理图（一）

表 4-1 AM-50 型掘进机主要电气元件作用表

序号	符号	名称	作用	备注
1	Q	隔离开关	隔离电源	
2	SB_1	紧急停止按钮		
3	FU_6～FU_9	熔断器	电动机短路保护	
4	KM_1～KM_3	接触器触头	开闭电路	
5	1FR～7FR	热继电器	电动机过载保护	
6	F_{13}～F_{73}	热敏元件	电动机过载保护	
7	M_1	截割电动机	掘进	100kW
8	M_2	油泵电动机		11kW
9	M_3	皮带机电动机	拖动转载机	11kW
10	M_4、M_5	刮板机电动机	拖动运输机	11kW
11	M_6、M_7	行走电动机	掘进机前进、后退转弯	15kW
12	FU_1～FU_5	熔断器	控制回路短路保护	
13	T_1、T_2	变压器	控制回路电源	
14	T_3	变压器	照明电源	
15	E_1、E_2	头灯	照明	

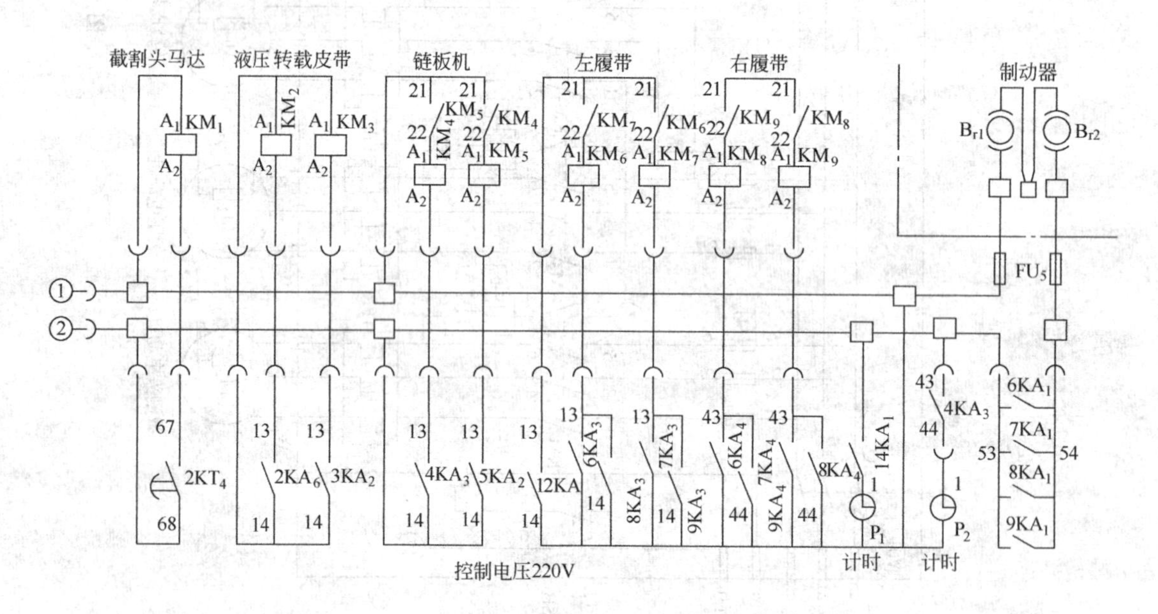

图 4-2 AM-50 型掘进机电气原理图（二）

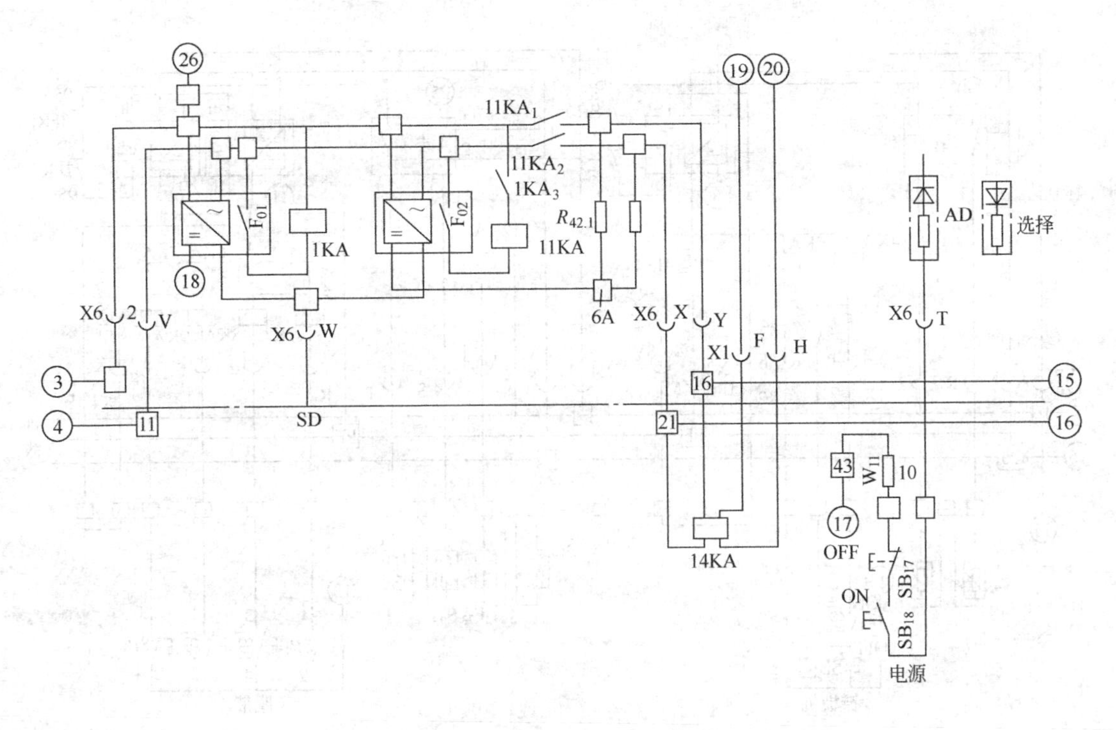

图 4-3 AM-50 型掘进机电气原理图（三）

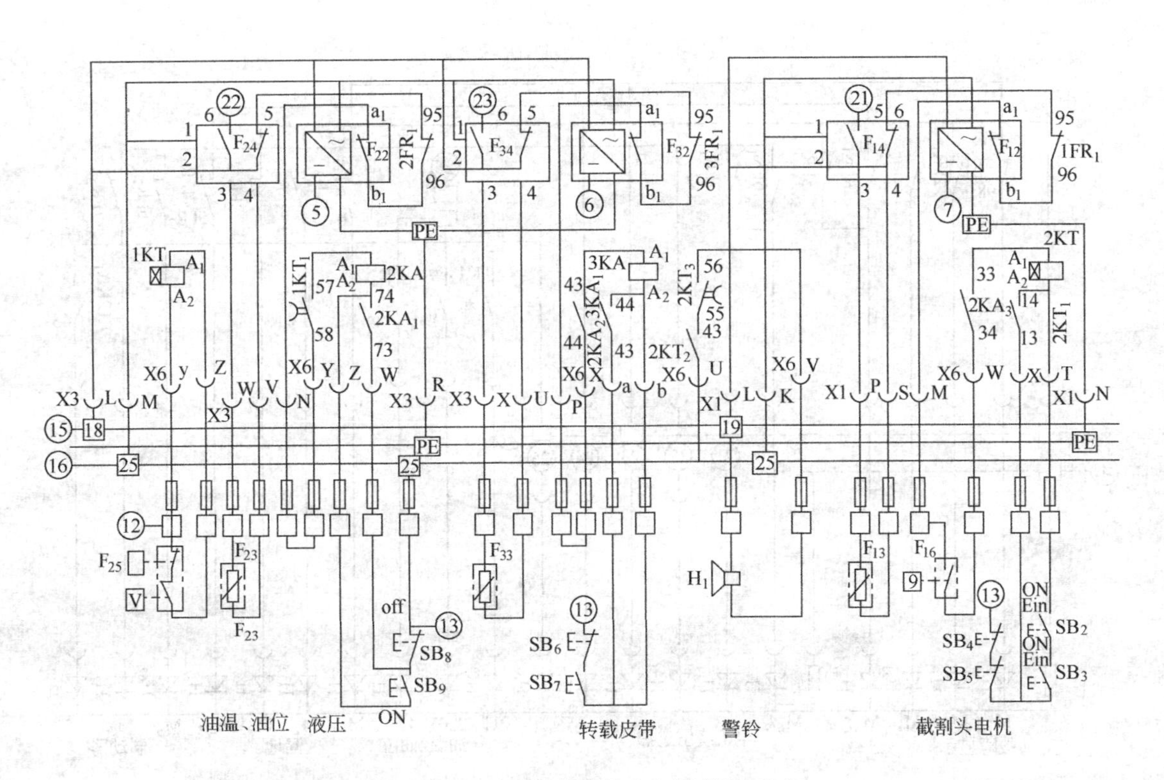

图 4-4 AM-50 型掘进机电气原理图（四）

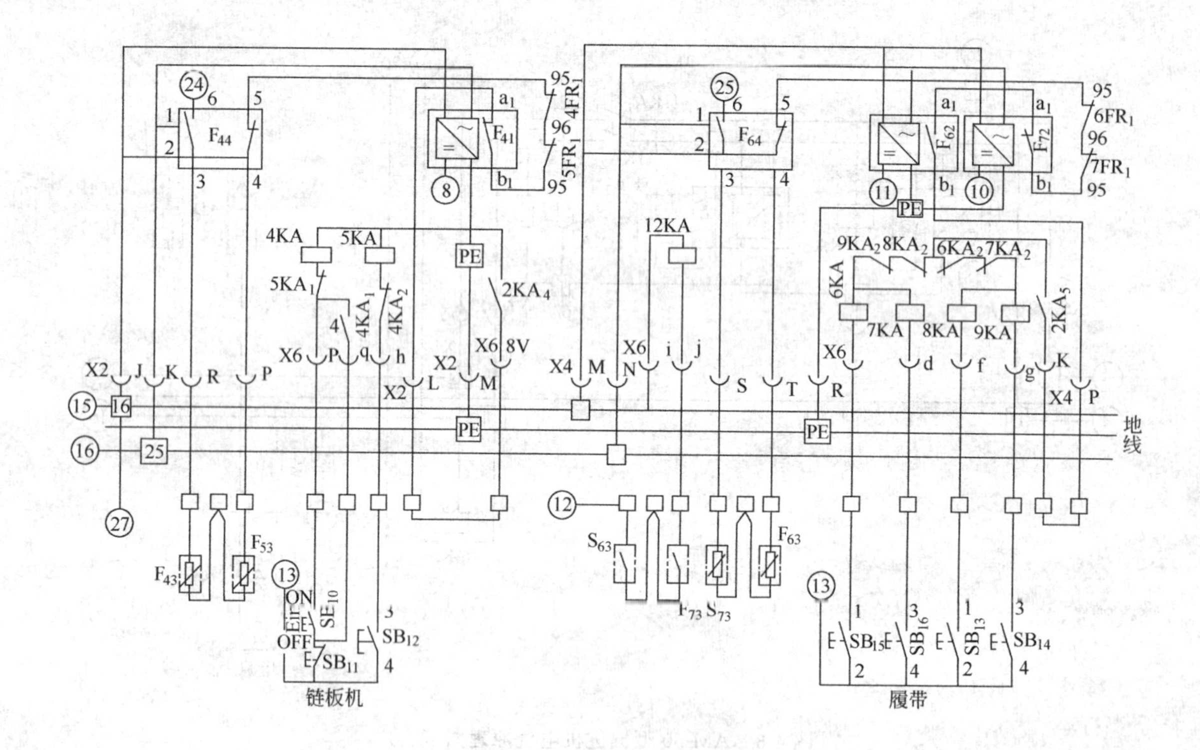

图 4-5　AM-50 型掘进机电气原理图（五）

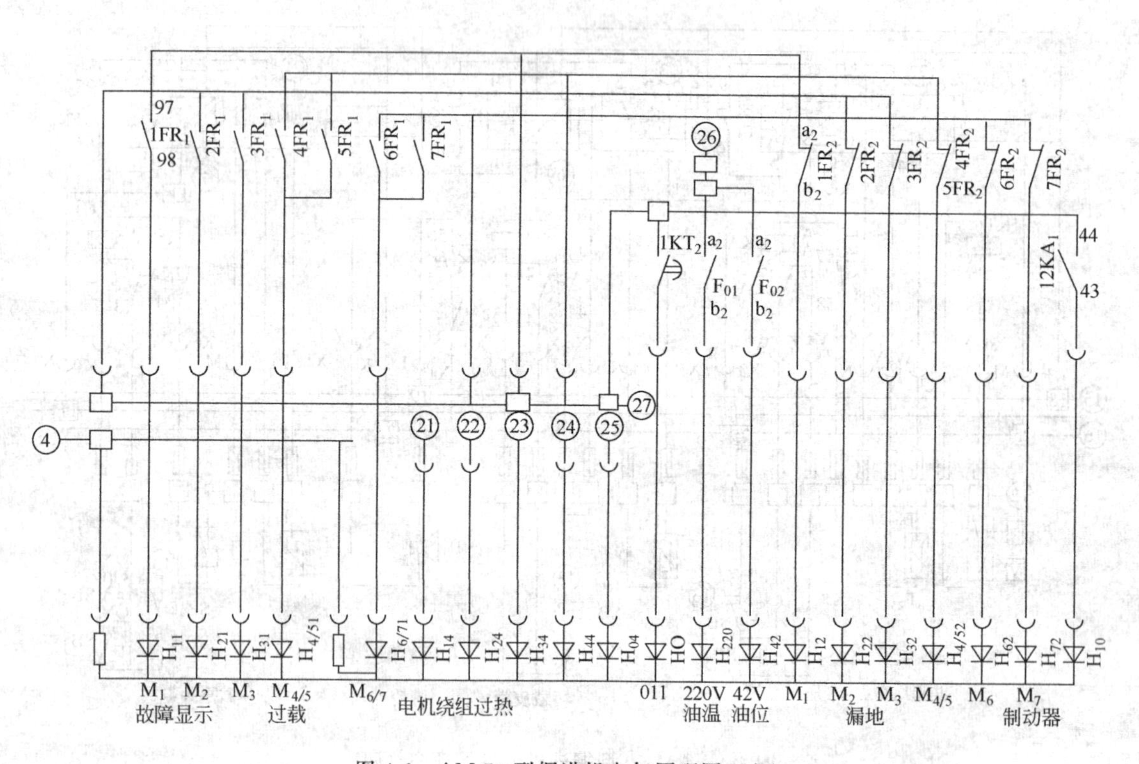

图 4-6　AM-50 型掘进机电气原理图（六）

④ 隔离开关 Q 装有一个电磁过流脱扣器，当其动作后，开关跳闸，操作杆转到中间位置，在重新合闸前，一定要先将操作杆放到“OFF”（断开）的位置上，然后再推向“ON”（闭合）位置。

主机控制开关箱（位于机器左侧）有一个紧急停止按钮 SB_1（见图 4-1）。当发生紧急情况时，按下 SB_1，造成拖曳电缆监视线人为接地，拖曳电缆绝缘监视器动作，断开低压配电箱中的相应接触器，达到全机立即断电停车的目的。

在打开全机控制开关箱右侧接线腔之前，必须按下急停按钮 SB_1，以切断主机电源。

本系统要求油泵电动机在其他电动机启动之前首先工作。

为了启动截割电动机，必须同时转动两个旋转型开关 S_1 和 S_2。从转动开关到电动机启动之间有一段时间（约 8s）延迟，在这段时间内可以听见蜂鸣器响。当蜂鸣器音响结束后，仍要保持两个旋转开关在启动位置上直至电动机启动，这是为了警告人们机器正在启动，以防止截割电动机意外地启动而发生事故。

四、操作过程

1. 掘进机送电

a. 先合 Q，掘进机主回路接通（未带电）；

b. 将 S_8 转至“ON”位置，上级启动器合闸，这时掘进机主回路接通。头灯 E_1、E_2 亮，表示已送电。

c. 如 220V 对地绝缘电阻大于规定值（10kΩ），则插件 F_{01} 中动合触点闭合（见图4-3），1KA 有电吸合，图 4-1 中的动合触点 $1KA_1$、$1KA_2$ 闭合，220V 交流电接至 ①、②。图 4-3 中的 $1KA_3$ 闭合，为 11KA 通电做准备。

d. 设交流 42V 对地绝缘良好。

插件 F_{02} 中动合触点闭合（见图 4-3），11KA 有电吸合，$11KA_1$、$11KA_2$ 闭合，⑮、⑯回路得电。

2. 油泵电动机 M_2 的控制（见图 4-4）

a. 如液压油不超过规定值，油位符合要求时，则 F_{25} 中两触点闭合，时间继电器 1KT 有电吸合，图 4-6 中触点 $1KT_2$ 延时 10s 闭合，指示灯亮。$1KT_1$ 瞬时闭合（延时 10s 打开），为 2KA 通电做准备。

b. 如 M_2 电动机动力电缆绝缘良好，F_{22} 绝缘监视器中动断触头闭合，为 2KA 得电做准备。

c. 如 M_2 主回路中热继电器 2FR 未动作，动断触点 $2FR_1$ 闭合，为 2KA 通电做准备。

d. 与 M_2 热敏电阻配套的跳闸继电器 F_{24}（8SD8412）中的触点闭合，为 2KA 通电做准备。

e. 启动 M_2。按按钮 SB_9，形成的通路为⑯→SB_8→SB_9→2KA→$1KT_1$→F_{22}→$2FR_1$→E_{24}→⑮。

2KA 有电吸合，$2KA_1$ 闭合自锁，$2KA_2$ 闭合为 3KA 通电做准备，$2KA_3$ 闭合为 2KT 通电做准备，$2KA_4$ 闭合（见图 4-5）为 4KA、5KA 通电做准备，$2KA_5$ 闭合为履带控制继电器通电做准备，$2KA_6$ 闭合（见图 4-2），接触器 KM_2 有电吸合。

KM_2 吸合后其主触头闭合（见图 4-1），使油泵电动机 M_2 启动。

f. 停止 M_2。按下按钮 SB_8→2KA 断电释放→$2KA_6$ 打开→KM_2 断电→主触头打开→M_2 停止。

3. 截割电动机 M_1 的控制（见图 4-4）

a. F_{16} 为截割电动机冷却水温保护，当输入水温小于 55℃时，F_{16} 闭合。

b. F_{12} 为漏电闭锁继电器（EPLO5R），当 M_1 电动机动力电缆未漏电时，F_{12} 中动断触点闭合（a_1、b_1）。

c. $1FR_1$ 为 M_1 电动机的热继电器动断触点，未动作时 $1FR_1$ 闭合。

d. F_{13}为埋在 M_1 绕组内热敏电阻控制的继电器与 F_{14}跳闸继电器（8SD8412）配合，当 M_1 绕组温度低于 130℃时，跳闸继电器不动作，F_{14}闭合。

e. 启动 M_1。同时按下按钮 SB_2 和 SB_3，形成通路为⑯→⑬→SB_4→SB_5→SB_3→SB_2→2KT→$2KA_3$→F_{16}→F_{12}→$1FR_1$→F_{14}（6-4）→⑮。

2KT 有电吸合。$2KT_1$ 闭合自锁，$2KT_2$ 闭合，蜂鸣器 H_1 响，发出启动警告信号；$2KT_3$ 延时 8s 打开，H_1 停响。$2KT_4$ 延时 8s 闭合（见图 4-2），接触器 KM_1 有电吸合。主触头闭合使 M_1 通电，截割电动机启动。

f. 停止 M_1。按下 SB_4 或 SB_5 后，2KT 断电释放，$2KT_4$ 打开使 KM_1 断电（见图 4-2），其主触头打开，M_1 停止。

4. 转载皮带电动机 M_3 的控制（见图 4-4）

① F_{32}为漏电闭锁继电器（EPLO5R），M_3 电动机及动力电缆未漏电时，F_{32}（a_1、b_1）闭合。

② $3FR_1$ 为 M_3 主回路热继电器动断触点，未动作时 $3FR_1$ 闭合。

③ F_{33}为埋在 M_3 绕组内热敏电阻控制的继电器，与 F_{34}跳闸继电器（8SD8412）配合，当 M_3 绕组温度低于 130℃时，F_{34}闭合。

④ F_{34}为与 PTC 配套的跳闸继电器（8SD8412）。

⑤ 启动 M_3。按下按钮 SB_7，形成的通路为⑯→⑬→SB_6→SB_7→3KA→$2KA_2$→F_{32}（a_1、b_1）→$3FR_1$→F_{34}→⑮。

3KA 有电吸合，$3KA_1$ 闭合自锁，$3KA_2$ 闭合（见图 4-2），接触器 KM_3 有电吸合，主触头闭合使 M_3 通电，转载机启动。

⑥ 停止 M_3。按下按钮 SB_6 后，3KA 断电，$3KA_2$ 打开，KM_3 断电，主触头打开，M_3 停止。

5. 刮板机电动机 M_4、M_5 的控制（见图 4-5）

① F_{41}为漏电闭锁继电器（EPLO5R），当电动机 M_4、M_5 及动力电缆未漏电时，F_{41}（a_1、b_1）闭合。

② $4FR_1$、$5FR_1$ 为 M_4、M_5 主回路热继电器动断触点，未动作时，$4FR_1$、$5FR_1$ 闭合。

③ F_{44}为 M_4、M_5 绕组内的热敏电阻，PTC 配套的跳闸继电器（8SD8412）。

④ F_{43}、F_{53}为 M_4、M_5 绕组内埋设的 PTC 热敏电阻，当 M_4、M_5 绕组温度低于 130℃时，F_{44}闭合。

⑤ 启动 M_4、M_5。按下按钮 SB_{10}，形成通路为⑯→⑬→SB_{11}→SB_{10}→$5KA_1$→4KA→$2KA_4$→F_{41}→$5FR_{41}$→$4FR_1$→F_{44}→⑮。

4KA 有电吸合，$4KA_1$ 闭合自锁，$4KA_2$ 断开确保 5KA 断电，电气闭锁，$4KA_3$ 闭合，KM_4 有电吸合，KM_4 常闭触点打开使 KM_5 不能通电（见图 4-2），主触头 KM_4 闭合使 M_4、M_5 同时正转启动。

⑥ 停止 M_4、M_5。按下按钮 SB_{11}，4KA 断电，$4KA_3$ 打开；KM_4 断电，主触头打开使 M_4、M_5 同时停止。

⑦ M_4、M_5 反转控制（解除卡链、修理）。如图 4-5 所示，按下按钮 SB_{12}（该按钮为点动控制），形成通路⑯→⑬→SB_{12}→$4KA_2$（动断）→5KA→$2KA_4$→F_{41}→$5FR_1$→$4FR_1$→F_{44}→⑮。

5KA 有电吸合，$5KA_1$ 打开，确保 4KA 断电，电气闭锁；$5KA_2$ 闭合，使 KM_5 有电吸合，KM_5 常闭触点打开使 KM_4 不能通电，同时主触头闭合使 M_4、M_5 同时反转启动、松链。

因 SB_{12} 为点动控制，松开按钮后，M_4、M_5 即停止。

6. 履带电动机 M_6、M_7 控制（见图 4-5）

履带电动机控制分为行进控制和转弯控制。按钮 SB_{15}、SB_{16} 为前进和后退控制，按钮 SB_{14}、SB_{14} 为左转与右转控制，均为点动控制方式。

① F_{62}、F_{72} 为漏电闭锁继电器（EPLO5R），当 M_6、M_7 电动机及动力电缆未漏电时，F_{62}（a_1，b_1）、F_{72}（a_1，b_1）均闭合。

② $6FR_1$、$7FR_1$ 为 M_6、M_7 主回路热继电器动断触点，未动作时均闭合。

③ F_{64} 为与 PTC 热敏电阻 F_{63}、F_{73} 配合的跳闸继电器（8SD8412）。当 M_6、M_7 绕组温度低于 130℃（轴承上埋设的 PTC 低于 95℃）时，F_{64} 闭合。

④ 前进控制。按下按钮 SB_{15}（点动控制），形成通路⑯→⑬→SB_{15}→6KA→$9KA_2$→$8KA_2$→$2KA_5$→F_{62}→F_{72}→$7FR_1$→$6FR_1$→F_{64}→⑮。

6KA 有电吸合，$6KA_1$ 闭合，制动器 B_{r1}、B_{r2} 松闸（见图 4-2）；$6KA_2$ 打开保证 8KA、9KA 不能通电，电气闭锁；$6KA_3$ 闭合，接触器 KM_6 有电吸合，其常闭触点打开使 KM_7 不能通电，电气闭锁（参见图 4-2）。同时主触头闭合，M_6 电动机启动（前进）。

$6KA_4$ 闭合使 KM_8 通电，主触头闭合，M_7 启动（前进）。

松开 SB_{15}，6KA 断电，KM_6、KM_8 断电，M_6、M_7 停止。

⑤ 后退控制。按下按钮 SB_{16}（点动控制）形成通路⑯→⑬→SB_{16}→7KA→$9KA_2$（动断）→$8KA_2$（动断）→$2KA_5$→F_{62}→F_{72}→$7FR_1$→$6FR_1$→F_{64}→⑮。

7KA 有电吸合，$7KA_1$ 闭合，制动器 B_{r1}、B_{r2} 松闸；$7KA_2$ 打开确保 8KA、9KA 不能通电，电气闭锁；$7KA_3$ 闭合，KM_7 有电吸合，常闭触点打开使 KM_6 不能通电、闭锁，同时主触头闭合，M_6 启动（后退），$7KA_4$ 闭合使 KM_9 有电吸合，主触头闭合，M_7 启动（后退）。

松开 SB_{16}，7KA 断电，KM_7、KM_9 断电，M_6、M_7 停止。

⑥ 右转控制。按下按钮 SB_{13}（点动）形成如下通路⑯→⑬→SB_{13}→8KA→$7KA_2$（动断）→$6KA_2$（动断）→$2KA_5$→F_{62}→F_{72}→$7FR_1$→$6FR_1$→F_{64}→⑮。

8KA 有电吸合，图 4-2 中 $8KA_1$ 闭合，制动器 B_{r1}、B_{r2} 松闸；$8KA_2$ 打开（见图 4-5），闭锁；$8KA_3$ 闭合，KM_6 有电吸合，主触头闭合，M_6 启动（前进）；$8KA_4$ 闭合，KM_7 有电吸合，主触头闭合，M_7 启动（后退），掘进机右转。

松开 SB_{13}，8KA 断电，KM_6、KM_9 断电，M_6、M_7 停止。

⑦ 左转控制。按下按钮 SB_{14}（点动），形成通路为⑯→⑬→SB_{14}→9KA→$7KA_2$（动断）→$6KA_2$（动断）→$2KA_5$→F_{62}→F_{72}→$7FR_1$→$6FR_1$→F_{62}→⑮。

9KA 有电吸合，图 4-2 中 $9KA_1$ 闭合制动器 B_{r1}、B_{r2} 松闸；$9KA_2$ 打开，闭锁；$9KA_3$ 闭合，KM_7 有电吸合，主触头闭合，M_6 启动（后退）；$9KA_4$ 闭合，KM_8 有电吸合，主触头闭合，M_7 启动（前进），掘进机左转。

松开 SB_{14}，9A 断电，KM_7、KM_8 断电，M_6、M_7 停止。

五、记时装置

1. 截割电动机 M_1 计时

计时器 P_1 由继电器 14KA 动合触点控制，当截割电动机 M_1 的电流 $I_1 \geqslant 65\% I_{1N}$ 时，继电器 14KA 吸合（见图 4-3），其动合触点 $14KA_1$ 闭合，使 P_1 得到交流 220V 开始计时（见图 4-2）。

14KA 继电器型号为 I-INB 型交直流电子电流监视继电器，交直流的各检测范围均采用模块化形式，可方便地插入基本单元。单元具有线性刻度定标及精确刻度，可以在无辅助电流检测设备条件下，设置精确的监测电流值。如果被监视电流超过预定值，则输出继电器吸合。预定值可以从 $0.1I_{正常}\sim 1I_{正常}$ 连续可调。如果被监视电流低于额定值，则继电器释放，预定值在 $0.6I_{正常}\sim 0.95I_{正常}$ 的范围内可调。

I-INB 型交直流电子电流监视继电器的操作电压为交流 42V，检测电流信号用电流互感器为 250/5A。

2. 刮板输送机电动机 M_4、M_5 计时

计时器 P_2 由继电器 4KA 动合触点控制，4KA 有电后 M_4、M_5 正转启动，同时 $4KA_3$ 闭合，使 P_2 得到交流 220V 开始计时（见图 4-2）。

六、保护装置

1. 短路保护

$FU_6\sim FU_9$ 为主回路熔断器，起短路保护作用。FU_6 保护 M_1，FU_7 保护 M_2、M_3，FU_8 保护 M_4、M_5，FU_9 保护 M_6、M_7。

2. 过载保护

1FR～7FR 为主回路热继电器，起过载保护作用。

热继电器的型号为 3UA59、3UA66，其中 3UA59 作为电动机 $M_2\sim M_7$ 的保护；3UA66 作为电动机 M_1 的保护。

(1) 3UA59　3UA59 的最大额定电流为 63A，交流额定电压为 660V，直流额定电压为 80V。

① 调节刻度使其等于电动机额定电流。

② 复位预置按钮（蓝）。H 标记为人工复位；A 标记为自动复位。其确定方法是：将复位预置按钮上凹下的箭头对准“H”或“A”，先按下后转动。

③ 复位按钮（红）。当预置 H 方式时，过载动作后，按此按钮复位；当预置 A 方式时，自动复位，此按钮不起作用。

④ 跳闸/复位指示（绿）。当预置 H 方式时，过载跳闸后，前面板上有一绿杆弹出指示，按下复位按钮，继电器复位，绿杆也复位。当预置 A 方式时，没有指示。

(2) 3UA66　3UA66 的额定电流为 400A，交流额定电压为 600V。预置、复位、指示同 3UA59。

3. 控制电路短路保护

$FU_1\sim FU_5$ 为控制电路熔断器，作为控制电路短路保护。

4. 保护功能插件

F_{01}、F_{02} 为交流 220V、42V 控制电源漏电保护插件，EPL05R 监视 220V、42V 电压系统绝缘情况。

F_{12}、F_{22}、F_{32}、F_{42}、F_{52}、F_{62}、F_{72} 为电动机 $M_1\sim M_7$ 及电缆漏电闭锁插件，EPL05R 监视 1000V 以下交流系统无源分支线对地绝缘情况。

(1) EPLO5R 工作原理　如图 4-7 所示，交流电压 42V 送入 a_3、b_3 两端；直流输出电压由 a_5、a_6 引出，监视无源线路；a_2、b_2 接指示灯；主接触器 KM 用于跳闸。

插件闭锁动作值调整范围 (10～50)kΩ±3kΩ，插件的恢复值调整范围 (15～17)kΩ±3kΩ。

我国井下 660V 系统漏电闭锁电阻值为 22kΩ（单相）。

(2) 直流检测回路　VC+→R_1→a_6→KM→电网→M→R_x（电网对地绝缘电阻）→地线→a_5→R_4→VC−。

① 当 $R_x\geqslant 30$kΩ 时，则

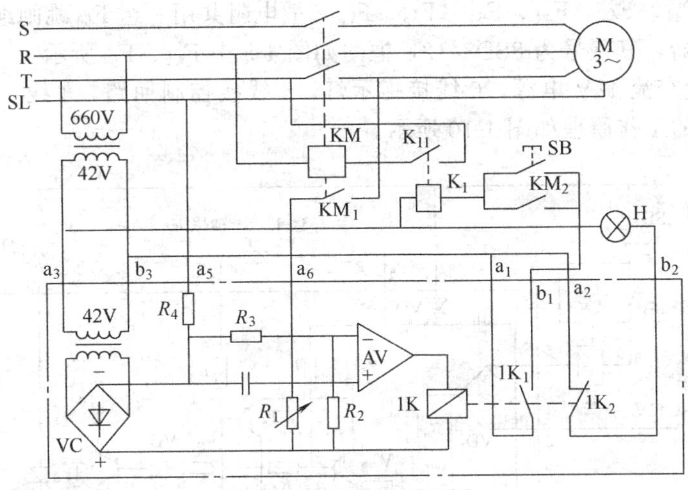

图 4-7　EPLO5R 原理图

$$U_0=A_V(-U_{R2}+U_{R1})<0$$

继电器 1K 有电吸合，$1K_1$ 闭合为 KM 通电做准备。$1K_2$ 打开 H 灯灭，表示绝缘正常。按下 SB 按钮，K_1 有电吸合，KM 有电吸合，KM_1 打开，解除漏电闭锁，KM_2 闭合为 K_1 自锁，同时主触头闭合电动机 M 运转。

② 当 $R_x \leqslant 22\text{k}\Omega$ 时，则

$$U_{R2}<U_{R1},\ U_0=A_V(U_{R1}-U_{R2})>0$$

1K 断电释放，$1K_1$ 打开，K_1 断电释放，K_{11} 打开，KM 断电，漏电保护；$1K_2$ 闭合，H 灯亮，显示漏电故障。

(3) 漏电闭锁电路　漏电闭锁插件 F_{12}、F_{22}、F_{32}、F_{42}、F_{52}、F_{62}、F_{72} 的内部电路如图 4-8 所示，其工作原理同前。

5. 电动机热保护

F_{13}、F_{23}、F_{33}、F_{43}、F_{53}、F_{63}、F_{73} 为 PTC 热敏电阻，作为电动机热保护，其电路原理如图 4-9 所示。

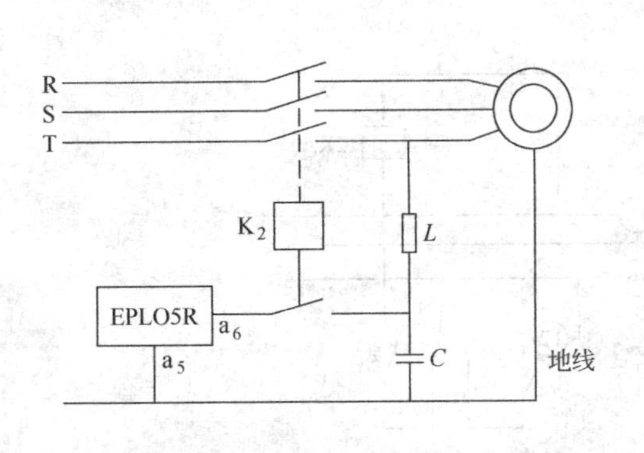

图 4-8　漏电闭锁电路

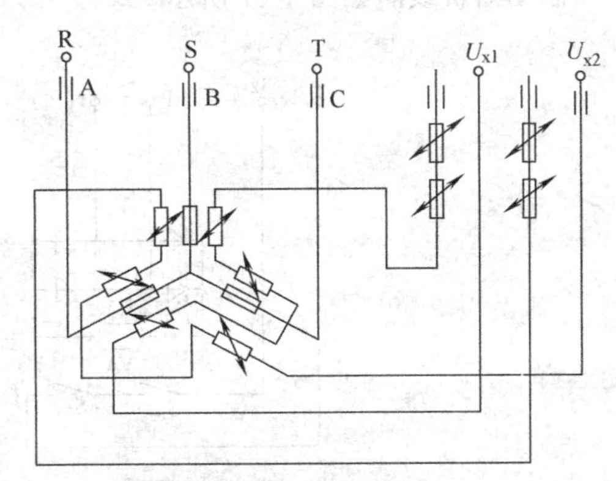

图 4-9　PTC 热敏电阻

(1) 工作原理　电动机绕组或轴承温度升高时，热敏电阻阻值增大，使跳闸继电器动作，切断电动机电源。

(2) 热敏电阻配置与埋设　一般情况下，电路共配置二套热敏电阻，U_{x1} 组工作，U_{x2} 组备用。热敏电阻分别埋在电动机绕组部和轴承处。

6. 电动机过热跳闸继电器

F_{14}、F_{24}、F_{34}、F_{44}、F_{54}、F_{64}（F_{63}、F_{73}热敏电阻共用一组F_{64}跳闸继电器）为与PTC配合的跳闸继电器，其型号为8SD8412，框图如图4-5中F_{44}、F_{64}所示。

1线、2线接交流42V电源，6线接指示灯，5线接控制回路，3线、4线与PTC电阻相连。8SD8412的工作原理如图4-10所示。

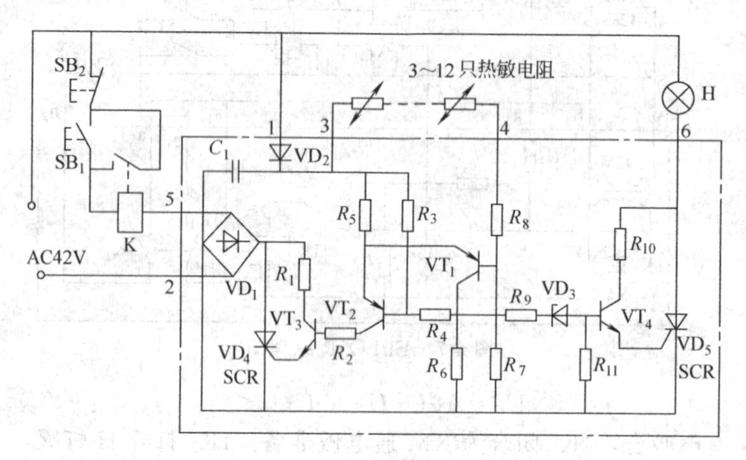

图4-10 8SD8412工作原理图

① 当电动机绕组温度正常时，热敏电阻值较小，三极管V_7、V_6组成施密特触发器的状态为V_6截止，V_7导通，V_8导通，VT_4导通，控制回路中继电器K可以通电。同时V_6截止，V_9截止，VT_5截止，信号灯H熄灭。

② 当电动机过载时，电动机绕组温度升高（130℃），PTC阻值升高，当大于等于15kΩ时，触发器翻转为V_7截止，V_6导通，V_8截止，VT_4截止，控制回路中K释放，停车；V_9导通，VT_5导通，指示灯H亮，显示故障。

③ 电动机冷却。停电后电动机绕组温度下降，PTC阻值降低，当阻值小于等于7kΩ时，触发器又翻转，指示灯H灭，控制回路中K通电，电动机重新开始工作。

七、制动器

制动器接线图如图4-11所示。

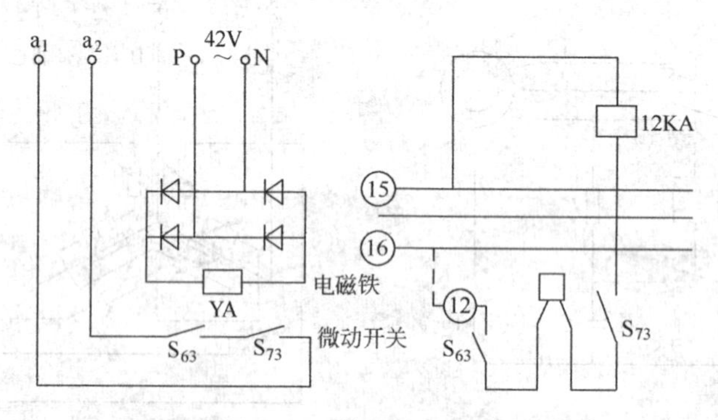

图4-11 制动器接线图

S_{63}、S_{73}制动器联锁微动开关，微动开关反映双面弹簧压力制动的摩擦衬里的磨损情况。衔铁与制动器本体之间间隙大于1mm，微动开关S_{63}、S_{73}不通，电动机不能送电，此时应调整到间隙为0.3mm。当制动器磨损严重时，应更换摩擦衬里支架。

当间隙正常时，S_{63}、S_{72}接通，12KA吸合，$12KA_1$闭合，指示灯H_{10}亮，显示制动器正常（见图4-6）。

第三节 12CM15型连采机电控系统

一、概述

美国久益（JOY）公司12CM15型连续采煤机供电电压为1050V，整机功率为554kW，机器共有8台电动机，它们分别为截割部、装运机构、液压机构（油泵）、牵引部及除尘系统提供动力，以实现落煤、装运、除尘以及机器行走等功能。除两台牵引电动机为晶闸管整流供电的直流串激式电动机外，其余电动机均为三相交流异步电动机。所有这些电动机均采用外水冷方式，并且其内部绕组中都设有热敏检测器件（可等效为温控常闭开关），用于电机过热检测，因而可以实现电机过热保护。这些电机的类型及主要技术参数见表4-2所示。

表4-2 电机类型及主要技术参数

电机名称	类型	额定功率/kW	额定电压/V	数量
截割电机	三相水冷	170	1050	2
油泵电机	三相水冷	52	1050	1
装运电机	三相水冷	40	1050	2
风机电机	三相水冷	19	1050	1
牵引电机	直流串激水冷	26,37	250	2

12CM15型采煤机采用计算机控制技术，主控器件为一台可编程控制器（PLC），PLC为机器的所有电源电路提供软件控制并对由微处理器构成晶闸管脉冲触发单元进行驱动控制，监测开关位置并提供所有机器诊断的软件控制。机器整个系统不仅能可靠完成采煤机正常工作所要求的各种控制任务，而且具有完善保护、状态监测、故障诊断及机器运行状况显示等功能。正常工作时，司机可根据显示屏提供的信息进行正确有序的操作，发生故障后，借助显示屏所提供的故障诊断信息，实现快速、准确地查出和排除故障。

二、结构特点

12CM15型采煤机电气控制系统的基本构成情况如图4-12所示，电气原理见图4-13（见插页）所示。

电气控制系统的作用在于对上述8台电机以及其他电磁机构实施控制，同时实现对电机设备系统以及安全等方面的电气保护。其主要装备如下。

① 8台电机（见表4-2）。

② 4个电控箱，分别详述如下。

a. 操作台（主控台）：位于机器左侧的司机室内。其中用于电机控制的所有操作开关安装在箱体的盖板上；供司机观察的指示仪表指示灯装在仪表盘上；24V直流电源、监视继电器、本安继电器和接线排等装置安装在箱内。

b. 控制器（箱）：位于机器左后方。其中，箱盖（内侧）上安装有装运机主回路上的器件；箱体内为截割机主回路控制器件、截割电机计时器及断路器2CB等；

c. 牵引控制器（箱）：这是一个装在机器左后方的一个水冷电控箱，含有牵引、油泵、风机主回路控制器件，PLC等。内部安装分为几个部分：FRONTPANEL（前板）为一个不锈钢机箱，内装PLC；REARPANEL（后板）为一接线板；WINGOUTPANEL（右转动

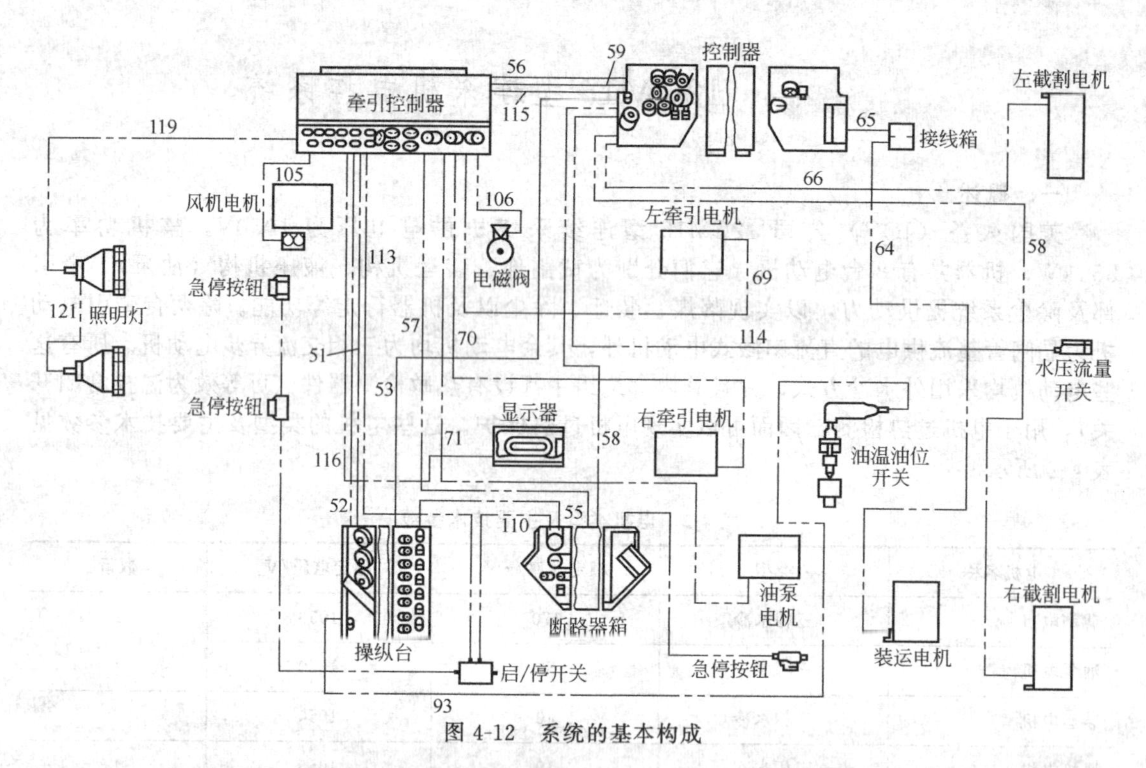

图 4-12 系统的基本构成

板），正面主要是油泵和风机主回路控制器件，背面主要有牵引速度选择开关箱；PANEL（板），正面主要有牵引回路正反换向接触器，背面有牵引回路的直流电压、直流电流传感器；其余装置均固定在箱体上，左壁上固定电源断路器 3CB 和熔断器等，后壁为功率变压器和可控硅整流器。

d. 断路器箱：这是动力电缆进线箱，内部的主要装置为主断路器 1CB。此外，履带行走安全开关（脚踏开关）也位于该箱内。

③ 一个电磁阀。用于冷却及喷雾水控制。

④ 油温油位开关（本质安全型）。用于监视油温、油位状态，起到保护液压系统的作用。

⑤ 流量压力开关。用于监视水压、流量状况，保障冷却及降尘。

⑥ 一台文字显示器。显示机器运行状况，提示状态信息以及故障信息等。

⑦ 一个启/停开关。连接在先导回路中，通过先导控制实现对采煤机的供电控制。这里的“供电控制”所控制的是机器的前级供电开关（磁力启动器），即实现连采机远距离控制。

⑧ 多个急停按钮。位于机器的前、后、操作台以及控制器、牵引控制器箱门等处，用于紧急停机。这些急停按钮都连接在先导回路中，因此，当紧急情况下按下急停按钮时，先导回路被切断，从而使前级供电开关断电。

⑨ 照明灯。

在上述基本构成的基础上，还可以根据具体实际需求，增加其他装置或设备，比如遥控装置等，从而提高系统的功能。

图 4-12 中标注的一些数字，它们是连接各装置及设备的电缆编号，有关这些电缆的基本情况见表 4-2 所示。连接电缆的芯线使用了 9 种不同颜色以示区别：RED（红）、YEL（黄）、BLU（蓝）、BLK（黑）、GRN（绿）、BRN（棕）、WHT（白）、ORG（橙）和 GRA（灰）。另外，标有记号 SHD 表示屏蔽，E 表示接地，SP 表示空余不用。

电气系统中各设备或装置在整个机器上的布局如图 4-14 所示。

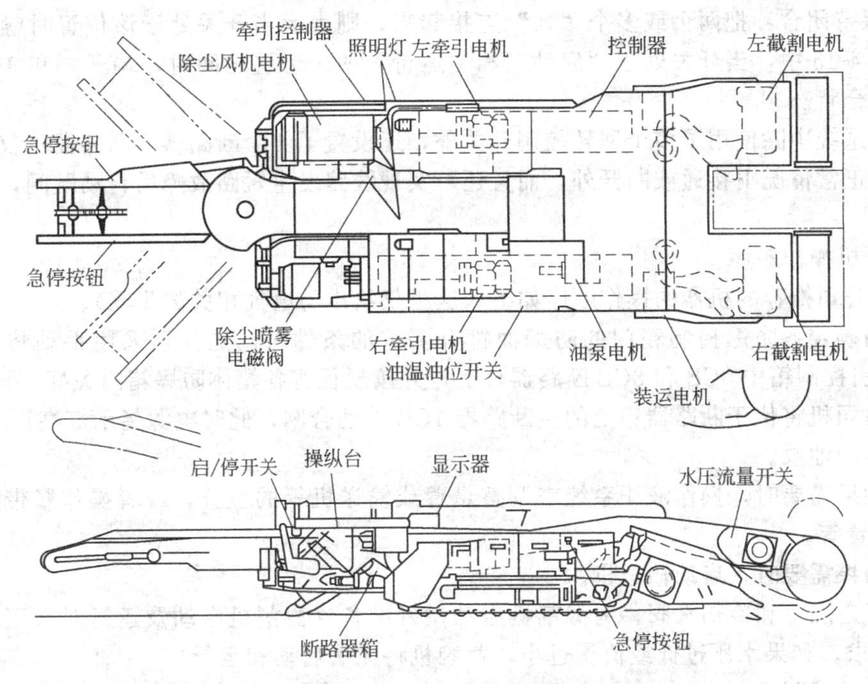

图 4-14 电气设备布置图

其中，操纵台位于机器左侧的司机座左方，断路器箱位于司机座前面的下方，控制器（箱）位于左履带前端的上方，牵引控制器（箱）位于机器左侧后端，显示器位于司机正前方，油温油位开关位于油箱中，水压流量开关位于悬臂内。

三、电气控制

1. 回转控制开关

在 12CM15 连续采煤机中，使用了多个旋转开关作为司机控制各种电动机的主令操作开关，现以“泵”开关为例，说明其表示方法和原理，如图 4-15 所示。

① 端子：用六角形符号表示，内部数字为端子编号，与外部的连接用螺钉固定。

② 触头：每对端子间都有触头，用靠右侧的两条短竖线表示，该开关带有 6 对触头。

③ 跨接线：有的端子之间用短接线直接相连。根据使用场合不同，短接线可以在开关内部，也可以在外部。如图 4-15 中端子 4 和 2、2 和 6、3 和 7 及 11 和 9 被短接。

④ 开关位置：开关位置由穿过开关的竖线表示。一般有“START”（启动）、“RUN”（运行）和“OFF”（停机）3 个位置。

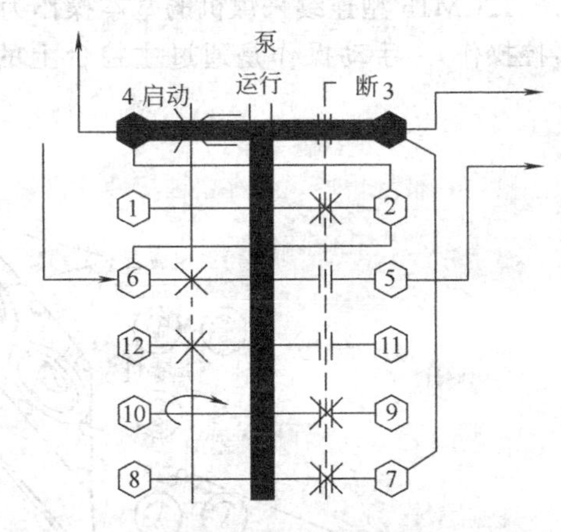

图 4-15 回转控制开关

⑤ 弹簧返回：该开关为弹簧返回式，即当司机将手松开后开关返回到某一位置。用箭头表示松开手后开关所回到的位置。如图 4-15 中的箭头表示将开关旋转到“启动”位置后如果松手，则开关会返回到“运行”位置。该位置又称非自保持位。

⑥ 闭合位置：开关中各触头的开闭取决于手柄的位置，用“×”表示当在某一位置时某两个端子间触头闭合。

⑦ 保持闭合：把两个或多个“×”连接起来，则表示当开关处于该位置时触头保持闭合。如图 4-15 中，当开关处于“启动”和“运行”两个位置之间时，端子 4 和 3 间的触头也保持闭合状态。

控制系统中除使用了多个回转控制开关外，还设置了 4 个断路器，断路器不仅能够完成被控线路正常情况下接通或断开外，而且还可实现线路发生短路故障后自动跳闸，切断故障电源。

2. 开机操作顺序

久益公司推荐的机器的操作顺序如下（这里仅给出与电气相关的步骤）。

① 当确定各防爆控制箱门的防爆面符合要求的条件时，先分别采用手动将控制箱中 2CB、牵引控制箱中 3CB 和 8CB 断路器合上，并按规程将各箱体防爆箱门关好。

② 由司机将位于断路器箱上的主断路器 1CB 手动合闸，此时电源指示灯亮。

③ 启动油泵。

④ 如果需要时，操作液压系统来调整悬臂或输送机等的位置，或者操作履带行走来调整机身位置等。

⑤ 如果需要时，启动输送机。

⑥ 开启除尘和冷却水阀，为截割机启动做好准备（截割机启动及运行对水压及流量有一定的要求，如果水压过低或流量过小，截割机将无法启动和运行）。

⑦ 启动截割机。

⑧ 启动除尘风机（如果把风机设定在“自动运行”方式上，当截割机启动后，风机将会跟着自动启动运行）。

此后的操作，例如，截割机或行走部，将根据实际情况来进行。

应当指出，只有油泵电机启动并运行之后，其他电机才能够启动运行，否则，对这些电机启动操作均无效。此外，一旦油泵电机停机，其他电机就会随即停止运行。为此称油泵开关是其他电机总开关。

四、12CM15 型连续采煤机

12CM15 型连续采煤机的基本操作为手动操作方式（如果装备了遥控装置后，方可进行遥控操作）。手动操作是通过主控台上的回转控制开关来进行，这些开关有：控制总开关

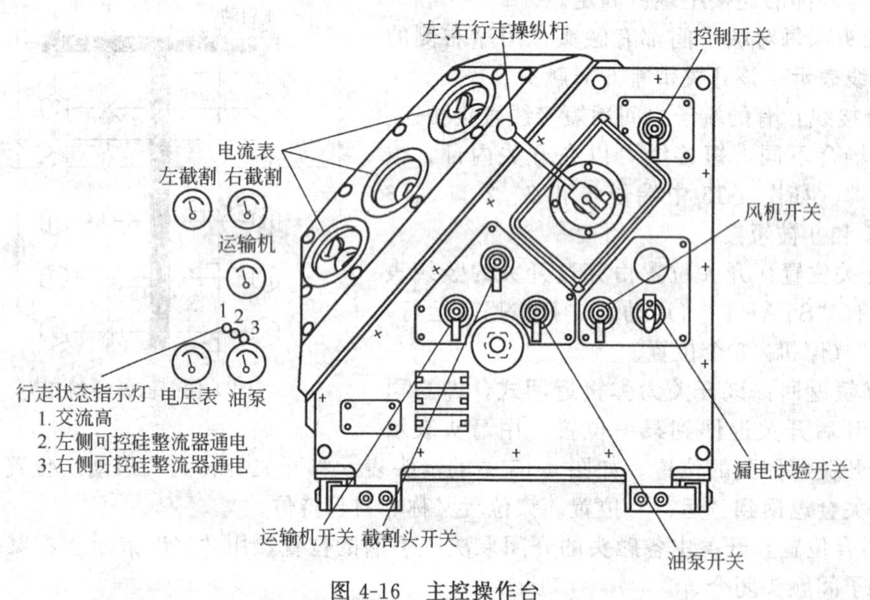

图 4-16 主控操作台

(CONTROL)，漏电试验/复位开关（E/L TEST/RESET），风机开关（FAN），运输机开关（CONVEYOR），油泵开关（PUMP），截割机开关（CUTTER）及左右行走操纵杆(LH/R. HTRACTION)，如图 4-16 所示。在手动操作之前，首先将控制总开关旋转到手动(MANUAL) 位上。

12CM15 型连续采煤机对启动操作有一些特殊要求，除行走操作外，其余电机的启动操作均有一个共同特点："两次操作"，即在司机用操作开关对电机进行启动操作时，必须按特定的要求扳动开关两次。对于不同的电机还有一些具体的要求，下面逐一进行说明。

1. 油泵启动

油泵的操作开关有 3 个位置：停机（OFF）、运行（RUN）和启动（START），如图 4-17 所示。其中 OFF 和 RUN 为自保持位，即将开关扳到这两个位置后松手，开关仍然会保持在这两个位置不动；而 START 则是一个返回到 RUN 位上的非自保持位。如果将开关扳到该位置上后松手，开关就会自动转到 RUN 位上去，并保持在 RUN 位上。

(a) 油泵开关（截割机开关）　(b) 输送机开关　(c) 风机开关

图 4-17　操作开关

(1) 油泵电机启动的"2 次操作"步骤

① 第 1 次操作：将油泵开关从 OFF 位直接扳到 START 位，然后松手（开关将自动返回到 RUN 位），这时，显示器显示信息：

"PUMP E/L CHECK"（油泵回路漏电检查）

此时，在 PLC 的控制下将对该回路进行漏电检查。约 1s 后，漏电检查自动结束，若未发现漏电故障，显示器将给出提示信息：

"PUMP READY"（油泵准备好）

② 第 2 次操作：在提示信息"PUMP READY"出现后的一个规定时间内（约 3s）再次将开关扳到 START 位上，直到油泵启动后再松手，之后开关将自动返回到 RUN 位上。

(2) 正常的启动过程如上所述，但应注意以下情况

① 如果在第 1 次操作后电网发现漏电故障，显示器将会显示信息为：

"6PUMP E/L LOCKOUT"（6 号故障，油泵回路漏电闭锁）并禁止油泵电机启动（实施闭锁）。

② 如果在提示信息"PUMP READY"出现后的规定时间内未及时进行第 2 次操作，那么，显示器将会显示：

"PUMP START ABOBT"（油泵启动终止）。

这实际上是宣告本次启动过程作废。在这种情况下，油泵将被锁定在禁止启动运行状态上。一旦进入了这一状态，无论你把开关扳到 START 位上多少次，油泵也不会启动。只有将开关重新扳回到 OFF 位上时，这一状态才能被解除。

③ 如果在启动过程中发生了其他故障，油泵也将会拒绝启动。这时，显示器会提示相应的故障信息。

在油泵运行过程中如果发生了故障，油泵同样也会停止运行，并且显示相应的故障。

2. 截割机启动

截割机的启动需要具备以下两个条件：

① 油泵已启动运行；

② 只有在冷却喷雾水的压力及流量均满足要求（压力大于 1MPa，流量大于 21L/min）的条件下截割机才能启动起来。

截割机的操作开关与油泵的操作开关一样，都有 3 个位置：OFF、RUN、START，同样 OFF、RUN 为自保持位，START 为自动返回到 RUN 位上的非自保持位。

截割机启动为“两次操作＋两手操作”，两次操作同油泵所述，两手操作是指同时扳动截割机开关和油泵开关，具体操作步骤如下。

① 第一次操作：用两只手同时扳动截割机开关和油泵开关，截割机开关由 OFF 直接扳到 START 位，而油泵开关是由 RUN 位扳到 START 位，然后只松开截割机开关（自动返回到 RUN 位）而不要松开油泵开关，让油泵开关一直保持在 START 位上（直到第二次操作使截割机启动起来之后再松手）。此时，显示器给出信息：

“CUTTER E/L CHECK”（截割回路漏电检查）

这时，在 PLC 控制下将会执行漏电检查。大约 1 s 后漏电检查完毕，若未发现漏电故障，显示器将提示：

“PRE－START INITETED”（预启动成功）

经过约 7s 延时，如果检测到水压和流量均满足要求的话，则显示：

“CUTTER READY”（截割机准备好）

② 第 2 次操作：在显示提示信息“CUTTER READY”之后的一个规定时间（在约 3s）再次将截割机开关扳动 START 位，直到截割机启动运行起来之后将两手中开关同时松手（松手后，它们都自动返回到各自 RUN 位）。

在启动过程中，PLC 首先让左截割电机启动，经 1s 后右截割机随之启动。以免两电机同时启动引起电网电压波动。

同理，在启动过程中可能发生下述情况。

① 如果在第 1 次操作后电网发现漏电故障，显示器将会显示信息为：

“8L. H. CUTTER E/L OCKOUT”（8 号故障，左截割回路漏电闭锁）

“9R. H. CUTTER E/L OCKOUT”（9 号故障，右截割回路漏电闭锁）

并禁止电机启动（实施闭锁）。

② 如果在提示信息“CUTTER READY”出现后的规定时间内未及时进行第 2 次操作，那么，显示器将会显示：

“CUTTER START ABOBT”（油泵启动终止）

这实际上是宣告本次启动过程作废，与油泵的类似情况一样。

③ 如果在启动过程中发生了其他故障，截割机也将会拒绝启动。这时，显示器会提示相应的故障信息。

在截割机运行过程中如果发生了故障；截割机同样也会停止运行，并且显示相应的故障。

3. 输送机启动及反转操作

本系统共设有 2 台输送机，启动情况与一台相同，即两台同时启动、停止及反转。输送机启动运行（包括反转）的先决条件依然是油泵事先已启动运行。

由于输送机的运行包括正转和反转，因此，其操纵开关的位数要多于油泵和截割机。运输机开关共有 5 个位置：OFF 居中，两边分别是 RUN、START（正转）及 REV（反转）和一个空位，见图 4-17（b）所示。这个空位其实也是停机位，它是反转的停机位。OFF、RLIN 和空位都是自保持位，START 自动返回到 RUN 位，而 REV 则自动返回到与它相邻的空位上去。

正转启动过程同样为两次操作，与油泵操作相似，即第 1 次将输送机开关从 OFF 位直接扳到 START 位，松手后开关自动返回到 RUN；第 2 次再将开关扳到 START 位，直到装运电机启动后再松手。两次操作的时间要求与油泵操作一样，显示器的显示信息及提示内容为：

"CONV. E/L CHECK"（输送机回路漏电检查）

"CONV. READY"（输送机准备好）

如果发现漏电故障，则显示：

"10CONV. E/L LOCKOUT"（10 号故障输送机回路漏电闭锁）

如果未及时进行第 2 次操作，则显示：

"CONV. START ABOBT"（输送机启动终止）

反转操作与正转操作不同之处在于：开关只有在 REV 位上时装运电机才会反转运行，只要一松手（自动返回到相邻的空位上），装运电机就停止运行。

如果输送机在运行中发生了故障，输送机同样也会停止运行，并且显示相应的故障信息。

4. 风机的启动操作

风机启动运行的先决条件依然是油泵已启动运行。

风机开关有 4 个位置：OFF（停止）、AUTO（自动）、RUN（运行）和 START（启动），见图 4-17（c）。其中，只有 START 是非自保持位（自动返回 RUN 位），其余 3 个都是自保持位。

除自动运行方式外，操作过程与油泵、输送机相同，都是两次操作，其显示内容及故障信息为：

"FAN E/L CHECK"（风机回路漏电检查）

"FAN READY"（风机准备好）

"FAN START ABORT"（风机启动终止）

"7FAN E/L LOCKOUT"（7 号故障，风机回路漏电闭锁）

"51FAN O/E TRIP"（51 号故障，风机过载跳闸）

"52FAN CONTACTOR FAIL"（52 号，风机回路接触器故障）

"53FAN THERMOSTAT TRIP"（53 号，风机电机过热跳闸）

如果将风机操作开关定在 AUTO（自动运行）位时，风机将会在截割机启动大约 2s 后自动启动；而当截割机停止运行后，风机将会继续运行 10s 左右后自动停机。

如果风机在运行中发生了上述故障，风机同样也会停止运行，并且显示上述的故障信息。

5. 履带行走控制

左右履带的行走控制是通过主控台上左右两个操作杆来进行的，两个操作杆各带动一个多位旋转开关，每个开关有 7 个位置，OFF（停止）居中，向前推（顺时针方向）分别为前进的 3 个速度挡：1ST（第 1 速度，爬行）、2ND（第 2 速度，低速）、3RD（第 3 速度，高速），往后拉（逆时针方向）分别是后退的 3 个速度挡：1ST、2ND、3RD。除 OFF（停机）位为自保持位外，其余均为非自保持位，它们都自动返回到 OFF 位上去。

除了这两个操作杆外，还有一个"行走安全开关"（FOOTSW），这是一个脚踏开关，位于司机座前面下方的断路器上（上面有一个脚踏板），它是行走的控制开关，只有踩住该开关并扳动行走操作杆时履带才可能行走。同样，履带行走操作也必须在油泵启动运行之后进行，但与其他电机不同的是，履带行走的操作不是"两次操作"，而是直接操作，即踩住脚踏开关，根据实际要求扳动两个操作杆，让机器前进、后退或左转、右转（转弯时，两个操作杆反方向操作）。

在踩下脚踏开关后，若不存在漏电故障，则显示器显示：

"TRACTIONREADY"（牵引部准备好）

如果发生漏电故障，无论是在启动还是在运行期间，电机将会停止运行，并显示故障信息：

"66L. H. TRACTION E/L TRIP"（66 号故障，左牵引回路漏电跳闸）

"67R. H. TRACTION E/L TRIP"（67 号故障，右牵引回路漏电跳闸）

需要注意，与其他电机回路所不同的是牵引回路采用漏电监视方式而不是漏电闭锁，所以，故障信息中出现的是"漏电跳闸"。

需要说明几个问题：

① 在截割机未启动运行的情况下让机器做转弯动作时，当把一个操作杆推到前进 3RD（高速）挡，而把另一个操作杆拉到后 3RD（高速）挡，实际上前进的履带为高速（3RD），而后退的履带仅为低速（2ND）而不是高速（3RD）。

② 在截割机启动运行前后，履带的最大前进速度（前进 3RD）是不一样的，后者慢于前者，后者的这一速度是可调的，可以根据实际需要来调节或设定，但其最大值只相当于前者的 2ND（低速）。

③ 在截割机工作过程中，截割机负荷（电流）将会影响前进速度。这是由于截割机电流对前进速度存在"负反馈"作用，其目的在于保护截割机构，实现恒功率调节。负反馈作用的影响程度是可以根据实际情况来调节的，如果将负反馈程度调整得越深，影响就会越大；相反的，反馈越小其影响越小。

在牵引控制箱中装有一个称为"TRAMSELECTORSWITCH"（行走选择开关）的装置，其实质为一个可变电阻，上面有两个多位开关，左面的开关"MAXSUMP"是截割机运行中最大速度设定开关，右边的开关"SUMPADJUST"用于反馈深度调节。最大速度设定开关上有 12 位，编号 1～12，位置越大则对应速度越大，但最大速度也只相当截割机未启动前的低速度（2ND）；反馈深度调节开关上也有 12 位，编号也为 1～12，位置号越大其反馈越深，前进速度受截割机电流的影响越大。

在履带行走时，显示器提供行走状态信息主要有：

"L. H. FWD. CRAWL OUTPUT"（左履带爬行速度前进）

"R. H. FWD. CRAWL OUTPUT"（右履带爬行速度前进）

"L. H. FWD. SLOW OUTPUT"（左履带低速前进）

"R. H. FWD. SLOW OUTPUT"（右履带低速前进）

"L. H. FWD. FAST OUTPUT"（左履带高速前进）

"R. H. FWD. FAST OUTPUT"（右履带高速前进）

"L. H. REV. CRAWL OUTPUT"（左履带爬行速度后退）

"R. H. REV. CRAWL OUTPUT"（右履带爬行速度后退）

"L. H. REV. SLOW OUTPUT"（左履带低速后退）

"R. H. REV. SLOW OUTPUT"（右履带低速后退）

"L. H. REV. FAST OUTPUT"（左履带高速后退）

"R. H. REV. FAST OUTPUT"（右履带高速后退）

此外，如果踩住脚踏开关的时间过长，（超过 30min）显示器将提示：

"M. I. P. SW. TIME OVERLIMIT"（行走安全开关操作超时）

如果没有踩住脚踏开关就操作行走操作杆，或者行走操纵杆未处在 OFF 位上时试图启动油泵，这时将会显示：

"TRACTION SWITCH NOT IN OFF POSITION"（行走操作杆未在停机位）

如果运行中发生故障，显示器将会显示故障信息。

6. 停机

以下几种情况可以使电机停机。

① 把操作开关或操作杆扳回到 OFF 位。对于输送机开关与 REV 位相邻处的一个空位也是停机位，但该位与 OFF 位在功能上有所不同，在有些情况下，要求输送机开关必须回到 OFF 位，比如遥控操作时。

② 出现过热、过载、短路、漏电等故障时，由于系统实施保护措施，也会迫使电机停止运行，并显示相应的故障信息。

③ 除油泵电机之外，对于其他所有电机来说，只要油泵电机一停止运行，则随之停止运行。

④ 如果使用先导控制方式的话，按下该回路中启/停开关中的停机按钮或任何一个急停按钮时，由于这时前级控制开关断电，则机器上所有电机停止运行。

五、电气控制系统

电气控制系统通常具有控制、故障保护及安全等作用，对于控制而言，必须严格满足上面所叙述的操作要求；对于启动运行过程中所发生的常见故障，必须能够自动采取保护措施，以防故障扩大造成更大危害或损失；在安全方面，必须具有防止人身伤害的最基本措施。对于矿井采掘设备来说，最常见的故障主要有：短路（过流）、过载、电机过热及漏电等。

12CM15 型连续采煤机电气控制系统基本原理见图 4-13 所示。下面对系统各部分控制一一介绍。

1. 机器上电及先导控制

连续采煤机的断路器箱是动力电源的进线箱，由前级磁力启动器提供的三相动力电源经动力电缆首先接入断路器箱中，其三相主芯线 L_1、L_2、L_3 接在主断路器 1CB 的进线端，另外，3 个指示灯（氖灯）经过电容接在三相主线上，通过断路器箱体上的窗口向司机提供电源指示。

连续采煤机的先导控制电路如图 4-18 所示，它由主断路器 1CB 的辅助常开接点、急停按钮和启/停开关组成，动力电缆中控制芯线将与前级开关中的相关电路连接起来，构成完整的先导控制回路。

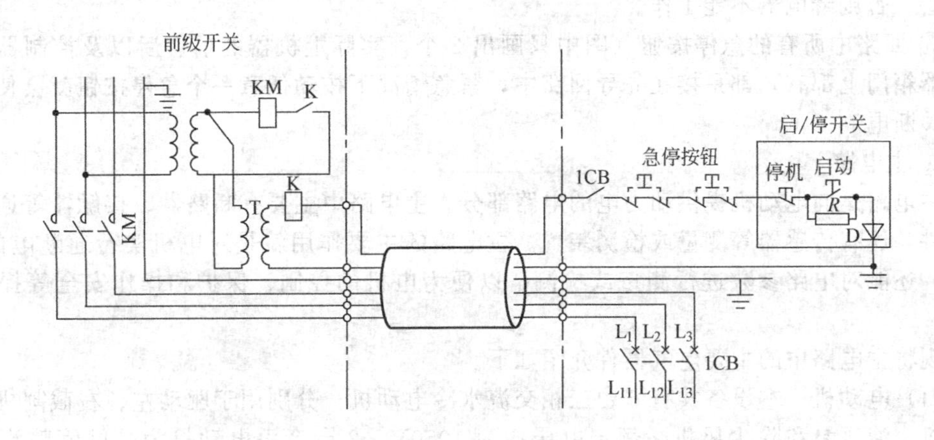

图 4-18 先导控制回路

先导回路为本质安全型电路，其中直流继电器 K 在前级磁力启动器内，用于控制前级接触器的吸合与释放；二极管 D 用于整流，确保该回路的电流为一个直流电流；与启/停开关并接电阻 R 又称维持电阻，保持运行中继电器 K 处于吸合状态；断路器常开接点 1CB 保证在先合上断路器后，方可为先导回路提供通路，同时防止运行中因短路使断路器跳闸后先导回路误动作。

在使用中特别注意以下三个问题。

① 为保证继电器 K 正常可靠工作，维持电阻 R 应选取适宜的数值。

当按下启动按钮时，R 被短接，此时对应的回路电流为吸合电流，即

$$I_{DC}=\frac{0.45U_2}{r}$$

当松开启动按钮后，对应回路电流为吸持电流，即

$$I'_{DC}=\frac{0.45U_2}{R+r}$$

式中 U_2——变压器二次电压的有效值，V；

R——所选的维持电阻，Ω；

r——直流回路中其他元件等值电阻，Ω。

只要电阻只选取适当，尽管 $I'_{DC}<I_{DC}$，也能使得继电器可靠地处于吸合状态。这是因为直流继电器本身为电磁机构，它具有一种大滞环特征。在吸合之前，电磁铁的磁路气隙大，需要很大的电流才能产生足够大的电磁力来克服弹簧阻力使电磁铁吸合；而吸合之后，气隙很小，所以维持同样大小的电磁力只需很小的电流。一般来说，直流继电器的吸合电流大约为额定电流 85%，而吸持电流仅为额定电流的 10%～30%左右，两者相差很大。

② 12CM15 连续采煤机采用这种二线制先导回路具有防止控制线路故障电机误启动的功能。即当线路发生开路或短路时都会使直流继电器 K 释放。对于线路开路的情况不言而喻；对于线路发生短路故障时，二极管被短接，流过继电器 K 中电流不再是直流而是交流，此时因直流线圈对交流产生较大的电抗（ωL），对应交流电流为

$$I_{AC}=\frac{U_2}{\sqrt{(r+R)^2+(\omega L)^2}}$$

通常 $I_{DC}\gg I_{AC}$，为此，在交流作用下，线圈内部形成的电磁力不足以使继电器处于吸合或吸持状态。为此，促使前方供电开关接触器释放而断电。

顺便指出：整流二极管通常不能反接，这是由于直流继电器两端多并接有消能（续流）二极管，否则继电器不能工作。

③ 回路中所有的急停按钮（图中只画出 2 个，实际上机器的前、后以及控制器、牵引控制器箱门上都有）都是接在先导回路中，紧急情况下按动任意一个急停按钮就会使前级供电开关断电。

2. 主电路

主电路是向电动机提供动力电的电路部分。主电路中主要有断路器、接触器等通断电执行器件，还有传感器等测量或检测装置。主电路的主要作用就是对电机实行通断电的控制，此外，还能对电路参数进行测量或检测，以便为电机的控制、保护和操作安全等提供控制数据。

现将主电路中的主要电气器件介绍如下。

(1) 电动机　本设备共有 6 台三相交流水冷电动机，分别用于驱动左、右截割机，以及输送机、液压泵和除尘风机，额定电压均为 1050V。2 台牵引电动机为晶闸管整流装置供电、水冷直流串激式电机，额定电压 250V，各电动机功率见表 4-2。

（2）断路器　本系统设有4台断路器，分别介绍如下。

① 1CB：断路器1CB是整个电气系统的主断路器，额定电压1200V，额定电流400A。合闸上电为手动操作，断电多采用手动操作，在发生短路故障时将自动跳闸切断供电电源，脱扣电流整定为1200A。

② 2CB：断路器2CB用于向左、右截割电动机和输送机电动机供电，额定电压1200V，额定电流400A，脱扣电流约为1100A。

③ 3CB：断路器3CB在整流变压器二次侧，用于向牵引直流电动机供电，额定电压600V或1000V，额定电流250A。脱扣电流为350～750A到1258～2500A。

④ 8CB：断路器8CB在控制变压器二次侧，用于向照明部分供电。

（3）接触器　接触器共有A、B、CF、CR、D、G 6个交流接触器，分别控制左、右截割电动机、输送机电动机正反转（正转时CF接通，反转时CR接通），泵电动机及牵引电动机和除尘电动机的工作。另有4个直流换向接触器eFOR、eREV、fFOR、fREV分别控制左右2台直流牵引电动机的运转方向。

接触器A和B为真空接触器，额定电压1500V，额定电流320A，线圈电压为交流110V，接触器吸合电压和释放电压分别为80V和65V。110V下吸持电流为0.25A。

接触器CF、CR、G和D为真空接触器，额定电压1500V，额定电流160A，线圈电压为交流110V，接触器吸合电压和释放电压分别为77V和55V。110V下吸持电流为0.25A。

直流换向接触器额定电压300V，额定电流200A，线圈由110V交流控制电路通过装在各接触器上的桥式整流器供电，接触器吸合电压和释放电压分别为直流70V和50V，吸持电流为0.5A。

（4）电流互感器　在各台电动机的主电路中都接有电流互感器，测量主电路电流，用于过载保护和电流显示。

这里需要指出的是，左截割电机主回路中多设的电流互感器，是为可控硅触发单元提供电流反馈信号，用来实现截割电机的电流对牵引速度的负反馈，达到恒功率调节的目的。

（5）电流、电压传感器　除泵电动机外，各台电动机主电路中还接有电流传感器，其输出端与PLC模拟输入端相连。交流电流传感器将各交流电机的一相电流转换为4～20mA的标准信号。根据各电动机额定电流的大小，可以选择不同的原边绕组规格。直流牵引电动机中设了2个直流电流传感器，其副边电流也为4～20mA标准信号，2个直流电压传感器为PLC提供标准电压模拟信号。

（6）热继电器　电动机都用热继电器实现过载保护。截割电动机功率较大，热继电器接在电流互感器二次侧，采用SP1型双金属片单极结构热继电器，额定电流为0.3～56A，继电器设定值为110%I_N，瞬态设定值350A。

其他电动机则将热继电器直接串入主电路中，采用SP3型单极双金属片结构或SP3型三极双金属片结构热继电器，整定范围为10.7～148A。其中，输送机、泵、除尘风机过载设定值为85%I_N；牵引机分别为102%（26kW）和94%（37kW）。

（7）三相电抗器　在各交流电动机接触器的负荷侧均接有三相电抗器，其作用一是为直流漏电检测信号提供能流入三相动力线的直流通路；二是用于保护高压不至于窜入漏电保护单元（EL3）。

3. 控制电路简介

如图4-13所示，12CM15型连续采煤机的电气控制系统的控制电路器件除可编程控制器和由微处理器构成晶闸管触发脉冲单元外，还包括下列元件：控制变压器，八个旋转控制开关，一个脚踏行走安全开关，直流24V电源，EL3漏电保护单元，照明漏电保护单元，牵引漏电保护单元，低油位/油温度继电器，瓦斯检测单元及松闸电磁线圈（BSOL）和喷雾电磁线圈（WSOL）等。

控制变压器原边电压为1050V，直接接主电路的L_1和L_2上，副边输出110，24和12V三种交流电压，提供控制和照明电源。110V输出除了提供控制操作电源外，还向24V直流电源和另一变压器供电，经再次变压后，输出7.5V和两个15V的电压，分别给EL3漏电保护单元及直流牵引漏电保护单元供电。在图4-13中，110V电源的出线编号为ZA1和ZA2，24V直流电源线编号为ZB1（+）和ZB2（-）。

此外，系统中设有监视继电器WD（又称看门狗继电器），视频显示单元VDU，实现系统集中监视、控制及显示运行状况。当系统配备遥控器、遥控信号变换装置后，便可实现远程控制，如图4-13中远程控制继电器ESR在其附加电源作用下吸合等。

六、连续采煤机电气控制原理

在这里具体讨论各电机采用PLC控制硬件连接及软件编程的问题，进一步了解电气系统控制原理，有利于实际应用与维护中对故障分析与处理。

（1）泵电动机PLC控制电路　泵电动机的控制电路及PLC内部控制逻辑如图4-19所示。图中虚线框内为PLC部分，“I××”表示PLC的输入继电器，其序号与数字量输入接线端子“X××”编号相同，如“I02”对应“X02”等。“Q××”表示其输出继电器，对应

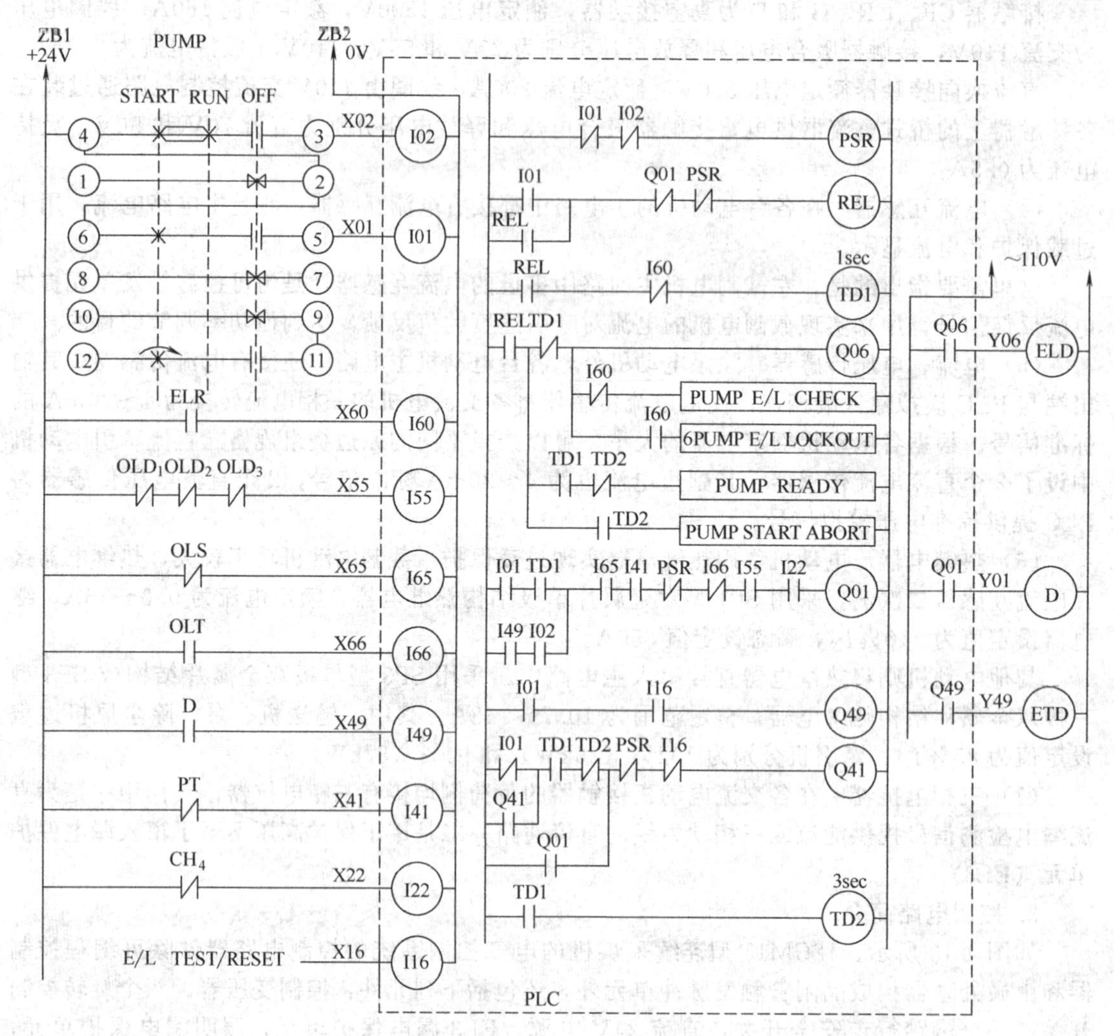

图4-19　泵电机控制电路

的接线端子用“Y××”表示，编号不尽相同。其他部分“继电器”和“触点”仅表示 PLC 内部控制逻辑，由软件实现。也就是说，这些“继电器”和“触点”并非真实存在的物理器件，但它们所表示的逻辑控制关系是存在的，只是由 PLC 的控制程序来实现。

① 硬件连接

图 4-19 中与 PLC 输入端相连的各器件如下。

X01～X02 接油泵控制开关（PUMP）；

X55 接泵电动机的过载继电器的接点 OLD1～OLD3；

X65 接低油位保护开关（低于 57～91L）OLS；

X66 接油温保护开关［超过（79±10)℃］OLT；

X49 接油泵电动机接触器的触点 D，用于运行中自保及监视接触器工作状态；

X41 接泵电机恒温器，即为安装在电动机绕组内部热敏开关 PT，用于电机过热保护：

X22 接瓦斯检测装置执行接点 CH_4，用于瓦斯超限（含量超过 1.2%）后断电；

X60 接交流电动机共用 EL3 漏电保护单元执行继电器（ELR）接点，用于显示电网绝缘状况；

X16 接漏电试验/复位开关。

图 4-19 中与 PLC 输出端相连各器件为：

Y06 接油泵电动机漏电闭锁检测回路的继电器线圈 ELD；

Y01 接油泵电动机接触器线圈 D；

Y49 接油泵电动机漏电试验继电器 ETD。

② 泵电动机的起/停控制。启动前，控制开关（CONTROL）的手柄打在“手动”（MANUAL）位，则该开关的 1、2 端子和 3、4 端子接通，24V 直流控制电源的正端 ZB1 通过 1、2 端加在 PLC 的电源输入端 X11。同时，泵开关（PUMP）4、6、2 等端子也与 +24V电源接通，然后按下列步骤启动泵电机。

a. 第 1 次操作：将“泵开关”旋转到“STRAT”位，然后松手，让其弹簧返回到“RUN”位。

由图 4-19 可见，“泵开关”的 4 与 3 端接通，6 与 5 端接通（返回到“RUN”位后，6 与 5 端断开）。在“START”位时，PLC 输入继电器 I02 和 I01 得电，它们的常开触点断开，使 PSR（启动继电器）失电。在 REL 继电器回路中，I01（常开）与 PSR（常闭）两触点均闭合，而 Q01 线圈尚未得电，其常闭触点闭合，故 REL 得电并自保。此时，即使“泵开关”返回“RUN”位（I01）失电，REL 仍可保持带电状态。

TD1 为延时继电器，在它得电前，其常闭触点为闭合状态，当 REL 得电后，Q06 也得电。Q06 为 PLC 的一个输出继电器，常开触点闭合，使 110V 控制电压加到漏电检测继电器 ELD 上，进行泵电机电路漏电检查。这样，泵电机定子三相绕组所接的三相星形连接电抗器中性点通过 ELD 触点与控制电路中 EL3 漏电保护单元接通，对泵电机主电路进行漏电检查。I60 为漏电检测单元到 PLC 的输入继电器，没有漏电故障时，I60 继电器失电，在 PLC 程序中，TD1 继电器回路中的 I60 常闭触点接通。1s 后，TD1 动作，使串在 Q06 回路中的常闭触点断开，Q06 失电，ELD 失电，切断检测回路，司机室中的显示屏显示“PUMP READY”。

b. 第 2 次操作：重新将“泵开关”旋到“START”位进行启动。该操作必须在 VDU 显示“PUMPREADY”后 3s 内（在 TD2 时间继电器得电之前）完成，否则 PLC 控制程序无法启动泵电机。

当控制程序 Q01 回路中所串接各种保护触点均接通时（对应各被检测对象正常），Q01 线圈得电，其输出触点闭合，使主电路中控制泵电机的接触器 D 线圈得电，泵电机启动运转。同时D接触器的一个触点闭合，使PLC的X49输入端与+24V电源接通，输入继电器I49得电，其触点I49与I02触点串联后形成Q01自保回路，保持泵电机接通电源。此时，松开“泵开关”，其自动从“START”位弹回到“RUN”位，I01失电，但I02仍带电，Q01回路保持闭合通路，通电路经为：I49→I02→PSR→I55→I65→I66→I41→I22→Q01。

如果漏电检测单元检测到漏电故障，则它向PLC的X60输入端发出信号，PLC的I60输入继电器得电，使在PLC控制程序中的常闭触点断开，TD1继电器不会得电，此时，即使将“泵开关”转到“START”位（I01）接通，Q01回路不可能接通，故泵电机不会启动。正常运行中停机，只需将“泵开关”旋转到“OFF”位即可。当需要紧急停机时，司机可采用先导回路中急停开关来实现。另外，当电路出现过载、电机过热、油箱油位过低、油温过高和瓦斯浓度超限等情况，均会引起PLC输出继电器Q01失电，使泵电动机自动停机。

③ 监视继电器。前面曾经提到，油泵电机好像是其他电机的总开关。对于两个牵引电机来说，这一点可从图4-13主电路中明显看出（油泵电机回路和牵引电机回路共用同一个真空接触器D），但对于其他电机来说，并没有在主电路中直接反映出来，实际上，它是通过PLC的逻辑控制以及WD（看门狗继电器或监视继电器）和PS（启动继电器）来实现的。如图4-19中继电器Q41支路。

监视继电器电路如图4-20所示。从图4-20中可以看出：WD继电器的一个常开触点串接在截割、装运、除尘和油泵的接触器线圈回路中，因此，只有当WD吸合之后，这些接触器线圈才可能通过402线“CONTROL”（控制）开关与110V电源线ZA2接通（采用遥控时需经继电器ESR常开触点）。只有在这种情况下，这些接触器才有可能在PLC的控制下得电吸合；反之，一旦WD释放，所有的接触器定会失电释放。在PLC的控制下，WD时刻看守着油泵接触器D，当PLC让D吸合的同时也会让WD吸合，而当D无论什么原因释放时，WD就会跟着释放。该系统就是利用WD来实现油泵相当于总开关的特征。

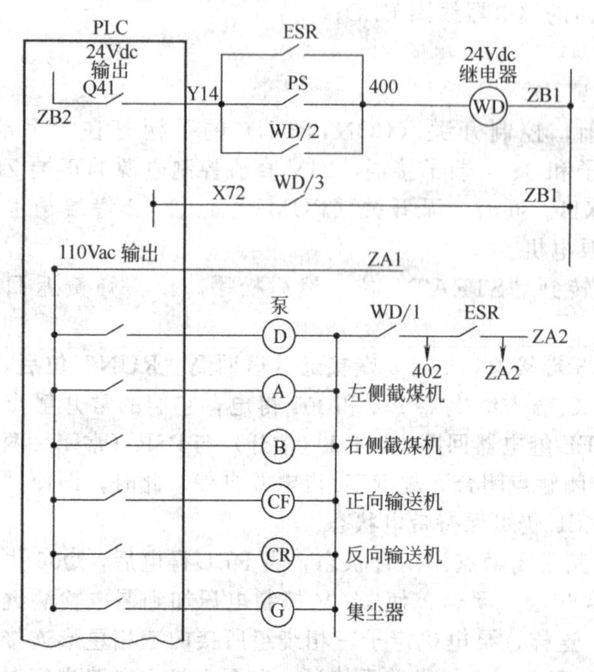

图4-20 监视继电器电路

从图4-20中可以看到，WD继电器线圈的一端接在24V直流电源的ZB1上，另一端通过3个并联的常开触点（ESR在手动操作方式下始终处于断开状态）、PS和WD接在PLC的输出线Y14上。所以，欲使WD吸合必须具备下述条件：

① PLC必须把24V直流电压（ZB2）送到Y14输出线上，即PLC内部继电器Q41吸合；

② 在满足上一个条件的基础上让PS常开触点闭合。

PS继电器作用是启动截割，风机和装运机前，油泵已运行。从电气原理图4-13中可以看出，每当把油泵开关扳到“START”位时PS都会吸合，而在第1次操作时，“条件一”将不会满足，所以WD这时不会吸合，只有当第1次操作后未发现漏电故障（显示“PUM-

PREADY”）时起，到出现“PUMPSTARTABORT”显示时为止的3s内，PLC的内部继电器Q41才吸合，将直流电压ZB2送到Y14输出线上，使“条件一”满足。所以，只有在这段时间内把开关扳到“START”位上才会使WD吸合，而WD吸合后的状态不再受PS状态的影响。

应当注意，油泵真空接触器D的释放将会导致WD释放，因为D（或Q01）释放必导致Q41释放，这样一来，截割、装运、风机接触器就会断电释放。

③ 运行显示。由图4-19中控制逻辑已表明了启动过程各种状态信息，请读者自行分析。

（2）截割电动机的PLC控制电路　12CM15型连续采煤机的左、右截割头由两台电动机分别驱动，PLC控制逻辑电路如图4-21所示。

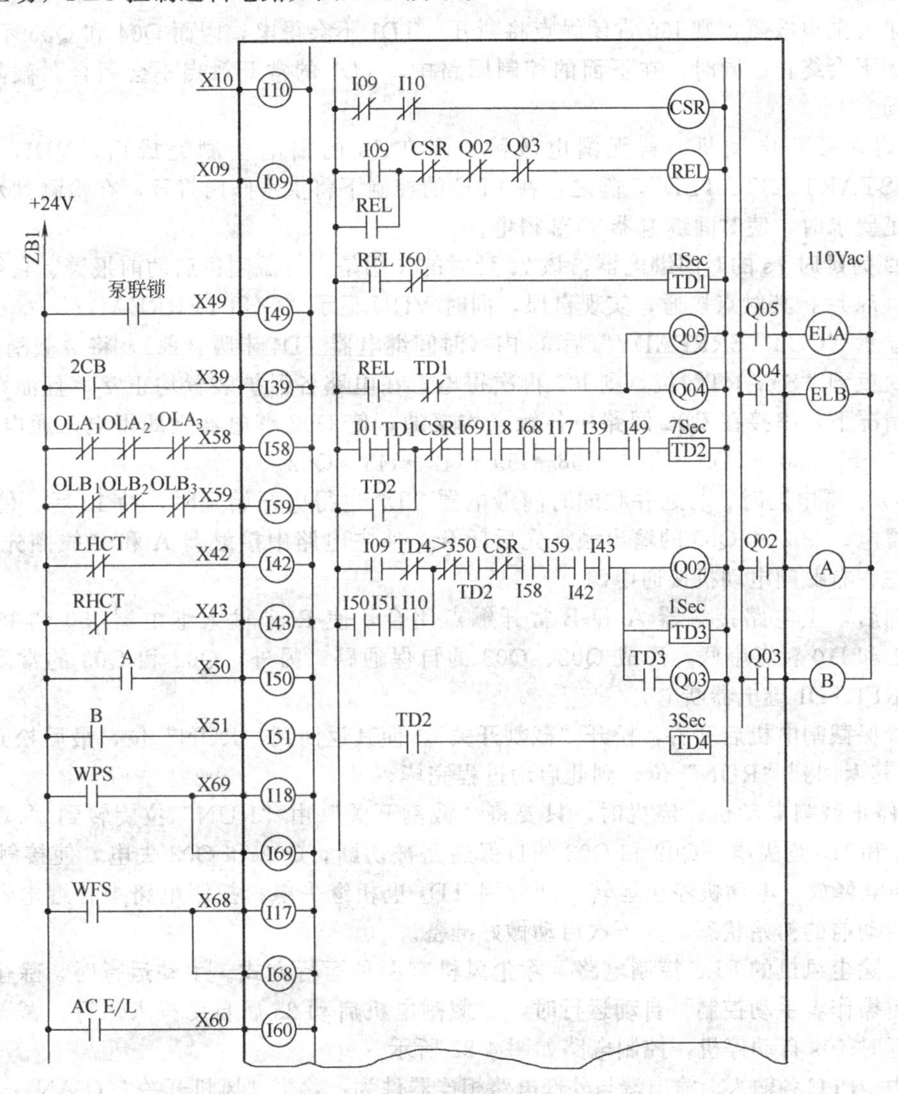

图4-21　截割电机控制电路

其中，与PLC输入、输出端相连器件为：“截割机开关”（CUTTER）；OLA_1～OLA_3、OLB_1～OLB_3为左、右截割机过载保护触点；LHCT、RHCT为左、右截割电动机过热保护触点；WPS、WFS为供水阀门的水压和流量开关；A、B为左、右截割机接触器线圈及其触点；ELA、ELB为左、右截割电机漏电检测继电器线圈。控制电路工作原理说明如下：

① 启动前的漏电检测。在启动截割电动机要进行漏电检测，且油泵电动机已运转。

将“泵开关”由“RUN”位再次扳到“START”位，不能松手；将“截割开关”旋转到“START”位，然后释放，让其自动返回到“RUN”位。由图4-21可见，PLC的I10和I09两个输入继电器得电（返回到“RUN”位后，I09失电），截割机启动继电器CSR失电，其在REL继电器回路中的常闭触点接通，故当“截割开关”在“START”时REL线圈得电且自保持。此后即使松开“截割开关”，REL仍可保持有电。

REL得电同时，其常开触点闭合，Q04和Q05继电器得电，使漏电检测继电器ELA和ELB得电，分别对左、右截割电动机的主电路进行漏电检测。与此同时，延时继电器TD1也得电，开始延时。1s后，TD1动作，切断Q04、Q05回路，ELA和ELB失电，终止漏电检测。

如果有漏电故障，则I60常闭触点将断开，TD1不会得电，因而Q04和Q05不会失电，漏电检测不会终止。同时，在下面的控制回路中，TD1的常开触点不会闭合，截割电机将无法启动。

② 启动截割电动机。若无漏电故障，则在1s的漏电检测完成后，VDU将显示：“PRE－STARTINITATED”，随之，在PLC的控制下将供水阀门打开，在检测到水压和流量均满足要求时，使时间继电器TD2得电。

TD2为延时7s的时间继电器，该7s延时的作用是进行截割机启动前报警。它得电后开始延时，7s后，其触点接通，实现自保，同时VDU显示“CUTTERREADY”。

在显示“CUTTERREADY”后3s内（时间继电器TD4未吸合前），将“截割开关”

再次扳到“START”位，则I09再次得电，在电路各保护装置均正常，且油泵电机已运转的情况下，串接在Q02回路中各触点均接通，使Q02继电器立即得电，通电路经为：I09→TD4→＞350→TD2→CSR→I58→I59→I42→I43→Q02。

当Q02得电同时，与之并联的时间继电器TD3也得电开始延时，约1s后，使Q03继电器也得电。Q02和Q03的输出触点先后闭合，使主电路中接触器A和B线圈先后得电，分别为左、右截割电动机接通电源。

启动后，主电路接触器A和B常开触点闭合，使PLC输入继电器I50和I51有电。I50、I51和I10触点串联，形成Q02、Q03的自保通路。另外，Q02和Q03的常闭触点断开，使RELTD1继电器断电。

在确保截割电机启动后，松开“截割开关”，使其返回到“RUN”位，最后松开“泵开关”，使其返回到“RUN”位，到此启动过程完毕。

③ 停止截割电动机。停机时，只要将“截割开关”由“RUN”位旋转到“OFF”位，则因I09和I10均失电，Q02和Q03的自保通路被切断，Q02和Q03失电，使接触器A和B线圈断电释放，电动机停止运转。同时因TD_2也相继失电，控制电路中各继电器接点均恢复为启动前的初始状态，为下次启动做好准备。

（3）除尘风机的PLC控制电路　除尘风机有两种运行方式。手动运行时，除尘风机的开、停由操作者手动控制。自动运行时，在截割电机启动2s后自动投入运行；截割电机停机后，延时10s自动停机，控制电路如图4-22所示。

其中，PLC各输入、输出端与外部电路相连器件为：除尘“风机开关”（FAN）；OLG1～OLG3为主电路过载保护触点；FT为过热保护触点；G为主电路接触器的线圈及其触点；ELG为漏电检测继电器线圈；SOL为供水电磁阀。控制电路原理说明如下。

① 手动运行。将“风机开关”旋转到“START”位，然后释放，开关将返回“RUN”位，则PLC的输入继电器I03和I04得电（返回“RUN”位后，I03失电），风机启动继电器FSR失电，继电器REL得电并自保。REL的两个常开触点闭合。Q07继电器得电，触

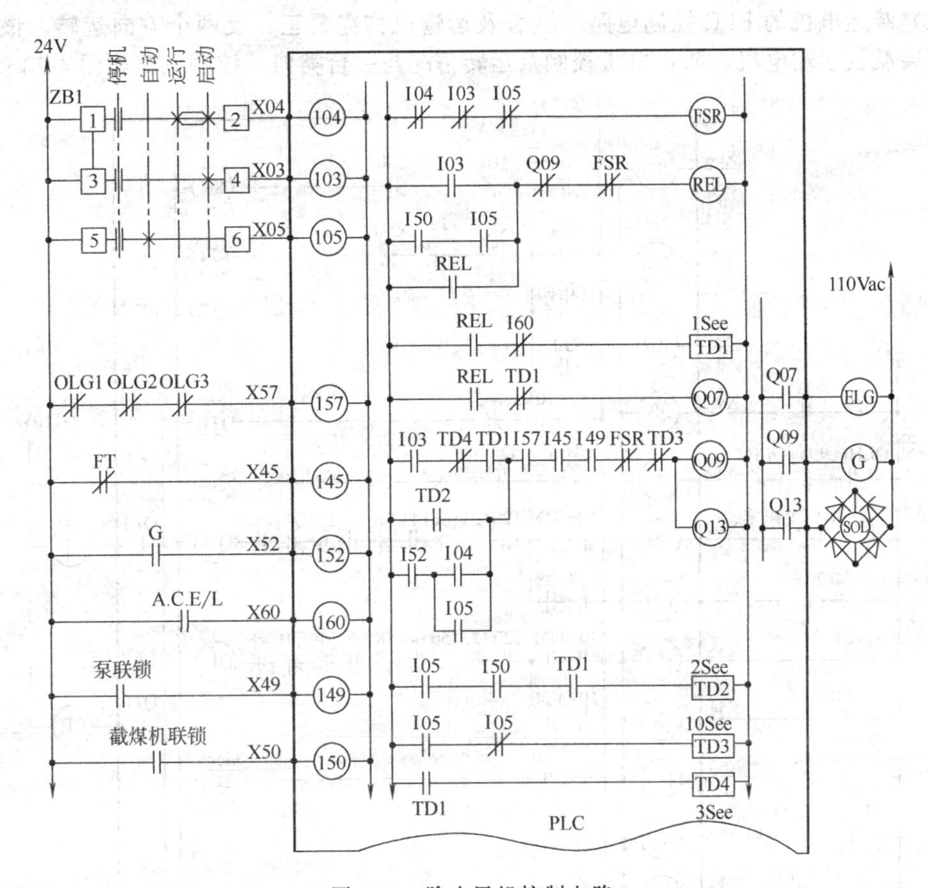

图 4-22　除尘风机控制电路

点闭合，接通漏电检测继电器 ELG，对除尘机主电路进行运行前漏电检测。

若无漏电故障，则 I60 常闭触点接通，TD1 继电器得电并开始 1s 延时。1s 后，TD1 动作，其常闭触点断开，Q07 失电，切断漏电检测回路。VDU 将显示“FANREADY”。看到该显示后，须在 3s 内（TD4 未吸合前）将“风机开关”再次扳到“START”位，在电路各保护均处于正常状态且油泵已运行时，Q09 和 Q13 均得电，风机主电路接触器得电吸合，电动机启动。同时供水电磁阀打开，实行喷雾灭尘。

松开“风机开关”，它自动返回“RUN”位，到此启动完毕。

手动停机，只需将“风机开关”旋转“OFF”位，则 PLC 输入继电器 I04 失电，切断 Q09 和 Q13 的自保通路，使二者断电，除尘电机断电停机，供水电磁阀关闭。

手动运行时，PLC 输入继电器 I05 始终无电，延时继电器 TD2 和 TD3 不起作用。

② 自动运行。自动运行时，除尘风机受截割机及油泵的控制。这样，当将“风机开关”扳到“AUTO”位后，在截割部左电机启动后，左截割电机主电路接触器 A 的辅助常开触点闭合 使 I50 得电。此时 REL 得电，其触点闭合，使 Q07 得电，接通 ELG，进行漏电检测。同时，TD1 得电并开始延时，1s 后，Q07 断电，完成漏电检测。

另一方面，TD1 的常开触点闭合，使 TD2 继电器得电并开始延时，2s 后，TD2 动作，Q09 和 Q13 得电，为除尘风机接触器 G 和供水电磁阀 SOL 接通电源。此后，由 I52 和 I05 形成自保通路，保证除尘风机系统投入运行。

当截割机断电停机后，I50 常闭触点闭合，TD3 得电，经 10s 延时后动作，切断 Q09 和 Q13 的通路，最终使接触器 G 和电磁阀 SOL 断电，除尘机停止运转。

（4）装运电机的 PLC 控制电路　装载及运输机构需要正、反两个方向运转，该系统设有两台装载及运输电机，两台电机控制及运转情况与一台类似。控制电路如图 4-23 所示。

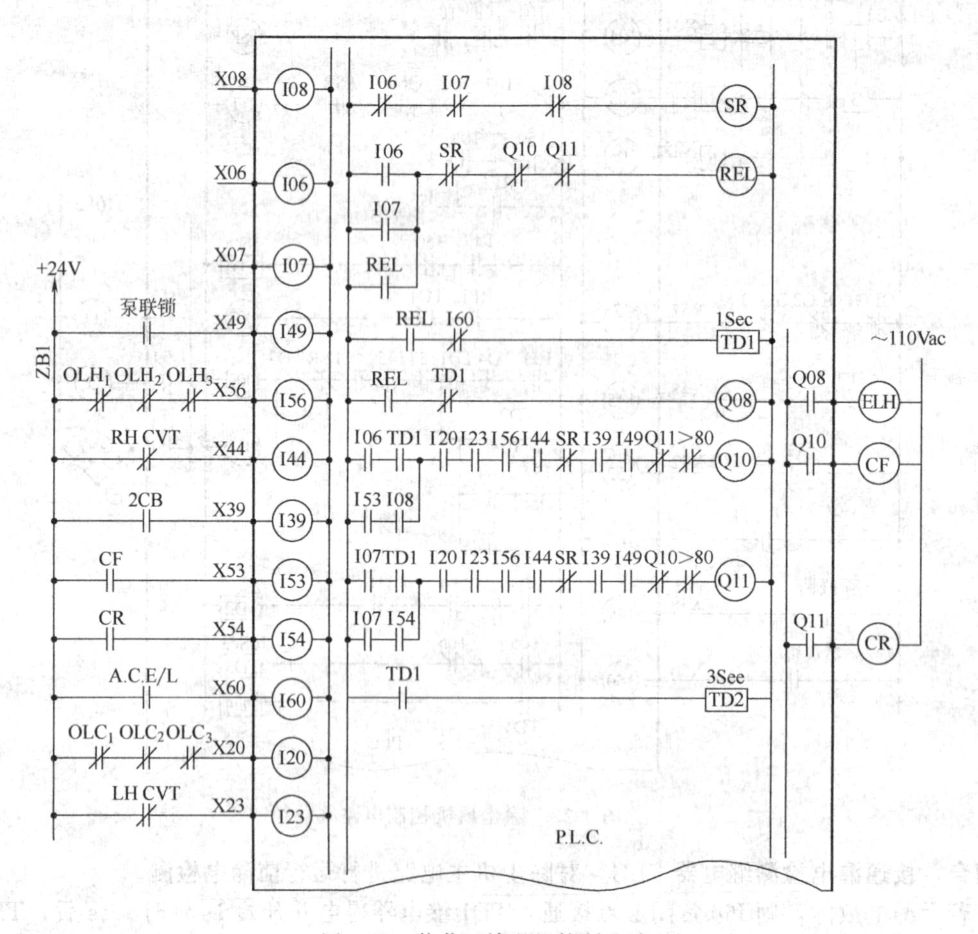

图 4-23　装载运输电机控制电路

其中，PLC 各输入、输出端与外部电路相连器件为：“运输机开关”（CONVEYOR）；OLH_1～OLH_3 和 OLC_1～OLC_3 分别为两台输送电机过载保护触点；LHCVT 和 RHCVT 分别为左右输送电机过热保护触点；ELH 为漏电检测继电器线圈；CF、CR 为输送电机接触器的正、反转线圈及其触点。控制电路的工作原理如下。

① 输送机正转运行。在主电路中，由接触器 CF 和 CR 向输送机电动机供电，实现可逆控制。在 PLC 控制程序中，Q10 和 Q11 是互锁的，保证在任何情况下，二者只能有一个得电，即对应电机正转或反转。

正向启动时，将“输送机开关”旋到“START”位，则 PLC 的输入继电器 I06 和 I08 得电，启动继电器 SR 失电。松手让其返回到“RUN”位，此时 I08 仍然有电（I06 得电后又失电），继电器 REL 得电并自保。于是 Q08 得电，接通漏电检测继电器 ELH 回路，对输送机电动机主电路进行启动前的漏电检测。同时 TD1 得电，延时 1s 后动作，又使 Q08 失电，ELH 失电，完成漏电检测。

若无漏电故障，则 VDU 将显示“CONVEYORREADY”。看到该显示后，须在 3s 内（TD2 未吸合前）将“输送机开关”再次扳到“START”位，Q06 重新得电，在电路各保护触点均处于正常状态且油泵已运行时，Q10 得电，使正转接触器 CF 得电吸合，输送电动机正向启动。

松开“输送机开关”，让其返回到“RUN”位，由于I53和I08为Q10提供自保通路，正向启动过程结束。

② 输送机反转运行。在需要反向启动时，将“输送机开关”旋转到“REV”位，则I07得电，其常开触点闭合，使REL、Q08相继得电，接通ELH进行漏电检测。

若无漏电故障，TD1延时1s后动作，一是使Q08失电，结束漏电检测；二是在电路各保护触点均处于正常状态且油泵已运行时，Q11得电，使反转接触器得电吸合，输送电动机反向启动。同时，CR的一个辅助触点闭合使I54得电，I54触点与I07触点串联构成Q11的自保通路，维持电机反向运行。

显然，要保持反向运行，则不能松开“输送机开关”。否则，开关返回到“OFF”位，I07失电，Q11失电，电动机即被断电停机。这是因为输送机反转仅用于维护和调整链条（松链、紧链及堵卡），它不是正常工作情况，因而无需长时运转。

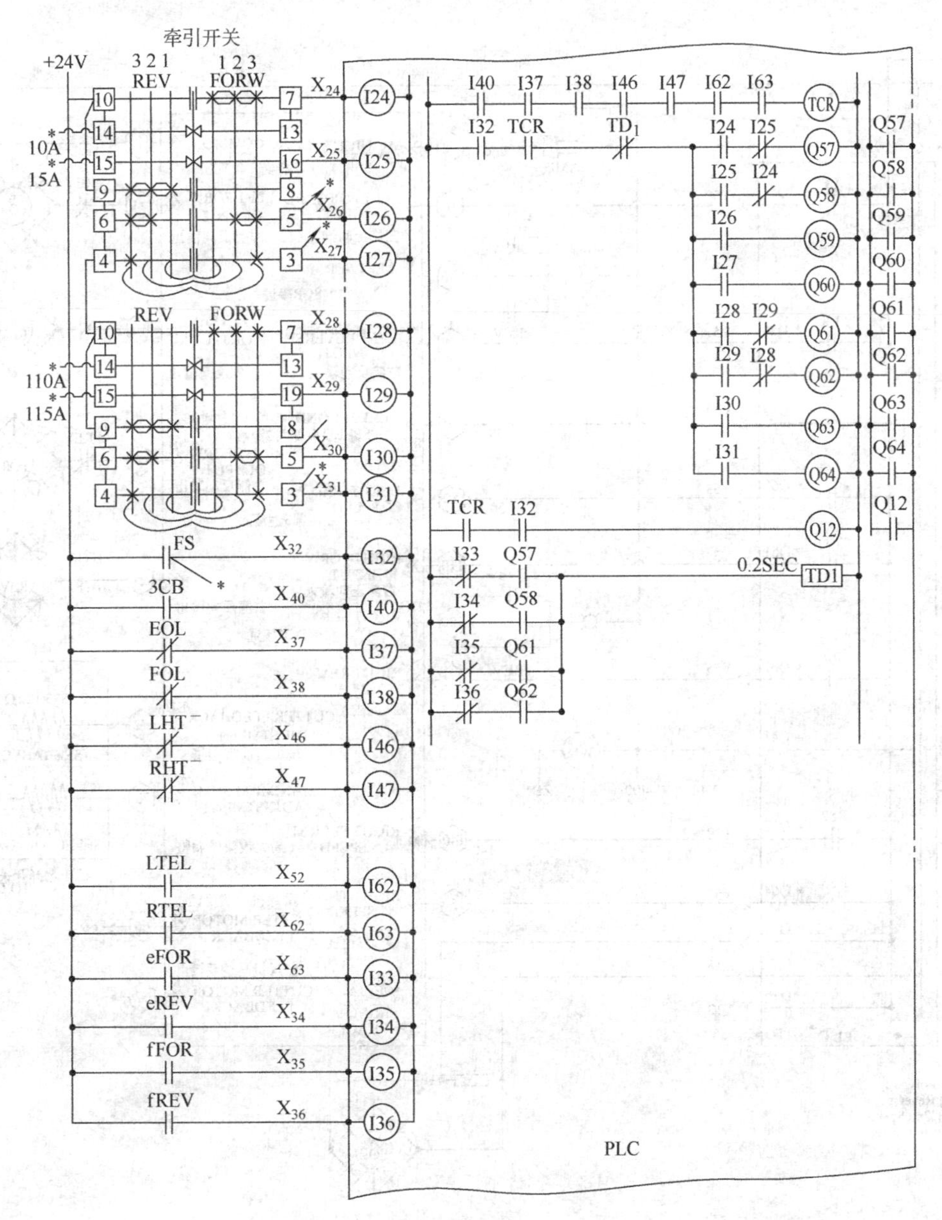

图4-24　牵引电动机控制电路

(5) 连续采煤机电牵引系统

① 牵引部分主电路。12CM15 型连续采煤机的左、右牵引机构各由一台直流串激式电动机驱动，两台电动机供电和控制是独立的。由于工作需要，对牵引电动机有两个控制要求：一是速度可以调节；二是能实现可逆运转。

牵引部电气系统采用晶闸管可控整流电路向直流电动机供电，主电路如图 4-13 所示。1050V 交流电源经整流变压器降为 211V，然后经断路器 3CB 后，供给两个三相桥式整流电路，分别向左右牵引电动机供电。每台电动机分别接有两套单极双掷接触器—前进接触器 FOR 和后退接触器 REV，在微处理器触发模块的作用下，实现电动机正转或反转及速度调节。

② 牵引电动机 PLC 控制电路。图 4-24 所示为牵引电动机的 PLC 控制电路，与前面所述交流电机控制电路不同的是，PLC 的输出端所接的并非工作接触器线圈，而是用于晶闸管整流电路的触发模块，如图 4-25 所示。

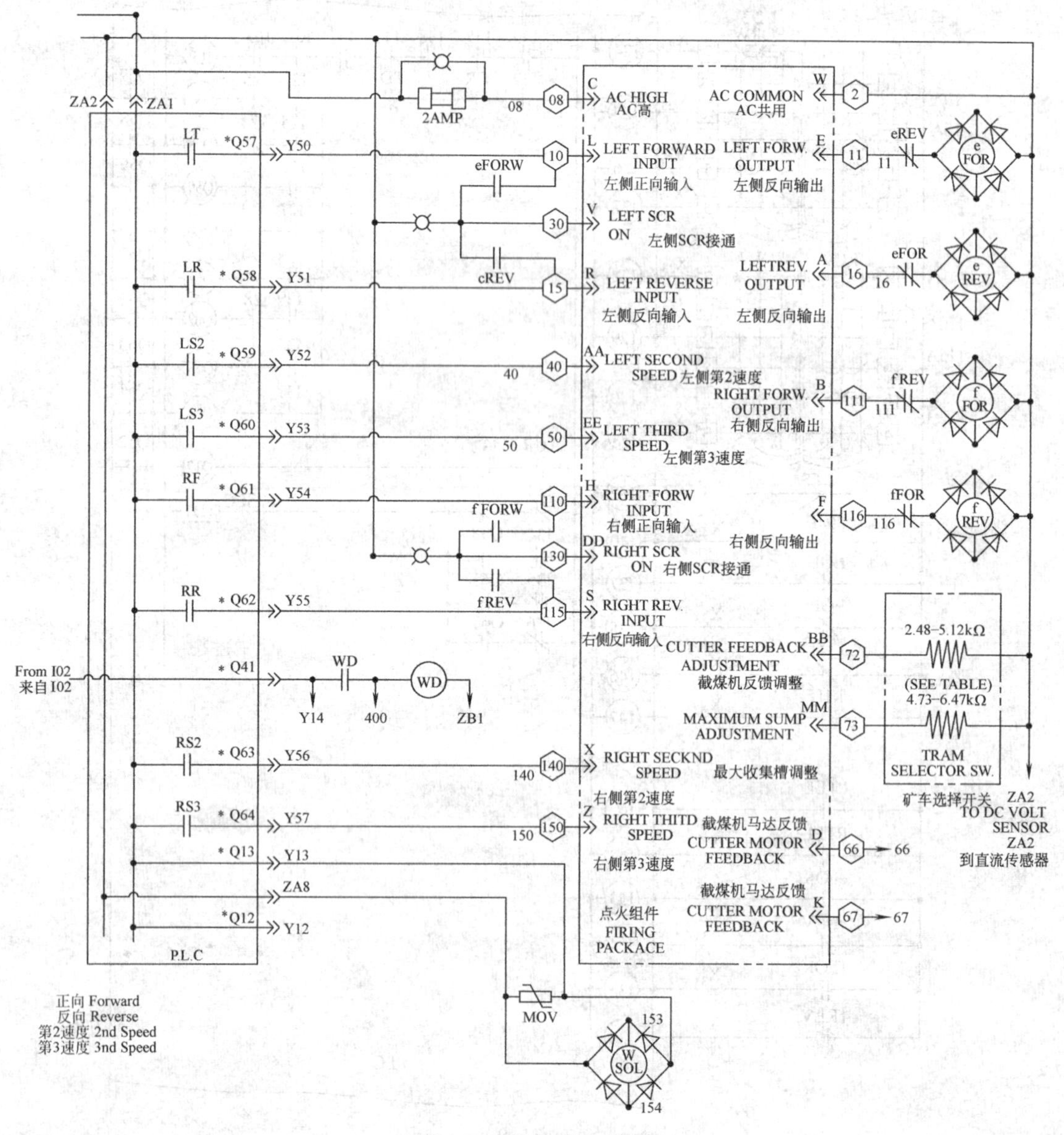

图 4-25 触发模块电路

PLC 各输入输出端子与外电路连接情况如下。

X24～X27：接左牵引控制开关；

X28～X31：接右牵引控制开关；

X32：接脚踏开关（FS），踏下时有电；

X40：接 3 号断路器 3CB 的常开触点；

X37：接左牵引电动机晶闸管整流电路过载保护继电器 EOL 常闭触点；

X38：接右牵引电动机晶闸管整流电路过载保护继电器 FOL 常闭触点；

X46：接左牵引过热保护常闭触点 LHT；

X47：接右牵引过热保护常闭触点 RHT；

X62：接左牵引部分漏电保护继电器常开触点 LTEL；

X63：接右牵引部分漏电保护继电器常开触点 RTEL；

X33、X34：接左牵引前进、后退接触器触点 eFOR、eREV；

X35、X36：接右牵引前进、后退接触器触点 fFOR、fREV；

Y50（Q57）：接触发模块“左侧前进输入”控制端；

Y51（Q58）：接触发模块“左侧后退输入”控制端；

Y52（Q59）：接触发模块“左侧第二档”控制端；

Y53（Q60）：接触发模块“左侧第三档”控制端；

Y54（Q61）：接触发模块“右侧前进输入”控制端；

Y55（Q62）：接触发模块“右侧后退输入”控制端；

Y56（Q63）：接触发模块“右侧第二档”控制端；

Y57（Q64）：接触发模块“右侧第三档”控制端。

• 行走前的准备。其先决条件是泵已投入运行（PLC 的 I49 有电），在电路正常下，继电器 TCR 得电。司机踩下脚踏开关 FS，PLC 的输出继电器 Q12 得电，松闸电磁阀 BSOL 通电，为行走做好准备。

• 前进行走。

a. 左右同时前进第 1 档。将左右牵引开关都转到“前进第 1 档”位，则 PLC 的 I24 和 I28 有电，触点闭合，使 Q57 和 Q61 得电。Q57 和 Q61 触点闭合，使触发模块的 10 端（左侧前进控制输入）和 110 端（右侧前进控制输入）有电，略经延时后其输出端 11 和 111 得电，分别接通左右前进接触器线圈 eFOR 和 fFOR，主电路中前进接触器触点 eFOR 和 fFOR 闭合，使触发模块的 30 端（左侧晶闸管导通控制端）和 130 端（右侧晶闸管导通控制端）通电，触发模块输出脉冲，使左右侧晶闸管导通，左右侧牵引电动机启动，并加速到前进方向第 1 档速度。

另外，在 Q57 和 Q61 得电后，eFOR 和 fFOR 的另一触点必须在 200ms 内闭合，使 PLC 的 I33 和 I35 两输入继电器有电，从而中断 TD1 回路。否则，一旦 200ms 以后，TD1 动作，其常开触点断开，使 Q57 和 Q61 失电，使启动失败。

b. 前进第 2 挡（左右同时）。在前进条件下，将左右两个牵引开关都转到前进第 2 档速度位，则 PLC 输入继电器 I26 和 I30 有电，它们的触点闭合使 Q59 和 Q63 得电，为触发模块的 40 端（左侧第 2 挡控制端）和 I40（右侧第 2 挡控制端）接通电源，从而使晶闸管输出电压增大，牵引电动机加速到第 2 档速度。

c. 前进第 3 档（左右同时）。与上述过程类似，将左右两个牵引开关都转到前进第 3 档速度位，则 PLC 输入继电器 I27 和 I31 有电，它们的触点闭合使 Q60 和 Q64 得电，为触发模块的 50 端（左侧第 3 挡控制端）和 I50（右侧第 3 挡控制端）接通电源，晶闸管输出电压增加到最大值，牵引电动机加速到第 3 档速度。

• 后退行走。后退行走前的操作过程和要求条件与前进时基本相同，不再重复。

前进和后退时的唯一区别是：前进时，PLC 的 I24（左）和 I28（右）有电，I25（左）和 I29（右）无电，而后退时刚好相反。对应 PLC 的输出为：前进时 Q57 和 Q61 有电，Q58 和 Q62 无电，后退时相反。并且，在 PLC 的控制程序中，Q57 和 Q58 及 Q61 和 Q62 是“互锁”的，保证任何时只能有一个接通。在触发模块中对应的情况为：前进时 10 端、11 端（左侧）和 110 端、111 端（右侧）通电，15 端、16 端（左侧）和 115 端、116 端（右侧）无电，后退时相反。

上面说明的是左右侧同时前进或同时后退时的控制原理，也可以选择一侧前进，另一侧后退，或者虽选择同一方向但两侧速度不同，以实现采煤机就地打转或转弯等要求。

在极端情况下，如果一侧选择了前进第 3 档，而另一侧选择了后退第 3 档，则触发模块将自动使后退侧速度限制为第 2 档（此时截割机不应运转）。

前进时，如果截割机投入运转，则触发模块仍然会限制晶闸管的输出电压，使采煤机的前进速度最大达到约第 2 档的速度。

③ 截割部对牵引部的反馈控制。在主电路中，左截割电动机的中间一相设有电流互感器，检测截割电动机电流，该电流信号被送入触发模块的 66 和 67 两端子。触发模块根据反馈电流的有无和大小对截割电动机的工作状况进行判断，以控制采煤机的行走速度。

反馈强度可利用接在触发模块 72 端子处的选择开关进行调节，以获得合适的行走速度。72 端所接反馈调节装置，其位置对应阻值见表 4-3。

表 4-3　反馈调节装置位置及阻值

参　数	选择开关位置											
	1	2	3	4	5	6	7	8	9	10	11	12
72 端与 2 端间电阻值/kΩ	2.48	2.89	3.01	3.31	3.65	3.92	4.00	4.21	4.32	4.75	5.00	5.12
比　率	175%	150%	140%	125%	115%	100%	100%	90%	80%	70%	60%	50%
	←较快——正常速度——较慢→											

73 端接最大牵引速度设定装置，其位置对应的晶闸管整流器输出电压见表 4-4。

表 4-4　最大牵引速度设定值

参　数	设定装置旋钮位置											
	1	2	3	4	5	6	7	8	9	10	11	12
73 端与 2 端间电阻值/kΩ	4.73	4.86	5.00	5.12	5.35	5.47	5.61	5.75	5.91	6.03	6.20	6.47
＋端与 COM 端间直流输出电压/V	65	85	95	105	115	130	140	150	160	170	180	180
	←较快——正常速度——较慢→											

（6）其他问题

① 电源部分。12CM15 采煤机的设计能够保证机器在通以 100%标称电压时，则向 SCR 电源部分提供 211V 的交流输入。经三相全控桥整流后通过（＋）端子和公用端（COM）输出给直流电动机。该输出由 PLC 的牵引开关输入控制，PLC 根据控制输入信号控制触发模块，该模块决定着 SCR 触发脉冲的相角及其输出电压。当操作杆转到第 1 速度位产生 90V 的直流输出，第 2 速度位产生 180V 直流输出，第 3 速度位产生最大为 310V 的直流输出。如果任意速度的牵引电流过高，那么电流限值会降低 SCR 输出电压。

② 牵引电流限值。直流电流限值设定最大为360A，并且不可调。如果电机电流达到该值时，电机的电压将会根据需要受到控制，从而使电流保持在该值内。牵引电流由整流桥直流侧电流互感器监测，用于电流限制、牵引爬行和启动传感。

③ 相失去。如A相或B相电源失去，则驱动装置不工作。如C相失去，则两个电源部分将以非常低的输出工作。原因是从控制变压器到触发模块的110V供电来自A、B相。但SCR电源定相并不关键，只要各部分均以同样的方式定相即可。如果两个电源部分定相错误，则左侧整流桥将始终正常工作，右侧电桥输出会下降。

七、采煤机电气系统保护

12CM15型连续采煤机电气系统中设置的故障保护有短路、过载、过热以及漏电监视和漏电闭锁。下面分别作以介绍。

1. 过流、过载与过热保护

(1) 过流保护　过流保护是当电流超过设定值时立即或固定延时后断电的一种保护方式。该系统中主要采用了两种实现办法：一种是利用断路器中的电磁脱扣机构来自动完成，一旦电流超过设定值，电磁脱扣机构立即自动跳闸，切断供电电源。这一办法一般用于大电流过流保护（如1200A或980A)。另一种办法是通过电流传感器测量电流并把测量数据传送给PLC，由PLC按预先规定的电流限制值（如350A或80A）以及过流限制时间（0.2s）控制执行机构（接触器或可控硅整流器）来执行断电。这种办法多用于电流值相对小的过流（或称堵转电流）的故障保护。

(2) 过载保护　过载保护与过流保护的不同之处在于它的信号取自于热继电器，而热继电器模拟电机的热积累效应，具有反时限的特征。也就是说，当电流超过规定的某一值（如额定值的120%）后，并不立即实施保护，而是要延迟一定时间，延迟时间与电流（超过规定值）的大小成反比。一般来说，当电流为额定值的120%时，延迟时间大约为几分钟到几十分钟；当电流达额定值的6倍左右时，延迟时间仅为几秒或更少。过载保护的执行过程与前面所说的小电流过流保护情况基本相同，都是由PLC控制执行机构来执行断电，不同的只是检测信号取自于具有反时限特征的热电器。

(3) 过热保护　过热保护与过载保护在本质上是一致的，但它与过载保护在信号来源方面有明显的区别，其信号不是通过模拟热积累效应，而是通过直接测量电机绕组温度热敏元件来取得的。在12CM15型采煤机的每个电机绕组中都设置一个热敏元件，其特征等效于一个温控常闭开关，正常时，这些热敏元件表现为低阻值，相当于开关闭合；而当温度升高到某一规定值以上，它们表现为高阻状态，相当于开关打开。过热保护正是利用了这一特征并在PLC和相应执行机构的配合下完成的。

2. 漏电保护

在矿井的安全方面，最基本的、也是矿井电气设备发生故障率较高的一项措施就是漏电保护。漏电保护一般有两种形式：一种为漏电闭锁，另一种是漏电监视。二者主要是在漏电检测的时间上有明显不同。

① 漏电监视：漏电监视是对被检测回路的漏电状况实行在时间上全程检测的方式。无论被检测回路是否已经上电，它始终监视着该回路。一旦发现漏电故障就立即实施断电保护（如果还没上电，则禁止上电）。

② 漏电闭锁：漏电闭锁指对被检测回路的漏电状况实行在时间上阶段性检测方式。通常是在被检测回路没有上电期间进行检测。如果在检测期间没有发现漏电故障，则允许该回路上电；反之，则进行闭锁，禁止该回路上电。

在12CM15的系统中，直接使用交流1050V电压的电机回路采用的都是漏电闭锁方式，而使用额定电压为直流250V电压的牵引电机回路则采用的是漏电监视方式。这里应当说明下列两个问题。

① 对于那些采用漏电闭锁方式回路来说，当回路上电运行后，电网发生漏电故障，则由前方采区供电系统中设置的检漏继电器，实施监视及执行断电保护。

② 对于直流牵引回路只能采用漏电监视方式，不可能采用漏电闭锁方式。这是因为漏电检测信号是直流信号，而牵引回路经整流变压器后则隔断了直流检测信号回路，所以供电系统所提供的漏电检测直流信号无法流进牵引回路，这样，当这些回路上电后发生漏电故障时，供电系统的检漏装置就发现不了。因此，这些回路必须设置独立完成全程漏电保护任务的装置。也就是说，它们不能使用漏电闭锁方式，只能采用漏电监视方式，并且每个回路各设置一个。

同理，照明回路也采用独立漏电监视方式。

(1) 采用漏电闭锁方式的 EL3 检漏装置　该系统的漏电闭锁方式与国内电气设备的漏电闭锁保护略有不同。国内设备漏电闭锁方式在设备处于停机状态（主隔离开关合上，接触器未吸合）这一期间内，保护装置连续地进行漏电检测。该系统仅在该回路上电之前进行短时的检查。因此，在系统中只设置了一个可供多个回路使用的检漏装置 EL3，并且，由各回路中检测继电器常开触点来配合工作。例如，在油泵电机启动之前，PLC 将会让继电器 ELR 吸合，使其串接在该回路中 ELR 接点闭合，从 EL3 的 6 端流出直流检测信号经大地、对地绝缘电阻后流入油泵电机绕组、三相动力电缆、三相电抗器、ELR 常开触点及经 6.8kΩ 电阻流入 EL3 的 5 端，这样，EL3 仅对油泵电机回路进行漏电检测。当检测完毕后，PLC 就让 ELD 释放，断开检测回路。

EL3 漏电检测工作原理如图 4-26 所示。

由于三相电源线及电动机绕组对地的绝缘情况可用一等效电阻 r 表示。因此，在主电路接触器尚未闭合时，接地漏电变压器向 EL3 保护单元提供 15V 交流电压，经内部二极管桥式整流后，在 6 和 5 两端间输出 15V 直流检测电压。检测回路：EL3（6）→地→r→电网→三相电抗器→ELR→R（6.8kΩ）→EL3（5）。

正常情况下，r 的值很大，回路中的电流很小。如果任一相电源线对地绝缘电阻下降到小于 12～14kΩ，则回路中的电流增大。该电流流过 EL3 内部的变压器原边后，该变压器的副边感应出足够能量电压，使接于 A1 和 14 号端子间的晶闸管被触发导通，漏电继电器 ELR 得电吸合，其触点向 PLC 提供信号，这样，PLC 将进行漏电闭锁控制。

交流电动机线路漏电保护试验方法是：将漏电试验/复位开关转到“MOTOR”（电动机）位，将期望电动机控

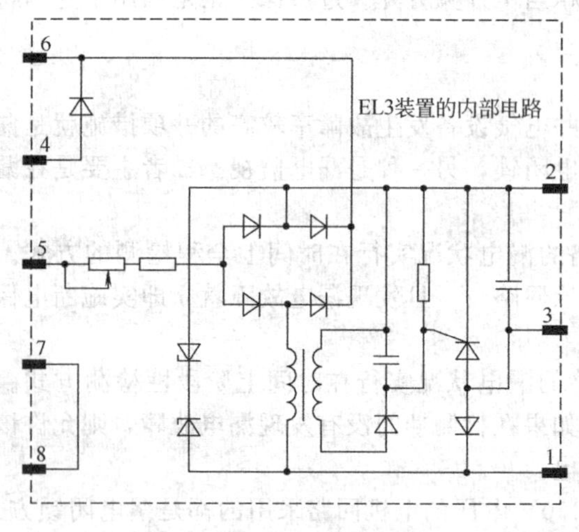

图 4-26　EL3 漏电保护电路

制开关转到“START”位，VDU显示单元给出测试结果，直到试验/复位开关转到“RESET”位后，方可进行另一电机电路的测试。当全部试验完毕，应将试验/复位开关转到“OFF”位，电路方可投入工作。

(2) 牵引接地漏电保护　在12CM15连续采煤机中，牵引接地漏电系统提供牵引电源电路分为有载保护和无载保护两种。机器通电前提供无载保护，之后系统自动切换到有载监测。机器上装有两个牵引接地漏电继电器，分别连接在左、右牵引电源电路上，如图4-27所示。

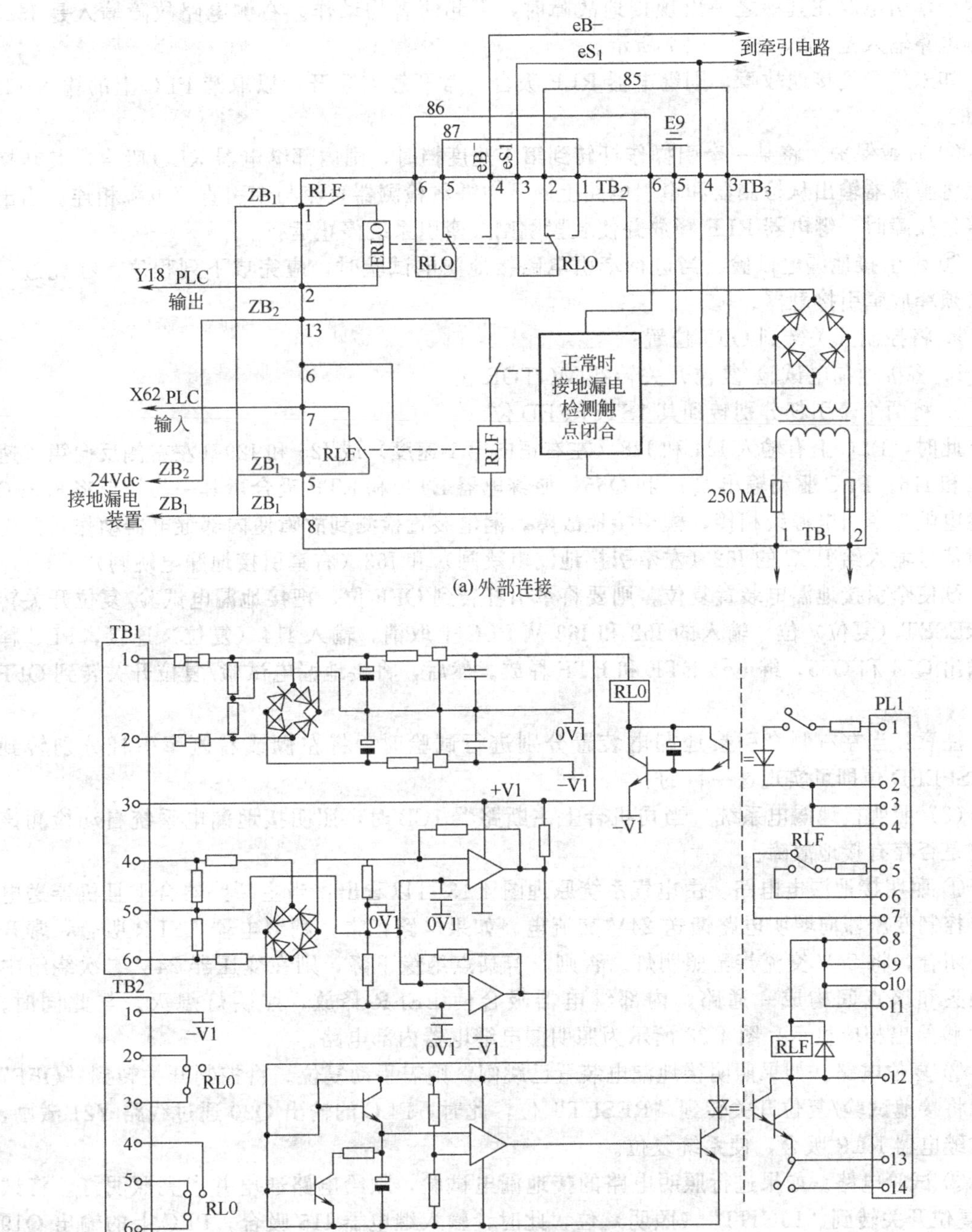

图4-27　牵引接地漏电继电器电路

每个牵引接地漏电继电器均由设有一个输入变压器和整流器形式的内部电源、接地漏电检测器和两个继电器 RLF 和 RLO 构成。它们在无载状态下检测牵引线路有无接地故障，并在有载状态下监测这些线路是否出现接地故障。

① 无载保护。在线路电压作用到机器上时，来自漏电保护变压器二次侧 15V 交流电压加在保护单元端子块的 1 和 2 两端，经内部整流后的输出直流电与检测器及牵引电路电源相连。任何接地漏电均被检测器电路传感，由于检测器电路 5 端与地相连，这样就防止了因检测器使继电器 RLF 误动作。检测电路经光电耦合后，由端子块 PL1 与 PLC 相连，这样便防止两个牵引电路在其中之一出现接地故障时，引起两者均动作。右侧电路故障输入是 I63，左侧电路输入是 I62，如图 4-27 所示。

如未检测到接地故障，则继电器 RLF 吸合，常开触点断开，以取消 PLC 上的输入 I62 或 I63。

② 有载保护。将某一牵引操作杆转到第 1 速度档时，则内部继电器 RLO 吸合，其转换触点将整流器输出从检测器和牵引电路上断开，并将检测器直流与牵引直流电源相连。当出现接地故障时，继电器 RLF 释放并使装置跳闸，牵引系统停止运行。

③ 牵引接地漏电试验。当进行牵引电路接地漏电试验时，应完成下列程序。在此过程中必须释放牵引接触器。

a. 将控制开关转到 OFF 位置；

b. 将接地漏电试验/复位开关转到 MOTOR 位；

c. 将两个牵引杆分别转到其 1STSPEED 位。

此时，PLC 上有输入 I24 和 I28（左右正向第 1 速度）或 I25 和 I29（左右侧反向第 1 速度）和 I16，PLC 驱动输出 Q54 和 Q55，使继电器 ETE 和 ETF 吸合，其一的触点将 8.2kΩ 试验电阻与牵引电源线相接，模拟接地故障，漏电装置检测到故障使内部继电器动作，并将故障信号输入给 PLC 的 I62（左牵引接地漏电跳闸）和 I63（右牵引接地漏电跳闸）。

欲使牵引接地漏电装置复位，则要将牵引杆转到 OFF 位，把接地漏电试验/复位开关转到 RESET（复位）位。输入的 I62 和 I63 从 PLC 上取消，输入 I14（复位）连接，PLC 释放输出 Q54 和 Q55，继电器 ETE 和 ETF 释放。然后，将接地漏电试验/复位开关转到 OFF 位。

注意：当左右侧牵引接地漏电装置分别进行试验时，将左侧或右侧牵引杆分别转到 1STSPEED 位即可实现这一目的。

(3) 照明接地漏电系统　当司机合上主断路器 1CB 时，照明接地漏电系统自动检测该电路是否存有接地故障。

① 照明接地漏电电路。由电气系统原理图 4-13 可以看出：当主断路器合上且机器送电后，控制变压器向照明电路馈送 24V 交流电。如果电路正常，则继电器 LELR 吸合，常开触点闭合，将 24V 交流接至照明灯。否则，若某点绝缘下降，则在变压器 24V 二次绕组中心抽头和该点间构成一通路，内部继电器吸合使 LELR 释放，照明灯熄灭。与此同时，PLC 将给出相应显示。图 4-28 所示为照明漏电继电器内部电路。

② 复位电路。如果照明接地漏电装置已跳闸，则需手动复位。将控制开关转到“OFF”位，将接地试验/复位开关转到“RESET”位，此时，PLC 的输出 Q20 通过线路 Y21 激励，复位继电器 RLR 吸合，使系统复位。

③ 试验电路。如果进行照明电路的接地漏电试验，须给电路通电并点亮照明灯。将试验/复位开关转到“LIGHT”（照明）位，此时，输入继电器 I15 吸合，PLC 上的输出 Q19 通过线路激励 Y20，继电器 RLT 吸合。其触点通过变压器 24V 二次绕组的中心抽头和地间构成一电流通路，模拟接地故障。

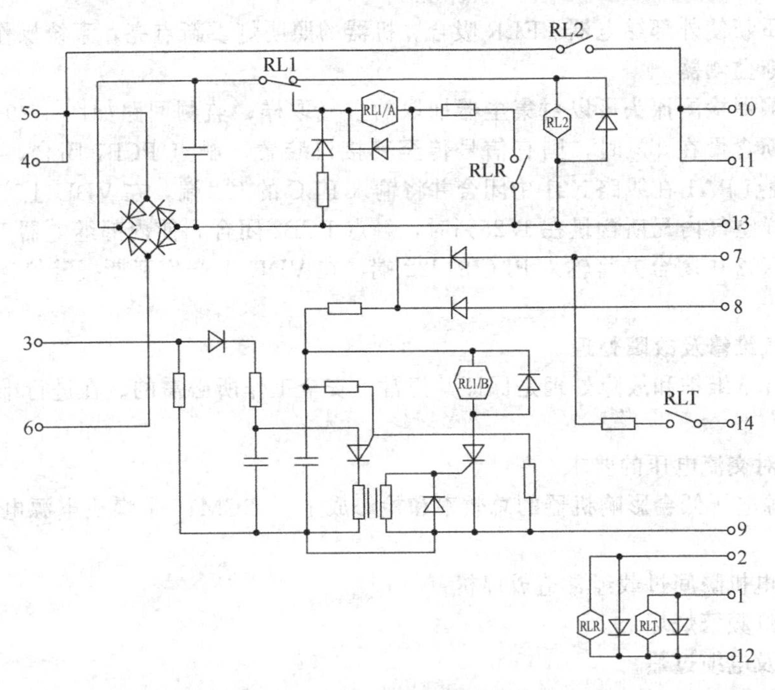

图 4-28 照明漏电继电器内部电路

在门限电流下，右可控硅触发以激励一内部继电器 RL1，该继电器触点使继电器 RL2 失电，则外部继电器 LELR 释放，同时，将复位电路连至复位继电器 RLR 的常开触点。

如果在试验后将照明接地漏电继电器复位，则需将试验/复位开关转到“RESET”位，PLC 输出 Q19 使内部继电器 RLT 释放。来自 PLC 的输出 Q20 使内部复位继电器 RLR 吸

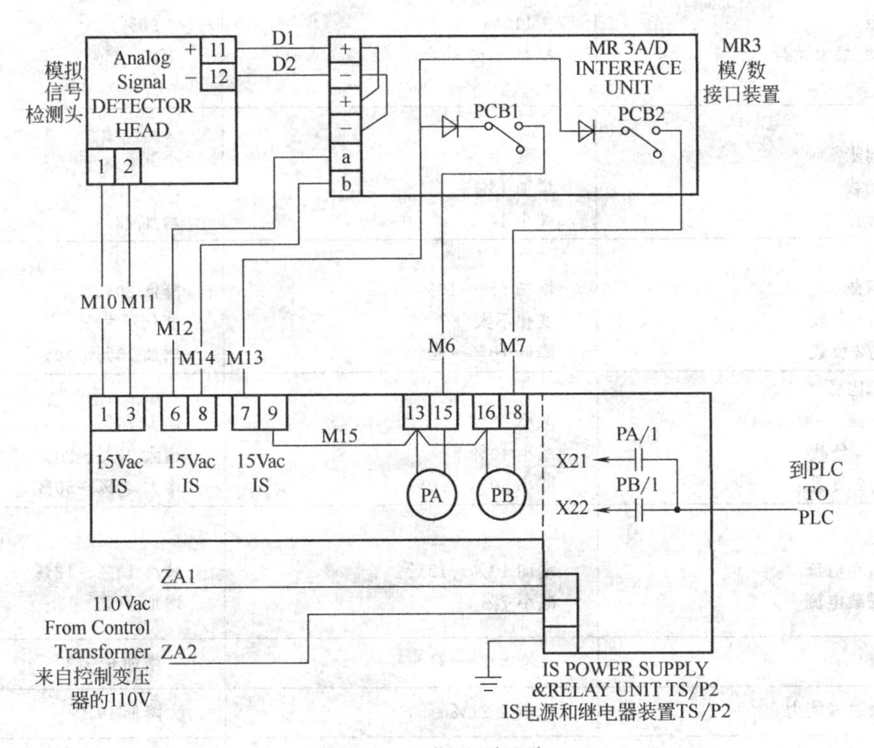

图 4-29 瓦斯监测回路

合，其触点重新使外部继电器 LELR 吸合。机器的照明灯重新点亮，系统操作恢复正常。

八、瓦斯监测器

瓦斯监测器检测探头可以对集尘器抽取的空气取样，监测回路如图 4-29 所示。若被采样空气内瓦斯含量在 1%时，则有信号传至其接口装置，触点 PCB1 闭合，使内部继电器 PA 吸合。触点 PA1 在线路 X21 中闭合并将输入 PLC 的 I21 端，在 VDU 上产生瓦斯报警信息。若被采样空气内瓦斯含量在 1.25%时，触点 PCB2 闭合，使内部继电器 PB 吸合。触点 PB1 在线路 X22 中闭合并将输入 PLC 的 I22 端，在 VDU 上产生瓦斯报警信息并切断油泵电机电源。

九、电气维修及故障处理

采煤机日常维护和故障处理是保证其正常、安全工作所必需的。在进行维护时须注意下述问题。

1. 机器对交流电压的要求

交流电源电压低会影响机器的总效率和检修成本。12CM15 采煤机电源电压低的常见症状如下：

① 截割电机瞬间过载经常造成停机；

② 照明灯频繁烧坏；

③ 电机及电缆过热；

④ 电气控制器件触点易发生熔焊。

表 4-5 为标称电压在 90%～110%范围内变化时对机器性能的影响。

表 4-5 电压变化对性能的影响

特性指标	标称电压	
转矩 启动/最大运行	110% 提高 21%	90% 下降 19%
速度 同步 满载 转差	 不变 增加 1% 减小 17%	 不变 减小 1.5% 增加 23%
效率 满载 3/4 负载 1/2 负载	 增加 5%～10% 变化不大 降低 10%～20%	 降低 20% 变化不大 增加 10%～20%
功率因数 满载 3/4 负载 1/2 负载	 减小 30% 减小 40% 减小 50%～60%	 增大 10% 增大 20%～30% 增大 40%～50%
电流 启动电流 满载电流	 增加 10%～12% 减小 7%	 减小 10%～12% 增加 11%
温升	增大 3～4℃	增加 6～7℃
最大过载能力	增大 21%	降低 19%
电磁噪声	略增	略低

2. 交流接触器故障与处理

(1) 交流接触器振颤 引起交流接触器振颤的原因及故障排除方法如下。

① 电压太低。检查空载时的机器电压，其值应为110%额定电压。然后，检查机器启动时的电压，其值应不低于90%额定电压，负载峰值时电压不低于90%额定电压，如果这些电压中的任一项不满足要求，则应检查拖曳电缆或送电变压器。

② 接触器线圈电压太低。先检查空载时控制变压器的二次电压，然后检查接触器开始振颤时该电压的值，如果后者降低很多，则可能是接触器线圈线路故障。

③ 接触器失效，更换同规格的接触器。

④ 接触器线圈失效。测量相同体积和额定值的接触器线圈阻值，二者阻值差别应在15%范围内（在相同温度下）。如果振颤接触器的线圈阻值不在此范围，则可判断为接触器线路失效。

⑤ 有卡阻现象。断开机器电源，检查振颤接触器的触头和衔铁能否自由移动。

(2) 交流接触器触头熔焊

① 触头压力太小。如果触头间距过大，则需更换已磨损的触头和弹簧，同时，检查挺杆是否磨损。

② 线路短路。检查所有断路器的整定情况，在断路器本身没有损坏情况下，确认它们是否按规定整定的。

③ 触头表面问题。检查触头表面，去除上面的残留物使其光滑，还需确认触头没有用错。

(3) 交流接触器过热

① 接触器电流过大。检查机器电压是否太低，瞬时过载保护和过热保护是否失效。

② 电路连接处有无松动现象。

(4) 空气断路器中的交流接触器磁体噪声

① 短路环断开。检查短路环，如果断开，应予更换。

② 磁体和衔铁表面问题。如果表面有残留物，应预清洁，使其光滑。

③ 电压太低。处理办法同前所述。

④ 磁体表面没有对准。

(5) 空气断路器中交流接触器不能闭合

① 接触器线圈失效。处理办法同前所述。

② 有卡阻现象。处理办法同前所述。

(6) 交流接触器不能释放

① 磁体和衔铁表面有黏物。清洁后加一滴DC200硅脂。

② 电压未消失。检查相应电路部分。

③ 接触器黏合。断开机器电源，检查故障接触器的衔铁和接触器能否自由移动。

(7) 交流接触器线圈过热

① 机器电压过高。测量空载时的机器电压，其值应为110%～115%额定值。否则，检查供电变压器和线路。

② 接触器线圈短路。检查接触器线圈的电阻，并与完好接触器进行比较判定。

3. 真空接触器的检查

如果将110V交流电源加在真空接触器的线圈上不能工作时，需按下列程序进行检查：

① 断开机器电源；

② 检查有无机械卡阻现象；

③ 对于320A接触器，应按图4-30所示进行检查。

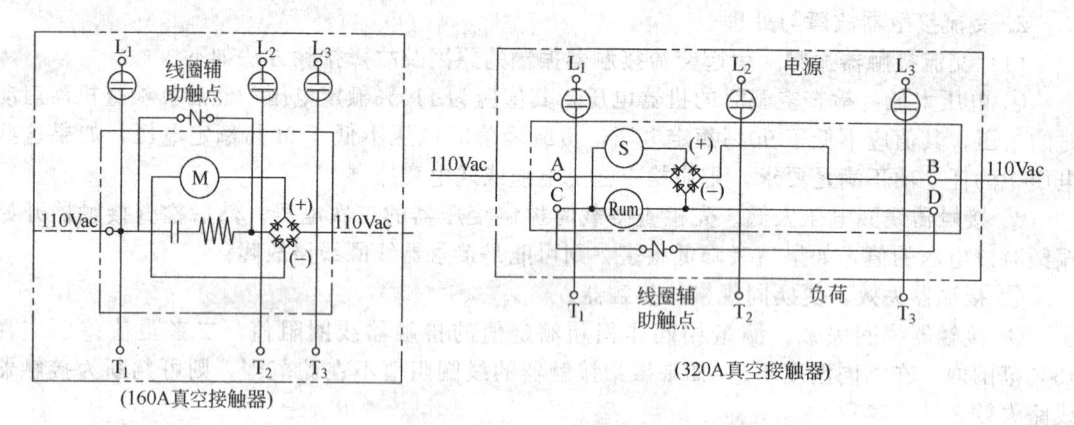

图 4-30 真空接触器连接图

a. 测量端子 A 和 B 的阻值，其读数与所用仪表有关，但不能是零或无穷大。

b. 测量端子 C 和 D 间的阻值，其阻值应接近于零。

c. 用位于左侧电极和中间电极间的按钮，以手动方式将接触器闭合，然后测量端子 C 和 D 间的电阻，其值应接近 600Ω。

d. 在试验台上，将接触器通电，测量线圈电压。对于 160A 接触器，线圈电压为 110V 交流；对于 320A 接触器，A、B 间电压为 110V 交流，C、D 间电压为 95～100V 直流。

这里应当指出，对于交流接触器，更换触头后，应保证三相同期性，其先后误差不应超过 0.5mm。

4. 直流接触器的检查

12CM15 连续采煤机所用直流接触器技术参数为：

最小吸合电压	70V（DC）
保持电流	0.5A
最大释放电压	50V（DC）
线圈电阻（25℃）	(250±50)Ω
线圈电压	110V（AC）

（1）直流接触器的维护　直流接触器的故障处理方法与前述交流接触器类似，这里仅说明其内部电气闭锁的调节方法。

① 断开机器电源。

② 推压衔铁，使动触头和静触头接触。

③ 两触头接触后，再略用力推压衔铁，应该能听到闭锁开关动作的响声。

④ 如果闭锁开关动作太快，则将其安装架向外弯曲；反之，则向里弯曲。

⑤ 重复②、③和④方法，直到每个闭锁开关都动作为止。

（2）接触器触点调整

① 常开触点之间的间隙设定在 5.5mm，一般可用塞尺检查。

② 调整完触头间隙后，重新检查联锁装置。

5. 过载继电器

（1）过载继电器频繁跳闸

① 电路过载。负荷过载会使继电器动作而引起线路跳闸。在各个运行阶段均检查线路，看是否有过电流现象。

② 加热器件松动。检查继电器热触点是否松动。热触点褪色为正常现象。

③ 热触点连接松动。测量继电器热触点所有连接处的阻值，对测量值过大的热触点和

工作时发热的连接器都应以更换。

④ 环境温度太高。这种情况下，可用具有环境温度补偿的过载继电器进行更换。

(2) 过载继电器不跳闸

① 热元件选用错误。

② 接线错误。

③ 触点发生熔焊。

6. 牵引驱动器故障及处理

如果机器牵引系统不能正常运行，可按下列程序进行检查。

(1) 触发模块复位　关掉泵电机使触发模块复位。然后，重新启动泵电机，进行牵引操作。如果在触发模块复位后牵引部正常，则说明问题出在触发模块程序中，通过复位即可排除。如果只操作一个牵引杆时机器不工作，而同时操作两个控制杆时工作，则说明在触发模块上晶闸管整流桥插头接反。左侧主电路插头必须在触发模块的前插座（J2L）上，右侧电桥连接到背面插座（J2R）上。

(2) 检查触头　断开机器主断路器和牵引断路器，检查触发模块上插头的位置和紧固情况。然后再合上断路器进行牵引操作。如果问题仍然存在，则进行主电路检查。

(3) 检查主电路　在确定电源断开后，再断开触发模块上的 3 个插头，用万用表检查两个整流桥是否有接地或短路故障。检查位置见表 4-6。如果所测电阻值小于 50kΩ，则将所有主电路连接处全部断开，重新测量。如果所测阻值仍小于 50kΩ，则该主电路部分应予更换。

表 4-6　晶闸管主电路检查次序

万用表红(+)表笔	万用表黑(-)表笔	万用表红(+)表笔	万用表黑(-)表笔
A	+,C0M,GND	+	A,B,C,COM,GND
B	+,COM,GND	COM	A,B,C,+,GND
C	+,COM,GND	GND	A,B,C,+,GND

(4) 电源检查　将相关电路连接好，检查两主电路输入电源相序必须完全一致。检查触发模块 8 号端子处熔断器是否熔断，如果熔断时，检查方向接触器线圈和放大器是否短路。线圈的正常阻值为 (250±50)kΩ。

(5) 触发模块的输入和输出　根据表 4-7 检查触发模块在不同速度挡下的输入输出情况。检查时截割机不应运转。所有交流输入、输出都是可对于 ZA2 线的。

表 4-7　触发模块输入、输出状态

牵引手柄位置	交流输入电压/V				交流输出电压/V			直流输出电压/V②
	10/100	15/115	30/130①	40/140	50/150	11/111	16/116	+母线到 COM
Fl	×		×			×		90
F2	×		×	×		×		180
F3	×		×	×	×	×		310③
R1		×	×				×	90
R2		×	×				×	180
R3		×	×	×	×		×	310③

① 防止方向接触器得电前触发晶闸管的闭锁输入；

② 直流输出电压系晶闸管整流桥加 230V 交流输入电压时的值；

③ 解开履带时，该电压限制为 180V。

(6) 互换触头　在断电的条件下，互换触发模块上的晶闸管整流桥插头（即左侧电路与J2R相连，右侧电路与J2L相连），送电后，同时操作两个控制杆，可能出现以下三种情况。

a. 仍不能工作。如果问题仍出在原电源侧，则可能是直流电源部分或晶闸管整流桥故障。这样，断开机器电源，将左右侧牵引部“+”极与左右侧电源互换，两侧的公共端“COM”也互换。然后合上电源，同时操作左右两个控制杆。当互换接线后故障仍存在，则应更换电源部分。

b. 故障侧跟着改变。如果互换插头后，故障侧跟着改变，则说明问题出在控制输出和触发模块中，或者是由于两侧电源交流相序不同所致。如果输入和相序没有问题，则应更换触发模块。

c. 故障消失。如果互换连接器后故障消失，则问题可能在左侧晶闸管桥的同步电路，因为触发模块的相序取自该电路。

7. 机器显示其他信息

(1) 机器数据信息　视频显示器显示机器的电流值和电压值，显示项目如下。

“左、右侧截割机电流；左、右侧输送机电流；风机电流；左、右侧牵引电流；左、右侧牵引电压。”

如要显示这些数值时，须遵循下列程序。

① 启动油泵电机；

② 将控制开关转到“ENTER”(键入）位；

③ 将开关保持在此位置直至显示出所需要的参数。

(2) 机器试验信息　12CM15连续采煤机中含有一些试验装置以诊断可能存在的任何故障。如果每一试验都是成功的，则视频显示器上出现以下信息（数字为信息号）。

“选择开关输入（201)；泵启动开关正常（202)；泵运行开关正常（203)；风机启动开关正常（204)；风机运行开关正常（205)；风机自动开关正常（206)：输送机正向启动开关正常（207)；输送机反向启动开关正常（208)；输送机正向运行开关正常（209)；截割机启动开关正常（210)；截割机运行开关正常（211)；接地漏电复位开关正常（212)；接地漏电机试验开关正常（213)；接地漏电灯试验开关正常（214)；左侧正向第1速度正常（215)；左侧反向第1速度正常（216)；左侧第2速度正常（217)；左侧第3速度正常（218)；右侧正向第1速度正常（219)；右侧反向第1速度正常（220)；右侧第2速度正常（221)；右侧第3速度正常（222)；手动复位开关正常（223)，泵开关未切断（224)；风机开关未切断（225)；输送机开关未切断（226)；截割机开关未切断（227)。”

当需要测试控制开关时，应进行如下操作：

① 将控制开关转到“MAINTENANCE”(维护）位置，并保持在此位置；

② 通过转动某一开关手柄，检查其工作状态；当开关正常，则随着开关旋转到不同的工作位置，视频显示器会依次给出其功能。

(3) 计算机接口信息　在视频显示器显示“COMPUTERINTERFACE”(计算机接口）信息时，则应试着以正常方式启动油泵。

若油泵启动，则故障出在输出Q24和Q21（PLC内24V输出卡上）以及视频显示器的信息/数据和数据保持接头之间；若油泵不启动，则故障出在PLC内或PLC的110V电源中，检查CPU是否松动，CPU内部EPROM定位是否正确。

(4) 加油　当油泵因低油位而跳闸时，则应将泵开关转到OFF位置。如跳闸复位，则表示液压油位偏低需加满；如跳闸不复位，则液压油位太低，必须用加油系统补充油箱。

欲在低油位跳闸后使用加油系统时，则要将风机开关转到“START”位并保持在该位，然后用正常方式启动泵电机并运行2min。

十、JNA 负向转换器及操作

装配到 12CM15 型采煤机上的 JNA 系统有一远程页面转换装置（又称遥控）。该页面转换装置可以存取多个机器状态和诊断信息。更进一步的存取允许及修改系统参数，以适应各种具体用途。只有在人员输入久益密码后，才能使用此访问级。

遥控与手动控制的最大区别：它不仅要实现对电机的控制，而且还要完成对液压的控制。

1. 操作

当操作员将控制开关转到“REMOTE”（遥控）位置时，有 110V 交流接至 JNA 系统信号分离器上。VDU 显示久益国际图标，显示的头一行为“装载滚筒 607067—8AE”。后缀 AE 表示滚筒的修订级，AE 是英国规范无线电机器所需的最低滚筒修订级。在滚筒装载后，主菜单页面显示出来。此页上列出选项有“STATUS LIGHTS”（状态灯），“EVENTLOG”（事件记录）和“PARAMETERS”（参数）。远程操作站如图 4-31 所示。

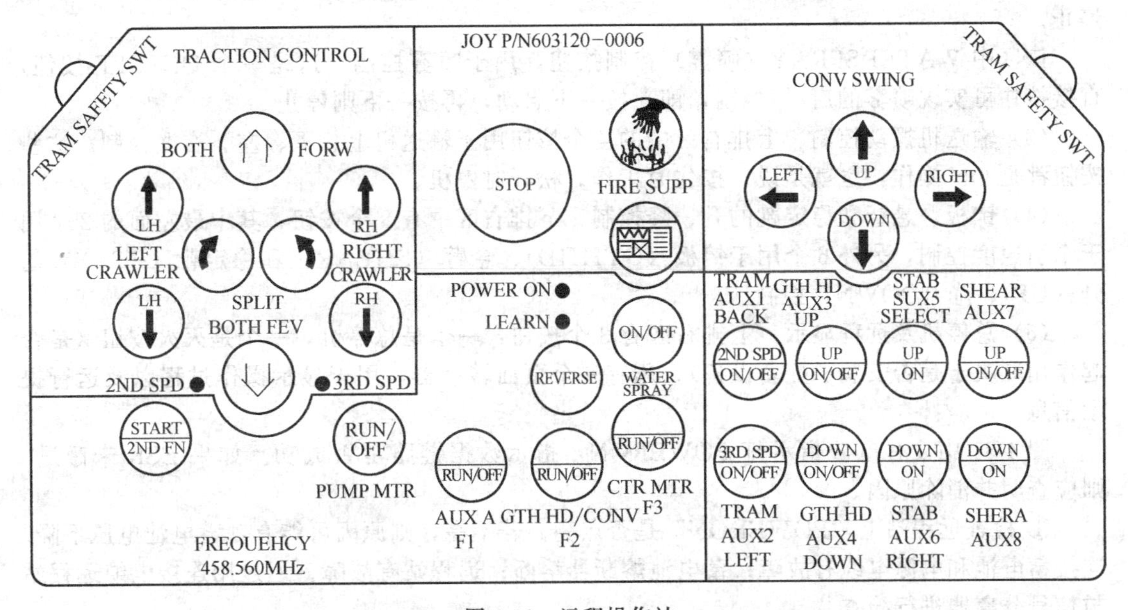

图 4-31 远程操作站

为了使用页面转换装置，必需建立远程站和信号分离器之间的数据链路。将装置连到矿灯蓄电池上并压下启动按钮，将使远程站通电，从而激励 ESR 吸合，实现这一数据链路，远程站上设置了多个控制按钮，这些按钮被分成 5 个区，上面一排有左、右、中 3 个区，下面一排有左、右 2 个区，每个区对应着一类控制内容。

（1）牵引控制 上排左区中的按钮用于牵引控制，共有 8 个，其作用为：

BOTHFORW 两履带一同前进

BOTHREV 两履带一同后退

SPLIT（逆时针）机器左转

SPLIT（顺时针）机器右转

LEFTCRAWLER ↑ 左履带前进

LEFTCRAWLER ↓ 左履带后退

RIGHTCRAWLER ↑ 右履带前进

RIGHTCRAWLER ↓ 右履带后退

另外，下排右区中有 2NDSPD（第 2 速度，低速）和 3RDSPD（第 3 速度，高速）按钮，分别用于行走速度控制。当这两个按钮均未按下时，速度为最低速度，即爬行速度。

此外，操作站的左右上角各有一个TRAMSAFETYSWT（行走安全开关）按钮，其作用相当于手动控制下的脚踏开关，所以，在进行牵引控制操作时至少必须按下其中之一。

（2）电机控制　下排左区中的按钮主要用于交流电机控制。在利用远程操作时，应将风机设定在自动方式位。

电机的操作依然是“两次操作”，“两次操作”的时间规则等与手动操作基本相同，区别在于还需“两指操作”。例如，启动油泵电机，要用一手指按住油泵运行按钮PUMPMTR，用另一手指按住启动按钮两次（按两次操作规则），直到电机启动后再松开两个手指。截割机或输送机操作与此相同，只是操作时按住截割机运行按钮CTRMTR或输送机运行按钮GTHHD/CONV（反转按钮为REVERSE）。注意，启动按钮START是公用的，每个电机启动时都按两次。

电机启动按钮是一个RUN/OFF（运行/停机）按钮，即，按一下启动，但再按一下则停止。

该区中WATERSPRAY（喷雾）控制按钮，用于喷雾控制。这是一个ON/OFF按钮，直接按住可实现喷雾的启/停控制，即，按一下启动，再按一下则停止。

（3）输送机摆动控制　上排右区中的4个按钮用于输送机上、下、左、右摆控制，这些按钮都是ON操作，也就是说，按住时工作，松开时停机。

（4）铲板、悬臂和稳定靴的升、降控制　下排右区中有8个按钮，其中最左面的2个用于牵引速度控制，另外6个用于铲板（GTHHD）、悬臂（SHEAR）和稳定靴（STAB）的升（UP）、降（DOWN）控制。

（5）总停机及远程显示　上排右区有3个按钮：一个是总停机，一个是灭火按钮（是否起作用取决于是否安装了配套设备），还有一个页面转换器，用于显示操作过程以及运行提示信息。

图4-31中设有电源指示灯POWERON，指示数据链路是否成功。如果ESR未激励，则应查明并消除原因。

① 检查远程站上“POWERON”是否点亮。若不亮，则原因可能有：蓄电池电压下降；连接蓄电池和电源电缆有故障；蓄电池熔断器熔断；远程站有故障。通过用连接电缆远程站与信号分离器进行检查。

② 如果“POWERON”灯闪亮，则表示远程站按钮黏住。如发生这种故障。则要更换远程站。

③ 如果“POWERON”点亮，用连接电缆连接远程站与信号分离器，并按压启动按钮，若ESR不激励，则要更换远程；若ESR正常激励，则故障可能在无线电链路上。更换远程站或使用连接电缆直至有备件可用。

2. 基本原理

图4-32（见插页）所示远程控制原理电路。其核心部分是远程信息变换装置（图虚线框部分）。上方有一本质安全型电源，向有线遥控器或无线遥控接收器供电，并接收遥控器或遥控接收器传来的操作指令，然后将这些指令传送到变换装置中。变换装置是一种串行/并行通讯转换器，它的作用就是把遥控器或遥控接收器传来的串行指令变成可供PLC接收的并行控制信号。变换器内部变换逻辑关系用了一种类似梯形图的方式表示（仅是一种示意性表示），其中，常规字体的符号代表由遥控器或遥控接收器传送来的操作指令，而斜体符号代表变换器内部的逻辑状态或输出状态。下方是液压控制部分，它是通过电磁阀来实现的，即在遥控信号变换装置中由串行操作指令直接产生能控制各个电磁阀的控制信号，再由这些电磁阀去控制液压系统。

从原理图中可以看出，遥控信号变换装置提供给PLC的控制信号完全模拟了手动操作情况下各电机的操作开关向PLC发出的控制信号。例如，在手动操作下，油泵开关直接向PLC提供两个信号，这两个信号分别经X01和X02线输入到PLC的I01和I02上；而远程操作是由遥控信号变换装置发送给PLC控制信号先接到操作开关上，经操作开关后送给PLC的X01和X02线上，其他电机以及脚踏开关的控制信号也都是如此。

应当注意，仅当操作开关处于停机位时，该联动开关才能被接通。换句话说，如果开关没有处在停机位上，则遥控信号发出的控制信号就送不到PLC上。这也正是遥控操作与手动操作不能同时进行的原因。

第五章　连续采煤机后配套设备电控系统

第一节　概　述

连续采煤机后配套设备包括锚杆机和运输设备。

一、锚杆机

锚杆支护是掘进中已被广泛应用的一种支护技术，它与传统的支护方式相比，具有节约支护材料，可加快施工速度，提高作业安全，安装搬运轻便等优点。锚杆使用范围广，不仅可支护巷道顶板，还可用来锚固巷道底板、周帮及煤壁等。在国外高产高效工作面中，采区巷道的掘进大部分采用锚杆支护，从而大大提高了掘进速度。锚杆支护需要首先打锚杆眼，然后安装锚杆，这项工作现在可由一台机器即锚杆机完成。现代锚杆机功能比较完善，锚杆速度很高，常和连续采煤机一起使用，除能完成钻锚杆眼、安装锚杆两项基本工序外，在钻进时，还可控制钻眼速度快慢、推进力大小，调整钻眼方向及位置，能够自行行走及捕集钻眼粉尘，并具有完善的安全防护设施。锚杆机大都以液压作为动力，这样可使传动系统及总体结构都比较简单，操作控制也比较方便，其行走方式有轮胎式和履带式两种。

二、运输设备

在煤巷掘进和房柱式采煤作业中，连续采煤机的工作进度和生产效率很高，必须有机动灵活、快捷高效的运输设备与其配套，提供运输保证，连续采煤机才能充分发挥其能力和效益。

按用途可将连续采煤机后配套运输设备分为下列三种。

1. 运煤车

运煤车是一种在短距离内运煤的车辆，目前在房柱式采煤和煤炭掘进中，运煤车是连续采煤机的主要配套设备之一。按提供动力的方式不同，运煤车分为以下三种型式。

(1) 拖电缆式运煤车（也称梭车）　其供电方式有两种，一种是用电缆将交流电送至煤车，在运煤车上整流后供给直流电动机；另一种是在附近移动变电设备上先将交流电变为直流电，再由电缆将直流电送到运煤车上供直流电动机。

(2) 蓄电池式运煤车　这种运煤车是将足够容量的蓄电池加装在运煤车上作为驱动电源。

(3) 内燃机式运煤车　这种运煤车以防爆型低排气污染的柴油机为动力，它类似于柴油机汽车。

2. 铲车

铲车可实现装运卸三种作业，还可清理浮煤。在大型矿井中，铲车可作为一种辅助运输设备。按提供动力的方式不同，铲车可分为四种型式，即内燃机式、气动式、蓄电池式和拖电缆式。

3. 给料破碎机

在连续采煤工艺系统中，给料破碎机布置在带式输送机之前，将运煤车卸下的煤经破碎后均匀地送入带式输送机。

第二节　TD_2-43型锚杆机电控系统

TD_2-43型锚杆钻机支架、钻臂等的升降、锚杆钻机的移动以及锚杆钻机其他全部动作都由液压动力驱动，其动力源则来自几台液压油泵，而液压油泵由电动机驱动。

TD_2-43型锚杆钻机由两台电动机带动油泵工作向机器的液压系统提供动力。两台电动机仅需要开停控制，无需调速。

TD_2-43型顶板锚杆钻机中所使用的两台电动机既可以是交流电动机，也可以是直流电动机，根据所用电机的不同，分别称之为交流锚杆钻机和直流锚杆钻机。

一、交流锚杆钻机电气系统之一

交流锚杆钻机的动力源是两台交流电动机。TD_2-43型交流锚杆钻机有3种类型，第一种类型，两台电动机的启动、停止控制及全电路电气控制如图5-1所示。

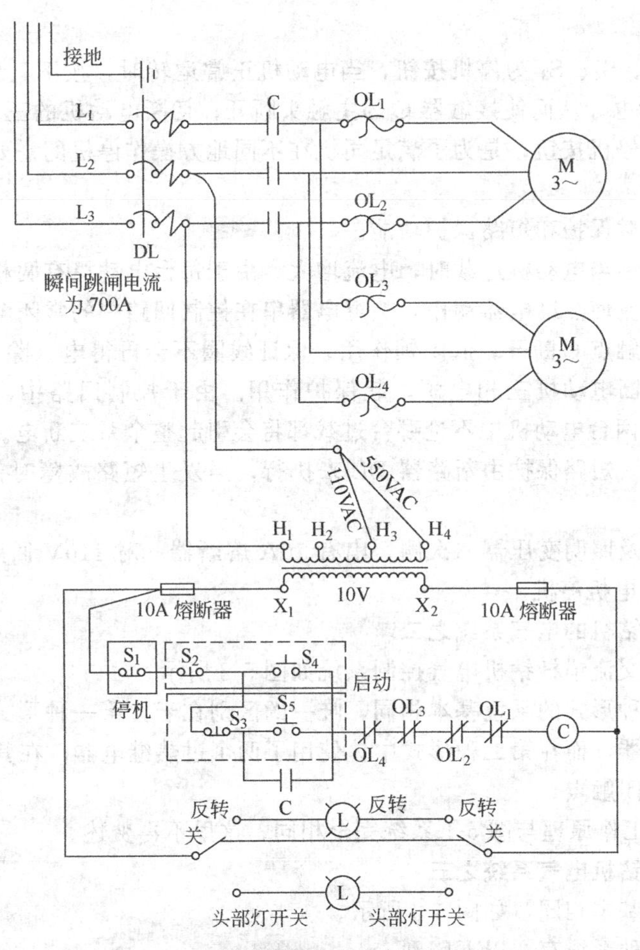

图5-1　交流锚杆钻机的电气原理图（一）

其主电路构成如下。

向两台交流电动机供电的电源是三相440V或550V交流电，两台电动机功率都是29.8kW，使用550V电源时，电动机额定电流为41A，而使用440V电压时，额定电流为51A。

三相交流电源经断路器DL及接触器C的主触头向两台电动机供电。每台电动机供电路线的两相中装有过热继电器的感热装置OL_1、OL_2、OL_3及OL_4。

控制电路为接触器、继电器控制方式，将三相交流电源中的两相经过一个降压变压器，降为110V交流电压，作为控制电路的操作电压，同时也为位于锚杆钻机头部和尾部的照明灯提供电源。锚杆钻机前进时，照明灯开关位于下方，头部灯亮。锚杆机后退时，照明灯开关位于上方，尾部灯亮。

图5-1中，S_1、S_2、S_3为3个停机按钮（S_1为紧急停机按钮），S_4、S_5为启动按钮，OL_1、OL_2、OL_3、OL_4为4个过热继电器的常闭触点。三相接触器C的主触头在主电路中，并有一个辅助触头在控制电路中与S_5并联。

1. 启动

启动锚杆钻机时，先合上断路器DL，然后按下两个启动按钮（S_4或S_5）中的一个，接触器C的线圈便被接通110V操作电压，接触器C主触头闭合电动机启动，同时C的自保触点闭合启动按钮可松开，启动结束。

2. 停机

图5-1中，S_1、S_2、S_3为停机按钮，当电动机正常运转时，按下其中的任何一个按钮，都会引起C线圈断电，从而使接触器C的主触头断开，切断电动机的三相电源，使其停机。该系统中设置多个停机按钮，是为了满足司机在不同地方操作停机的需要。

3. 保护

该系统具有过载保护和短路保护功能。

(1) 过载保护　当电动机过载时，电流增大，由于每台电动机有两相串联的热继电器的发热元件，过载电流使热继电器动作，热继电器串在控制回路中的常闭触点断开，接触器线圈将失电，其辅助触点C断开，起闭锁作用，保证线圈不会再得电（除非重新启动），C的主触头也断开，切断电动机三相电源，起保护作用。由于控制回路中，OL_1、OL_2、OL_3、OL_4是串联，所以两台电动机中不论哪台过载都将会引起整个系统断电。

(2) 短路保护　短路保护由断路器DL来执行，当发生短路故障时，DL瞬时跳闸，电流整定为300A。

另外，在控制及照明变压器二次侧，串有10A熔断器，对110V回路起短路保护作用，并使C线圈无电，电机停机。

二、交流锚杆钻机的电气系统之二

另一种形式的交流锚杆钻机电气控制系统如图5-2所示。

该系统与第一种形式的系统基本相同，唯一的区别在于，第一种形式的系统中使用了4个单独的过热继电器，而在第二种形式中，使用了两个过热继电器，在其控制回路中仅有两个过热继电器的常闭触点。

图5-2系统的工作原理与图5-1系统完全相同，这里不再赘述。

三、交流锚杆钻机电气系统之三

电路与前两种基本相同，如图5-3所示。

该系统与前两种系统存在以下区别：

① 供电电压为50Hz，660V而非550V或440V；

② 电动机为660V鼠笼式风冷电机，功率仍为30kW，但因电压高，额定电流为34A；

③ 主断路器连续工作电流为225A，瞬时跳闸电流设定为500A；

④ 控制及照明电压为24V。

该系统的控制电路与前两种有区别，但工作原理完全相同。

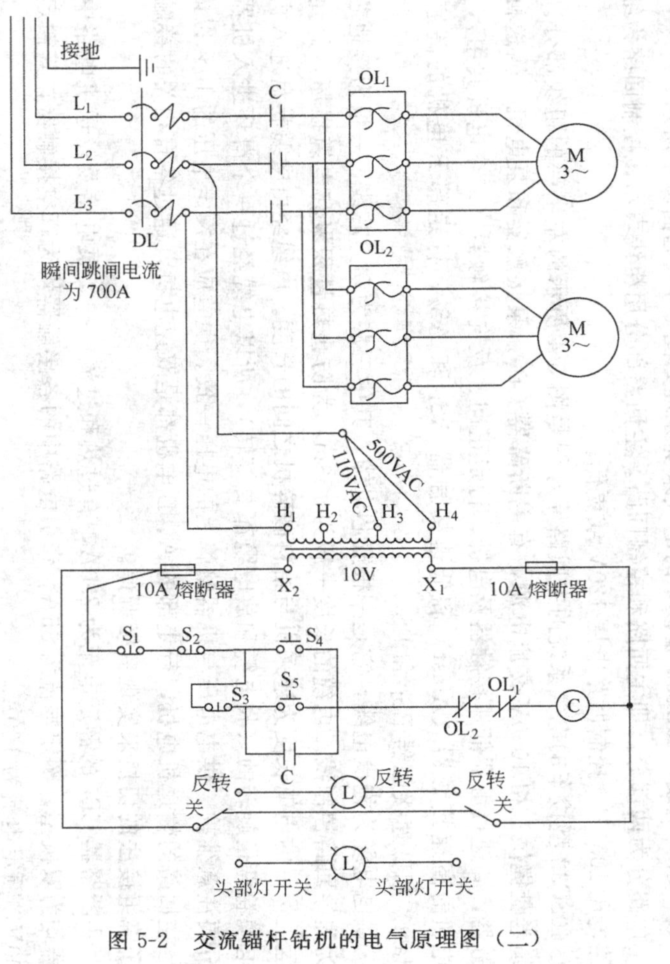

图 5-2 交流锚杆钻机的电气原理图（二）

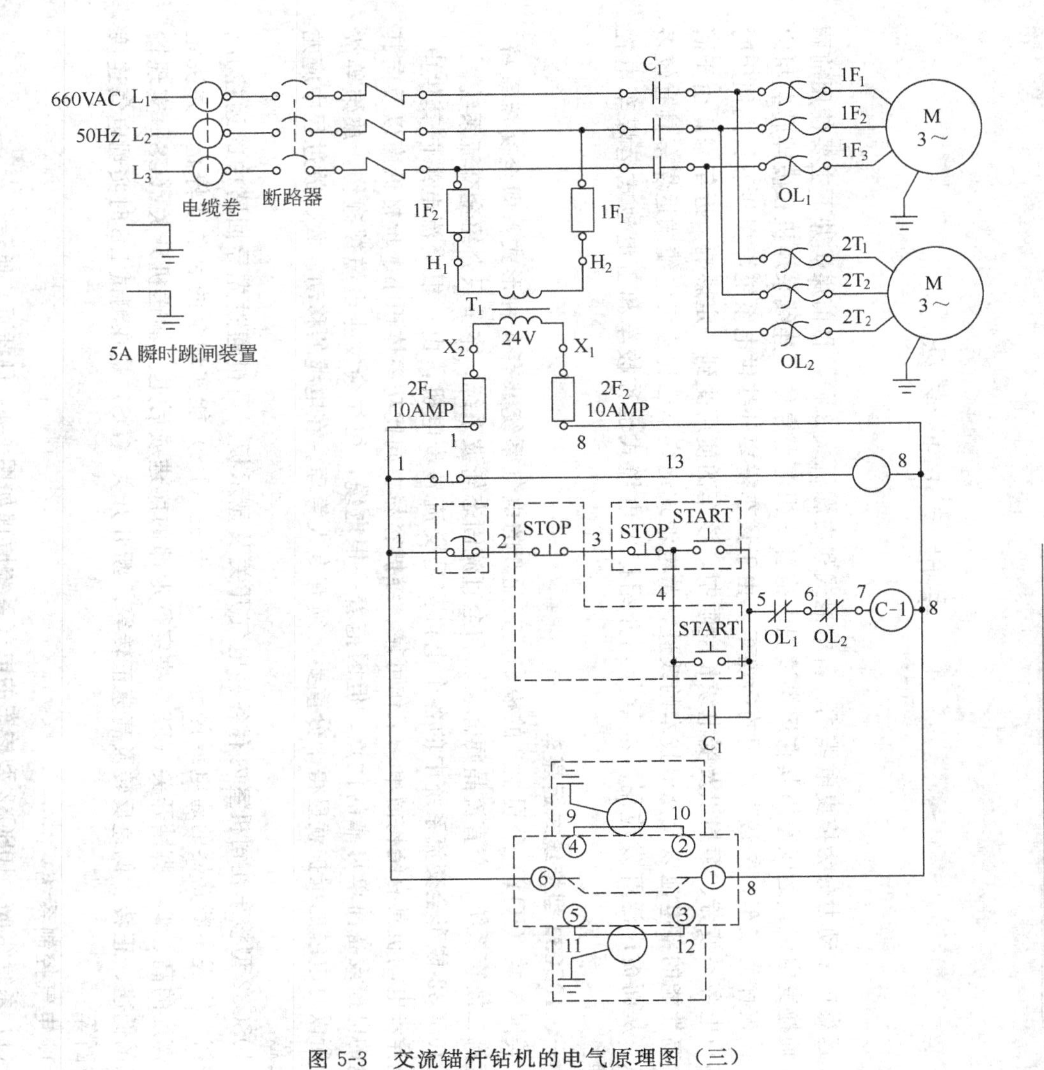

图 5-3 交流锚杆钻机的电气原理图（三）

第三节 运煤车电控系统

运煤车按动力分为拖曳电缆式、蓄电池式和内燃机式 3 种，目前煤矿井下主要使用前两种。而拖曳电缆式运煤车因其在运煤过程中拖着一根电缆穿梭于连续采煤机和破碎转载机之间，故被称为梭车，是最早使用的运煤车。由于该车需要外接供电系统，在井下长期使用时被拖曳电缆易疲劳、磨损以及受电缆长度限制，该车的使用受到一定影响。近年来，由于研制出高性能的蓄电池以及充电技术的改进，蓄电池式运煤车已比拖曳电缆式运煤车具有较多优点，从而被广泛开发应用。本章分别介绍拖曳电缆式也称梭车和蓄电池式运煤车电控原理。

一、10SC32 型拖缆式运煤车

美国久益（JOY）公司生产的梭车，其配套的电气系统共有 4 种形式：即全交流系统、交直流二极管系统、交直流晶闸管系统和全直流固态斩波系统。本节只介绍全交流系统。

10SC32 梭车全交流系统中的各个电机都是交流异步电机，由一根交流电缆向其供电。交流异步电动机具有结构简单、工作可靠、维护容易、同比功率体积小、价格低廉以及向其供电的电控设备简单可靠的优点。但因拖着一根电缆，往往会发生电缆被碰伤，放炮等故障，所以对电缆的维护就显得十分重要，须有专人管理。在电缆的移动、收、放过程中应尤为注意。

10SC32 型梭车在司机室内有各种电气开关及显示板。司机通过先导回路中的远控开、停按钮，实现主断路器的通电或停电。泵行走开关（PS）能实现泵的启动或停止，并决定行走速度的高、低。脚踏开关（FS）决定行走部的前进或后退。输送机开关（CS）实现输送机的低速、正转、低速反转及高速正转等。断开开关（DS）是在测试 LB 时实现电气连接与中断等。

1. 电气控制系统

（1）系统组成　10SC32 型梭车的电气系统原理如图 5-4（见插页）所示。

电路分为两部分，即主回路和控制回路。主回路部分用粗线表示，控制回路为细线，主回路电压 1050V，控制回路电压 120V 或更低。

10SC32 型梭车的电气系统的主回路原理图是图 5-4 所示的左半部的粗线部分。电路由电缆卷盘提供三相 1050V 交流电源，有主断路器 CB_1，泵接触器和泵电机，输送机正、反接触器，高速接触器低速接触器及电机、行走正向、反向接触器（二个电机共用），行走部 A 电机的高速接触器（Afast）和低速接触器 AS_1 和 AS_2，行走部 B 电机的高速接触器（Bfast）和低速接触器 BS_1 和 BS_2。

供电电缆为拖曳电缆，它是一根五芯电缆，其中三芯为动力芯线，一根为接地芯线，一根为先导回路控制线。电缆的长度一般为 153m，为防止热量积聚和电缆损坏，只允许电缆卷盘上保留的电缆长度为连采机与给料破碎机之间的长度。电缆经由电缆卷盘进入机器，由于电缆卷盘是旋转的（收电缆和放电缆都要旋转），所以电缆经过一个滑环进入机器，滑环部分要注意维护。供电电压与机器铭牌上的电压一致。误差应在额定电压的 10%以内。

主回路的输送机电机，行走部的 A、B 电机都是双速电机，通过各自相关的接触器实现定子绕组接法的切换来实现变极调速。

主断路器 CB_1 的额定电流为 250A，有过热和过流保护。泵电路及输送机电路中的各接触器均为双极型，额定电流为 35A。牵引电路中的各接触器均为真空接触器，其额定电压为 1500V，额定电流为 160A。

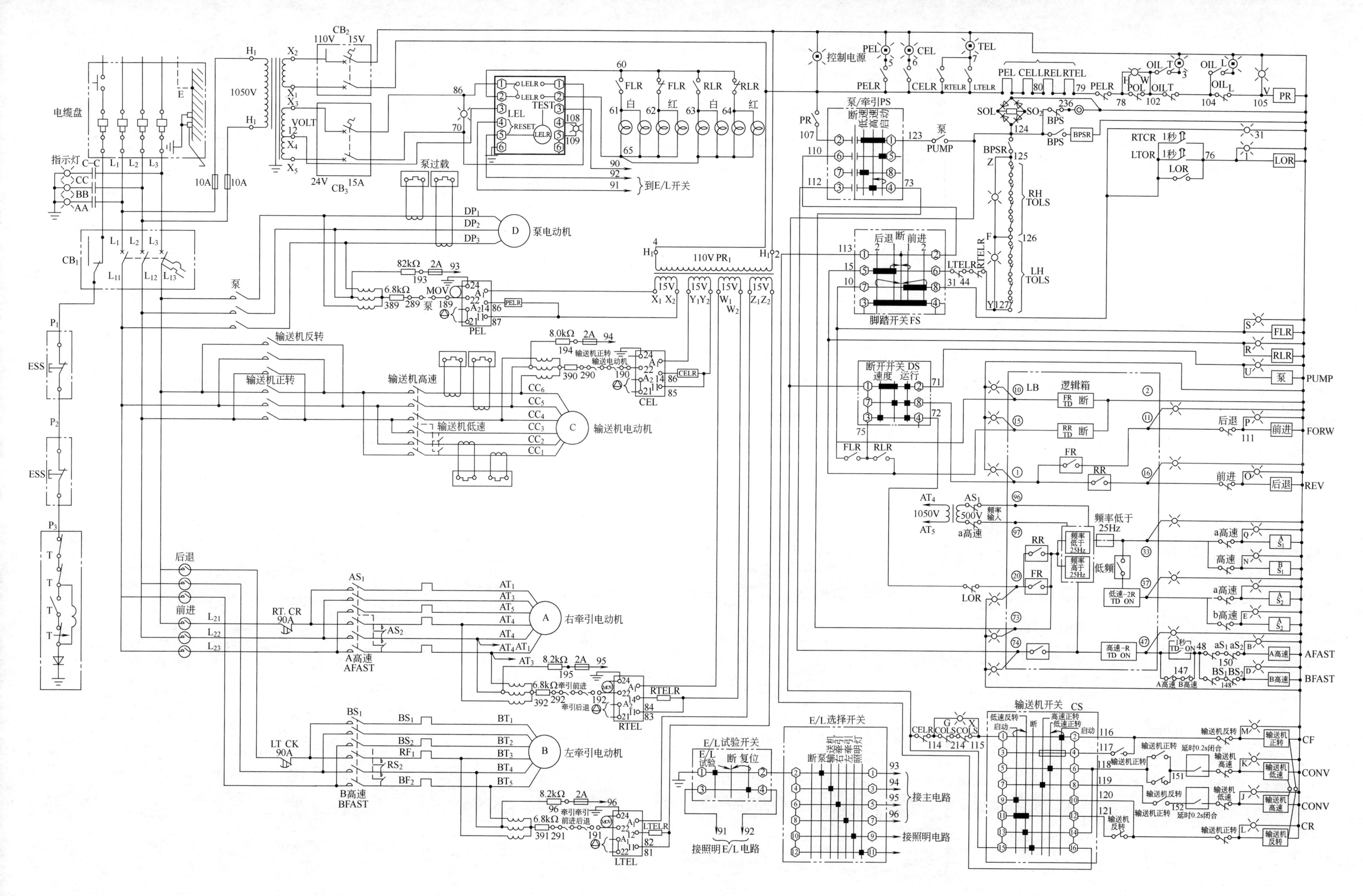

图 5-4 10SC32 型梭车电气原理图

10SC32型梭车电气系统的控制回路原理如图5-4所示的细线部分。控制电路由各控制开关和继电器组成，由控制变压器提供电源。控制变压器原边直接接电缆盘出线的L_1和L_2两相，副边有两个绕组。X_1和X_2输出110V控制电压，经过控制断路器CB_2（110V，15A）向控制回路供电，X_3、X_4输出12V照明电压，通过照明断路器CB_3（24V，15A）向照明电路供电。

控制断路器CB_2的电压为110V，电流为15A；照明断路器CB_3的电压为24V，电流为15A。

控制回路包括：先导控制回路、预启动回路（PR继电器回路）、泵回路（泵接触器吸合线圈回路）、行走部过电流继电器回路（LOR回路）、输送机控制回路、行走部控制回路、车灯照明回路、漏电保护回路。

控制回路中还包括用于漏电保护的变压器PR_1，它由控制变压器的110V输出电压供电。变压器PR_1副边有4个绕组，输出15V电压，用于4台电动机的接地漏电保护。

在控制回路中有下列开关。

① 泵行走开关（PS）。其功用是控制泵的启动和行走速度的快慢。泵行走开关（PS）共有4个挡位，即断开、泵启动、高速行走和低速行走。

② 脚踏开关（FS）。其功用是决定行走方向。脚踏开关（FS）共有3个挡位：即断开、前进和后退。

③ 断开开关（DS）。其功用是控制有关电路的断开或接通。断开开关（DS）共有3个挡位，即断开、速度和运行。

④ 输送机开关（CS）。其功用是决定输送机正向低速、正向高速及反向低速、反向高速。输送机开关（CS）共有6个挡位：断开、低速启动、低速正向、高速正向、低速反向和高速反向。

⑤ 接地漏电“E/L”选择开关。其功用是选择所要进行接地漏电检查的回路。接地“E/L”选择开关共有6个挡位，即断开、泵、输送机、右行走、左行走和照明灯。

⑥ 接地漏电“E/L”试验/复位开关。其功能是检查各回路漏电保护系统是否正常，并在试验后进行复位。接地漏电“E/L”试验/复位开关共有3个挡位，即断开、接地漏电“E/L”试验和复位。

梭车的电气系统的先导控制回路也可叫做远方控制电路，如图5-5所示。因为它控制的开关是安装在顺槽的上一级开关，对于顺槽开关来说，其控制电路属于远方控制。

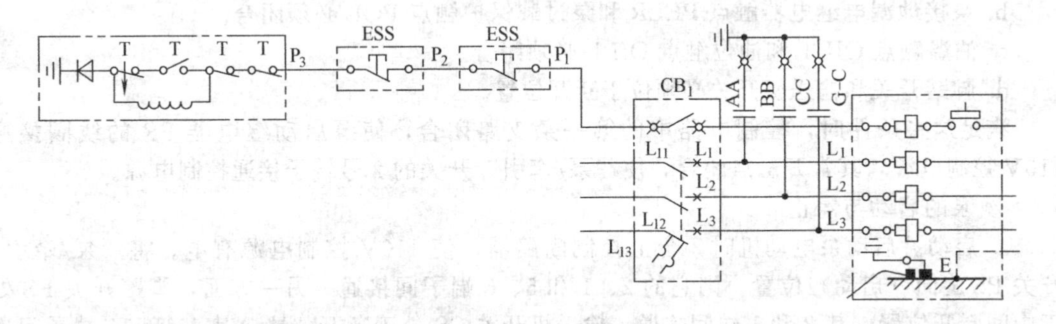

图5-5　先导控制电路

该电路是顺槽开关漏电监测系统的一部分，在梭车电路中只包含了它的部分电路。它通过供电电缆的先导线与地线，将梭车与带有漏电监测系统的顺槽开关连接在一起。

先导回路与主断路器相连，主断路器旋转到接通位置时，则先导电压通过电缆卷盘到P_1线。然后通过两个急停开关（ESS）到达远控装置的启动按钮。按下启动按钮时，先导信号通过二极管入地，先导回路形成通路，顺槽开关合闸，此时启动按钮可以释放。先导回路通过自保电阻仍成通路，此时回路中的电流下降，但可满足线圈维持电流大小的要求，有了自保电阻，使线圈的功耗下降，温升降低。在未启动时，虽然先导回路中有电流通过，因为很小，不能使顺槽开关合闸，这是因为吸合电流往往大于维持电流 10 倍以上。有了自保电阻，就省去了自保线，使电缆的芯线减少。

先导回路的失电有以下几种情况：远控开关中的停止按钮被按下；急停按钮（ESS）被按下；电缆卷盘处的开关断开；有漏电故障，顺槽开关跳闸，使拖曳电缆断电，整个梭车断电。要使梭车重新带电，必须执行一次完整的重新启动过程。

先导回路的主要功能是：使顺槽开关合闸，把电送到主断路器 CB_1。使控制变压器、照明变压器均带电。使各接触器的电源侧均带电，为下一步各回路的控制提供电源。在梭车工作中，如有紧急情况，可按下急停按钮 ESS，使顺槽开关跳闸，整机断电。在梭车运行时，梭车内的漏电保护失去作用（因该漏电保护是无载保护），此时的漏电保护是通过先导回路和顺槽开关中的漏电保护环节实现的。另外，先导回路中的自保电阻使吸合线圈的功耗下降，并省去了一根芯线。

(2) 预启动回路（PR 回路）的工作原理　梭车的电气系统有一个预启动回路（即 PR 回路），回路有一个继电器 PR。在预启动回路中有各种保护环节（漏电环节、油温、油位接点等），当各种保护正常时，PR 与电源相通，有电，其常开接点 PR 闭合，为泵回路的启动做好准备。

反之若某一保护环节发生问题，预启动继电器 PR 无电，其常开接点 PR 断开，使泵启动成为不可能，此时，相应的故障指示灯点亮。

在正常情况下，预启动继电器 PR 的吸合电流路径为：控制变压器 PR_4 的 110V 端子 4→泵漏电环节 PEL→输送机漏电环节 CFL→左行走部漏电环节 LTEL→右行走部漏电环节 RTE→泵接地漏电继电器常闭接点 PELR→泵过流常闭接点 POLS→液压油箱的油温常闭接点 OILT→液压油箱的油位常闭接点 OILL→预启动继电器 PR 吸合线圈→控制变压器 PR_4 的 110V 端子 2（图 5-4）。

(3) 泵控制电路的工作原理

① 泵电动机启动的条件。启动泵电动机前，系统必须满足下列条件。

a. 各电动机的漏电试验连接器 PEL、CEL、LTEL 和 RTEL 必须闭合（字头 P、C、LT 和 RT，分别表示泵、输送机、左牵引和右牵引、EL 表示接地漏电）。

b. 泵接地漏电继电器触点 PELR 和泵过载保护触点 POL 必须闭合。

c. 油温触点 OILT 和油位触点 OILL 必须闭合。

d. 脚踏开关和输送机开关必须位于断开位置。

满足这些条件时，控制电路中的第一条支路闭合，使泵启动继电器 PR 的线圈接通 110V 控制电源，其常开触点闭合，使“泵/牵引”开关的 2 号端子接通控制电源。

② 泵的启动与停止

a. 启动。启动泵电动机时，合上控制断路器，使 110V 控制电源有电。将“泵/牵引”开关 PS 旋向（启动）位置，则它的 2、1 和 5、6 端子间接通。另一方面，脚踏开关 FS 处于中间断开位置，其 2 和 1 端间连通；输送机开关 CS 处于断开位置，其 15 和 16 端子间连接，泵接触器的吸合线圈吸合。其吸合的电流路径为：控制变压器 PR_4 的 110V 端子 4→预启动继电器 PR 的常开接点→泵/行走开关 PS 端子 2→(此时泵/行走开关 PS 在启动位)→泵/行走开关 PS 端子 1→泵/行走开关 PS 端子 5→泵/行走开关 PS 端子 6→脚踏开关 FS 端子 2（此时脚踏开关 PS 在断开位)→脚踏开关 FS 端子 1→输送机开关 CS 端子 16（此时输送机开关 CS 在断开位)→输送机开关 CS 端子 15→断开开关 DS 端子 1（此时断开开关 DS 在断开位)→断开开关 DS 端子 2→泵接触器的吸合线圈 PUMP→控制变压器 PR_4 的 110V 端子 2。泵启动之后，其接触器吸合线圈的常开接点闭合，将泵/行走开关在 PS 端子 1 与输送机开关 CS 端子 15 短接，构成了泵接触器吸合线圈自保持通路，自保通路为：控制变压器 PR_4 的 110V 端子 4→预启动继电器 PR 的常开接点→泵/行走开关 PS 端子 2（此时泵/行走开关 PS 在启动位)→泵行走开关 PS 端子 1→泵接触器吸合线圈的常开接点 PUMP→输送机开关 CS 端子 15→断开开关 DS 端子 1（此时断开开关 DS 在断开位)→断开开关 DS 端子 2→泵接触器的吸合线圈→控制变压器 PR_4 的 110V 端子 2。

由于自保通路甩掉了输送机开关 CS 和断开开关 DS 在“断开”位的接点，允许它们在泵启动后进行操作，因而泵启动后，泵/行走开关自动弹回“高速”（Fast）位置，其端子 2 与 1 继续保持接通。

在主回路中，由于泵接触器线圈通电吸合，其主触头闭合，将三相 1050V 交流电源送至泵电机，油泵启动并运行。泵电机主回路接入了一个三相过载保护继电器 POLS，其接点串接在预启动继电器 PR 的回路中。当泵电机因故过载时，POLS 接点断开，PR 继电器断电，其常开接点打开，使泵接触器的吸合线圈断电，油泵停机，达到过载保护的目的。

b. 泵的停止。可以用两种方法来停止泵电动机。一是利用“泵/牵引”开关 PS 进行正常停机；另一种是利用“紧急停机”开关 ESS（Emergency Stop Smytch）实现紧急停车。二者的效果是一样的，都能使泵电动机断开电源而停机。

用 PS 停机时，将 PS 旋至“停机”（off）位置，则 PS（2）与 PS（1）间断开，泵接触器线圈的闭合通路被切断，PUMP 线圈失电，常开接点打开泵电动机断开主电源，抱闸电磁阀失电，自动进入紧急刹车状态。

用 ESS 停机时，按下任一的 ESS 开关，则先导电路被切断，顺槽配电箱断路器跳闸，切断梭车的总电源。因而，用 ESS 停机时的不同之处在于它使梭车整机停电，即断电范围更大。

泵停止后，紧急制动闸自动加入，机器的行走部处于刹车状态。

c. 电机转向。泵电机应以顺时针方向旋转（由电机出轴端看），若方向相反，泵吸空，发出噪声，应立即纠正，否则泵将损坏。特别是在一部新梭车试运行时尤其要注意。

（4）输送机控制的工作原理

① 输送机电机的变速原理。输送机电机是一个双速电机，其变速工作原理就是利用普通交流电动机的转速 n（r/min）和电源频率 f，绕组极对数 p 之间的关系。即

$$n=60f/p$$

式中　n——电动机同步转速；

f——电源频率；

p——磁极对数。

由上式可以看出，在电源频率一定的情况下，只要改变极对数 p 就能得到不同的电机转速。梭车的输送机电机的定子绕组使用了一套绕组，可以采用改变定子绕组的接法得到不同的磁极对数。定子绕组接法的变换如图 5-6 所示。

电动机定子绕组由 6 个半绕组 A、B、C、D、E、F 构成，它们首尾相互连接并引出 6 个接头，即 CC_1、CC_2、CC_3、CC_4、CC_5、CC_6 以供双速电机的不同接法，如图 5-6（a）所示。输送机高速运行时，主电路中的高速接触器闭合，将 CC_4、CC_5 和 CC_6 接至三相电源，且 CF 闭合。定子绕组为双星形（YY）接法，如图 5-6（b）所示。输送机低速运行时，主电路中的低速接触器闭合，CF 断开，将定子绕组的 CC_1、CC_2 和 CC_3 三端接至三相电源，定子绕组变为三角形（△）接法如图 5-6（c）所示。

② 输送机正向低速运行的电气控制原理。输送机正向低速运行的启动满足下列条件，

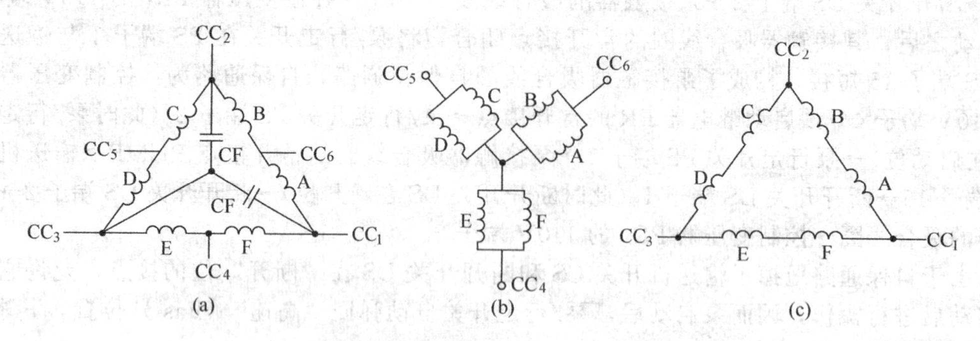

图 5-6　输送机电机定子绕组接法的变换

即泵电机必须已运转（即泵接触器已经闭合），输送机漏电继电器接点（CELR）和输送机过载接点（COLS）必须闭合（即没有漏电和过载故障）。在此条件下，输送机控制开关 CS 的 2 号端子与控制电源接通。

输送机控制开关 CS 共有“正转启动”、“正转低速运行”（Forwslow）、“正转高速运行”（Forwfast）、“停机”、“反转低速运行”（Revslow）和“反转启动”6 个位置。

a. 输送机正向低速运行的启动与运行。把输送机开关 CS 旋转到“正向启动”位（Forwardstart），正向运行接触器 CF 线圈通电吸合。启动后，松开手把，弹回到“低速正向”位（Forwardslow），接触器 CF 线圈保持吸合，输送机开关 CS 旋到“正向启动”位时的电流通路为：控制变压器 PR_4 的 110V 端子 4→预启动继电器 PR 的常开接点→泵/行走开关 PS 端子 2（此时泵/行走开关 PS 在启动位）→泵/行走开关 PS 端子 1→泵接触器线圈的常开接点 PUMP→输送机接地漏电继电器 CELR→输送机正向热过载保护继电器常闭接点 COLS→输送机反向热过载保护继电器常闭接点 COLS→输送机开关 CS 端子 1（此时输送机开关 CS 在正向启动位）→输送机开关 CS 端子 2→输送机反向运行接触 CR 的常闭接点→输送机正向运行接触器 CF 线圈→控制变压器 PR_4 的 110V 端子 2。

此时，由于输送机正向运行接触器 CF 有电，主回路中正向接触器闭合，同时其辅助接点 CF 闭合，形成自保回路。当手把弹回正向低速位时，CF 线圈仍有电，其自保通路为：

控制变压器 PR_4 的 110V 端子 4→预启动继电器 PR 的常开接点→泵/行走开关 PS 端子 2（此时泵/行走开关 PS 在启动位）→泵/行走开关 PS 端子 1→泵接触器线圈的常开接点 PUMP→输送机接地漏电继电器常闭接点 CELR→输送机正向热过载保护继电器常闭接点 COLS→输送机反向热过载保护继电器常闭接点 COLS→输送机开关 CS 端子 3（此时输送机开关 CS 在正向低速位）→输送机开关 CS 端 4→输送机正向运行接触器 CF 的常开接点→输送机反向运行接触器 CR 的常闭接点→输送机正向运行接触器 CF 线圈→控制变压器 PR_4 的 110V 端子 2。

在正向低速位，由于输送机开关 CS 端子 5 与端子 6 接通。使输送机低速线圈有电，其电流通路为：控制变压器 PR_4 的 110V 端子 4→预启动继电器 PR 的常开接点→泵/行走开关 PS 端子 2（此时泵/行走开关 PS 在启动位）泵/行走开关 PS 端子 1→泵接触器线圈的常开接点 PUMP→输送机正向热过载保护继电器常闭接点 COLS→输送机反向热过载保护继电器常闭接点 COLS→输送机开关 CS 端子 1→端子 3→端子 5（此时输送机开关 CS 在正向低速位）→输送机开关 CS 端子 6→输送机正向运行接触器的常开接点 CFRW→延时继电器 TD_1 接点（延时 0.2s 闭合）→输送机高速运行接触器的常闭接点 CONVFAST→输送机低速线圈 CONVSLOW→控制变压器 PR_4 的 110V 端子 2。

低速线圈通电吸合之后，使主回路中的主触头闭合。1050V 三相电源经正向接触器与低速接触器送至输送机电机的 CC_1、CC_2 与 CC_3 端子。电动机定子绕组成三角线接法，电机低速运行。此时，主回路的通路如图 5-7 所示，输送机电机运行在正向低速，可以长时间运行。

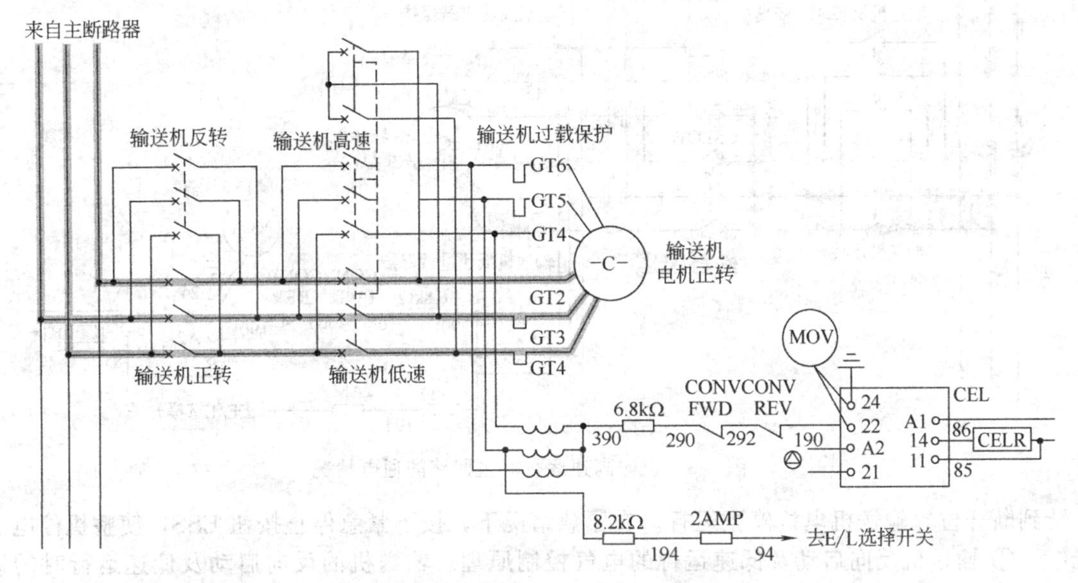

图 5-7 输送机正向低速运行时主回路通电情况

b. 输送机正向低速运行的停止。正常情况下，将输送机开关 CS 手把转到断开位，此时输送机正向线圈与低速线圈都断电，输送机电机停止运行。在紧急情况下，可以按下紧急停止按钮 ESS，断开前级电源，使整机停电。一般情况下不要使用 ESS 按钮。

③ 输送机正向高速运行的控制原理。输送机的正向高速运行操作时，应把输送机开关 CS 手把旋转到“正向启动”位（ForwardStart），使正向接触器闭合，然后再将手把旋转到“高速正向”位（Forward Fast）。此时，输送机开关的 CS（5）、CS（6）断开，CS（7）、CS（8）相通。在 CS（7）、CS（8）接通后 0.2s，延时继电器 TDz 接点闭合，高速接触器 CONVFAST 线圈有电。其电流通路为：

控制变压器 PR_4 的 110V 端子 4→预启动继电器 PR 的常开接点→泵/行走开关 PS 端子 2（此时泵/行走开关 PS 在启动位）→泵/行走开关 PS 端子 1→泵接触器的常开接点 PUMP→输送机接地漏电继电器常闭接点 CELR→输送机正向热过载保护继电器常闭接点 COLS→输送机反向热过载保护继电器常闭接点 COLS→输送机开关 CS 端子 1→端子 3→端子 5→端子 7（此时输送机开关 CS 在正向高速位）→输送机开关 CS 端子 8→输送机正向运行接触器的常开接点 CFORW→延时继电器 TD_2 接点（延时 0.2s 闭合）→输送机低速运行接触器的常闭接点 COMVSLOW→输送机高速线圈 CONVFAST→控制变压器 PR_4 的 110V 端子 2。

高速线圈通电吸合后，使主回路中的主触头闭合 1050V 三相电源经正向接触器与高速接触器的 3 个电源主触头送至输送机电机的 CC_4、CC_5 与 CC_6 端子，高速接触器的另外两个主触头将输送机的 CC_1、CC_2 与 CC_3 端子断接，从而使电机定子绕组成双星形接法，电机处于高速运行状态。主回路的通电情况如图 5-8 所示。

在两组接触器切换时设置 0.2s 延时，可以防止原闭合的接触器尚未完全断开时另一组接触器闭合，造成电源短路。

输送机正向高速运行的停止与正向低速时相同，在正常情况下，使输送机开关 CS 手把

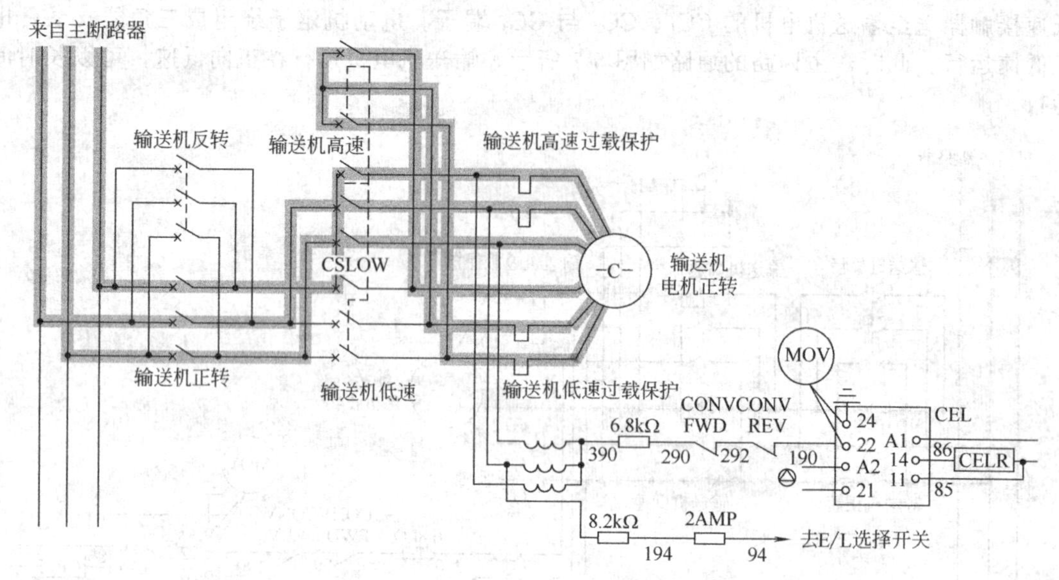

图 5-8 正向高速运行时主回路的通电情况

转到断开位，输送机电机停止运行。在紧急情况下，按下紧急停止按钮 ESS，使整机停电。

④ 输送机反向启动及低速运行的电气控制原理。输送机的反向启动及低速运行时的启动条件与正向启动一样。输送机开 YecS 的手把旋到反向启动位（RevStart）。其端子 CS（9）与 CS（10）相通，使输送机的反向接触器的吸合线圈有电，主回路中的主触头闭合，其辅助接点（CONNREV）闭合，形成自保通路。接着手把弹回到反向低速（REVSLOW）位，输送机开关 CS 的端子 CS（13）与 CS（14）接通，使低速接触器吸合线圈有电，主回路中的低速运行主触头闭合，机器运行在反向低速状态，一般情况下输送机不需要反转，只是在个别情况下，如物料卡住时偶尔反转，所以反转没有高速。

反向运行接触器 CR（CONNREV）线圈吸合的电流通路为：控制变压器 PR_4 的 110V 端子 4→预启动继电器 PR 的常开接点→泵/行走开关 PS 端子 2（此时泵/行走开关 PS 在启动位）→泵/行走开关 PS 端子 1→泵接触器线圈的常开接点 PUMP→输送机接地漏电继电器常闭接点 CELR→输送机正向热过载保护继电器常闭接点 COLS→输送机反向热过载保护继电器常闭接点 COLS→输送机开关 CS 端子 1→输送机开关 CS 端子 9（此时输送机开关 CS 在反向启动位）→输送机开关 CS 端子 10→输送机正向运行接触器 CF（CONNFORW）的常闭接点→输送机反向运行接触器 CR（CONNREV）线圈→控制变压器 PR_4 的 110V 端子 2。

反向运行接触器 CR（CONNREV）吸合线圈有电后，辅助接点闭合，形成自保。当手把弹回到 REVSLOW 时接触器仍有电。

由于输送机开关 CS 端子 13 与端子 14 接通，使输送机低速线圈有电，其电流通路为：控制变压器 PR_4 的 110V 端子 4→预启动继电器 PR 的常开接点→泵/行走开关 PS 端子 2（此时泵/行走 PS 在启动位）→泵/行走开关 PS 端子 1→泵接触器线圈的常开接点 PUMP →漏电继电器接点 CELR→输送机正向热过载保护继电器常闭接点 COLS→输送机反向热过载保护继电器常闭接点 COLS→输送机开关 CS 端子 1→端子 3→端子 5→端子 7→端子 9→端子 11→子 13（此时输送机开关 CS 在反向低速位）→输送机开关 CS 端子 14→输送机反向运行接触器的常开接点 CREV→延时继电器 TD_1 接点（延时 0.2s 闭合）→输送机高速运行接触器的常闭接点 CONNFAST→输送机低速线圈 CONNSLOW→控制变压器 PR_4 的 110V 端子 2。

低速线圈通电吸合后，使主回路中的主触头闭合。1050V 三相电源经反向接触器与低速接触器送至输送机电机的 CC_1、CC_2 与 CC_3 端子，电机定子绕组成三角形接法，电机低速运行。

在正常情况下，将输送机开关 CS 手把转到断开位，输送机电机停止运行。在紧急情况下，按下紧急停止按钮 ESS，使整机断电。

(5) 行走部控制的工作原理

① 行走部电机的变速原理。行走部为两个电机，这两个电机也是双速电机，电机的定子绕组也使用了一套绕组，采用改变定子绕组的接法以得到不同的磁极对数。电机可实现两个速度，是由相应的两组接触器来变换定子绕组的接法，达到调速的目的。

电机定子的全部绕组也是由 6 个半绕组 A、B、C、D、E、F 构成，它们首尾相互连接并引出 6 个头：即 T_1、T_2、T_3、T_4、T_5、T_6 以供双速电机的不同接法，如图 5-9 所示。

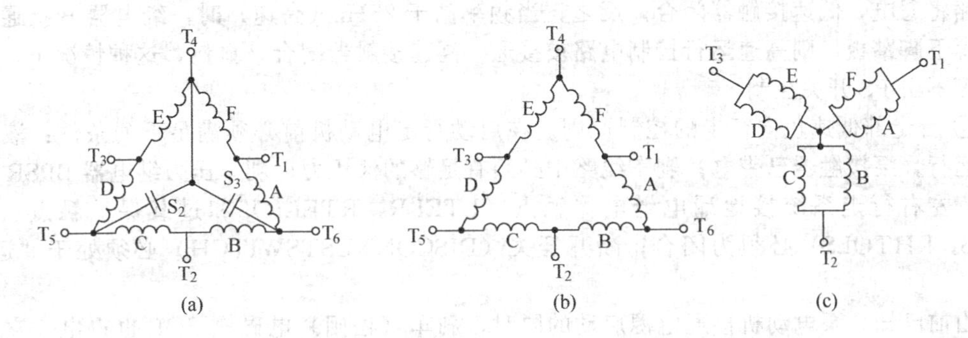

图 5-9 行走电机定子绕组接法的变换

在输送机的控制电路中电机绕组接法的变换是由两组接触器完成的。行走部电机也是如此，当行走部高速接触器的吸合线圈（即 aFAST 及 bFAST）有电时，绕组成双星形接法，为高速运行，如图 5-9（c）所示。当行走部低速接触器的吸合线圈带电时（即 AS_1、AS_2 及 BS_1、BS_2 带电），主回路中相应的主触头闭合（每路为两组，5 个触点），绕组成三角形接法，为低速运行，如图 5-9（b）所示。

② 行走部电机启动的条件。行走部电机启动时，必须具备如下几个条件。

a. 泵必须运转，制动器液压系统必须有足够的压力，制动器压力继电器（BPSR）必须带电，左右行走漏电继电器接点（LTELR，RTELR）及左右行走过载保护接点（LH-TOLS，RHTOLS）必须闭合，断开开关 DS 处于运行位。

b. 机器处于停车状态时，液压系统是没有压力的，制动器则在弹簧力的作用下，使行走部处在刹车制动状态。机器如要前后行走，必须解除制动。当泵开动后，其常开的辅助接点闭合，使电磁阀 SOL 线圈有电，液压油路接通，制动解除。另外，压力继电器开关得到液压压力，当压力达到 3.1MPa 时，压力开关动作，断开其常闭接点 BPS，使相应指示灯熄灭；闭合其常开接点 BPS，使压力继电器 BPSR 带电。压力继电器 BPSR 的常开接点闭合，为行走部的运行创造条件。

③ 逻辑箱频率检测电路的控制原理。行走电动机的控制主要由逻辑控制箱承担。逻辑箱内部由一些继电器和频率检测电路组成，该电路框图如图 5-10 所示。

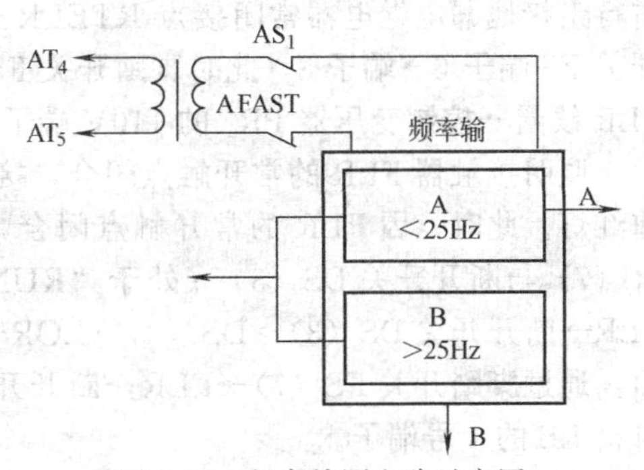

图 5-10 频率检测电路示意图

可以把它看作两个继电器，两个继电器的输入端接逻辑箱 73 号端子（正常工作时为 110V 控制电源的一侧），输出端则分别接低速和高速接触器线圈电路（图 5-10 中分别用 A、B 表示）。继电器的通断受输入频率信号控制。频率信号来自一个专用变压器，变压器原边接右侧行走电动机（A）的 AT_4 和 AT_5 定子端，变压器的副边串接有右侧行走电动机主电路接触器 AS_1 和 AFAST 的辅助触点（常闭）。在行走电动机正常带电运行时，AS_1 和 AFAST 总有一个是断开的，故频率检测电路与变压器副边断开，频率输入可以认为是零，继电器 A 接通，端子 A 与 73 号端子接通。一般情况下其输出均为这种状态。

频率检测电路的主要作用是在梭车下坡时司机将脚踏开关松开到“断电”（off）位置，让梭车断电滑行时检测梭车速度，在这种情况下，电动机主电路接触器均断开，但梭车下坡运行的速度使电动机处于发电状态，该发电电压由 AT_4 和 AT_5 输出，其频率正比于梭车的速度。当频率低于 25Hz（低速）时，继电器 A 接通。此时，若踩下脚踏板，则低速运行控制电路将通电，低速接触器闭合。反之，当频率高于 25Hz（高速）时，继电器 B 接通，此时若踩下脚踏板，则高速运行控制电路被接通，高速接触器闭合。显然，这种情况下，梭车的速度不由 PS 开关控制。

④ 行走部低速正向行走的控制原则。在启动行走电动机前必须满足下列条件：液压泵已在运行，泵接触器已带电，刹车线路中必须有足够的液压力，刹车压力继电器 BPSR 必须得电；左右行走系统接地漏电继电器触点（LTELR，RTELR）和过载保护触点（LHTOLS，RHTOLS）必须为闭合；断开开关（DISCONNESTSWITCH）必须处于“运行”位置。

由前已知，泵电动机接通电源启动的同时，刹车（松闸）电磁阀 SOL 也得电，它打开刹车系统的液压线路。当液压力增大到 3.1MPa 达到松闸压力时，刹车压力开关 PS 闭合，刹车压力继电器 BPSR 得电吸合，其常开触点闭合，使控制电源（4）通过一系列触点接至脚踏开关 FS 的 6 号端子，其通电途径为：控制变压器 PR_4 的 110V 端子 4→预启动继电器 PR 的常开触点→泵/行走开关 PS 端子 2（此时泵/行走开关 PS 在启动位）→泵/行走开关 PS 端子 1→泵接触器线圈的常开接点 PUMP→压力继电器 BPSR 常开接点→右行走热过载保护继电器常闭接点 RHTOLS→左行走热过载保护继电器常闭接点 LHTOLS→右行走接地漏电继电器常闭接点 RTELR→左行走接地漏电继电器常闭接点 LTELR→脚踏开关 FS 端子 6。

启动时，梭车司机首先将泵/行走开关转到低速位（SLOW），脚踏开关 FS 打在前进（FORW）位，断开开关 DS 打在运行位，则脚踏开关 FS 的 7、8 端子间接通，控制电源通过下列路径加到逻辑箱（以后用 LB 表示）的 10 号端子：控制变压器 PR4 的 110V 端子 4→预启动继电器 PR 的常开接点→泵/行走开关 PS 端子 2（此时泵/行走开关 PS 在启动位）→泵/行走开关 PS 端子 1→泵接触器线圈的常开接点 PUMP→压力继电器 BPSR 常开接点→右行走热过载保护继电器常闭接点 RHTOLS→左行走热过载保护继电器常闭接点 LHTOLS→右行走接地漏电继电器常闭接点 RTELR→左行走接地漏电继电器常闭接点 LTELR→脚踏开关 FS 端子 6→端子 8（此时脚踏开关 FS 在前进位）→脚踏开关 FS 端子 7→前照明接触器 FLR 线圈→控制变压器 PR_4 的 110V 端子 2。

照明接触器 FLR 的常开触点闭合，接通梭车前大灯（白光灯），其常闭触点断开，关掉前红灯。此时，因 FLR 的常开触点闭合，尾红灯亮。FLR 的另一个触点闭合使脚踏开关 FS（7）与断开开关 DS（3）（处于“RUN”位置）相连，控制电源经脚踏开关 FS（7）→FLR→断开开关 DS（3）→DS（4）→LOR→LB（20）加到逻辑箱 LB 的 20 号端子。另一方面，通过脚踏开关 FS（7）→FLR→断开开关 DS（3）→DS（7）→DS（8）→LB（1）加到逻辑箱 LB 的 1 号端子。

这样，使逻辑箱的一个内部前进继电器 FR 带电。逻辑箱内部继电器 FR 的常开接点与前照明继电器 FLR 的常开接点一起闭合，使行走部前进接触器 FORW 线圈带电吸合，其电流通路为：控制变压器 PR_4 的 110V 端子 4→预启动继电器 PR 的常开接点→泵/行走开关 PS 端子 2（此时泵/行走开关 PS 在启动位）→泵/行走开关 PS 端子 1→泵接触器线圈的常开接点 PUMP→压力继电器 BPSR 常开接点→右行走热过载保护继电器常闭接点 RHTOLS→左行走热过载保护继电器常闭接点 LHTOLS→右行走接地漏电继电器常闭接点 RTELR→左行走接地漏电继电器常闭接点 LTELR→脚踏开关 FS 端子 6→端子 8（此时脚踏开关 FS 在前进位）→脚踏开关 FS 端子 7→前照明接触器 FLR 的常开接点→断开开关 DS 端子 3→端子 7→断开开关 DS 在前进位→断开开关 DS 端子 8→逻辑箱 LB 端子 1→内部继电器 FR 常开接点→逻辑箱 LB 端子 11→行走部后退接触器常闭接点→行走部前进接触器 FORW 线圈→控制变压器 PR_4 的 110V 端子 2。

逻辑箱内部继电器 FR 的另一个常开接点（接于 LB 端子 20 与频率检测电路间的）也闭合，使频率检测电路与控制电源接通。在带电运行的情况下，频率检测电路为上部输出，LB 内的“频率低”触点“FREOLOW”闭合。使两台行走低速接触器 AS_1、BS_1 的线圈吸合。其电流通路为：断开开关 DS 端子 3（断开开关 DS 在运行位）DS 端子 4→行走部过流继电器 LOR 的常闭接点→逻辑箱 LB 端子 20→内部继电器 FR 常开接点→频率检测电路（此时低于 25Hz 则接通低速）→内部高速继电器 FAST-R 的常闭接点→逻辑箱 LB 端子 33（此后分为两路）→行走部高速接触器常闭接点（AFAST、BFAST）→行走部低速接触器线圈（AS_1、BS_1）→控制变压器 PR_4 的 110V 端子 2。

行走部低速接触器线圈（AS_1、BS_1）通电闭合时，两台电动机均为 T_1、T_2、T_3 接三相电源，另 3 个端子断开，此时定子绕组的接法如图 5-11 所示。这种接法称为“错位三角”接法，它可限制启动时的转矩冲击，使梭车以低速运行。

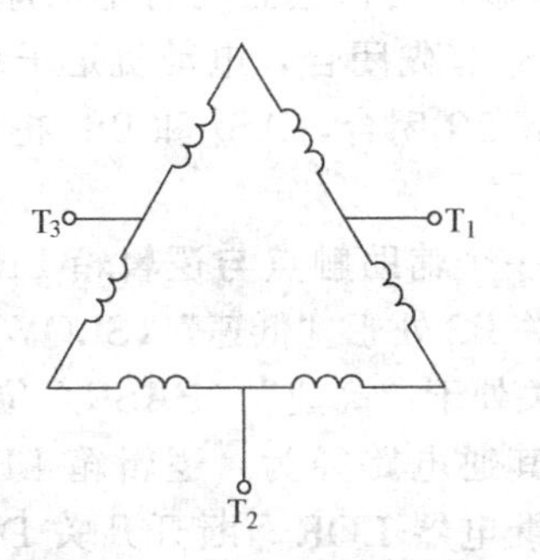

图 5-11　错位三角形接法

AS_1 和 BS_1 得电的同时，低速延时继电器 SLOW-2R 也得电开始延时，0.5s 后动作，使逻辑箱 LB 端子 37 有电，从而使低速接触器 AS_2 和 BS_2 得电动作，将两台电动机的 T_4、T_5、T_6 三端短接，定子绕组成为三角形接法，电动机进入低速运行状态。此时，电动机成为 8 极电机，同步转速为 750r/min（对于 50Hz 供电频率）。前进低速行走时，主电路带电情况如图 5-12 所示。

停止梭车时，只要将脚踏开关 FS 松开，它自动返回到断开位置，则脚踏开关 FS 的端子 8 与 7 之间断开，逻辑箱 LB 的各输入端电源均被切断，各接触器断开，电动机断电停机。

⑤ 行走部高速正向行走的控制原则。启动时，梭车司机首先将泵/行走开关 PS 转到“高速”位（Fast），其他开关位置均不变。

当泵/行走开关 PS 手柄转到“高速”（Fast）时，其端子 PS（3）与 PS（4）接通，这是与低速运行时的唯一区别。从电气原理图中可以明显看出，高速行走启动仍要经过低速行

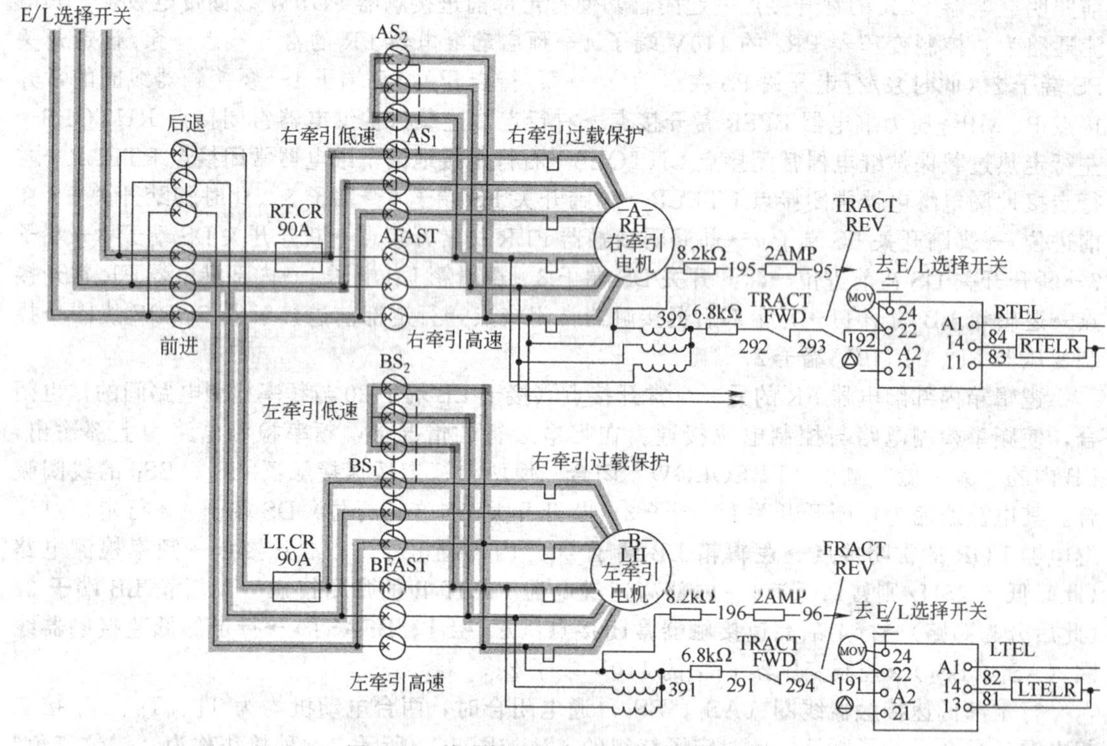

图 5-12　前进低速行走时主电路带电情况

走的全过程，这一过程与前边所叙述的低速正向行走的原则完全一样，即踩下脚踏开关到“前进”(Forw) 位置，AS_1、BS_1 首先闭合，电动机定子绕组接为“错位三角形”，开始启动；0.5s 后，延时继电器 SLOW-2R 闭合，AS_2 和 BS_2 得电闭合，电机改接为三角形接法，进入低速运行（约 750r/min）。

在逻辑箱内，SLOW-2R 有一个辅助触点与逻辑箱 LB（74）相连，而逻辑箱 LB（74）与 PS（3）相连。当泵/行走开关 PS 处于“低速”(SLOW) 位置时，PS（3）与 PS（4）不通，PS（3）无电。而当 PS 开关处于“高速”(FASR) 位置时，PS（3）与 PS（4）接通，从而 PS（4）接 LB（73）端，其通电路径为：逻辑箱 LB（73）→逻辑箱内部前进继电器 FR→逻辑箱 LB（20）→过电流继电器 LOR→断开开关 DS（4）→DS（3）→前照明接触器 FLR 常开接点→脚踏开关 FS（7）→FS（8）→FS（6）→左行走接地漏继电器触点 LTELR→右行走接地漏电继电器触点 RTELR→左行走过载保护触点 LHTOLS→右行走过载保护触点 RHTOLS→制动器压力继电器触点 BPSR→泵接触器常开触点 PUMP→泵/行走开关 PS（1）→PS（2）→预启动继电器 PR 接点→110V 控制电源（4）。

此时逻辑箱 LB（74）有电，因此，SLOW-2R 继电器一旦闭合，高速行走延时继电器 FAST-R 得电开始延时。然后，FAST-R 动作，其常闭触点（与频率检测电路相连）断开，切断低速行走的控制电路，使低速接触器 AS_1、BS_1、AS_2、BS_2 失电断开。同时，其常开触点闭合，使逻辑箱 LB（47）有电，经过 0.1s 延时后，两个高速接触器 AFAST 和 BFAST 得电闭合，将电动机定子绕组接成双星形接法（由 T_4、T_5、T_6 端输入），电动机极数变为 4 极以略低于 1500r/min 的转速运行。高速接触器 AFAST 和 BFAST 线圈通电路径为：控制变压器 PR_4 的 110V 端子 4→预启动继电器 PR 的常开接点→泵/行走开关 PS 端子 2（此时泵/行走开关 PS 在高速位）→泵/行走开关 PS 端子 1→泵接触器线圈的常开接点 PUMP→压力继电器 BPSR 常开接点→右行走热过载保护继电器常闭接点 RHTOLS→左行走热过载保护继电器常闭接点 LHTOLS→右行走接地漏电继电器常闭接点 RHTELR→左行走接地漏电继电器常闭接点 LHTELR→脚踏开关 FS 端子 6→端子 8（此时脚踏开关 FS 在前进位）→脚踏开关 FS 端子 7→前照明接触器 FLR 的常开接点→断开开关 DS 端子 3（断开为 DS 在运行位）→DS 端子 4→行走部过流继电器 LOR 的常闭接点→逻辑箱 LB 端子 20→内部继电器 FR 常开接点→逻辑箱 LB 端子 73→泵/行走开关 PS 端子 4（此时泵/行走开关，PS 在高速位）→泵/行走开关 PS 端子 3→逻辑箱 LB 端子 74→低速延时继电器 SLOW-2R 的常开接点→高速延时继电器 FAST-R 延时闭合＋逻辑箱 LB 端子 47→0.1s 的延时继电器延时闭合→行走部低速接触器 AS_1、AS_2（另一路为 BS_1、BS_2）的常闭接点→行走部高速接触器 AFAST（另一路为 BFAST）的线圈→控制变压器 PR_4 的 110V 端子 2。

为了防止低速接触器（S_1、S_2）和高速接触器（FAST）同时闭合造成电源短路，二者的控制延时，可防止发生瞬间同时闭合（即 S_1、S_2 未彻底断开，FAST 已经闭合），造成电源瞬间短路。

前进高速行走时，主电路的带电情况如图 5-13 所示。

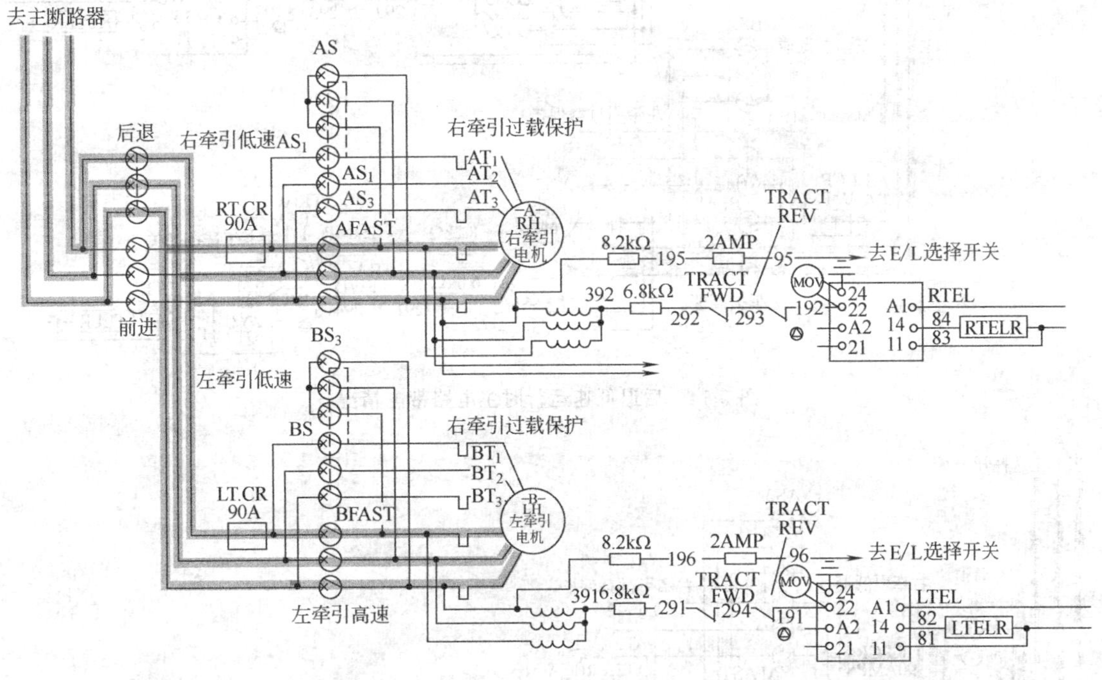

图 5-13　前进高速行走时主电路的带电情况

⑥ 行走部低速与高速后退行走的控制原理。低速后退行走启动时，梭车司机首先将泵/行走开关转到低速位，脚踏开关 FS 打在后退位（Rev），断开开关 DS 打在运行位（RUN）。此时的通路与前进低速线路大体一致。不同的是后退接触器线圈有电，前进接触器线圈无电。

当脚踏开关 FS 踩向“后退”（Rev）位置，脚踏开关 FS（6）与 FS（5）间接通，而 FS（8）与 FS（7）间断开，因此，控制电源经脚踏开关 FS（6）→FS（5）→LB（15）加到逻辑箱 LB 的 15 号端子。同时，后退照明接触器 RLR 得电吸合，其常开触点闭合，使梭车尾大灯（白光灯）亮；而其常闭触点断开，梭车尾红灯灭（此时因 FLR 常开触点闭合，前红灯亮）。后退照明接触器 RLR 的另一个触点闭合，使来自脚踏开关 FS（5）的控制电源与断开开关 DS（3）和 PS（7）接通。然后，经过断开开关 DS（7）→DS（8）→LB（1），使逻辑箱 1 号端子有电；经过断开开关 DS（3）→DS（4）及过流继电器 LOR 常闭接点使逻辑箱 LB（20）号端子有电；经逻辑箱 LB（16）→前进接触器 Forw 常闭接点→后退接触器线圈得到

110V 控制电源，REV 动作，向两台电动机接通反相序电源。泵/行走开关手把转到高速位(FAST)，脚踏开关 FS 踩至后退位。

此时情况与高速前进基本相同，只是后退接触器线圈有电，前进接触器线圈无电。同样，先经低速运行，然后自动输入高速运行。

后退运行时，主电路的带电情况如图 5-14、图 5-15 所示。

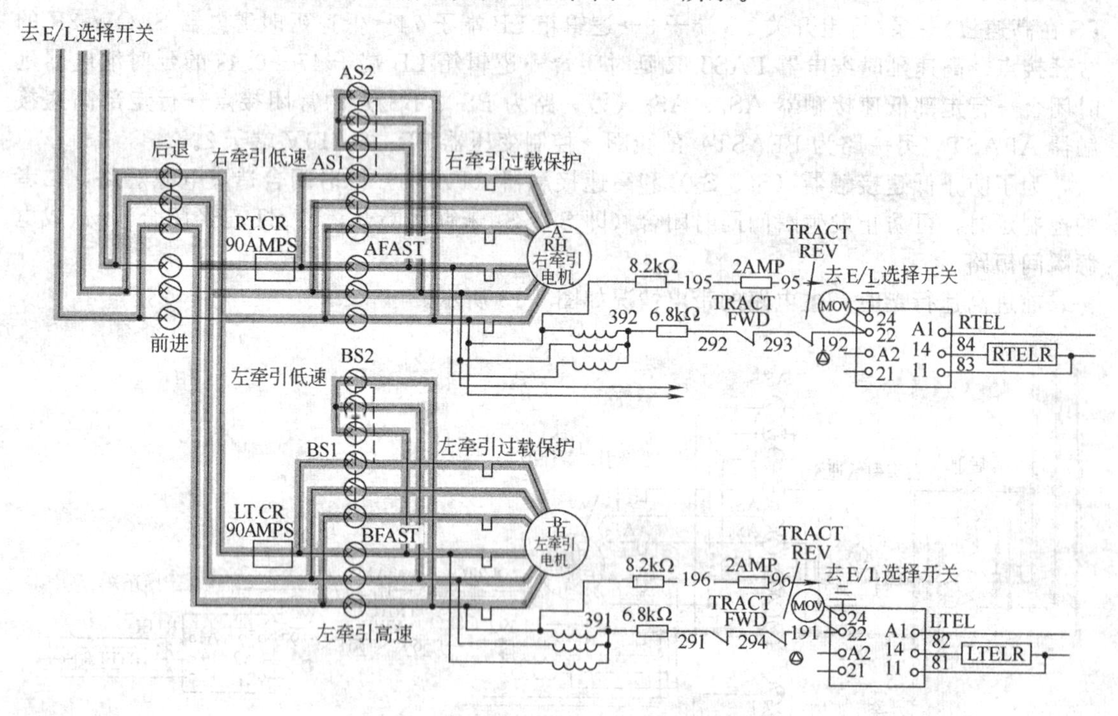

图 5-14　后退低速运行时主电路带电情况

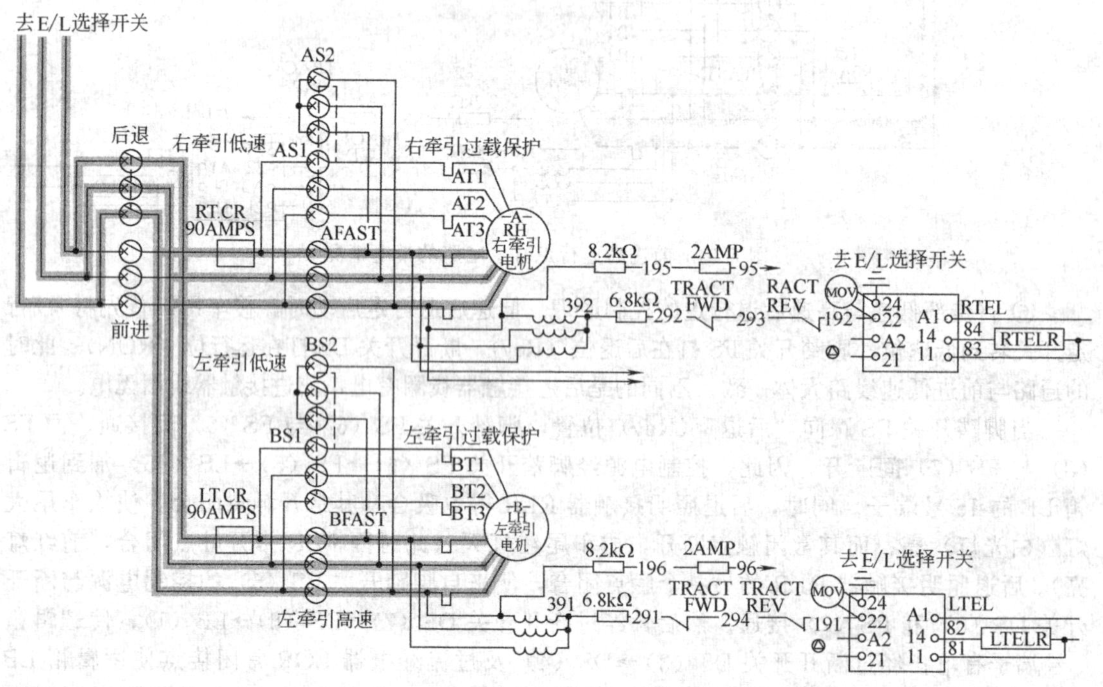

图 5-15　后退高速运行时主电路带电情况

2. 电气保护装置

(1) 行走部主回路的保护装置 在左、右行走部的主电路中，均安有过电流保护装置。在右行走电机的主回路中，安装有RT、CR过电流保护装置；在左行走电机的主电路中，安装有LT、CR过电流保护装置。其额定电流为90A。为防止误动作，装有延时器。当电流超过90A、时间超过1s时，保护装置方动作。RT、CR与LT、CR的延时常开接点并联后串接在过流继电器LOR的回路中，只要有一个动作，就会使过流继电器LOR线圈通电吸合，过流继电器线圈吸合后，由其另一个常开接点使其自保。在过电流故障处理后，若要重新运行，须将泵电路断开，使过流继电器断电释放，然后再重新启动泵电机。

在左右行走部的主电路中，还安装有过热保护装置。电源的3根进线中，有两根直接串接热继电器。对于一台电机来说，高速运行时，只有高速接触器主触头后的两个热继电器投入运行。低速运行时，4个热继电器全投入运行。

(2) 电动机接地漏电保护系统的电气原理 由于煤矿井下环境潮湿，有害气体大量存在，电气设备与供电电缆易受损、受砸、受压等损坏，供电网络极易发生接地漏电故障。漏电的结果，不仅损坏电气设备，还可能导致人身触电、瓦斯爆炸以及引起火灾等。因此，煤矿井下的供电系统必须装设灵敏可靠的漏电保护装置，以确保供电的安全。

漏电保护一般可分为漏电跳闸保护与漏电闭锁保护两种。漏电跳闸保护属于有载保护，即供电线路带电运行时，漏电保护对电网的对地绝缘进行检测，当绝缘电阻值下降到整定动作值时，保护动作，切断电源，确保供电安全。漏电闭锁保护属于无载保护，即供电线路通电之前，漏电保护对所供电的线路对地绝缘进行检测，当绝缘电阻值下降到闭锁的整定动作值时，保护动作，将故障电路锁定，不能接通电源。而当电机无漏电故障正常启动后，漏电闭锁保护系统则退出运行，失去监测作用。

10SC32型梭车对供电电压为1050V的泵电机，输送机以及左、右行走电机都装设有性能完全一样，工作原理完全相同而各自独立的漏电闭锁保护，其电气原理如图5-16所示。

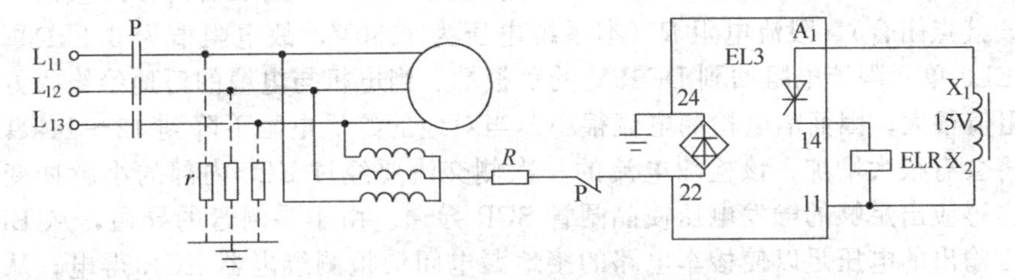

图5-16 电动机漏电监测系统

漏电监测系统由EL3漏电保护单元及其外电路组成。EL3的22号端子接所监测电动机主电路接触器的常闭辅助触点，然后经一电阻$R(R=6.8\text{k}\Omega)$接到三相电感器的中性点，三相电感器接主电路三相电源线。EL3的A_1端和11端接15V交流电源（来自变压器）。

一旦顺槽配电箱向梭车供电并合上梭车上的控制断路器，则漏电保护单元便有15V电源输入。在EL3内部有整流电路，使EL3的22号端输出15V直流电压（相对于接地端24，实际为24端正，22端负）。

EL3漏电保护单元15V直流电压正极→端子24→大地→三相电源线及电动机绕组对地的绝缘等效电阻r→三相电感线圈→电阻器R→主电路接触器P→EL3漏电保护单元（22）→15V直流电压负极。

正常情况下，三相电源线及电动机绕组对地的绝缘等效电阻r的值很大，回路中的电流很小很小。如果发生漏电，使任一相电源线的对地绝缘电阻下降到小于12～14kΩ，则回路中的电流增大。漏电继电器ELR得电动作，它串入控制电路中的常闭触点断开，控制电路不能闭合，从而防止在有漏电（绝缘下降）的情况下电路接通电源。

在正常情况下，一旦主电路接触器 P 闭合，则其常闭触点打开，将漏电保护单元与主电路断开。因此，该漏电保护系统是在主电路通电前起作用，也称“无载保护”。机器带电工作期间的保护则由顺槽配电箱承担。

(3) EL3 接地漏电保护单元的工作原理　电动机的接地漏电保护是由 EL3 接地漏电保护单元来实现的，EL3 的内部结构及其执行无载漏电监测时的等效电路如图 5-17 所示。

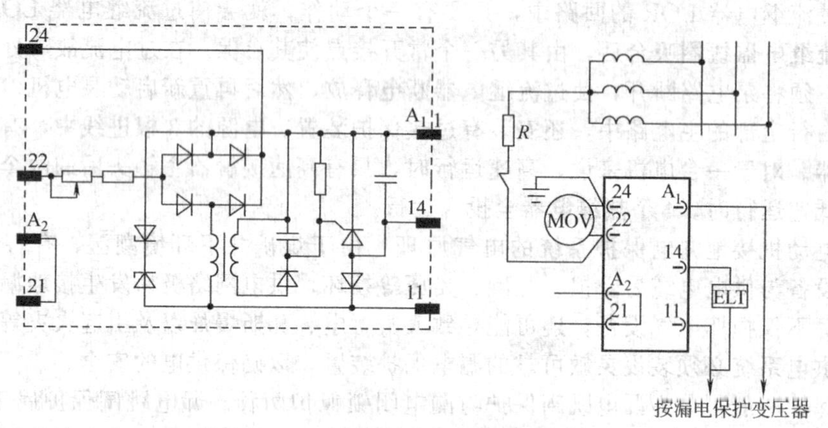

图 5-17　EL3 内部结构与外部线路的连接

EL3 接地漏电保护单元主要由小脉冲变压器，晶闸管 SCR、整流二极管、稳压管以及一些其他电子元件组成。EL3 单元的输入电源电压为交流 15V，由漏电变压器 PR_1 的二次侧单独供给，从端子 A_1 与 11 输入。漏电变压器 PR1 的二次侧共有 4 个交流 15V 绕组，分别供给 4 个 EL3 接地漏电保护单元。EL3 接地漏电保护单元内部有 4 个二极管组成整流桥，在有电的情况下输出直流检测电压，约 15V 的直流漏电检测电压，其正极从端子 24 输出，经地、电机侧三相线路的对地绝缘电阻 r、三相电抗器 IND、接触器的常闭接点（因接触器未吸合，该接点闭合）、限流电阻 R（本系统电压为 1050V，故电阻值为 6.8kΩ）EL3 单元端子 22、EL3 单元限流电阻回到 DC15V 的负极端。当电机与电缆的对地绝缘很好时，对地电阻 r 的阻值很大，因而漏电检测电流很小。当对地的绝缘电阻下降到 12～14kΩ 时，漏电检测电流将会有很大增加，该检测电流的一次侧交流要经过 EL3 内部的小脉冲变压器的原边，其副边感应出足够的触发电压使晶闸管 SCR 导通。由于晶闸管的导通，从 EL3 单元端子 14 与 11 输出的电压足以使梭车电路的接地漏电闭锁检测继电器 ECR 得电，从而使串入控制电路中的常闭接点断开，控制回路不能成为通路，从而防止了在漏电情况下电机的启动运行。

在正常无漏电故障的情况下，因漏电电流很小，不会触发晶闸管 SCR，接地漏电继电器 ECR 不能带电，其串入控制电路的常闭接点闭合，为电机启动提供通路。电机启动后，由于其串在漏电保护回路中的常闭接点断开，漏电闭锁保护回路失去监测作用，从电路中退出。而此时的漏电保护由上一级开关的漏电跳闸保护系统承担。

接地漏电选择开关与接地漏电试验/复位开关相互配合，可实现对泵、输送机、右行走、左行走和照明灯回路的人为接地漏电试验。在 1050V 电压等级的泵、输送机、右行走、左行走电机接地回路里各串接一个 8.2kΩ 的试验电阻，24V 直流电压等级的照明灯试验回路直接接地。照明灯试验接地或工作中发生接地故障跳闸后，应使用复位开关进行人工复位。人为接地漏电试验是用来验证漏电保护系统及其相应的指示灯是否处于正常状态，否则应予以检修。

二、848 型蓄电池运煤车

朗艾道公司生产的拖移式多用途运煤车是一种由可充电蓄电池作为牵引动力，前后车架铰接，可快速自卸物料，把煤从井下工作面运送到某一地点的运输车辆。

运煤车由充电式蓄电池作动力，通过驱动电动机齿轮箱，轮边行星传动机构将动力传递给前轮，可实现运煤车的前进与后退；通过液压转向油缸实现转向；通过推板油缸及活底油缸实现物料的快速卸载。

1. 848型运煤车电气系统

（1）主回路　848型运煤车的电气系统主回路如图5-18所示，与488铲车的主电路相比多了一台电动机的供电回路。每台电动机都有自己的方向接触器，续流二极管和主晶闸管，分别用后缀“A”和“B”表示。关断电路是共用的，但需要两套换向电容C_{19A}和C_{19B}，现以运煤车前进为例，说明主电路的工作原理。

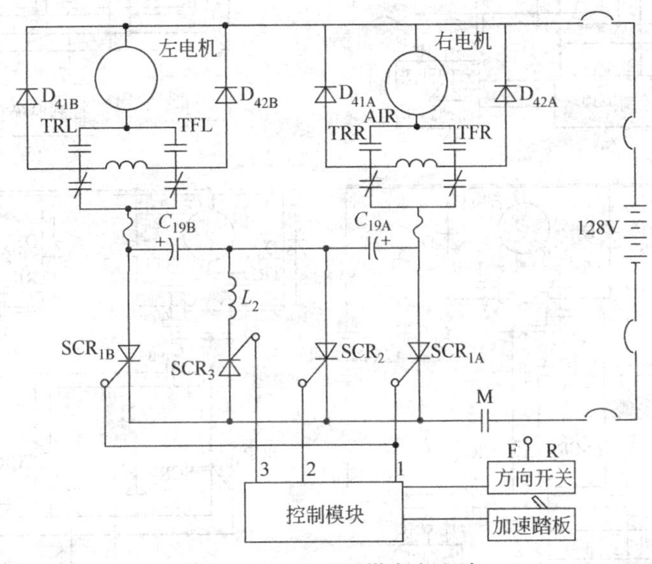

图5-18　848型运煤车主电路

工作原理：

① 方向开关选择“前进”（FORWARD）方向后，电源接触器M接通，主触头闭合，将电源接至晶闸管盘上，踩下加速踏板则两组前进方向接触器TFL和TFR闭合，同时，SCR_2被触发导通，电源向C_{19A}和C_{19B}充电，当电容器上的电压达到电源电压时，充电停止，SCR_2自动关断，电容器上的电压极性为：C_{19A}左负右正；C_{19B}左正右负。如图5-19（a）所示。

② C_{19A}和C_{19B}充满电后，触发SCR_{1A}和SCR_{1B}使它们导通，则将两台电动机都接通电源。

注意SCR_{1A}和SCR_{1B}控制极接在一起后与控制模块的1号端子相连，故二者是受同一信号控制并同时导通的。

③ 在SCR_{1A}和SCR_{1B}导通的同时，也将SCR_3触发导通，则电容C_{19A}和C_{19B}同时通过SCR_3和L_2形成了谐振放电通路。如图5-19（b）所示，当放电结束并给C_{19A}和C_{19B}极板上充满反向电压时，SCR_3关断，这时C_{19A}和C_{19B}上的反向电压为关断主晶闸管做好准备。放电过程中，流过主晶闸管SCR_{1A}和SCR_{1B}的电流为电动机电流和放电电流之和。当然，放电电流持续的时间很短（约为500～600ms）。

④ 关断主晶闸管时，再次触发SCR_2使其导通，则换向电容C_{19A}和C_{19B}与SCR_{1A}和SCR_{1B}直接并联，且电容极板上的高电位与SCR_{1A}和SCR_{1B}的阴极相连，给两个主晶闸管加上了反向电压迫使其关断，如图5-19（c）。

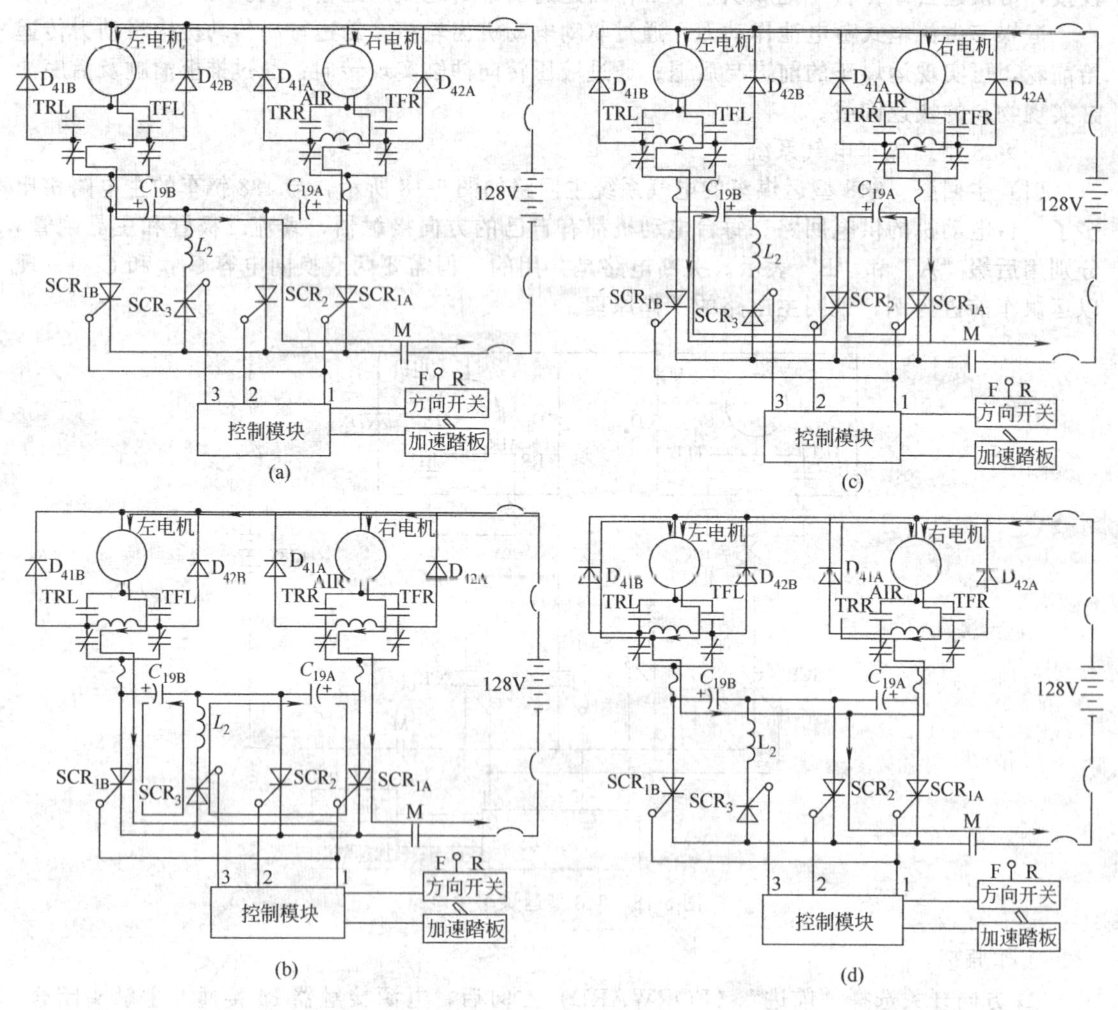

图 5-19 主电路工作原理

⑤ SCR_{1A}和 SCR_{1B}关断后，蓄电池电动机的供电通路被切断，电动机储存的电感能量分别通过 D_{41A}和 D_{41B}续流，如图 5-19（d）所示。

⑥ 在 SCR_{1A}和 SCR_{1B}关断及 D_{41A} 和 D_{41B} 续流期间，这一循环结束，再触发 SCR_2，电源向 C_{19A}和 C_{19B}重新充电。

由于 D_{11A} 和 D_{41B} 导通，将两台电动机端子间的电压限制为约 2V（上负下正），而 SCR_{1A}和 SCR_{1B}突然关断会在蓄电池供电线路（有等效电感）中感应出暂态电压，结果形成该暂态电压与蓄电池电压相加后向电容充电，使电容器上的充电电压超过蓄电池电源电压。

⑦ 电容器充好电后，经过 SCR_2 的电流为零则 SCR_2 自行关断，电容器上的电压极性与①时相同，如图 5-19（a）所示，大小约为电源电压的两倍（25.0V），为下一步脉冲循环做好准备，电动机绕组中电流继续通过 D_{41A}和 D_{41B}中流通。

上述过程重复下去，就会在电动机两端得到一系列的脉冲方波电压，电动机中由于有续流二极管的作用流过连续的脉冲电流，电机以一定转速旋转。若司机继续踩下加速踏板，脉冲频率将增加到 400Hz 时，电动机两端的电压约达到全压（电源电压）的 93%，转速达最高。

（2）控制回路　控制电路使用了固态电路控制器 A10500 和 A10500×2，调速采用调频调宽（即脉冲的频率和宽度均可调整）的方法，具体情况取决于运行工况和电动机转速。

理想的情况是，在低速时采用高频窄脉冲，以便降低电机电流的脉动分量，保证运煤车运行平稳，而在高速时，采用低频宽脉冲，以便降低晶闸管的开关频率，从而减小关断电路中的损耗。

为此，在加速开始时，控制器输出最窄的脉冲（宽度为1ms），随着加速踏板的进一步下移，脉冲频率增加到约300Hz，在此之前，脉冲宽度一直保持1ms不变。此时，电机转速已达一定值，窄脉冲不再需要，因而控制模块自动将脉冲宽度增加到3.5ms，这必将引起脉冲合并，脉冲频率降低。此后，若加速踏板进一步下移，则脉冲频率又将增加，在最高转速时，晶体管几乎为全导通状态，电动机两端电压为电源电压的93%。

(3) 848型运煤车电气系统的主要特点

① 主晶闸管（SCR_{1A}、SCR_{1B}）有温度保护。在SCR_{1A}、SCR_{1B}的散热器上装有温敏开关（常闭）TH_1和TH_2，它的触点在控制电路的“电流限制”环节中，如果SCR_{1A}和SCR_{1B}的温度达到整定值，则温敏开关打开，通过控制电路使主电路中的电流降低到很小值，直到SCR散热器的温度降低到正常值时，温敏开关又重新闭合，运煤车恢复正常工作状态。该保护功能可防止晶闸管热击穿。

② 自动紧急断电功能。自动断电电路在逻辑控制模块内部。由控制模块连续监测主晶闸管SCR_{1A}、SCR_{1B}阳极电压状况，测量它们的导通时间，如果因任何原因使SCR_{1A}、SCR_{1B}发生短路，或者它们的导通时间超过正常值，则控制模块在其内部将方向接触器线圈的负极断开（模块14号与4号断开），电动机的电源被自动切断。

③ 电流限制功能。当运煤车以过快加速度或电动机发生堵转时，会发生严重过电流。该系统采用电子控制模块，很容易将电动机电流限制在某一范围内，以保护控制器和电机，每台电动机的电流不能超过650A。

电流限制电路的工作原理如下：在每一个脉冲结束时，测量流过主电机的电流（通过电流互感器CT_1和CT_2），该测量值为脉冲形式的电压信号，其大小与主电机电流成正比，将该电流信号送入逻辑模块，模块将它与参考值进行比较。如果测量小于预设值，则不进行任何控制。如果电机电流超过650A预设值，则控制模块使SCR的下一次触发脉冲推后（推后的时间决定于所测电流超出预设值的程度），从而使脉冲频率从下一个脉冲开始降低，电动机等效电压降低，电流跟着降低，因而，不论发生什么故障，因控制模块可自动降低供电电压，使电流限制在规定范围之内。

④ 可控的反接制动。在10500固态控制系统中，反接制动电流可以人为地进行控制，以实现对机器快速制动，其原理如下。

设电动机原来以正向旋转，若此时司机突然将方向开关推到“后退”（REVERSE）位置，则前进方向接触器失电断开，而后退方向接触器闭合由图5-19电路可知，在此情况下，流过电动机电枢的电流方向没有改变，但流过励磁绕组的电流反向，而电动机转速方向仍不变，故电动机反电势也改变方向，变为上负下正，该方向的电压必然使与电机绕组并联的续流二极管D_{41A}和D_{41B}向导通，结果将电枢两端电压钳位约2V（二极管的正向压降）。另一方面，在方向接触器的A_2上（亦即电枢绕组的下端处）接有一条信号线，它经过电阻与控制模块8号端相连。一旦电枢反电势方向改变，通过该信号线便将这一变化送入控制模块，模块内部的防反接电路立即将加速斜率推为零，相当于将司机的加速踏板退回到了停车状态。结果，控制器输出频率很低的脉冲电压（这意味着电压平均值很小），使电动机中流过的电流很小，也限制了流过D_{41A}、D_{41B}的电流，信号线路中的电阻RV_8（820Ω）影响信号的强弱。防反接控制电路将收到的反馈信号与预设值进行比较，形成对电流的闭环控制，使整个制动过程中的电流保持相对稳定，直到电动机停止。

⑤ 可控加速。当司机突然将加速踏板踩到底进行全加速时，并不希望控制器立即就输出最大电流，而是希望它逐渐上升，防止对电动机及其他部件造成冲击。控制电路内部具有“软加速”功能，它使晶体管电路中的输出的脉冲电压缓慢上升，上升的时间可通过 RV 电位器预设 RV_5。

⑥ 脉冲宽度和频率均可变，脉冲调速方法采用调频调宽方式。具体调整取决于运行工况和电动机的转速。

⑦ 有电容放电模块。电容放电模块是一个安全装置，它能自动地使 C_{19A}、C_{19B} 电容器组放电，并有“电容带高压”指示和放电指示。

不论是由于故障原因还是正常操作，只要电气系统电源被断开，则放电模块便自动投入工作，这样便实现了停机后电容自动放电，以保安全。

放电模块上有两个指示灯，电容充电时白灯闪烁，放电时红灯点亮。若电源断路器 M 断开后红灯不亮，则可能是放电模块或其连线故障，应予检查修理。

2. 848 型运煤车的操纵

(1) 操纵系统组成及各元件功能　848 型运煤车的驾驶操纵系统包括制动闸脚踏板、速度开关脚踏板、松闸按钮、泵启动按钮、主开关手把、灭火启动器、车灯开关、断路器复位手把、电池断路器手把、转向控制手把、推移推板/活底手把、更换蓄电池控制手把、紧急自动制动闸、可选断路开关、可选后部辅助牵引装置。

在司机驾驶室中还有可调节座椅，报警喇叭、蓄能器压力表、液压系统压力表。

① 制动闸脚踏板。制动闸脚踏板由左脚控制，位于司机的左前方，用以制动。当初次启动运煤车时，制动闸蓄能器的压力会升到 10MPa，并显示在“蓄能器”表盘上：当制动闸工作一段时间后，压力降到 8.5MPa 时，蓄能器充压阀会自动打开，使压力开到 10MPa。

② 速度开关脚踏板。速度开关脚踏板由右脚操作，用于启动行走电机并调节运煤车的速度。速度开关踏板和制动闸踏板不能同时踩下，在停车制动闸制动时也不能踩下速度开关踏板，否则会使行走电机过载而缩短其使用寿命。

③ 松闸按钮。848 型运煤车有紧急制动闸，启动后要松闸，按下松闸按钮，若系统工作正常，按钮应在压下位置保持 2s，自动紧急制动闸解除停车制动。

④ 泵启动按钮。位于司机座的左侧，用于启动泵电机。启动泵电机时，按压此按钮，并保持 2s。

⑤ 主开关手把。位于司机座位的左侧，有 4 个位置：断开 (off)、停车 (park)、前进 (Forwand) 和倒退 (Reverse)。蓄电池断路器和车辆的断路器手把处在“开”位，且主开关手把处在“停车”、“前进”或“倒退”位，泵电机才能启动，带动液压泵而工作。在运煤车行驶中，或在速度开关踏板压下的情况下，不要将主开关手把从“前进”换向“倒退”或由“倒退”换向“前进”。要改变行走方向时，应按下列顺序操作：松开速度开关脚踏板，踩压制动闸踏板、停车，改变主开关手把的位置，松开制动闸踏板，踩下速度开关脚踏板。

⑥ 灭火启动器。在司机室的左侧，司机对面的电池旁有两个灭火器，由气动启动，用化学干粉剂灭火，可通过 6 个喷嘴喷射，布及各电机上部液压控制盘后及机器后部。

⑦ 车灯开关。位于司机座位的左侧，可使运煤车的任一对灯亮。一对灯位于电池端，另一对位于运煤车的后部。

⑧ 断路器复位手把。位于司机的右侧，用于将车辆停下，当断路器断开且使其复位，该断路器位于电气控制箱内，使电气控制器和电机断电，不能作为正常工作情况下的“开-断”开关，除紧急情况外，一般停车时应首先将主开关打到“断”位，然后将车辆的断路器打到关断位。

⑨ 电池断路器手把。位于电池上有 4 个位置；断开 (off)，用以断开机器的电气系统电

源；脱扣（Tripped）为断路器过载时的位置；复位（Reset）用于在它脱扣后，使断路器复位；正常工作位置在“接通”（on）。

⑩ 转向控制手把。位于司机的左侧，用于运煤车的转向。在向前行走时，若要左拐（倒车时右拐），慢慢地将转向控制手把向司机方向拉，若要在前进时右拐（倒车时左拐），慢慢地把手把向远离司机的方向推。

⑪ 推移推板/活底手把。推移手把控制机器后部的推板及活底。推板在运动过程中推出所有的物料，将后部卸空。当司机推“推移”手把后，推板应向机器的后部伸出，司机拉“推板”后，推板应收回，当不用推板时，它应处在收回位置。

⑫ 更换电池控制手把。该手把控制电池更换系统，由两个油缸组成（电池提升油缸），电池的每侧各有一个油缸，当司机操作“更换电池”手把后，油缸会把电池升起。把“更换电池”手把推离司机方向时，油缸会把电池降下，电池升降油缸装有固定装置，可防止电池在机器内移动。

⑬ 紧急/停车制动闸。该闸为弹簧施压，液压松闸，位于齿轮箱内，在机器行走前必须先松开紧急自动制动闸，若不松闸，因没有电气闭锁，机器行走操作失效而不能行走。要使紧急制动闸松闸，首先应使电池断路器和设备断路器的手把均处在“接通”位，主开关手把也必须处在“前进”或“倒退”位，且泵电机在运转，紧急制动闸由制动闸释放按钮来松闸，松闸时，将该按钮压下，并保持在该位直到液压按钮跳回到初始位置。

⑭ 可选断路开关。在控制器旁的一腔室内有一个可选断路开关，用以断开电机的电源，要断开电源时，压下断路按钮，使开关复位只要拉出该按钮即可。

⑮ 可选后部辅助牵引装置。后部辅助牵引装置可以根据需要被用于底板条件差的地方提供后轮液压驱动力来帮助驱动。要使其驱动后轮，应将后部辅助牵引手把向下拉，并使其保持在向下位置直到车辆通过了行驶困难区域，放开该手把即可使后轮脱离驱动。

(2) 848 型运煤车的启动步骤　在开车前应做预启动检查，检查蓄电池的连接和盖板，均应在位并可靠地锁好，还应检查蓄电池的断路器，应在接通位置。

① 打开转向锁紧装置；

② 司机坐在司机室的座位上，调节座位的高度，使操纵舒适；

③ 启动运煤车前，应确信车灯开关、主开关、设备电路断路器处在“断开”位；

④ 将设备断路器和车灯打在“接通”位，使行走方向的灯亮，将主开关打到“停车”挡位。液压泵电机准备启动，按下“泵启动”按钮，液压泵电机开始启动，并发出响声。若泵电机没发出响声，则应把主开关打在“断开”位，车灯开关打在“关闭”位，机器断路器打在“断开”位，检查蓄电池断路器；

⑤ 慢慢地来回移动转向控制手把，确认转向方向正确，随后敲响司机左侧警铃；

⑥ 将主开关打到要行走的方向(“前进”或“后退”）位，将制动闸踏板踩下，再按下“松闸”按钮，使紧急制动闸松开；

⑦ 此时运煤车可以行走了，慢慢地松开制动闸踏板，再慢慢地压下速度开关脚踏板，压得越多，运煤车走得越快。

在任何紧急情况下，将机器断路器打在“断开”位，并踩下脚踏板，或者是压下急停杆并踩下制动闸踏板，均可使运煤车停车。当压下急停杆后，设备的断路器会跳闸，断开电机的电源，并使紧急自动制动闸进行制动。

若路面条件不好，车辆难以行走时，可以打开后轮辅助驱动装置，使前后轮均作为驱动轮使用。

(3) 848 运煤车停机步骤

① 将运煤车开至指定停车点；

② 松开速度开关脚踏板，行走电机停止转动，再踩下脚踏闸踏板，运煤车即停车（前进或后退），但此时液压泵及电机仍在运行（可听出声响）；

③ 将推板/活底控制手把向外拉，使推板/活底向机器后段的前缘移动，在推移过程中推板/活底应无任何障碍；

④ 将主开关打到“停车”位，此时自动处于紧急停车制动状态，液压泵电机仍在继续运转，将主开关打开“关闭”位置，液压泵及电机即停止运转，将车灯开关打向“关闭”位，关掉车灯，将机器的断路开关打到“断”位，司机即可离机；

⑤ 连接转向锁定装置，将转向锁定装置从锁紧套中取下，用销轴将转向锁定装置连接到前车架上，并锁紧。

在紧急情况下，也可压下急停杆，使运煤车停车，当急停杆被压下后，机器的断路器将跳闸，使电机与电源断开，自动紧急停车开关动作，当压下急停杆后，应做好突然停车的准备。

(4) 操纵注意事项

① 开车前，所有人员均应离开运煤车将要行驶的危险区范围，车辆开动时要格外小心，在司机离开驾驶室之前，应将车辆可靠地关闭；

② 在开车后，在任何时候司机都应将头、胳膊、手放在驾驶室内，所有人员等都应在拖拉连接区以外，也不允许在车辆的顶、底部有人；

③ 在车进行检修保养之前，蓄电池部分，后车驾及铰接盘部分的下部均应加垫木块支撑，如确需抬起车辆进行维修，务必将车支承牢固，使车轮完全脱离开地面。电气系统维修，必须由专业电气技工进行；对电机或控制器进行维修时，应先将电池断开，打开控制器盖，电容放电指标器应显示电容已放电；

④ 蓄电池维修时必须由专业人员在通风良好的处所进行；在电池上进行工作或焊接时，应穿安全保护工作服，戴防护手套和眼镜。在安装好蓄电池后，务必将蓄电池盖盖好，注意不要夹手；

⑤ 车辆在行驶过程中需转向时，要观察周围并鸣响警铃；车辆停放必须选择坚固、水平地面；

⑥ 不要随意改变已调好的液压，电气系统的整定值；

⑦ 在车辆行驶过程中，若出现故障，必须将车辆关好后，锁紧转向锁紧装置后再进行维修。

第四节 给料破碎机电气系统

给料破碎机是连采生产作业中重要的组成部分，它将运煤车（梭车）运来的煤装入料斗中，经过破碎将大块煤破碎到一定粒度，然后转运出去。

一、1030 型给料破碎机电气系统组成

1030 型给料破碎机的电气系统由两台电动机及其控制电路组成，两台电动机分别驱动输送机和破碎机。

1. 主回路

主回路如图 5-20 所示，主电源为 660V、50Hz，由配电中心经拖曳电缆引至给破碎机的主断路器 CB_1，然后分别经交流接触器 C_1（M_1）和 C_2（M_2）向破碎机电动机和输送机电动机供电。

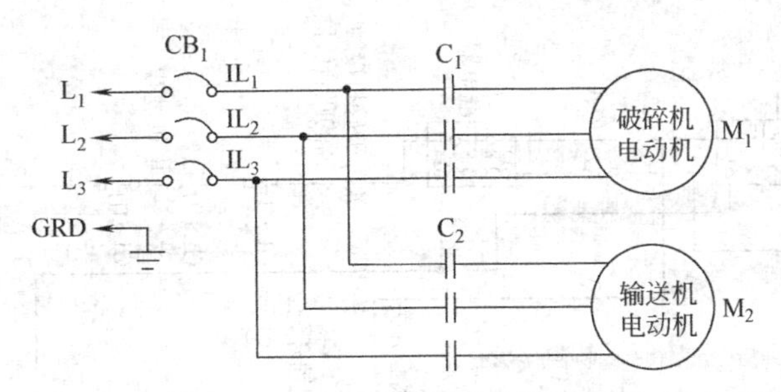

图 5-20　1030 型给料破碎机主电路

主断路器 CB_1 为三相自动空气开关，额定工作电流 300A，瞬时跳闸电流可在 0～1500A 之间整定。主断路器具有过流跳闸和保护脱扣机构，可执行过流脱扣保护。

CB_1 共有“接通”(ON)，“断开”(OFF)，“跳闸”(TRIPPED) 和“复位”(RESET) 4 个位置，合闸时应将手柄先推到“复位”，然后再推到“合闸”(ON) 位置。

两台电动机均为风冷，全封闭型感应电机额定电压为 660V，额定频率为 50Hz。

2. 控制回路

控制回路如图 5-21 所示，由 24V 控制电路和 120V 控制电路两部分组成。

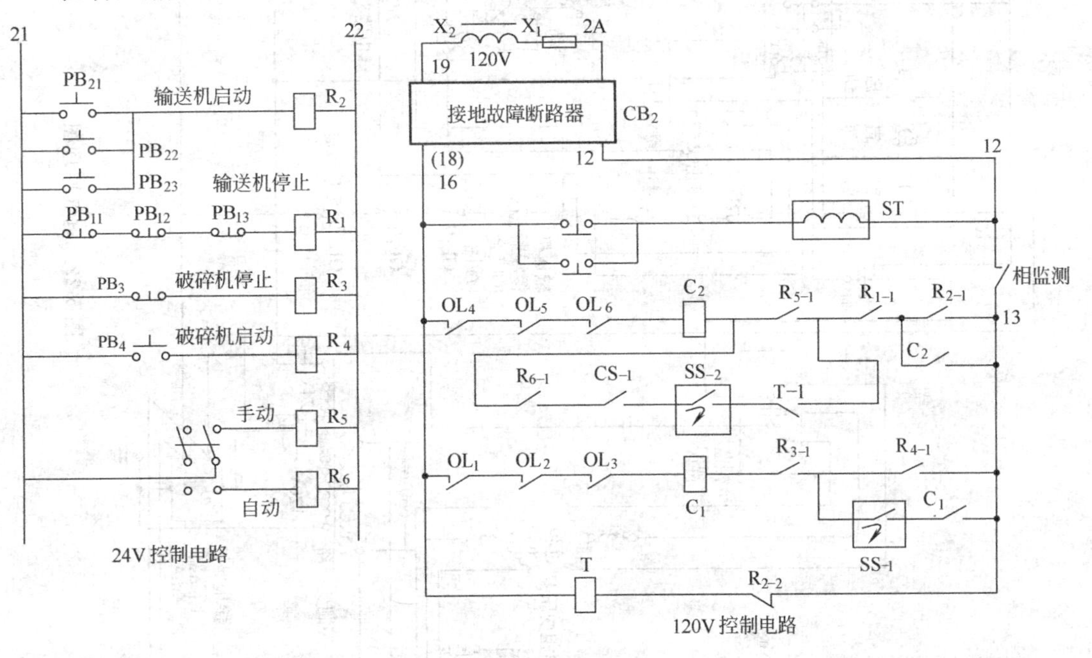

图 5-21　1030 型给料破碎机控制电路

控制电路由控制变压器供电，控制变压器原边接主电源 L_2、L_3 相，由 5A 熔断器对控制电路进行过流保护，变压器副边 120V 绕组输出给接地故障断路器后，向 120V 控制电路供电。24V 控制电路由各启动、停止按钮使各控制继电器触点接通或断开，从而实现对 120V 控制电路的控制。120V 控制电路中串有电动机接触器的线圈 C_1 (M_1) 和 C_2 (M_2) 控制继电器触点，过载继电器触点（常闭），离心开关触点，速度传感器等。它实现对主电动的控制和保护。

二、1030 型给料破碎机电气控制系统工作原理

现对照图 5-20、图 5-21 说明 1030 型给料破碎机的工作原理，图中各元件两端的数字为原设备接线图中的线号。图 5-22、图 5-23 为接线图。

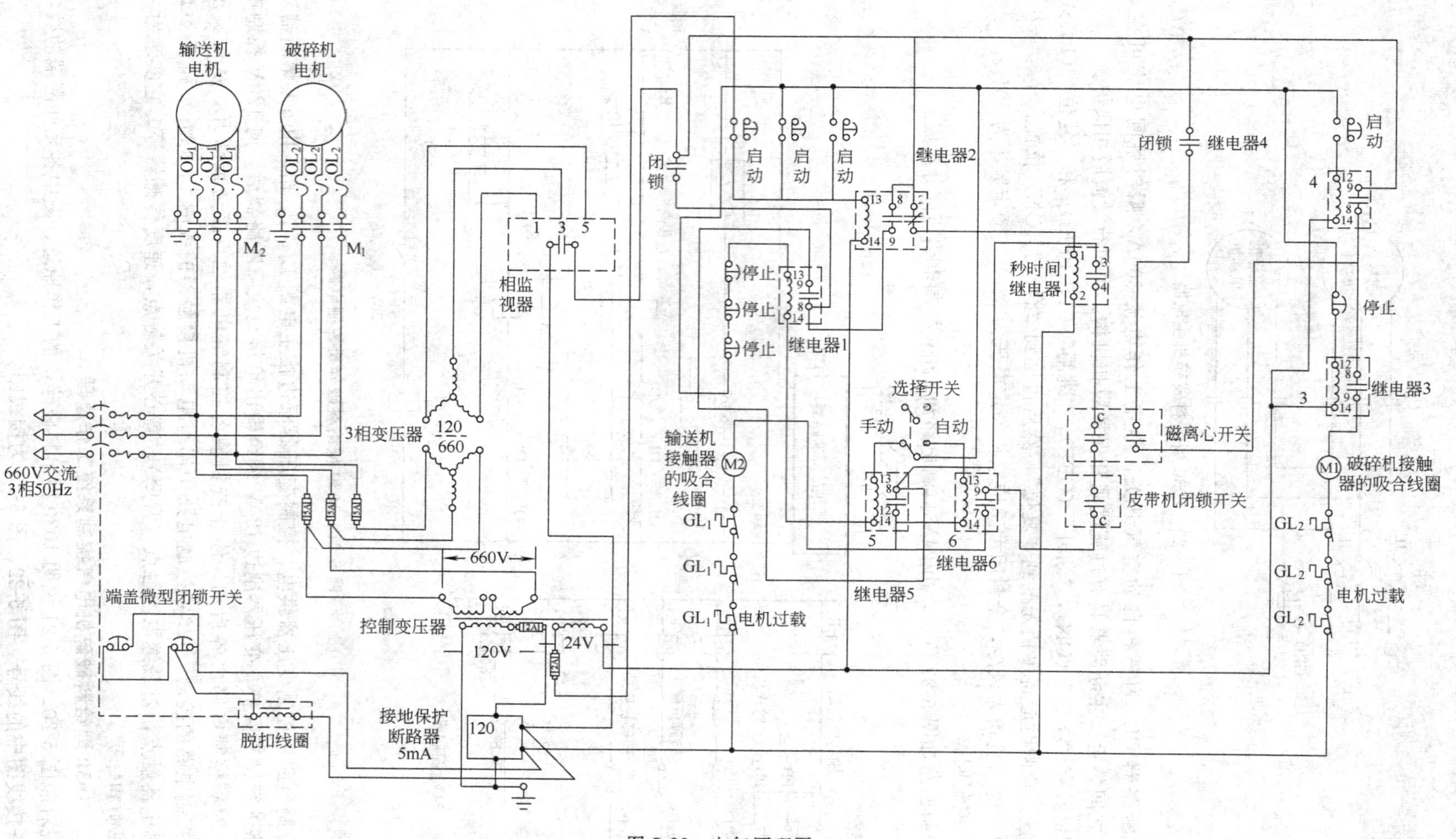
输送机
电机
破碎机
电机
M2
M1
660V交流
3相50Hz
相监
视器
3相变压器
120
660
660V
控制变压器
120V
24V
端盖微型闭锁开关
脱扣线圈
接地保护
断路器
5mA
闭锁
启动
停止
继电器1
继电器2
选择开关
手动
自动
输送机
接触器
的吸合
线圈
继电器5
继电器6
秒时间
继电器
闭锁
继电器4
磁离心开关
皮带机闭锁开关
继电器3
破碎机接触
器的吸合线圈
电机过载

图 5-22 电气原理图

1. 破碎机电动机（M_1）控制

（1）启动 如图5-21所示，启动破碎机时，按下24V控制电路中的破碎机启动按钮PB_4，则控制回路继电器R_4接通24V电源，它在120V控制回路中的常开触点R_{4-1}，闭合。

在120V控制电路的C_1线圈支路中，OL_1～OL_3为破碎机电动机的过载保护触点（常闭），正常时它们均闭合，R_{3-1}为破碎机停机控制继电器R_3的触点，只有按下PB_3时它才断开。因此，一旦R_{4-1}闭合，C_1（M_1）线圈便接通电源，C_1主触头闭合，使破碎机电动机接通电源启动。C_1（M_1）线圈的自保回路（与R_{4-1}并联）由C_1辅助触点和转速传感开关SS的一个触点SS_{-1}串联构成，电机转速达到全速的75%时SS_{-1}闭合。因此，启动破碎机时，按下PB_4启动按钮的时间应持续5～10s，使电动机转速接近全速时再松开，这样SS_{-1}已闭合，自保接通，C_1线圈能保持有电，电机连续运转。

（2）停机 停止破碎机电动机时，只要按下破碎机停止按钮PB_3，则R_3失电，其常开触点R_{3-1}断开，使C_1线圈断电，主触头打开，破碎机电动机M_1断电停车。

2. 输送机电动机（M_2）控制

输送机可选择手动运行或自动运行。

（1）手动控制 手动运行时，将选择开关推到“手动”（MANOAL）位置则R_5线圈有电，R_6无电。

输送机共有3组启动、3组停止按钮：一组在机上，两组为远方控制按钮，按下其中任一组按钮，都可以进行控制。

在120V控制回路中，C_2（M_2）回路由OL_4～OL_6、C_2线圈、R_{5-1}、R_{1-1}和R_{2-1}，触点组成。手动运行时，R_5有电，R_{5-1}闭合，OL_4～OL_6闭合，在24V控制回路中，继电器R_1有电吸合，故R_{1-1}也闭合，因此只要按下PB_{21}～PB_{23}中的任一个时，R_2线圈有电，其触点R_{2-1}闭合，则C_2线圈有电吸合其主触头闭合使M_2有电旋转。停机时，只要按下PB_{11}～PB_{13}中的任一个，使继电器R_1断电，其常开触点R_{1-1}，断开使C_2断电其主触头打开，使M_2断电。

（2）自动控制 自动运行时，将选择开关置于“自动”位置，（AUTOMATIC），则R_6有电吸合，其常开触点R_{6-1}闭合，R_5无电，R_{5-1}断开。在120V控制电路中，相当于在C_2支路中串入了离心开关CS_{-1}，转速传感开关的另一个触点SS_{-2}和延时继电器T的常闭触点。

离心开关装在给料破碎机后面的带式输送机上，当带式输送机运转时它闭合，而当破碎机的转速达到全速的75%时，SS_{-2}闭合。因此，这两个开关的作用是：保证在带式输送机和破碎机启动后，才能启动输送机，延时线圈T与R_{2-2}触点（常闭）相串，接120V电源。

在满足上述条件下，当按下PB_{21}～PB_{23}，中的任一个时，R_2有电，R_{2-1}闭合，R_{2-2}断开，T线圈断电，T_{-1}闭合，C_2线圈得电，路径为16→OL_4→OL_5→OL_6→C_2线圈→R_{6-1}→CS_{-1}→SS_{-2}→T_{-1}→R_{1-1}→R_{2-1}→13。

接触器C_2主触头闭合，使M_2得电运转，同时C_2的辅助触点也闭合，起自保作用。

松开启动按钮后，R_2失电，R_{2-2}闭合，T线圈得电，常闭触点T_{-1}经一定延时后断开，即输送机运转一段时间后自动停机。

可见，在自动运行时，输送机每次运转一定时间后便自动停机，运转时间由时间继电器T决定，可调整（一般为2～3分），这是因为送入一批物料后破碎机经过一定时间才能破碎完毕，不能连续进料。

3. 保护功能

1030给料破碎机的电气系统具有接地漏电保护、过载保护、过流保护、欠（失）压保护和电源非常状态保护功能。

（1）接地漏电保护 接地漏电保护由接地故障断路器CB_2承担，该断路器用于通断120V

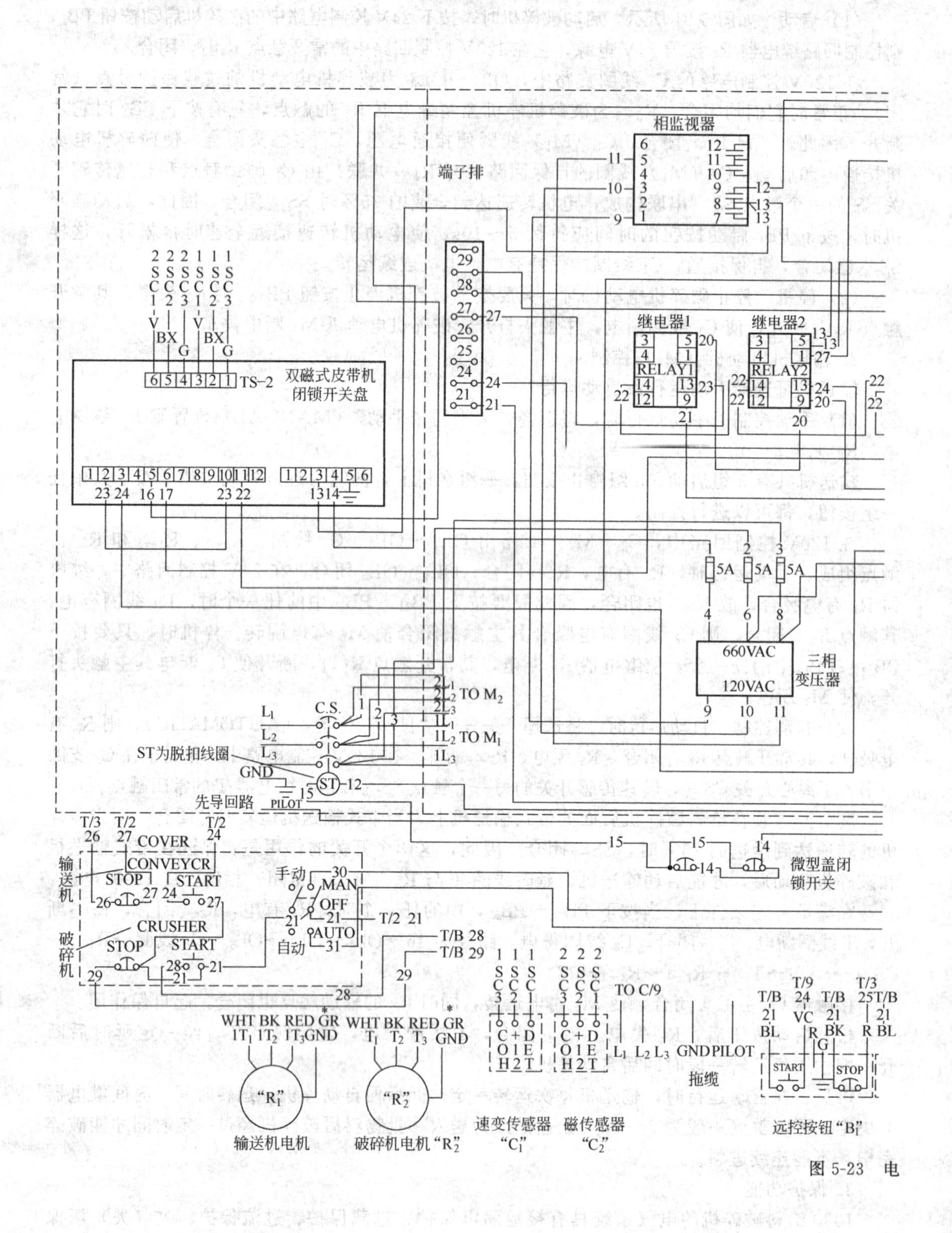
相监视器
端子排
双磁式皮带机
闭锁开关盘
TS-2
继电器1
继电器2
RELAY1
RELAY2
660VAC
120VAC
三相
变压器
5A
C.S.
TO M2
TO M1
ST为脱扣线圈
GND
先导回路
PILOT
COVER
CONVEYCR
输送机
STOP
START
CRUSHER
破碎机
手动
MAN
OFF
AUTO
自动
微型盖闭
锁开关
WHT BK RED GR
WHT BK RED GR
GND
"R1"
"R2"
TO C/9
GND PILOT
拖缆
START
STOP
输送机电机
破碎机电机"R2"
速变传感器
"C1"
磁传感器
"C2"
远控按钮"B1"

图 5-23 电

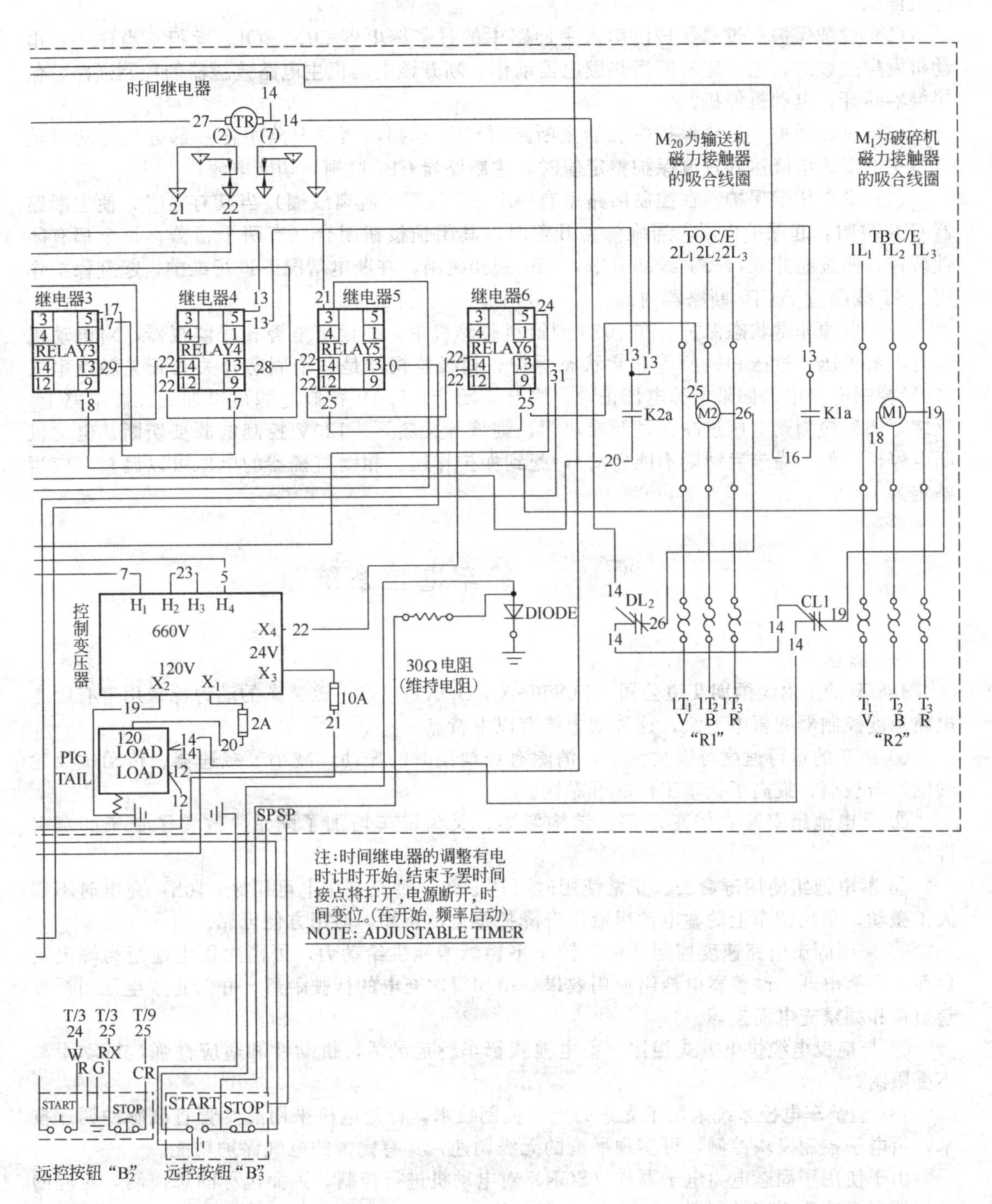

时间继电器
TR
M20为输送机磁力接触器的吸合线圈
M1为破碎机磁力接触器的吸合线圈
TO C/E
2L1 2L2 2L3
TB C/E
1L1 1L2 1L3
继电器3
RELAY3
继电器4
RELAY4
继电器5
RELAY5
继电器6
RELAY6
K2a
K1a
M2
M1
DL2
CL1
DIODE
控制变压器
660V
120V
24V
H1 H2 H3 H4
X1 X2 X3 X4
10A
2A
30Ω电阻
(维持电阻)
1T1 1T2 1T3
V B R
"R1"
T1 T2 T3
V B R
"R2"
PIG TAIL
120
LOAD
LOAD
SPSP
注:时间继电器的调整有电时计时开始,结束予罢时间接点将打开,电源断开,时间变位。(在开始,频率启动)
NOTE: ADJUSTABLE TIMER
T/3 T/3 T/9
24 25 25
W RX
R G
CR
START
STOP
START
STOP
远控按钮"B2"
远控按钮"B3"

气接线图

控制电源，而它所带的漏电监测系统对输入电源线进行漏电监测，如果电源线与机器框架间发生短路或漏电时，只要漏电流达到 5mA，则 CB_2 断开，切断 120V 控制电源，使给料破碎机停机。

(2) 过载保护　过载保护由串入主回路中的过载继电器 OL_1～OL_6 承担。当任一台电动机发生过载时，经一定时间后热继电器动作，断开该电动机主电路接触器的控制通路，使接触器断开，电动机停机。

(3) 过流保护　过流保护由机器主断路器 CB_1 承担，当主电路中任一部分发生故障使流过主电源的电流达到过流保护整定值时，主断路器 CB_1 跳闸，切断电源。

(4) 端盖闭锁保护　在控制回路里有一个 ST 线圈（脱离线圈）当其有电时，使主断路器 CB_1 跳闸，起保护作用。当维修需开盖时，其闭锁按钮闭合（有两个箱盖，每个都有闭锁按钮，两按钮并联），ST 线圈有电，CB_1 脱扣跳闸，在断电情况下进行维护，起到保护作用。ST 线圈位于 CB_1 断路器内部。

(5) 电源非常状态保护　在 1030 型给料破碎机中，装设有电源相线监视器，对电动机进行电源欠压、过压和缺相等非常状态保护。相线监视器是一个固态开关其开关触点串入 120V 控制电路中。如果电源电压正常，则开关闭合，120V 控制电源可以加到控制电路上。反之，如果检测到电压过高、过低或缺相，则该开关断开，120V 控制电源被切断，电动机断电停机（如果尚未启动则不能启动），起到保护作用。相线监视器的电压可以调整，应当整定为 120V。

第五节　铲车电控系统

一、概述

488 型铲车由美国朗艾道公司（LONG-AIRDOX）生产，该铲车的动力源采用带有固态电路速度控制器的蓄电池组，这种动力源有以下特点。

① 铲车的运行速度可连续调节，消除有级换挡时的振动，减小了减速器、传动轴及轮毂的冲击载荷，提高了铲车工作的可靠性。

② 蓄电池组安装在铲车尾部，结构紧凑，又为铲车增加了配重，改善了铲车的牵引性能。

③ 蓄电池组使用寿命长，正常使用时可达 5 年，每充一次电可用 8～10h：充电时不需人工搬动，采用铲车上的蓄电池组液压升降托架自动装卸，使用方便可靠。

④ 采用固态电路速度控制器可为铲车平稳渐增地供给动力，可消除蓄电池组高峰电流负荷，平衡电耗，改善蓄电池组使用效果，增加每次充电的行驶距离，并防止了电池组严重超负荷和频繁充电而损坏。

⑤ 与拖曳电缆供电方式相比，蓄电池式铲车行走灵活，机动性和适应性强，行动距离不受限制。

488 型铲车电控系统采用了先进的电子控制技术，行走电机采用晶闸管直流脉冲调速技术，由电子控制模块控制，可实现平滑的无级调速，具有完善的电气保护功能。

由于使用了固态电力电子器件（SCR）对电动机进行控制，因而也称固态控制，对应的电气控制系统称固态控制器。

朗艾道公司的蓄电池使用了两种类型的固态控制器：一种是 A3600（或 A5100），另一种是 A10500（或是 A10500×2）双电机控制器。两种类型的工作原理基本相同，本节主要介绍 488 型铲车的 A3600（A5100）控制系统。

488 型铲车的电气设备的布置如图 5-24 所示。

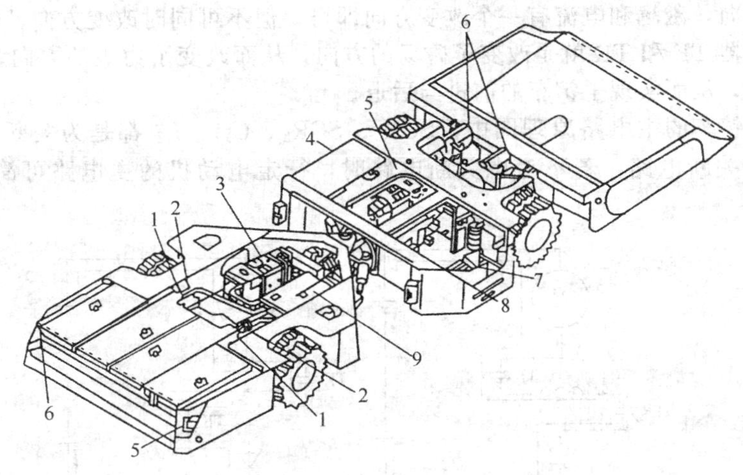

图 5-24　488 型铲车电气设备布置图

1—电池插座；2—电池插头；3—行走电动机；4—控制器；5—泵电动机；
6—照明灯；7—控制站；8—P. T. O（选件）；9—连接箱（断路器箱）

电气系统主要有两台直流电动机：一台电机用作驱动车轮（行走电机），另一台用作驱动油泵、行走电机完成铲车的前进与后退，油泵提供液压系统动力源，实现铲斗的升、降，铲车的转弯、卸载等功能。

二、488 型铲车电气系统

1. 488 型铲车行走电机主回路电控系统

铲车在工作中必须能够自由、安全地完成前进、后退、低速行驶、高速行驶、紧急停车等运行工况，这就要求驱动车轮的电动机转速能够自由地调节。因此，对行走电动机有调速要求。

行走电机是由装在车尾部铅酸蓄电池供电，488 铲车共装有 64 个蓄电池，串联连接，每个蓄电池的电压为 2V，总电压为 128V。

(1) 行走电动机主电路原理　电动机为串励直流电动机，具有良好的牵引性能，这正是行走电机应有的性能，原理如图 5-25 所示。

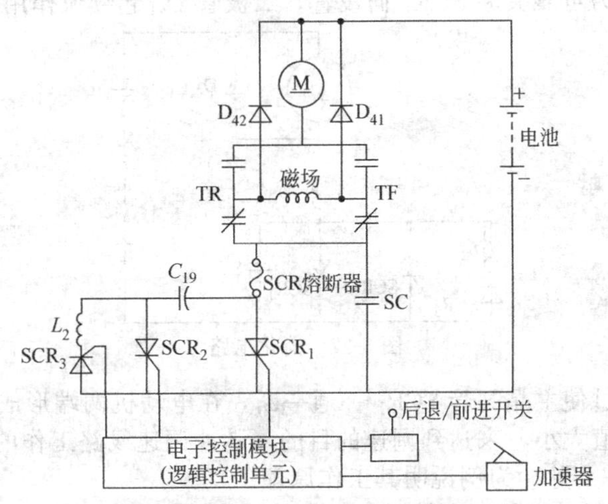

图 5-25　行走电动机电气原理图

(2) 488 型铲车的前进、后退控制　488 型铲车的前进、后退控制是利用两对方向接触器 TF、TR 实现的，TF 与 TR 各带有一个常开触点和一个常闭触点，由 $T=C_m\phi I$ 可知，要改变力矩方向，磁场和电流有一个改变方向即可，但不可同时改变方向，488 型铲车利用两个方向接触器 TF 和 TR 就是改变了磁场的方向，从而改变了力矩的方向，也就改变了铲车的行进方向，从而实现了铲车的前进与后退。

在 488 型铲车的主电路原理图中，SCR_2、SCR_3、C_{19}、L_2 都是为关断主晶闸管 SCR_1 而设置的强迫关断电路，若不考虑关断电路时，行走电动机的主电路可简化成如图 5-26 所示。

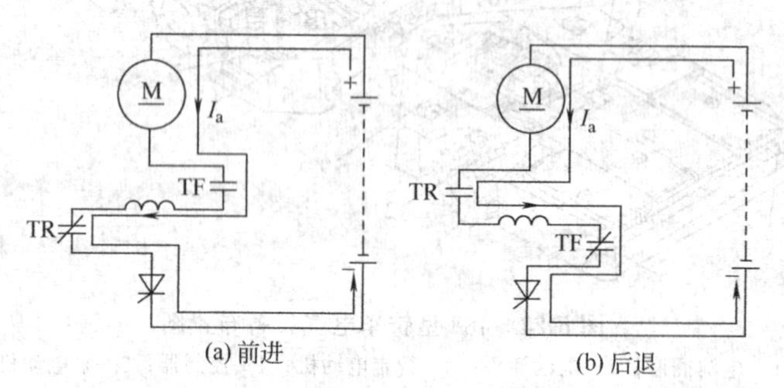

图 5-26　前进和后退时的等效电路

在图 5-26 中 TF 为前进方向接触器的两个触头，TR 为后退方向接触器的两个触头，SC 为 SCR_1 的旁路接触器的触头。当要求铲车以最高速度行驶时，SC 接通，而在其他情况下 SC 为断开状态。

两个方向接触器均为双触头结构，一个常开触头，一个常闭触头。铲车前进时，TF 得电，TR 无电，TF 的常开触头闭合，常闭触头打开，而 TR 此时恰恰相反，等效电路如图 5-26（a）所示，这时电流从上至下，经过励磁绕组时为从右至左，此时电动机正转铲车前进。反之，如果后退那么方向接触器 TR 得电，TF 无电，TR 的常开触头闭合，常闭触头打开，而 TF 则相反，等效电路如图 5-26（b）所示，这时电流仍是从上至下，但经过励磁绕组时为从左至右，使电磁力矩与前进时相反，此时电动机反转，铲车后退。

（3）488 型铲车的调速控制　488 型铲车采用的是直流脉冲调速技术，属无级调速。

为了便于分析 488 型铲车调速线路的工作原理我们不考虑前进、后退接触器的影响，把行走电动机电气原理图简化成图 5-27。图中 SCR_1 为主晶闸管，SCR_2、SCR_3、L_2、C_{19} 组成了强迫关断电路，为可靠关断 SCR_1 而设置，二极管 D_{41} 起续流作用。

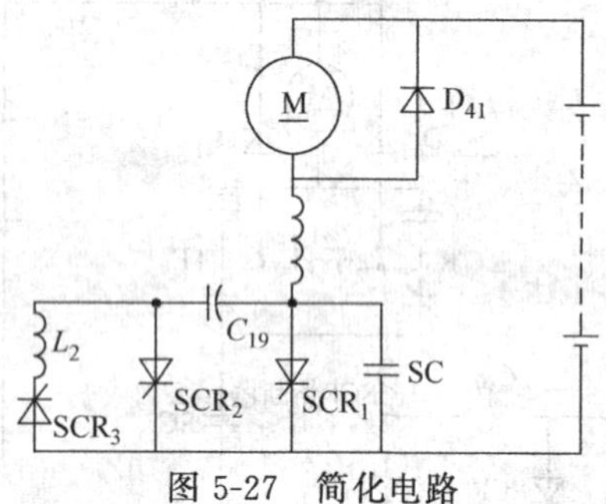

图 5-27　简化电路

脉冲调速就是通过使主晶闸管 SCR_1 一通一断，在电动机两端形成一系列脉冲方波，通过改变脉冲电压平均值大小，来达到调速的目的。脉冲调速线路工作的关键是如何关断主晶闸管 SCR_1，下面以一个脉冲为例说明其工作原理。

① 预备阶段。在每一个循环开始时，都先触发晶闸管 SCR_2，电源将通过电动机绕组和 SCR_2 向电容 C_{19} 充电，充电路径如图 5-28（a）所示，电容 C_{19} 两端被充电压极性为右正左负，当电容上充满电压时（基本上相当电源电压）充电电流降为零，SCR_2 自动关闭，时间为 $0 \sim t$ 时间。

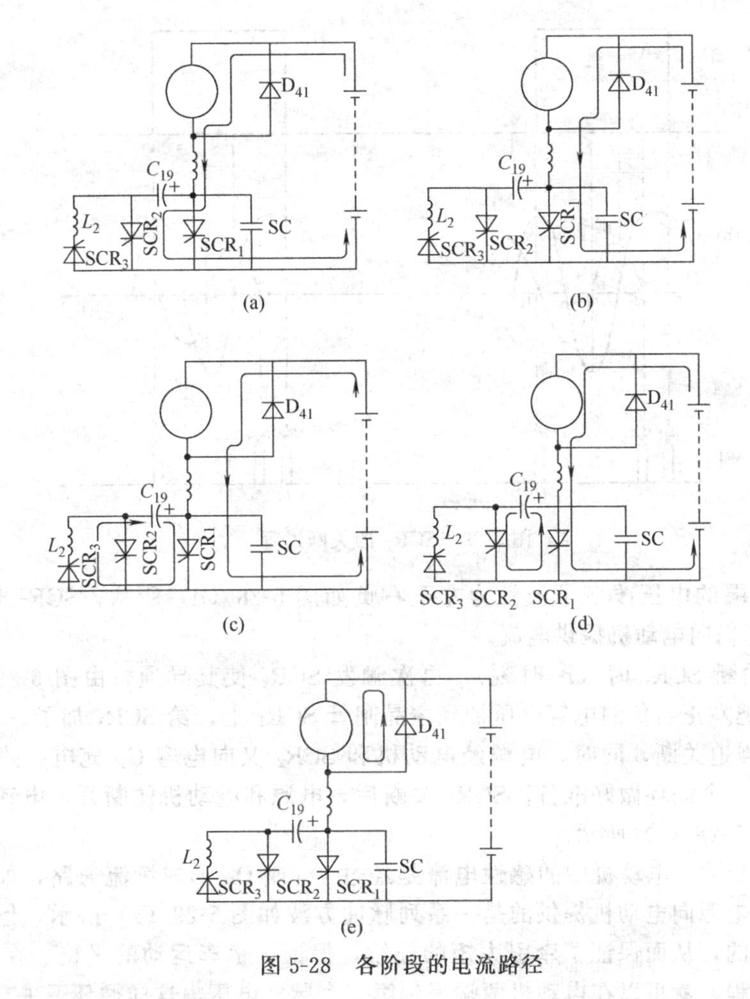

图 5-28　各阶段的电流路径

② 在 t_1 时刻触发生可控硅 SCR_1、SCR_2 导通把直流电源接到串励电动机的两端，电源向电动机供电，电流路径如图 5-28（b）所示，此时，电容 C_{19} 没有放电回路，它仍然保持着右正左负的充电电压。

③ SCR_1 导通后，在 t_2 时刻立即触发 SCR_3，使其导通，电容 C_{19} 便有了放电回路，其路径为 C_{19}（+）→SCR_1→SCR_3→L_2→C_{19}（－），如图 5-28（c）所示，这是一个电阻值很小的 R、L、C 振荡电路，R 的阻值就是两个晶闸管 SCR_1、SCR_3 的正向电阻和换流成圈 L_2 的直流电阻其总阻值是很小的。这样的振荡电路，当忽略 R 时，振荡电流和电容两端电压的变化规律都是正弦波，用公式表示为

$$U_c = U_{co}\cos\omega_0 t,\ i_c = \frac{U_{co}}{\omega_0 L_2}\sin\omega_0 t$$

用曲线表示则如图 5-29（b）所示。

由图 5-29（b）可见在 t_2 时刻触发 SCR_3 后电容开始放电，其两端的电压以余弦规律下降而放电电流则按正弦规律上升，到 t_3 时刻，电容两端的电压 U_c 降为零，但放电电流 i_c 达到最大。由于这是一个 L、C 谐振电路，达到最大值的电流 i_c 必然向电容反向充电，即 U_c 开始反向增加而 i_c 则由最大值开始下降到 t_3 时刻，电容 C_{19} 被反向充电至最大电压，而 i_c 降为零。一旦 i_c。降为零，SCR_3 便由于电流小于最小正向维持电流而自动关断。若没有 SCR_3 振荡电路将按图 5-29（b）中的虚线继续振荡下去，即电容 C_{19} 将反向放电。但由于 SCR_3 关断，它阻止了振荡放电的继续进行，所以在 t_4 时刻，振荡过程便终止了。

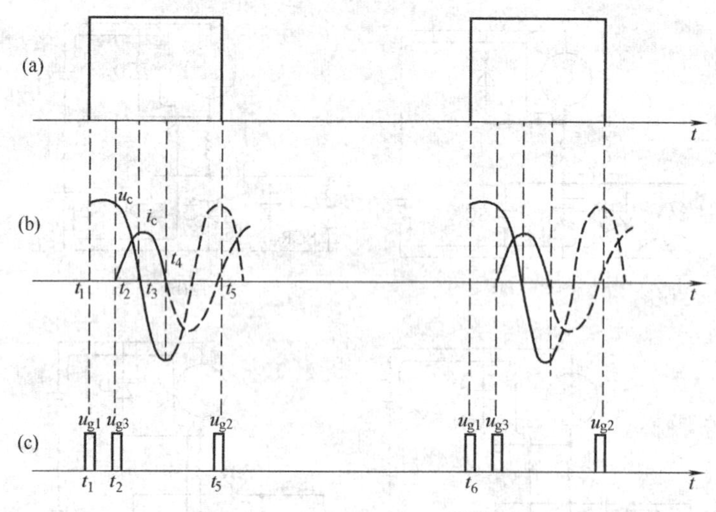

图 5-29 SCR_1 的关断过程

此时电容两端的电压改变了极性为左正右负如图 5-28（d）所示，SCR_1 仍继续导通，（从 $t_1 \sim t_4$）电源仍向电动机提供电流。

④ 当需要关断 SCR_1 时（t_5 时刻），再次触发 SCR_2 使其导通，由图 5-28（a）可见，SCR_2 导通后就把左正右负的电容电压加到主晶闸管 SCR_1 上，给 SCR_1 加了一个反向电压，因此，SCR_1 被强迫关断，同时，电源经电动机和 SCR_2 又向电容 C_{19} 充电，路径与图 5-28（a）相同，为下一个循环做好准备。SCR_1 关断后，电源和电动机便断开，电动机两端的电压降为零，如图 5-28（a）所示。

⑤ SCR_1 关断后，电动机中的感性电流是经过 D_{41} 或 D_{42} 形成续流通路，如图 5-28（e）所示，这样虽然电源向电动机提供的是一系列脉冲方波如图 5-29（a）所示，但流过电动机的电流却是连续的，从而保证了牵引力矩的连续，保证了铲车运动的平稳。在 t_6 时刻，再重复 $t_1 \sim t_5$ 的过程，就可以在电动机两端得到第二个脉冲电压，这样循环下去，就可以得到一系列的脉冲方波电压，如图 5-29（a）所示。

可以看出，电路正常工作的关键是在适当的时候按一定次序给 SCR_1、SCR_2 和 SCR_3 三个晶闸管加触发脉冲，在 488 型铲车中，这项工作是由电子控制模块（即触发电路）来完成的。

（4）488 型铲车的脉冲调速方法及电流波形　脉冲调速有定频调宽和定宽调频及调宽调频 3 种方法。488 型铲车采用的是定宽调频的方法，即加在电动机两端的电压脉冲宽度固定，但脉冲之间的间隔时间可以调整即脉冲的频率可调，这就对应于主电路中主晶闸管 SCR_1 每次导通的时间恒定，但两次导通之间的间隔时间可变。如图 5-30 所示。

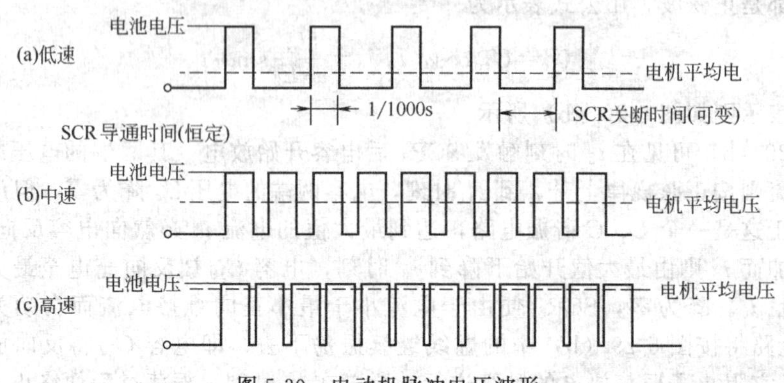

图 5-30 电动机脉冲电压波形

488 型铲车的电压脉冲宽度固定为 1/1000s，脉冲频率（即周期）可调，图 5-30（a）～（c）分别表示低速、中速和高速时的脉冲波形图，图中的虚线表示平均电压。

电压波形已知为一系列频率可调的方波，电机电流的波形又是怎样的呢？由于电动机的绕组（加上励磁绕组）是电感性负载，流过电动机的电流不能突变。当 SCR_1 接通时，电动机的电流慢慢建立起来；而当 SCR_1 关断时，绕组电感电势力图使电流继续维持。为此，在电动机两端反并续流二极管。图 5-31（a）表示 SCR_1 导通时的电流路径，而图 5-31（b）表示 SCR_1 关断后的电流路径。可以看出，流过电动机的电流方向不变，从而保证了力矩的连续性。更重要的是当 SCR_1 关断后，虽然蓄电池输出的电流终止了，但电动机的电流继续通过续流二极管流通。因此，流过电动机的电流由两部分组成：SCR_1 导通期间的电流，SCR_1 关断期间的续流电流。

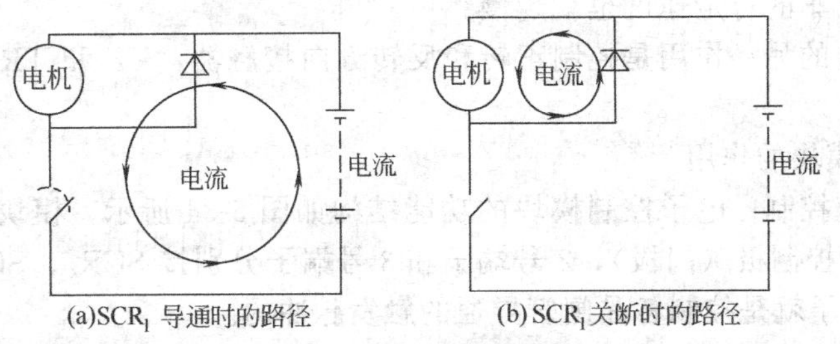

图 5-31 导通和关断时的电流路径

由蓄电池向电动机提供的电流，其大小随着脉冲频率的变化而变化，图 5-32 表示低速（脉冲频率较低）时的典型情况，可以看出，续流电流所占的时间较长，因而它在电动机电流中所占的比例比电池电流大，如图 5-32 所示。

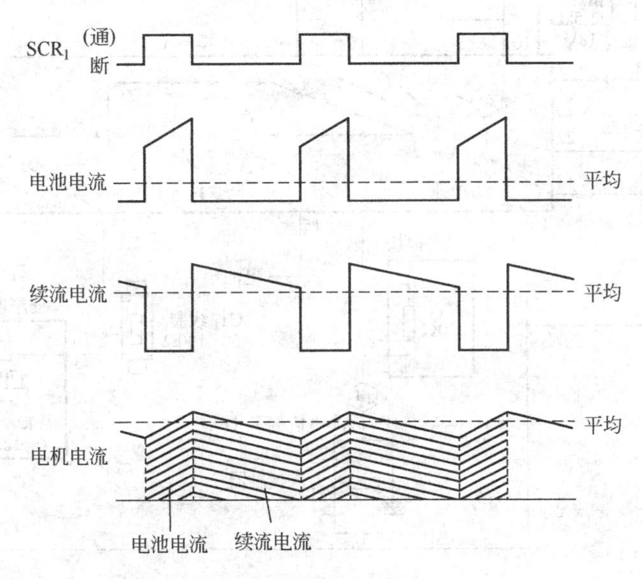

图 5-32 脉冲调速时的电流波形（低速）

但在高速时，电机电流基本上全部是由电池电流构成，如图 5-33 所示。

总之，电机电流是由电池电流和续流电流两部分组成，因此，不论在什么条件下，平均的电机电流总量大于平均电池电流，在低速时电机电流甚至比电池电流大几倍。在高速时，SCR_1 关断的时间很短，电机电流主要由电池电流组成，如图 5-30（c）所示。SCR_1、SCR_2、SCR_3 这 3 个晶闸管的导通与否是由电子控制模块来控制的。控制模块根据加速器踏板送来的信号去控制各晶闸管的导通，加速器踏板被踩得越低，SCR_1 两次导通之间的时间

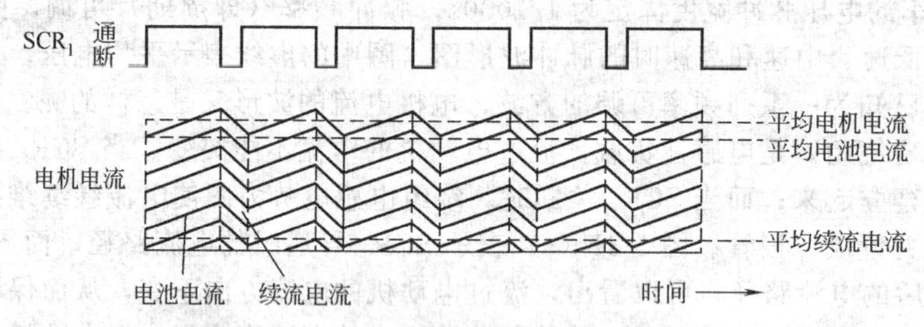

图 5-33　高速时的电流波形

间隔越短，铲车的行走速度也就越快，反之，加速器踏板位置越高，SCR_1 两次导通之间的时间间隔越长，铲车的行走速度也就越慢。

电子控制模块的另一作用是控制正转和反转方向接触器，TF 和 TR 的通断，实现铲车的前进和后退控制。

2. 电子控制模块的作用

（1）加、减速控制　电子控制模块的功能结构如图 5-34 所示，模块的 1 号接线端子接至晶闸管 SCR_1 的控制极（门极），2 号端子和 3 号端子分别接 SCR_2、SCR_3 的门极。因此，1、2、3 这 3 个端子就是控制各晶闸管导通的触发脉冲的。

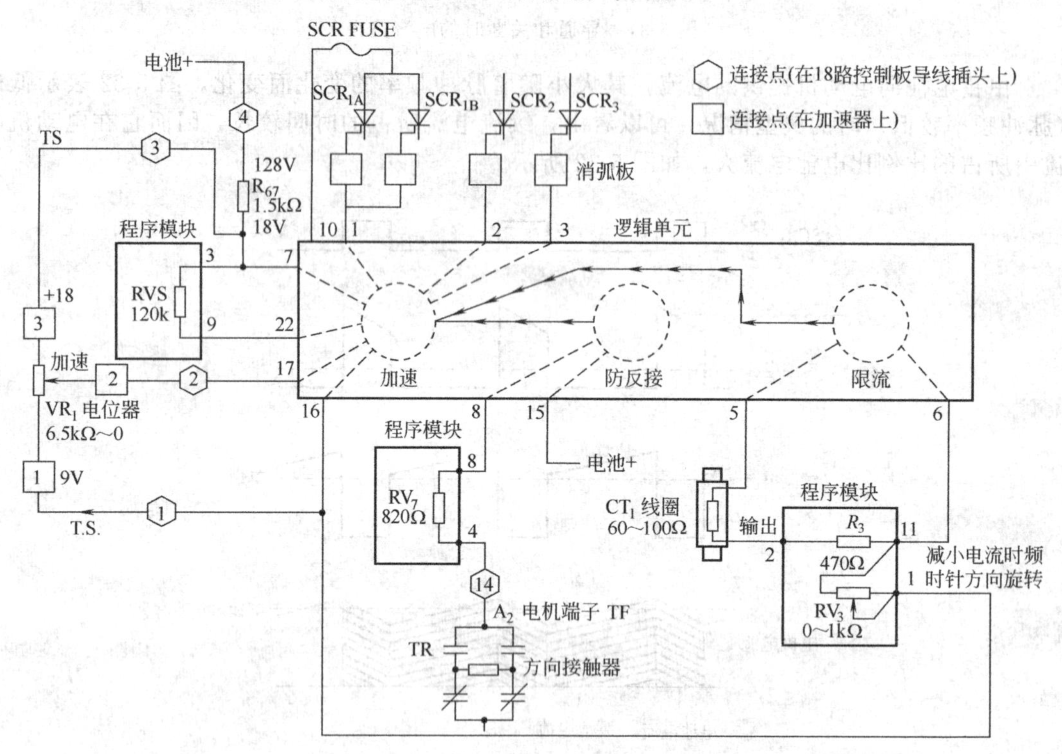

图 5-34　控制模块的作用之一

7、22、16 和 17 号端子与外电路连接构成加减速控制电路。128V 电池电压经 R_{67} 电阻（1.5kΩ）分压，使 7 号端子处得到＋18V 电压，该电压一方面向控制模块供电，另一方面接到加速电位器 VR_1 的一端，VR_1 的另一端接到 16 号端子，该端子处的电压为 9V。这样，速度控制电位器 VR_1 上的电压在 9～18V 之间变化，17 号端子接到 VR_1 的滑动端，踩下加速器踏板时，17 号端子处的电压跟着变化，引起控制模块 1、2、3 号端子输出的脉冲频率变化，从而使电动机转速发生变化。

(2) 限制电动机电流 电子控制模块还具有限制电动机电流的功能，以防止过大的电流引起电动机、晶闸管等部件的损坏，由5号和6号端子及其外接电路实现该功能，6号端子向电流限制电路提供一个正参考电压，然后经过R_3电阻和CT线圈与5号端子连接。5号端子接入的便是经R_3电阻测出来的电流最大值。改变最大电流的整定值可调节RV_3电位器，如果电动机的实际电流达到整定值，控制模块1、2、3端子的输出便控制脉冲频率不再增加，电动机的电流也不会继续升高。

(3) 限制反接制动电流 如果把正在电动运行的直流动电机的电流突然断开，并接上反方向的电源（使其反转的电源）就是反接制动。反接制动时，由于外加电流的极性和电动机旋转所产生的反电势相同，流过电动机的制动电流将会达到较大的数值（是电源电压与电动机的反电势叠加的结果）。在488铲车中，也会出现反接制动状态，但控制模块可以限制制动电流的大小，使电动机在预定的制动电流下减速（即预定的减速度，就是较缓慢的制动）。

为了限制反接制动电流（488铲车反接制动电流限定为运行电流最大值的1.5倍），当接到反接制动的信号后，电子模块使输出的触发频率降低，从而降低制动过程中的电机端电压，把反接制动电流限制在一定的范围之内。

在图5-34中，8号和15号端子接的就是反接制动电流限制电路，15号端子接电源正极，为参考电压，8号端子通过RV_7（820Ω）接到前进、后退方向接触器和电动机的连接处，即图5-25中电机的下部端子处。当开始反接制动时，（当发出指令时），A_2处的极性改变（一个方向的接触器断开引起的），这个信号通过RV_8经8号端子送人控制模块，此时使加减速环节减速，电压下降。随后另一个方向的接触器才能投入，这个延迟时间很短，不影响刹车的质量。

(4) 旁路接触器SC的接通控制 由图5-25可见，SC接通后，铲车以最高速度行驶，如果铲车原来停止或以低速行驶，电动机突然接受电池电压则可能引起部件损坏，为此必须满足一定的条件，才允许SC接通。488型铲车中规定，当通过SCR_1向电动机供电的平均电压达到电池电压的1/3时，才允许SC接通，这个任务也是由电子控制模块完成的。

如图5-35所示，SC接触器线圈一端经脚踏开关FS_2接到电源正极，另一端接到控制模块的25号端子，控制模块的10号端子接到SCR_1的阳极，在SCR_1导通与关断时，该点的电压是不同的，为了防止无脉冲时SC接通而产生突然加全压，只有10号端检测到SCR_1导通，25号端子才在控制模块内部与电池的负极（4号端子）相通，SC线圈才可能接通电源即将加速踏板踩到底，使FS_2接通时，SC线圈才接通电源。

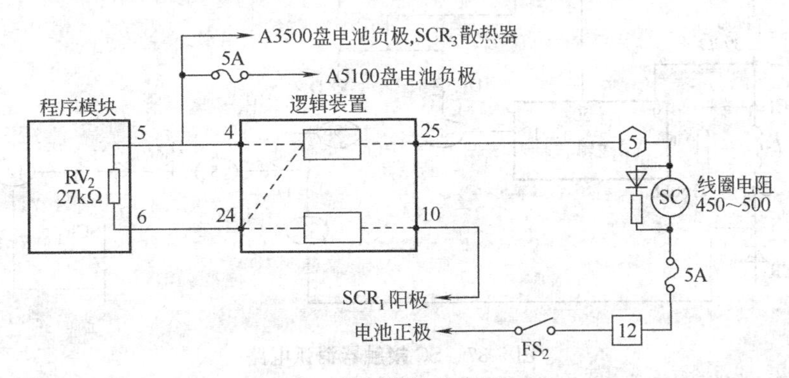

图5-35 控制模块的作用之二

(5) 方向接触器控制 如图5-36所示，方向接触器TF和TR线圈的一端通过方向开关和脚踏开关FS接到电池的正极，另一端接到控制模块的14号端子，当14号端子与电池的负极连通时，方向接触器的线圈才有电接触器合闸，14号端子与电池负极（接4号端子）

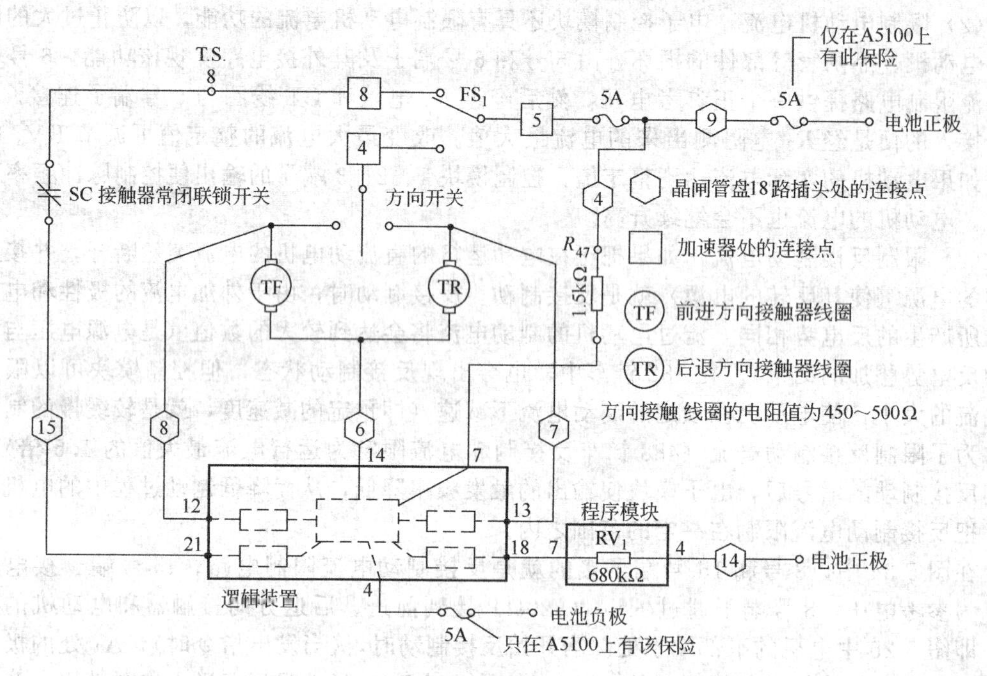

图 5-36 控制模块的作用之三

接通的条件如下。

① 21 号端子的信号表明 SC 接触器的触头是断开的（否则方向接触器一接通，电动机即为全压启动）；

② 18 号端子的信号表明安全保护电路没有动作。

(6) 旁路接触器 SC 消弧电路 由前已知，当 SCR_1 要求铲车以最高速度行驶时，SCR_1 的旁路接触器 SC 闭合，如果需要减速，则应断开 SC，恢复由 SCR_1 供电。SC 断开时会产生电弧，但是如果在断开 SC 前，就触发 SCR_1，那么由于 SCR_1 的分流作用，使流过 SC 的电流减小，电弧就会大大减弱，如图 5-37 所示。

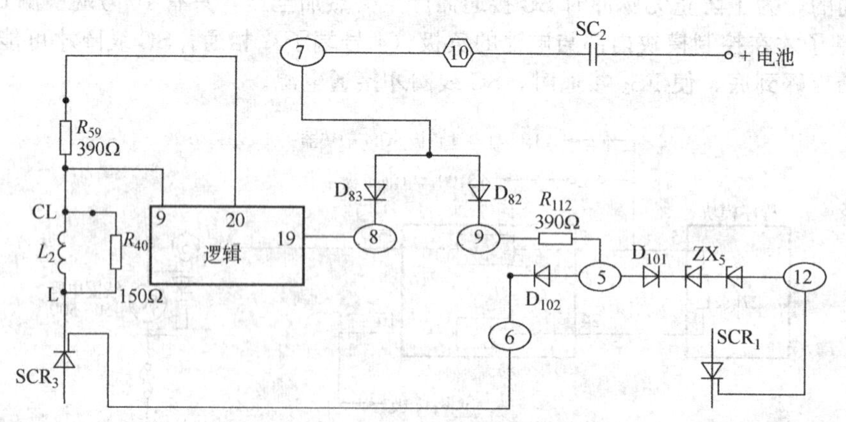

图 5-37 SC 接触器消弧电路

3. 488 型铲车液压泵电机的电气控制系统

液压泵电机的作用是向液压系统提供动力，泵电动机只有开、停控制，如图 5-38 所示，该直流电动机为积复励电机。

(1) 复励电动机的特点 复励电动机的电路如图 5-39 所示，它有两个绕组，一个串励

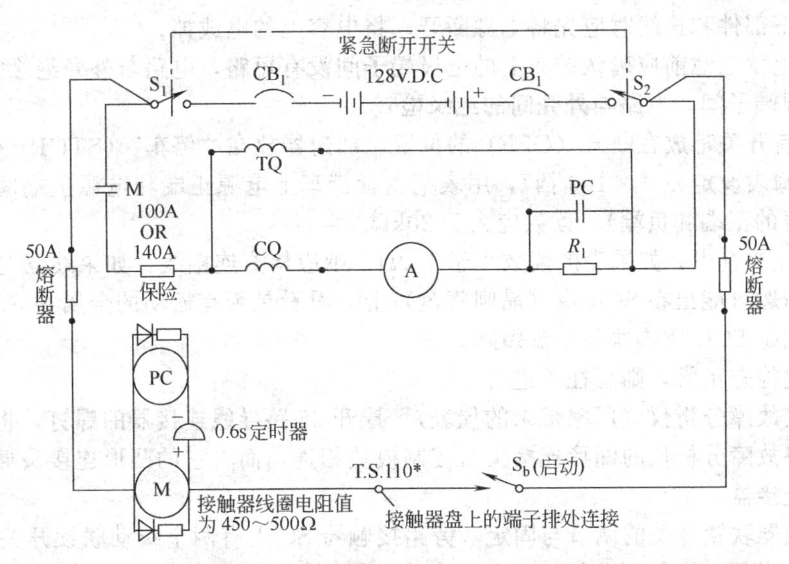

图 5-38　泵电动机电气原理图

绕组 CQ；一个并励绕组 TQ，如果这两个绕组的励磁极性相同，叫积复励电机，如果极性相反，则叫差复励电机。

复励电动机的机械特性如图 5-40 所示，积复励电动机特性介于他励电动机和串励电动机特性之间，它既具有串励的优点—启动力矩大，过载能力强，又可避免空转转速太高的危险。

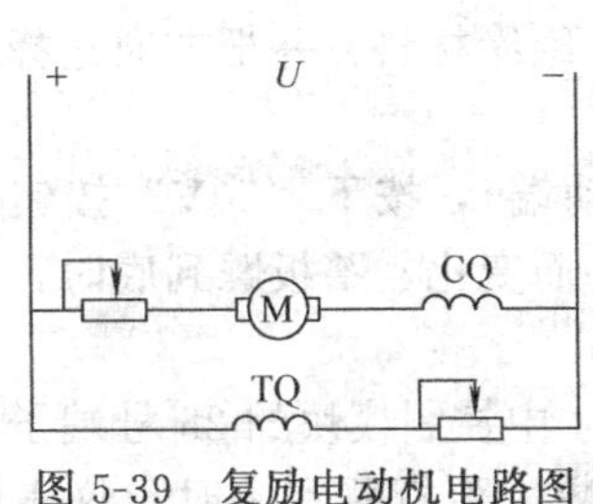

图 5-39　复励电动机电路图

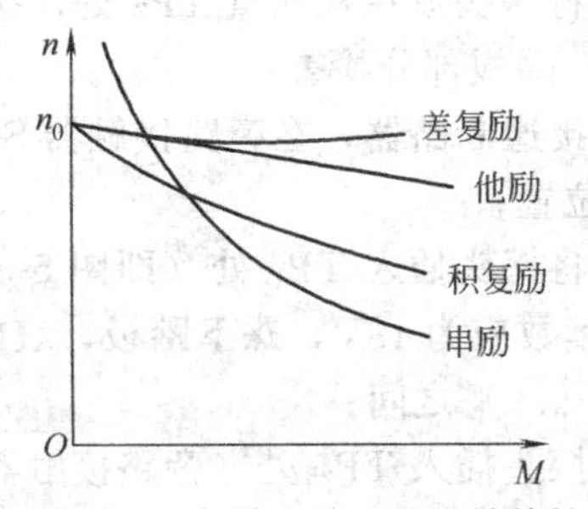

图 5-40　复励电动机的机械特性

（2）泵电动机的启动、停机控制　启动泵电机时，先合上断路器 CB_1，由于紧急停机开关 S_2 在正常情况下是闭合的，这样，128V 电池电源被接通到线路两侧，再合上开关 S_6，M 接触器线圈被接通电源，其触头 M 闭合，则电机 A 被接通电源（带启动电阻 R_1）开始启动，由于 R_1 的存在，可以限制启动电流太大，经 0.6s 后定时器接通，接触器 PC 的线圈通电，其常开触点 PC 闭合，将 R_1 短接，则 128V 电源电压全部加到电机两端，电动机正常运行。停机时，只要将 S_1、S_2、S_6 中的任一个开关断开，泵电机则断电停机。

在两个接触器线圈的两边都并联有二极管和电阻组成的续流回路，其作用是在切断电源时，为接触器线圈提供续流通路，防止在断开电源时，线路上产生操作过电压，或在开关上产生电弧。

三、488 型铲车电气系统的检查与调试

1. 铲车中晶闸管（SCR）控制器的检查

进行检查前应注意以下几个方面：

① 用千斤顶将车轮顶离地面；

② 在取下部件和连线时应先将电源断开，将电容上的电放掉；

③ 在插上蓄电池前应确认铲车上的电极端子间没有短路，电路与外壳绝缘完好。

(1) 电源端子间，电路与外壳间的绝缘检查

① 把所有开关都放在断开（OFF）的位置，加速器放在“停车”（STOP）位置。

② 把欧姆表设定在“×100 挡”，用表笔测量铲车上电源正端和电源负端间的电阻（注意：不是电池的正端和负端），读数应大于 20kΩ。

③ 在上述检查中，如果表的读数小于 100Ω，则应检查连接线，如果线路与外壳间的电阻较小，则问题可能出在 SCR 盘（晶闸管盘）上，看看是否有松动的金属在 SCR 盘上引起短路，也可能是 SCR 散热器与全盘短路。

如果上述检查正常，则可往下进行。

(2) 连接故障分析仪（厂家带来的仪表） 拧开 25 路导线连接器的螺钉，将其从控制模块上拔下，将故障分析仪的凹形连接头与控制模块相连，而将它的凸形连接头插入从模块上拔下的寻线连接器。

(3) 接触器联锁开关的调节与固定 旁路接触器 SC 上有两个瞬动联锁开关（参看图 5-36，图 5-37）必须把它们调节好，否则，在接触器接通和断开时，控制器将会产生误操作。

(4) 电源检查

① 接上蓄电池，将断开开关和断路器推到“通”（ON）位置；

② 将方向开关放在“前进”位置上；

③ 将故障分析仪的探头放在检测点 TP_{15} 处（即电池正极处）按下分析仪上的“150V”按钮，仪表下端的刻度即为电池电压，读数应为 125～130V；

④ 将探头放在检测点 TP_7 处，按下“50V”按钮，仪表上端的读数应为 8.0～9.5V。

(5) 踏板部分检查

① 接通断路器，在旁路接触器 SC 和方向接触器间放入绝缘材料，并把方向选择开关放在前进位置；

② 将探头插入 TP_{17} 处（即图 5-34 中加速电位器的滑动端），按下“50V”按钮，仪表上端的读数应为 18V，踩下踏板，表的读数应随踏板的移动而变化，踏板踩到底时，读数应在 8.5～9.0V 之间；

③ 探头插入 TP_{25} 处（旁路接触器负端），也就是图 5-34 中控制模块的 25 号端子，按下“50V”按钮，快速将脚踏板踩到底，并注意观察仪表的读数，踏板踩到底时，仪表的读数开始应为 125～130V，一小段时间后（约 0.25～0.50s，由旁路接触器的延时整定值决定），马上降为零。

(6) 方向接触器的检查 每次改变行走方向时，加速器踏板必须先返回，如果在踏板被踩下的情况下将方向手柄突然变方向，方向接触器将断开，只有将踏板释放后，再踩下，相反方向的接触器才会接通。

进行上述检查时，应在方向接触器的触头间放入绝缘材料，观察其触头的机械动作情况，如果不放绝缘材料，则应用千斤顶将车轮顶离地面。

(7) SCR_2 和 C_{19} 充电电路检查 由前可知，C_{19} 充好电是实现脉冲调速的必要条件，每次方向接触器一接通 C_{19} 就应充好电。C_{19} 储存的能量要足够大，这样才能使导通的主晶闸管关断。

可以用故障分析仪检查 C_{19} 上的充电情况，检查时将 SCR_1 的触发脉冲断开，踏下加速器踏板，使方向接触器接通，电容上就会有电，具体方法如下。

① 探头插入 TP_{10} 处（即 SCR_1 的阳极，也就是 C_{19} 右端），将方向手柄放在“前进”位置，同时按下“50V”按钮和“nopulse”（无脉冲）按钮，把加速器踏板踩下到接触器能接通就行。

② 接触器闭合后，仪表的读数应为 125～130V，然后松开踏板。

③ 将探头放在 TP_9 处（SCR_2 的阳极，也就是 C_{19} 的左端），按下“50V”按钮和“no pulse”按钮，踩下踏板使接触器闭合，接触器闭合后，仪表的读数应该保持为零。然后，先松开踏板，再释放“no　pulse”按钮。

（8）主晶闸管功能检查　将探头插入 TP_{10} 处（即 SCR_1 的阳极），按下“50V”按钮，踏下加速器踏板，使方向接触器闭合，仪表的读数应为125～130V。然后，慢慢继续往下踩踏板，电压读数应该开始减小，车轮慢慢开始转动，此时应该能听到控制模块产生的脉冲声音。随着继续踩下踏板，表的读数应该连续减小，直到约为20V左右时，再往下踩踏板，旁路接触器SC将动作，仪表电压将降为零。再慢慢地释放踏板，可以看到SC断开，控制器恢复触发，仪表电压读数随着踏板的释放而增大。

（9）SCR_3 功能检查　在一定条件下，控制器在 SCR_3 短路的情况下也能工作，但这样工作将引起其他元件（主要是 R_{59}）损坏，故应当避免，检查方法为：

① 将所有开关都放在“通”（ON）位置，车轮顶离地面，加速踏板踩下一半（不要让SC接触器闭合）；

② 将探头放在 TP_3 点（SCR_3 的门极），按下“150V”按钮，仪表的电压读数应为负值（改变一下仪表上的极性开关），并随电动机转速而改变，如果测出的电压很低（小于1V）或者一点电压也没有，说明 SCR_3 已被击穿短路。应更换 SCR_3 并检查 R_{59} 电阻是否也被损坏。

（10）SCR_2 功能检查

① 将车轮顶离地面，SC接触器的触头固定以防止其联锁电路工作；

② 把所有开关都放在“通”（ON）位置，并把方向开关放在“前进”位置；

③ 加速踏板踩下一半，让车轮转起来；

④ 将探头放在 TP_9 处（SCR_2 阳极），按下“150V”按钮，表的读数应为负值。如果没有电压，那么 SCR_2 可能已损坏、短路应更换，再检查 R_{59} 和 L_3，线圈，看是否损坏。

（11）安全系统检查

① 故障检测和保护。控制模块具有故障检测和保护功能，一旦出现故障，就使方向接触器断开，起保护作用。检查该系统的办法是人为地进行一些误操作，引起故障。例如，在铲车正常运行时断开 SCR_2 的门极连线，则 SCR_1 将不能关断。SCR_1 的导通时间比正常时长就会启动自动断电电路。

将方向手柄放在“前进”位置，将加速踏板踩下一半，车轮应慢慢旋转，将加速踏板保持在这个位置，按下分析仪上的“自动断开”按钮，车轮应先加速，然后随着前进方向接触器的断开而停止。松开踏板，按下“自动断开”按钮，然后再踩下踏板，方向接触器应该先闭合，然后马上又断开。

② 无脉冲时旁路接触器禁止接通试验。注意车轮一定要顶离地面，将方向手柄放在“前进”位置，慢慢踩下踏板，车轮应慢慢旋转，按下分析仪上的“no pulse”按钮，控制器应该停止发脉冲，车轮停转。保持“no pulse”按钮在按下位置，将加速踏板踩到底，并保持约15s、SC接触器不应闭合。释放踏板后再松开“no pulse”按钮。

③ 接触器触头烧结故障检测。如果SC接触器的触头被烧结在一起，那么方向接触器闭合时铲车会突然达到很高速度，这是很危险的，为了防止这种情况，方向接触器电路中连接有SC接触器的联锁开关，其功能检查为：所有开关都接通，方向开关放在“前进”（FWD）位置，踩下踏板，方向接触器应闭合，释放踏板用非绝缘材料用人工方法将SC触头接通，再踩下踏板，方向接触器不应闭合。

（12）电容电压测量　在运行过程中，测量电容电压的唯一方法是使用示波器。固定SC接触器，不让其动作，用刹车将车轮锁住，将示波器的探头接电容器组的两个端子，或者接分析仪的 TP_9 和 TP_{10} 端（地线接 TP_9）。示波器上的电压波形应如图5-41所示，在电流受限的情况下峰值电压不应超过250V。

（13）反接制动检查

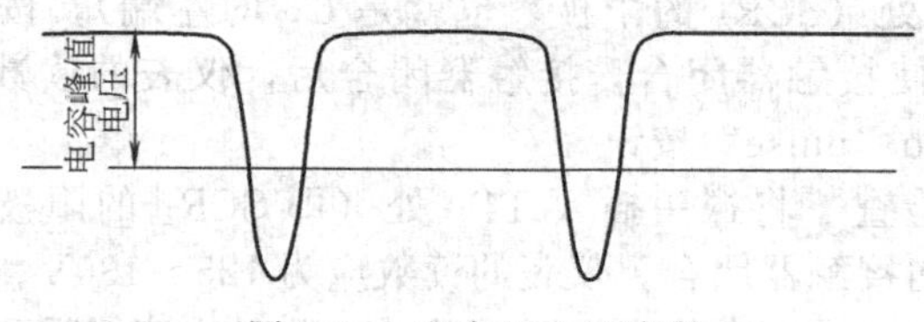

图 5-41 电容的电压波形

① 将车轮顶离地面，与电动机电枢串联一个电流表，接上蓄电池电源，把方向手柄放在“前进”位置，踩下加速踏板使车轮转速达到一半左右。

② 以尽可能快的速度将踏板释放，方向手柄推到“后退”位置，然后再踩下加速踏板。注意在这个过程中观察电流表的读数，电流表应该临时降到零，然后回升到 1.5 倍的电流整定值并保持恒定，直到车轮停转为止。

③ 如果上述试验正常，可增大速度再试，但请注意：不要在最高速下试验，因为车轮顶离地面时其转速会比正常运行时高得多。

(14) 行走试验　按“前进”和“后退”的操作过程试验行走的正常与否。

(15) 反接制动试验　将方向手柄放在“前进”位置，使铲车行走速度达到最高速度的 1/4，然后尽可能快地将方向手柄推到“后退”位置，并完成一次踩踏板的循环，铲车平稳地停止，然后向相反方向加速，在铲车停止前电枢中的电流应不超过电流稳定值的 1.5 倍。

(16) 大电流旁路接触的检查　慢慢地将加速踏板踏到底，观察电枢中的电流表，确保电枢电流不超过整定值，直到 SC 接触器闭合。SC 一闭合，电枢电流将迅速增加，车轮转速也迅速增加，此时应立即释放踏板到一半的位置，控制器应该恢复产生脉冲并使电流回到整定值。

以上检查完成后，去掉串入电枢的电流表，铲车便可投入使用。

2. 半导体器件的检查

488 型铲车中的半导体器件主要是续流二极管和晶闸管，对它们的检查可以用很简单的办法进行。

(1) 正极性二极管检查　正极性二极管的绝缘材料为白色或黑色，螺栓侧为二极管的阴极。检查方法如下：

① 将欧姆表定在低电阻挡并调零，将正表笔接到 A 端，负表笔接到螺栓端，表的读数应为 10～20Ω；

② 将欧姆表定在最大电阻挡，表笔接法与上面相反，表的读数应大于 0.1MΩ。需要注意，测量时手不要碰表笔，否则读数将不准确。

(2) 负极性二极管检查　负极性二极管的绝缘材料是彩色的，其极性与正极性二极管相反，螺栓侧为二极管的阳极。检查方法与正极性二极管相同，但应调换表笔的极性。

(3) 晶闸管 (SCR) 的检查　晶闸管一般都有 3 个极，但大一些的晶闸管则有 4 个极，多了一个“辅助阴极”，辅助阴极和阴极是连在一起的，以方便连接触发电路。

晶闸管的检查步骤如下：

① 将欧姆表定在最高电阻挡，将正表笔接晶闸管的 K 端子 (阴极)，负表笔接 A 端子 (阳极)，表的读数应大于 0.1MΩ；

② 倒换表笔，读数仍应大于 0.1MΩ；

③ 导通检查：当晶闸管的直径大于 1.25～32.751min 时，应该使用接灯泡的试验方法，因为大多数欧姆表中使用 1.5V 电池，该电压不足以使晶闸管导通。

接灯泡的检查方法如图 5-42 所示，将测量电路的负极接晶闸管的阴极 (K) 正极接晶闸管的阳极 (A)，将门极 G 碰一下阳极，晶闸管就应该导通，灯泡亮。即使控制极离开阳

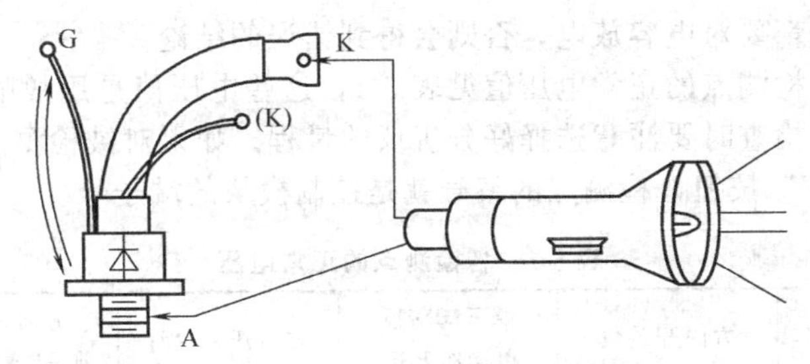

图 5-42 晶闸管的检查方法

极后，晶闸管仍应保持导通状态，灯泡仍保持亮。

3. 最大电流限制值的调节

更换驱动电动机，控制模块，程序模块后，都必须重新调节电流限制值。如果对控制器或铲车的其他电气系统进行过修理，修理后也应调节电流限制值，其调节方法如下。

① 将蓄电池电源断开，与电动机电枢的一个端子间串联一个直流电流表。电流表外部要并联分流电路，因为流过电动机的电流会很大，当然也可以用钳形表测量电流。

② 在 SC 接触器的触头间垫入绝缘材料，或者取掉 SC 接触器控制电路中的 SA 熔断器。

③ 找到程序模块，它是一个小塑料盒，里面装有几个固定电阻和一个电位器，取下程序模块上的橡胶塞子便可调节电位器。用一个小螺丝刀将电位器顺时针旋转约 10 圈，或者听到“咔哒”声为止。

④ 接上蓄电池电源，踩下刹车踏板，把车轮锁住，然后慢慢踩下加速踏板并观察电流表，电流表的读数应该增加到 200～300A 之间，当加速踏板踩到底时保持恒定，如果电流一直往上增加，且已超出晶闸管控制盘整定的电流限制值，说明有故障，应停止试验。

⑤ 锁住车轮，将加速踏板踩到底，逆时针方向调节电位器，并仔细观察电流表，电流表读数应该随着电位器的转动而慢慢增加。

⑥ 把电流调到额定值，释放加速踏板，塞上程序模块上的塞子，取掉 SC 接触器中的绝缘材料，或者装上 SC 接触器控制电路中的 5A 熔断器。

不同晶闸管控制盘的电流限制值如下：

控制盘号	整定值（最大）
A3300	550A
A3600	950A
A5100	650A

4. 换流电容的检查

488 型铲车中的换流电容 C_{19} 是由许多电容器并联组成的电容器组。每个电容器都必须单独检查，如果并联在一起检查，即使有开路的电容，也查不出来。

(1) 先对电容放电　用一个 100Ω、10W 的电阻接在电容的两端子，保持几秒钟，使电容充分放电。

(2) 把欧姆表定在“$R\times10000$”挡，用表笔接触电容的两个端子，注意观察表的变化情况。

① 如果电容完好，表的指针将先摆到满刻度的地方，然后慢慢降下来，最后稳定在 0.1M 以上的地方；

② 如果欧姆表指针降下来后的读数小于 0.1MΩ，并停止不动，说明电容漏电，应予更换；

③ 如果表的指针达到满刻度（零欧姆）并停在那里，说明电容短路；

④ 如果表的指针不动，说明电容开路。

注意：每次检查都要对电容放电，否则会得到错误的结论。

电气控制系统各检测点的正常电压值见表 5-1，这些电压值是用故障分析仪检测各点时应有的正常读数，在检查时要注意选择好分析仪的量程。如果对被检测点的电压数值没有把握，就先按下“150V”按钮，检测点的编号就是控制模块的端子号。

表 5-1 各检测点的正常电压

检查点号	方向开关位于前进位置（见注释①）	踩下脚踏板以操作 FSI，方向开关：“前进”或“后退”	方向开关：“前进”或“后退”，踏板踩下一半	方向开关：“前进”或“后退”，踏板踩到底，旁路接触器闭合	备注
1. SCR_1 门极	0	0	0	0	
2. SCR_2 门极	0	0	0	0	
3. SCR_3 门极	0	负电压	负电压	负电压	见注释②
4. 电池负极	0	0	0	0	
5. 限流线圈 9V	8.0/9.5	8.0/9.5	8.0/9.5	8.0/9.5	
6. 限流线圈 O/P	8.0/9.5	8.0/9.5	8.0/9.5	8.0/9.5	
7. 18V 线	17/19	17/19	17/19	17/19	
8. RV_7	BV	BV	1/2×BV	2/30	
9. SCR_2 阳极	0	负电压	负电压	负电压	见注释③
10. SCR_1 阳极	4	BV	1/2×BV	0	
11. 不用	—	—	—	—	
12. “前进”线圈正极	0	BV	BV	BV	
13. “后退”线圈正极	0	1～3	1～3	1～3	
14. “前进/后退”线圈负极	0	1	1	1	
15. 电池正极	BV	BV	BV	BV	见注释⑥
16. 9V 线	8.0/9.5	8.0/9.5	8.0/9.5	8.0/9.5	
17. 加速电位器滑动端	16/19	16/19	12/15	8.0/9.5	
18. RV_8	12/24	正电压	正电压	正电压	见注释④
19. 旁路 N/O 联锁	0	电压从负到正变化		BV	
20. R_{59}	0	电压从负到正变化			
21. 旁路 N/C 联锁	BV	0	0	0	见注释⑤
22. RV_5	15/18	15/18	13/16	10/13	
23. 不用	—	—	—	—	
24. 延时电容 C_1	16/19	15/19	12/15	8/9	
25. 旁路线圈负极	0	0	0	0	见注释⑦

① 检查前将所有开关都断开，按下“dischergeC_{19}”（C_{19}放电）按钮并保持几秒钟。

② SCR_3 门极处测到的电压是一个复杂波形的平均值，得不到准确的值，不过，如果一点电压都没有并且伴有不寻常的强脉冲，则说明 SCR_3 已短路。

③ SCR_2 阳极处测到的电压是一个复杂波形的平均值，得不到准确值，不过，如果一点电压都没有并且伴有不寻常的强脉冲，则说明 SCR_2 已短路。

④ 在 RV_8 处测到的电压是一个复杂波形的平均值，得不到准确的数值。不过，如果没有电压或者方向接触器不能闭合，而各处电源都没有问题，则说明 RV_8 或与它相连的线路损坏。

⑤ 在 21 点处测到的电压取决于控制器是被接成“常规反向”还是“自动反向”。

⑥ 电池电压（用 BV 表示）随负载而变化，负载电流增加时，电池端电压减小。

⑦ 脚踏板踩到底时，旁路接触器线圈通过 FS_1 和 FS_3 连到蓄电池正极，25 检测点处的电压读数为 BV。经过延时时间（0.5～50s）后，控制模块将线圈的负端与电池负极接通，仪表读数为零。为了检查延时时间，必须以尽可能快的速度踩下踏板

四、铲车的使用操作与维护调整

铲车的正确使用与维护是提高铲车的使用寿命和设备使用率的重要保证，是保证铲车安全运行的必要条件。

铲车的操作是由司机在驾驶室内进行，驾驶室位于前车架的右侧，各种操作手把及开关均布置在驾驶室内，司机的前方装有制动闸脚踏板，速度开关脚踏板及手动紧急开关手把。司机的左侧装有主开关手把、车灯开关手把、灭火装置启动器开关及急停杆。司机的右侧为液压控制板，上面装有急停杆，转向控制手把、铲斗控制手把、卸料板控制手把、自动紧急制动闸手把、蓄电池更换控制手把，液压动力输出控制手把及警铃控制杆等。

1. 各操作手把及开关的功能

(1) 制动闸脚踏板　作用是控制工作闸刹车，是用脚操作的踏板，常用左脚来控制，司机踩下制动闸脚踏板实现制动，松开该踏板则松闸。

(2) 速度开关脚踏板　作用是用来启动行走电动机，使开关处于接通位置，并用来调节铲车的行走速度，也是用脚操作的踏板，常用右脚来控制。488 型铲车采用固态速度控制器，速度开关踏板踩下越多，铲车行驶速度也越快，但速度开关脚踏板不能和制动闸脚踏板或停车制动闸同时操作踩下，否则会使行走电动机过载而影响其使用寿命。

(3) 手动紧急开关手把　位于司机的右前方。其作用是用来控制电动机电源，有 2 个位置，“接通”(ON) 和“断开”(OFF)。手动紧急开关手把位于“接通”位置时，接通电动机电源，电动机运转；若手动紧急开关手把位于“断开”位置时，断开电动机电源，电动机停止转动，铲车停止。在紧急情况下，可将手动紧急开关手把扳置“断开”位置，使制动闸抱闸，铲车停车。

(4) 主开关手把　位于驾驶室司机的左侧，其作用是用来控制行走电动机的转向，使铲车前进或后退，并同时可以启动液压泵电动机。主开关手把有 3 个位置：“关”(OFF)，“前进”(FORWARD) 和“后退”(REVERSE)。当主开关手把置于“前进”位置时，铲车向铲斗方向行驶；当主开关手把置于“后退”位置时，铲车向蓄电池方向行驶；当主开关手把置于“关”位置，则液压泵电动机停止，并使紧急制动闸抱闸。铲车行驶或当速度开关踏板踩下时，绝对不可把主开关手把从“前进”位置转向“后退”位置，或从“后退”位置转向“前进”位置。要改变铲车的行驶方向时，应首先松开速度开关踏板，踏下制动闸踏板以使铲车停止，然后改变主开关手把的位置，最后松开制动闸踏板，踩下速度开关踏板。若使用液压动力输出控制手把时，当主开关手把置于“前进”或“后退”位置时，不能踩下速度开关踏板，否则铲车会行走。

(5) 车灯开关手把　位于驾驶室司机的左侧，其作用是用来控制前后车灯来照明看路，前车灯位于铲车的铲斗端，后车灯位于铲车的蓄电池后部。

(6) 灭火装置启动器开关　位于驾驶室司机的左侧，其作用是用来灭火，遇到着火时，拉动安全销，启动灭火系统，向下压灭火器顶部的柱塞后，化学干粉会立即弥漫整个铲车，进行灭火工作。

(7) 急停杆　驾驶室司机位置左、右侧各设有一个急停杆，其作用是用来在紧急情况下停止铲车，遇到紧急情况时，搬动急停杆后，断路器自动跳闸，会立即切断铲车的总电源，使行走电动机停止转动，并会自动使紧急制动闸抱闸，铲车停止运行。但在铲车高速行驶时，搬动急停杆时要格外小心惯性力的伤害。

(8) 转向控制手把　位于驾驶室司机位置前右侧，其作用是用来控制铲车的转弯方向，该手把有 3 个位置，即将转向控制手把缓慢地向铲车的左侧推（推离司机座位），铲车左转；若将转向控制手把向铲车的右侧拉（拉向司机座位），则铲车右转；手把在中位，不改变运行方向。若猛拉或推该转向控制手把，铲车会快速转向至极限位置，但在人多的区域或狭小的空间，这样操作很危险，要注意避免发生事故。

(9) 铲斗控制手把 位于驾驶室司机位置前右侧，其作用是用来控制铲斗上下倾斜，便于装卸物件。该手把有 4 个位置：即“浮动”（FLOAT）、“向下”（DOWN）、“中位”（NEUTRAL）及“向上”（UP）。将铲斗控制手把一直向司机座位侧拉，直至阀被锁定，即为浮动位置，此位置铲斗靠自重清理底板；将铲斗控制手把稍微向司机座位方向拉，即为“向下”位置，此位置使铲斗向下倾斜，便于卸料；将铲斗控制手把推离司机座位，即为“向上”位置，此位置用于铲车运输过程中，防止物料从铲斗中掉落。铲斗控制手把除在“浮动”位置外，松开手把后，手把均自己返回“中位”，在“中位”时，控制阀处于全封闭状态，铲斗则处在所调位置固定不动。操作时应注意，当铲斗控制手把位于“向上”、“向下”、或“浮动”位置时，如果电动机断电，铲斗会落向地面，若有人距铲斗很近，而身体位于铲斗下方时，严禁操作铲斗控制手把；司机离开座位时，应将铲斗控制手把置于“浮动”位置。

(10) 卸料板控制手把 位于驾驶室司机位置的前右侧，其作用是用来控制卸料板的伸出、缩回及紧急制动闸的松闸。该手把有 3 个位置：当推移卸料板控制手把离开司机座位，卸料板伸出，卸空铲斗中的物料；当拉移卸料控制手把往司机座位时方向时，卸料板缩回；当将该卸料板控制手把拉向司机座位方向并保持不动时，可使紧急自动制动闸松闸，直至制动闸的压力表指示压力达到 8.275MPa（最小值），若压力达不到 8.275MPa，说明液压系统出现故障。

(11) 蓄电池更换控制手把 位于驾驶室司机位置的前右侧，其作用是用来控制蓄电池托盘的升降，该手把有 3 个位置：即“升起”、“中位”、及“下降”。当把该手把拉向司机座位时，蓄电池托盘升起；当把该手把推离司机座位时，蓄电池托盘下降；当把该手把搬至中位时，蓄电池托盘处于调好的位置不动。

(12) 液压动力输出控制手把 位于驾驶室司机座位的前右侧，其作用是用来控制操作阀来改变执行元件的工作状态。有 3 个位置：即“正向”、“反向”、及“中位”。操作阀上接有 2 个外接软管，软管端头设有快速接头，用以连接一些外接液压装置，如集尘器、液压钻等。

(13) 断路器手把 位于铲车后轴前部。有 4 个位置：即“断开”（OFF）、“跳闸”（TRIPPED）、“复位”（RESET）及“接通”（ON）。当维修铲车或插（或拨）蓄电池插头前，断路器手把应搬至“断开”或“跳闸”位置。电气系统过载时，断路器会自动跳闸，断路器跳闸后，要重新合闸时，应先将断路器手把置于“复位”，然后再打到“接通”位置，否则直接打到“接通”位置，断路器会再跳闸。

2. 铲车的使用操作

(1) 铲车的操作 首先必须先熟悉各控制手把的位置及功能后，才能进行铲车的实际操作。

① 操作前的准备工作

a. 检查电池连接器和盖板是否闭锁到位；

b. 检查断路器手把是否位于“接通”位置；

c. 检查车灯开关手把，主开关手把，手动紧急开关手把是否位于“断开”位置；

d. 检查制动闸是否灵活可靠。

② 铲车的启动操作

a. 使手动紧急开关手把位于“接通”位置；

b. 打开前进方向的车灯，当车灯开关位于“接通”位置时，会听到“咔哒”的响声；

c. 用换向手把选择铲车的行驶方向，当换向手把位于“前进”或“后退”位置时，液压泵电动机应同时启动并发出响声；

d. 使铲斗控制手把位于“向上”位置，升起铲斗；

e. 缓慢地来回移动转向控制手把，来检查铲车的转向性能；

f. 踩下制动闸踏板，并操纵卸料控制手把，使紧急制动闸松开；

g. 缓慢地抬起制动闸踏板，再慢慢地踩下速度开关踏板，使铲车开始移动。

③ 铲车的停止操作

a. 松开速度开关踏板，踩下制动闸踏板使铲车停止；松开速度开关踏板后，行走电动机停转，但液压泵电动机仍运转；

b. 将卸料控制手把向司机座位方向拉，使卸料板移至铲斗后部；

c. 将铲斗控制手把置于“浮动”位置，使铲斗位于底板上；

d. 把换向手把扳置“断开”位置，使泵电动机停转，紧急制动闸抱住闸；

e. 关掉车灯；

f. 把手动紧急开关手把扳置“断开”位置。

另外，紧急停车时，可把紧急手动开关手把扳置“断开”位置，以切断电源，或扳动急停杆使断路器跳闸断电。

(2) 蓄电池的更换操作　蓄电池组每充一次电可以运转 8～10h，为了便于更换蓄电池组，铲车上设有专用装卸蓄电池组的液压起落架。

更换蓄电池组应按下述步骤进行操作。

① 将蓄电池组对准空蓄电池台架。

② 将蓄电池更换控制手把拉向司机座位，以升起蓄电池托盘。蓄电池托盘的底部应高于蓄电池台架，升起托盘时保持水平，如果升得不平，不得更换蓄电池组，这时可将蓄电池更换手把推离司机座位，使托盘下降停 1～1.5min。

③ 电池托架升至最大高度后，倒车使托盘与蓄电池台架接触。

④ 推移蓄电池更换控制手把离开司机座位方向以落下蓄电池托盘，握住该手把直至蓄电池升降液压缸的活塞杆全部缩回。

⑤ 关闭铲车，将手动紧急开关手把置于“断开”位置，司机离开铲车前，紧急制动闸应抱闸，否则，铲车可能移动而损坏蓄电池插座及插头。

⑥ 切断铲车的电源。

a. 取下蓄电池接头处的挂锁，抓住带螺纹的锁环，逆时针方向旋转螺纹脱开，锁环即可从锁环凸缘上滑出，锁环在结构上具有可自由滑动又不能脱开插头的特点；

b. 拔出插头，拔出时可轻轻转动，这种插头与插座配合很紧，拔插头时要小心不能损坏，否则会影响二者之间的接合；

c. 安装外盖，该外盖用不一根铁条与每个插座连接，安装外盖时顺时针方向旋转，拧紧后将挂锁装入挂耳，该挂锁使用同一把钥匙。

⑦ 连接跨接电缆，将跨接电缆的插座端接到铲车上，将跨接电缆的插头接到充好电的蓄电池上，跨接电缆螺纹锁环必须拧紧可不用挂锁，铲车移动时应有 1 个人托起跨接电缆以防损坏。

⑧ 移动铲车前，应先松开紧急制动闸，为此，向司机座位方向拉卸料板控制手把，并握住手把直到紧急制动闸的压力表指示针指在 8.275MPa 时即可松开紧急制动闸。

⑨ 将铲车与充好电的蓄电池组对准，使铲车倒车直至托盘与蓄电池台架接触，并且蓄电池托盘处于蓄电池升降液压缸上面的位置。

⑩ 关闭铲车。

⑪ 拆下跨接电缆，将充好电的蓄电池组直接接到铲车上，插头插入插座后，顺时针方向旋转锁环直至用手拧紧为止，锁好挂锁即可。

⑫ 启动铲车，但不能使铲车移动。

⑬ 将蓄电池更换手把拉向司机座位方向以升起蓄电池托盘。

⑭ 松开紧急制动闸，使铲车向前移动，离开蓄电池台架。

⑮ 将蓄电池更换手把推离司机座位方向，以下降蓄电池托盘，直到蓄电池升降液压缸的活塞杆完全缩回。

3. 铲车的维护调整

要使设备运行可靠、安全、延长使用寿命，任何运转设备都要进行定期维护调整及定期润滑。铲车维护调整时应注意以下各点：

① 应将铲车停放在水平地面上；

② 使紧急制动闸抱闸；

③ 确保铲车牢固地停在地面上；

④ 切断电源，断路器或手动紧急开关手把必须位于“断开”位置；

⑤ 检查各控制手把，确保铲车不能启动；

⑥ 将铲车车轮从两个方向用木楔楔住；

⑦ 在维修过程中，若要试验驱动电动机的运转情况，必须将铲车升起使车轮离开地面；

⑧ 不要在拥挤的地方进行维修工作；

⑨ 保持铲车的清洁是维修的基本任务，铲车应尽量避开有灰尘和碎屑的地方，否则会使零部件过早磨损而影响铲车的运行；

⑩ 不要用将铲斗过分向下倾斜的方式来升起前轮，除非是为了维修工作的需要；

⑪ 若液压缸有载荷，不要从液压缸上拆下液压管路。

(1) 铲车的日常检查　铲车每天工作结束后，要清洗车辆，除给铲车的各注油点注入润滑油外，还要做以下检查。

① 检查油箱的油位，检查油位前，操纵卸料板控制手把使卸料板必须全部缩回；

② 检查所有的电缆、液压软管及接头是否有损坏或泄漏；

③ 检查主液压缸内的制动闸油位；

④ 检查减速器内的油位；

⑤ 目测检查轮胎的磨损情况，若铲车使用充气轮胎，应检查所有轮胎的充气压力，除型号为 14.50L—15NHS 轮胎充气压力为 1.035MPa 外，其他充气轮胎的充气压力应为 0.860 MPa；

⑥ 检查车灯，确保正常工作完好无损。

(2) 铲车的周检

① 检查轴的固定螺栓，22mm NF5 级螺栓的拧紧扭矩为 155Nm。

② 当装有双减速轴时，检查轮缘螺栓 16mm×63mm NC8 级螺栓的拧紧扭矩为 350 Nm。

③ 当装有行星轴时，检查轮胎固定螺栓，其拧紧扭矩为 155Nm。

④ 检查急停杆，启动铲车但不行走，搬动急停杆看它能否正常工作，断开断路器使铲车停车。

⑤ 检查瓦斯检测器报警灯回路及铲车的动力断开继电器，断路器及手动紧急开关必须处于“接通”位置。

⑥ 检查灭火系统。

a. 检查软管、接头及喷嘴是否有机械损坏及被损痕迹；

b. 检查灭火器是否有损坏及腐蚀的痕迹；

c. 检查喷嘴口，其开口槽应充填硅油脂，当喷嘴敞开或需要重新充填时，则要用干净的硅油脂重新充填，充填前应检查管路的堵塞情况，并吹干净；

d. 卸下注入盘；

e. 检查灭火器是否装有自由流动多功能A、B、C化学干粉，化学干粉距入口底部距离应小于75mm；

f. 装上注入盖并拧紧。

⑦ 检查制动闸脚踏板的闸衬：a. 从铲车的后部取下盖板；b. 拆下2个固定螺栓，将制动闸脚踏板组件升至能看到闸衬磨损情况的高度（没有必要卸掉闸的管路），当闸衬变薄，或螺钉、铆钉已露出，2个闸衬均需要更换；当不需要更换时，则重新装好制动闸组件。

⑧ 检查自动紧急制动闸的闸衬。

a. 启动铲车但不行走，将卸料板控制手把拉向司机座位方向，使自动紧急制动闸松闸，并拉住手把，直至该制动闸的压力表指示针到8.275MPa，将塞尺插入制动闸组件的圆盘和闸衬间，该间隙应为0.25mm，不必对圆盘两侧进行检查；

b. 当间隙值大于0.25mm时，逆时针方向旋转调节螺钉上的锁紧螺母，将螺母松开，在圆盘和闸衬之间插入塞尺，顺时针方向旋转调节螺钉直至闸衬将塞尺压向圆盘；

c. 逆时针方向旋转微调螺钉至能将塞尺取出为止，要注意保证间隙值；

d. 关闭铲车，盖好后部的盖板。

（3）铲车的月检查　检查差速器的油位，当装有双减速器轴时，检查2个差速器的油位；当装有行星轴时，检查2个差速器和行星轮毂中的油位，若低于油位应加到油位指示值。

（4）铲车的季度检查

① 查驱动电动机

a. 将断路器开关置于“断开”位置。

b. 拆下铲车后部的盖板。

c. 拆下电动机上的检查盖。

d. 检查绕组、整流器，电刷、电枢及端子引线，具体要求是：绕组应干燥无灰尘、油脂及油污；整流器应干净、光滑、中等抛光浅棕色；电刷及电刷座应干净，电刷可在座内自由转动，在磨损至铆钉快要擦伤整流器之前，应更换电刷；电枢及励磁引线应无损伤；端子引线应连接牢固。

e. 检查螺钉、螺栓及螺母是否已拧紧。

f. 确保法兰干净后，盖上电动机盖。

② 润滑驱动电动机

a. 拆下驱动电动机顶部的2个注油孔塞子；

b. 给每个孔内注入16.4mL的油脂（cherron$SR_{1\sim2}$或相当油品）；

c. 重新装上2个注油孔塞子；

d. 清除干净多余的油脂；

e. 装上铲车后部的盖板。

有的驱动电动机没有设2个注油孔，因为它们不需要定期注油，一个电动机轴承的润滑是密封住的，另一个电动机轴承可从减速器获得润滑。

③ 检查和润滑泵电动机。检查及润滑泵电动机的程序和要求，与检查及润滑驱动电动机相同。

4. 附图及说明

图5-43、图5-44是铲车基本图纸，可供参考，但不能依照此图进行检修等。因为每一个新出厂的铲车，都可能有一定的变动，在每一部新设备中，都带有随机技术图纸，一般都放在司机座左、右，是塑封的。按照随机图纸进行检修就不会发生问题了，这一点必须切记。

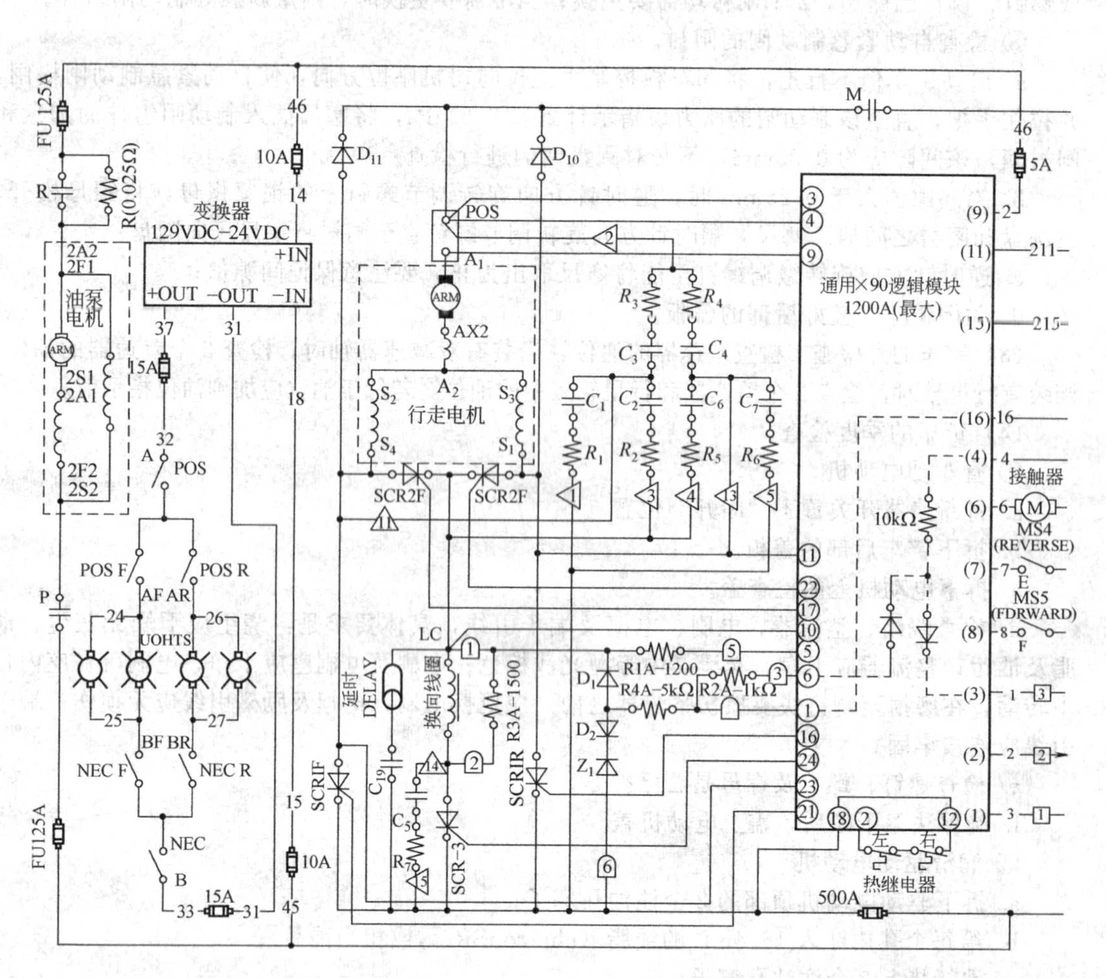
FU 125A
R
R(0.025Ω)
46
10A
14
M
5A
D11
D10
POS
A1
变换器
129VDC-24VDC
+IN
+OUT -OUT -IN
油泵
电机
2A2
2F1
2S1
2A1
2F2
2S2
37
31
15A
32
A POS
18
ARM
AX2
A2
S2
S3
S4
S1
行走电机
R3
R4
C3
C4
C1
C2
C6
C7
R1
R2
R5
R6
SCR2F
SCR2F
POS F
POS R
AF AR
24
26
UOHTS
25
27
BF BR
NEC F
NEC R
NEC
B
33
15A
31
45
15
10A
FU125A
P
LC
延时
DELAY
换向线圈
R3A-1500
SCRIR
SCRIF
C19
C5
R7
SCR-3
D1
D2
Z1
R1A-1200
R4A-5kΩ
R2A-1kΩ
通用×90逻辑模块
1200A(最大)
(9) 2
(11) 211
(13) 215
(16) 16
(4) 4
接触器
(6) 6
10kΩ
MS4
(REVERSE)
(7) 7
E
MS5
(FDRWARD)
(8) 8
F
(3) 1
(2) 2
(1) 3
左
右
热继电器
500A

图 5-43 488 型铲

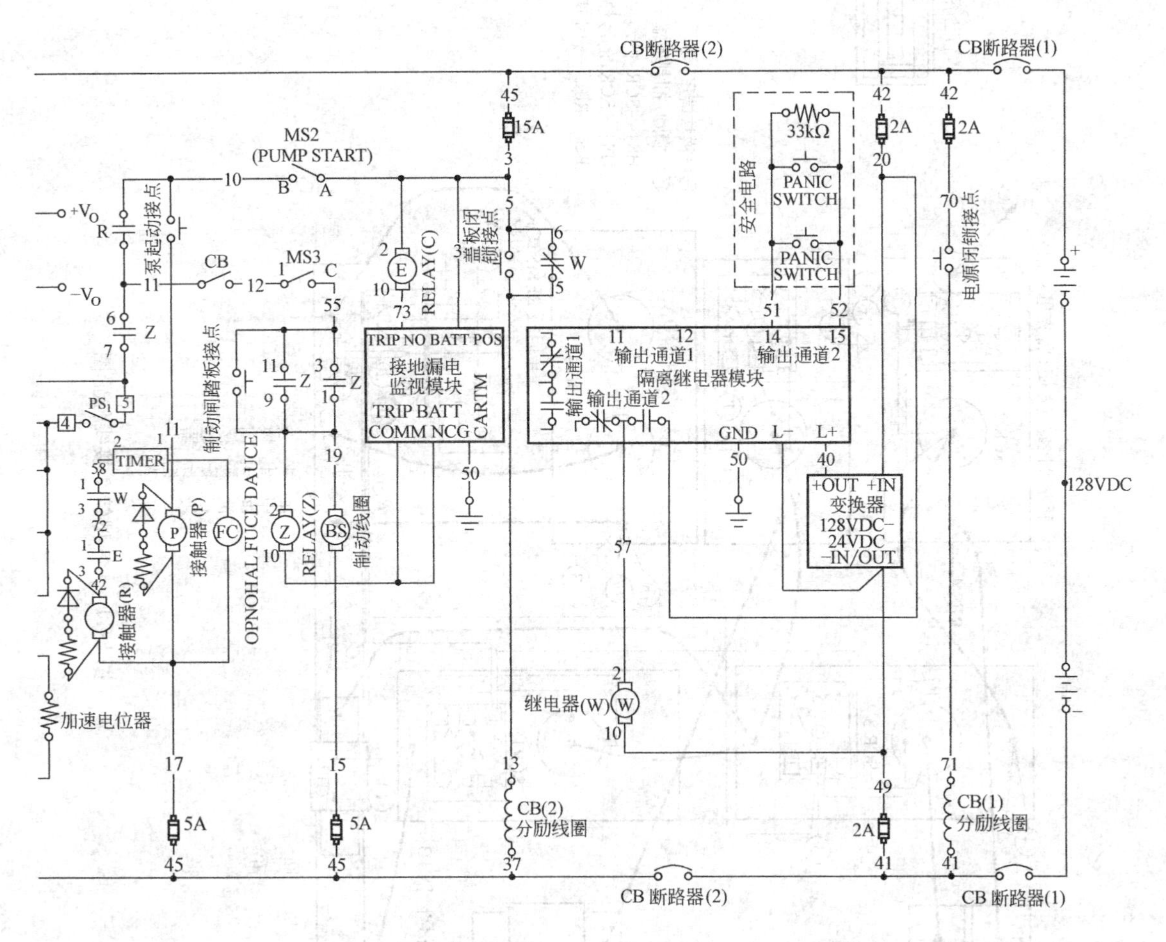

CB断路器(2)
CB断路器(1)
MS2
(PUMP START)
15A
2A
33kΩ
PANIC SWITCH
安全电路
泵起动接点
盖板闭锁接点
电源闭锁接点
RELAY(C)
W
CB
MS3
Z
制动闸踏板接点
TRIP NO BATT POS
接地漏电监视模块
TRIP BATT
COMM NCG
CARTM
输出通道1
输出通道2
隔离继电器模块
GND
L-
L+
+OUT +IN
变换器
128VDC-
24VDC
-IN/OUT
128VDC
TIMER
接触器(P)
接触器(R)
OPNOHAL FUCL DAUCE
RELAY(Z)
制动线圈
继电器(W)
加速电位器
5A
CB(2)
分励线圈
CB(1)
分励线圈
CB 断路器(2)
CB 断路器(1)

车电气原理图

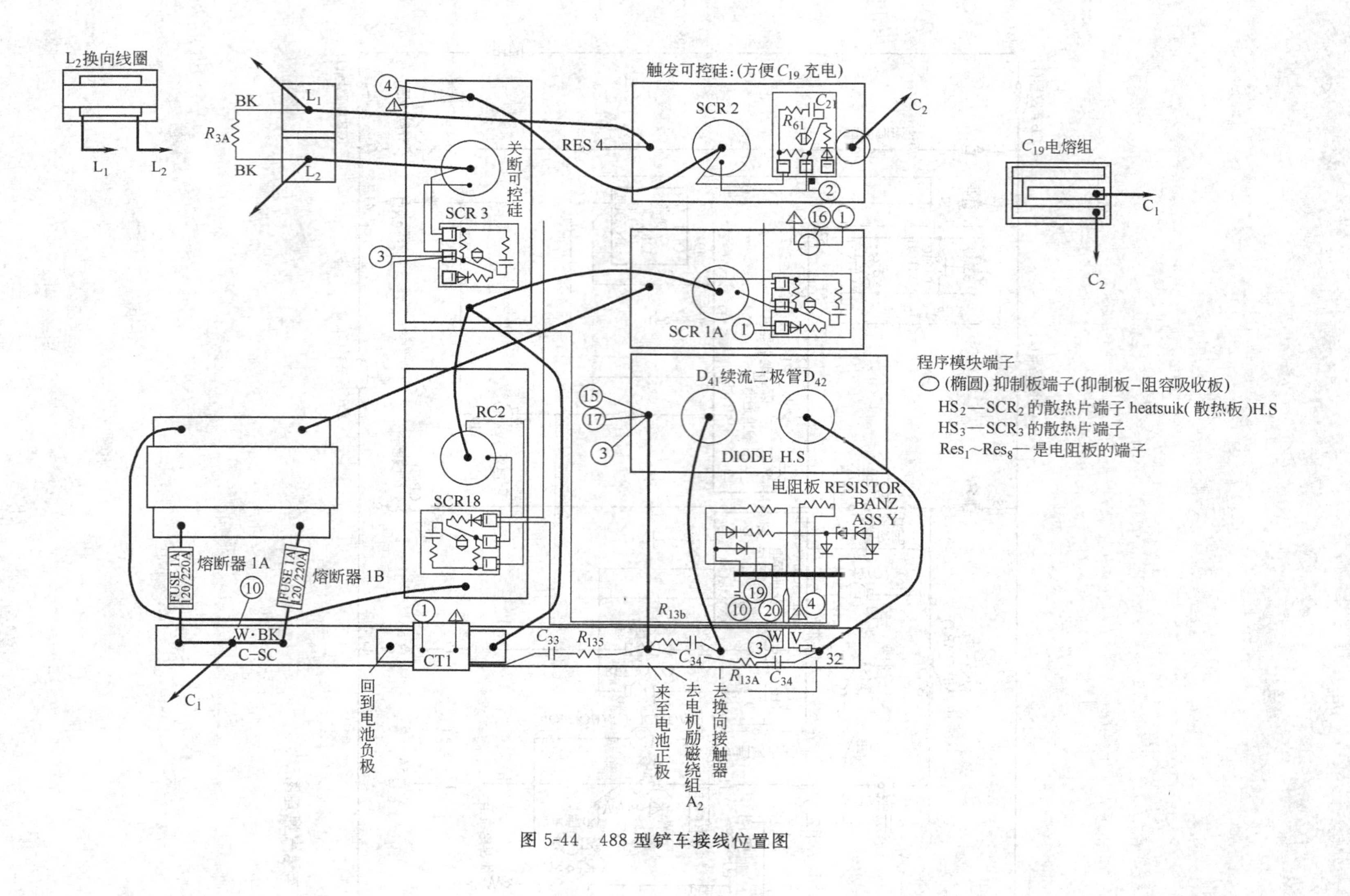

图 5-44 488 型铲车接线位置图

注意以下几点：

① 本安电路导线不能与非本安电路导线混在一起；

② 回路（或回路成分）的任何改变可能导致不安全控制；

③ 隔离继电器应为接地线，接线容量不低于 12# AWC 型线；

④ 所有本安线必须用玻璃纤维类套管套住，而且可靠固定；

⑤ 本安电路导线最大导线是 15# AWG 型线；

⑥ 所有导线和端子必须有正确连接的编号；

⑦ 隔离继电器必须置于被 MSHA 认证的外壳中，MSHA 是美国国家矿山安全和健康试验室的安全标志；

⑧ 将隔离继电器与开关之间的连接电缆连到 MSHA 认证的外壳去，该电缆有 MSHA 认证的防爆密封压盖；

⑨ 本安输出回路包括开关和 33kΩ 的电阻，设置这一电阻是作为回路最后一项的断线指示。

第六章 胶带输送机电控系统

第一节 CST 可控驱动装置

一、CST 传动装置构成及基本原理

CST（Controlled Start Transmission）的含义为可控制的启动传输装置，它是一种专门用于启动高惯性负载（如矿井运煤与矿石的胶带输送机）的驱动设备。CST 驱动装置组成如图 6-1 所示。主要由 CST 驱动减速器、CST 电液控制器、油-空气热交换器、油泵组件及冷却控制器组成。

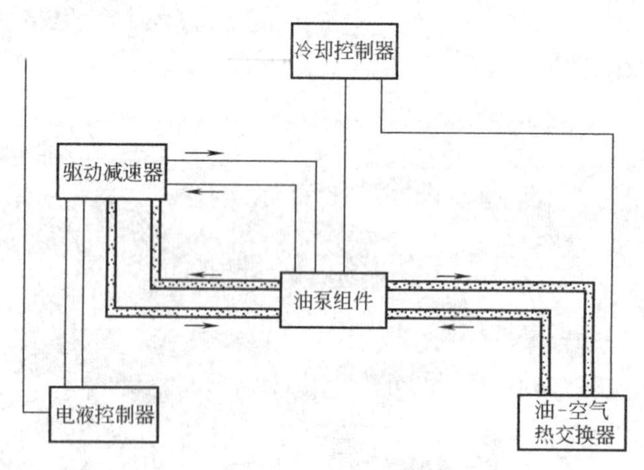

图 6-1 CST 传动装置框图

电液控制器是 CST 驱动装置的“大脑”，它对整个硬件系统提供完整的控制，主要包括电控器、液压控制器、数字测速计等。它通过固态数字逻辑电路提供精确的加速度控制，整个工作过程通过计算机工作站编程控制的屏幕显示。

驱动减速器是 CST 传动装置的“心脏”。主要由输入部分（一级圆柱齿轮减速）、输出部分（行星差速组件）及反应盘式离合器等组成。使用时，交流电动机与输入部分相连接，输出部分与胶带输送机滚筒相连接，通过对盘式离合器施加轴向压力，驱动电机传递给 CST 输出轴的力矩和速度就能得到精确的控制，以防止或减少传动系统中的振动或冲击负载。

启动时，操作人员按启动条件的要求由菜单设置给电液控制器，当电液控制器接收到电机或电控器送来的启动信号后，允许电机在空载条件下全速启动，液压控制器不对反应盘式离合器施加压力，即液体压力为零，达到额定速度后，液压系统开始给离合器反应盘系统施加压力。当反应盘相互作用时，其输出力矩将与液压系统的压力正比。安装在输出轴上的速度传感器检测出转速并反馈给控制系统，将该速度信号与控制系统设定的加速度曲线相比较，其差值将用于调整反应盘压力，从而确定稳定的速度斜率。

启动过程中，离合器滑差所产生的热量将由流经反应盘的冷却液带走并经热交换器系统散热。冷却液、减速器润滑液以及液压控制系统的液压油均采用相同的油。

反应盘系统为一线性湿式离合器，传递到输出轴的力矩完全受压力控制阀的压力控制，在加速过程中，冷却油通过反应盘上的沟槽将热量带到热交换器散热。控制系统实时检测输出轴转速，并随时调整液压系统压力以保证跟踪所要求的加速度斜率。

二、CST 传动装置的特点

① 实现电动机软启动。在启动时，电动机处于空载状态，随着液压控制器对反应盘系统施加液体压力逐渐增大，胶带输送机将缓慢启动直到额定速度运行。整个启动过程可以根据实际需要在几十秒到几分钟范围内调整。

② 实现电动机软停车。当接到控制器传来的停车信号时，液压控制器开始对反应盘系统逐渐减小压力。随着反应盘的启动，输出力矩逐渐减小使输送机缓慢停车。停机时间也可根据实际需要在几秒到几分钟内调整。

③ 实现电机无级调速。将胶带输送机的运行条件通过操作者设置在 CST 传动装置的电液控制器内，经过液压控制器调节对反应盘系统静摩擦片的液体压力，从而实现按照设定的运行状态无滑差的运行。该系统无级调速范围为额定带速的 10%～100%，满足胶带输送机的验带、安装调试及检修的需求。

④ 解决多点驱动功率均衡问题。

三、CST 传动装置控制系统

图 6-2 为 2×CST 系统配线图，主要包括 CST 控制板（CST CONTROL PANEL）、用户控制中心（CUSTOMER CONTROL CENTER）、电动机控制器（MCC）、2 台 CST 装置及 2 台热交换风扇。驱动系统主驱与从驱控制功能如图 6-3 所示。

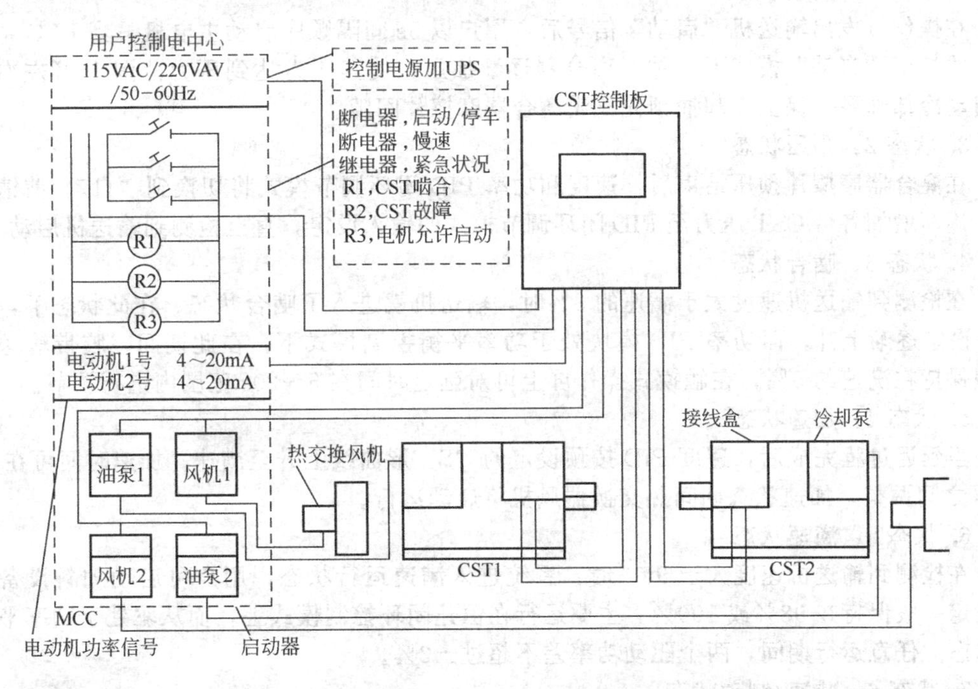

图 6-2 2×CST 系统配线图

实际应用时，主驱和从驱的配置取决于齿轮减速比和滚筒的直径大小，为了达到良好的负载平衡控制特性，推荐使用从驱滚筒直径比主驱大 3%～4%的配置方式。在任何情况下，从驱将跟随主驱自动调整状态，在不同的负载下均能保持一致的输出功率。

当操作人员在确认输送机处于安全自锁状态后，向 CST 控制器发出设备运行信号，其运行状态如下所述。

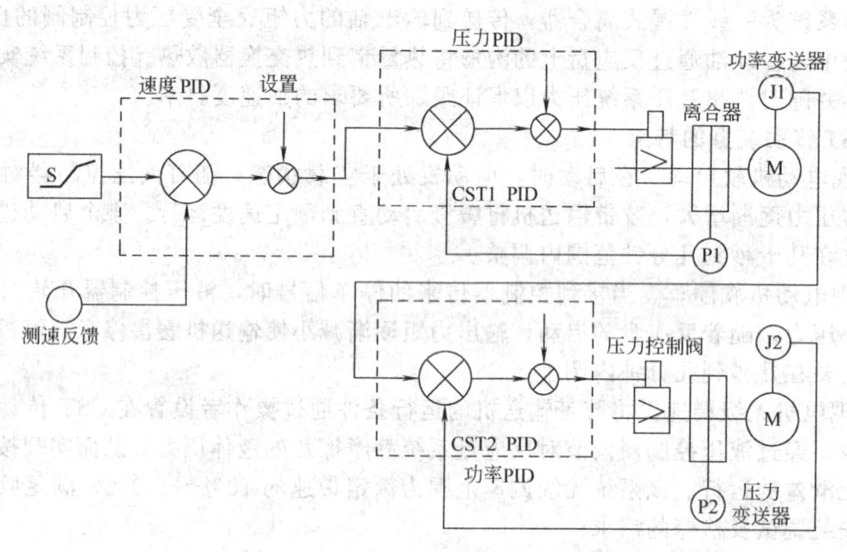

图 6-3 2×CST 系统主驱与从驱控制功能

1. 状态 0：待机状态

CST 控制系统在检测到以下状态完备后发出“准备起车”信号，操作员可启动胶带输送机。胶带输送机速度为 0，离合器压力小于 5%系统压力。系统无故障和报警状态。

2. 状态 1：启动状态

在操作员发出输送机“启动”信号后，用户以 5s 间隔顺序启动主电机，当 PLC 系统控制方式打至“自动”模式下，并对离合器逐渐加压，使其压力达到压力范围 10%左右，开始启动冷却油泵，保证冷却油预先充满离合器摩擦片间隙。

3. 状态 2：预压状态

在离合器摩擦片预压结束后，速度和功率 PID 闭环调节模式将切换到“自动/前馈”模式，逐渐增加各台 CST 压力至 PID 闭环调节模式的输入设定，直至检测到输送机启动为止。

4. 状态 3：啮合状态

在检测到输送机速度大于满速的 3%时，输送机就进入了啮合状态。在此状态下，速度 PID 设定逐渐上升，而功率 PID 模块处于功率平衡控制模式下。在此期间，胶带输送机速度被保持在满速的 5%，在触摸式操作屏上可对延迟时间在 5～20s 范围内进行调节。

5. 状态 4：加速状态

当延迟过程完成后，速度 PID 按预设定的“S”形曲线上升至满速。加速时间可在 30～300s 之间调整，加速状态期间热交换器风机将启动运行。

6. 状态 5：满速状态

在检测到输送机速度大于 95%时，系统进入满速运行状态，用户可启动加料设备。速度设定一般保持在 98%或 100%。主驱运行在恒速闭环控制模式上，而从驱处于功率平衡控制状态。任意运行期间，两个驱动功率差不超过±2%。

7. 状态 6：减速/制动状态

正常运行期间，发生任何 CST 故障或用户停机指令都将导致系统进入减速运行状态。输送机按照设定曲线停机，停机时间不小于自然停机时间，可按需要调整。当速度小于 5%，减速状态结束，离合器进行制动。

图 6-4 为 CST 装置的“S”加速和线性制动运行曲线。可见，CST 用于驱动胶带输送机启动过程时，能够使启动过程中胶带输送机动态张力减到最小，在胶带输送机空载或满载启动时，通过控制启动过程中负载速度的加速度斜率，使胶带的瞬态峰值张力减小到最低程

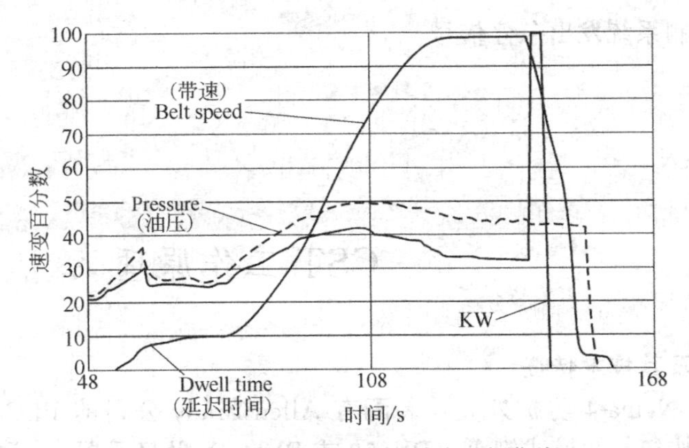

图 6-4 “S”加速和线性制动运行曲线

度。在长距离胶带输送机中，采用启动过程中增加延迟会得到更好效果。因为在正常加速之前，增加延迟可使松弛的胶带得到张紧，所有的传动器件在低速、低载下获得正常运转条件，这样就消除胶带输送机启动过程中的过度张紧压力。

对于使用长距离、高弹性模量的胶带输送机，由于胶带应变性能的影响，停机比启动所产生的应力脉冲更高。而 CST 可提供可控的停机斜率，通过在驱动系统的输入端增加飞轮来改善停车斜率。

实际系统中，每台 CST 装置都配有 PLC 和各种变送器组成监控装置，用来监控 CST 启动和运行，并与用户进行信息交换。通常，变送器监测参数有：油池温度、冷却介质压力、润滑压力、离合器控制压力、输出轴速度、电机功率信号等，用以了解系统运行状态，并控制输送机的启动、停机及多负荷均衡。

四、系统报警

CST 控制系统设置了完善的故障报警系统。

1. 一般故障报警

下列情况，控制系统只给出一般故障报警，但不影响输送机和主电机的正常运行：

① 变送器超出测量范围（压力温度速度和功率）；

② 皮带机打滑速度超限（±20%）；

③ 主电机过载（≥100%）；

④ 功率均衡精度超差（±20%）；

⑤ 加热器启动器故障；

⑥ PID 控制偏差超限。

2. 系统故障报警

下列情况，控制系统故障报警，输送机停车，但主电机无需停机：

① 制动器故障；

② 主电机、冷却泵；风机和加热器启动故障；

③ 主电机过载或功率变送器故障（≥110%）；

④ 润滑油温过低；

⑤ 启动过程中，冷却压力和离合器压力过低（<10psi 或 0.7kg/cm^2）；

⑥ 离合器压力过高（>90%）；

⑦ 离合器打滑超限（±20%）；

⑧ 功率均衡超差（>30%）。

3. 系统发出急停信号

下列情况，控制系统发出急停信号：

① 润滑失效；

② 油温过高；

③ 外部急停触发。

第二节 CST工作原理

一、硬件装置及其技术特征

CST控制箱为Nema-4防护外壳，装配有Allen-Brady公司的PLC SLC5/03或5/04，转换器、指示灯、按钮、触摸式键盘（PV600或PV550）及显示器。

SLC5/03与5/04均提供两个通讯接口，RS232C接口可连接Panel View操作站或为上位计算机、数据交换系统开放；DH485、DH+为高速数据传输接口，应用于工厂、矿山的通讯网络。

控制箱供电电压AC85～264V，容量1.5kVA，用户可配置UPS电源。内部所有信号转换器、中间继电器、指示灯等均为标准DC24V供电方式。应用于矿井胶带输送机控制时，其硬件配置如下。

(1) 隔爆外壳　内部装有SLC5/03或5/04PLC及电源装置、信号转换器、中间继电器和安全栅等电子电气功能模块。前门设有显示窗口，可对所有重要参数状态进行显示和报警。

(2) 液压接线箱　每台CST机身均配置一个本安型接线箱，安装有液压阀组及以下仪表：压力表、离合器压力变送器、润滑压力变送器、冷却压力变送器、输出轴速度传感器和润滑压力油温变送器。

(3) 比例阀和闭锁阀　比例阀（PVC）和闭锁阀（BLV）的控制信号均为DC24V的本安信号。

(4) 操作员控制按钮　本机设有急停、复位、屏幕上翻、屏幕下翻、修改设定及选择参数6种功能按钮。操作按钮与显示器配合使用，可监测并控制CST的运行状态。

① 屏幕上翻。按下此按钮可顺序显示上一显示屏幕。在PLC软件中设置了一个屏幕序号增量计数器，每当按下此按钮，计数器数值减1，直到第一个屏幕（最低限值）。在达到最后一个显示屏幕（最高限值）时，再次按动时显示将返回到第一个屏幕。

② 屏幕下翻。按下此按钮可顺序显示下一显示屏幕图。其他意义同上翻按钮。

③ 参数选择。该按钮作用是一个对象选择器，每个显示屏幕都有相对应的对象选择器列表。操作时，先用“上翻”或“下翻”键选择某一屏幕，用此按钮进行屏幕确定，再用“上翻”或“下翻”键选择其中某一选项。

④ 修改参数。当任一操作对象被选中后，均可用该按钮进行对象参数的修改。

⑤ 复位。当系统出现报警、故障、急停状态时，可通过复位按钮对这些状态进行确认和复位操作。

⑥ 急停。该按钮用于CST系统任何急停操作。

二、人机操作界面

CST控制系统采用用户友好的触摸/按键式PanelView600操作站。PanelView600显示包含数个图形化屏幕，地面应用系统采用触摸屏而简化操作，对于井下则通过防爆按钮进行操作。

CST系统菜单屏幕有：系统界面、控制模式选择、皮带机参数配置、皮带机报警/故障、CST 报警/故障、制动闸报警/故障、CST 手动控制、CST 登录屏幕。以下就其主要屏幕进行简述说明。

1. 系统界面

该屏幕显示了所有需要监测的CST 装置运行信息。显示屏幕可根据需要支持最大 4 台CST 设备的监控。图 6-5 为 4×CST 驱动系统浏览图。

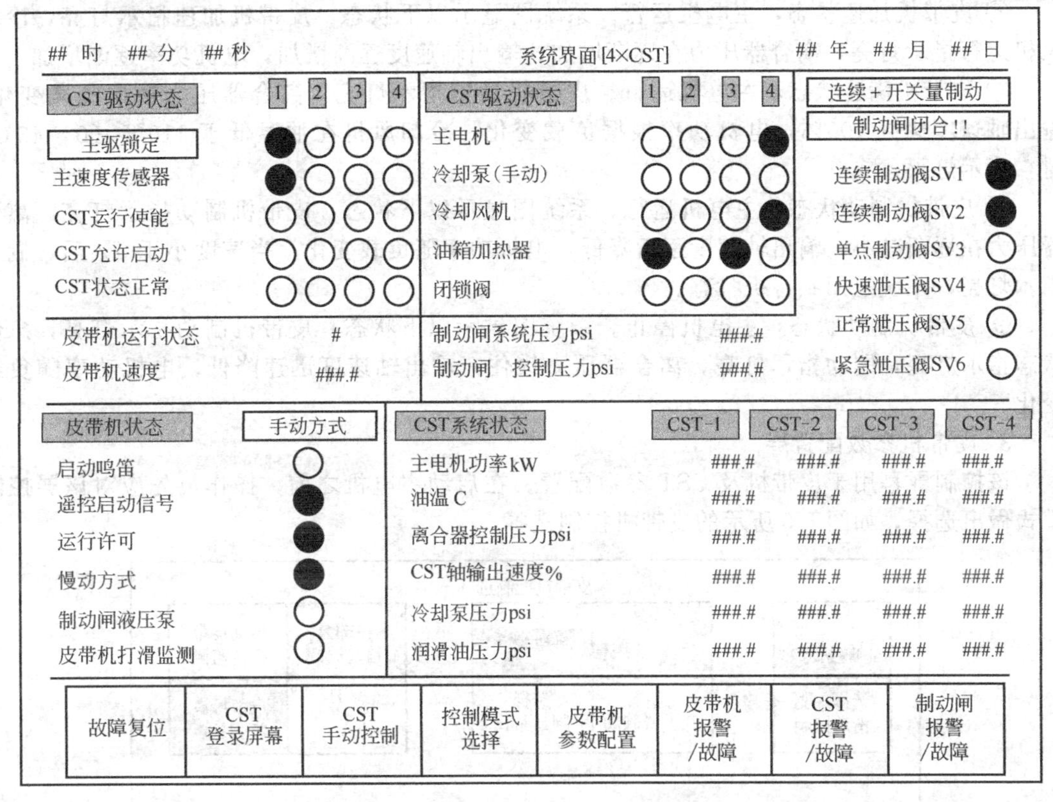

图 6-5　4×CST 驱动系统浏览图

图中皮带机、泵、风机等设备的状态由指示灯反色显示的形式表达出来，例如设备运转时指示灯显示为黑色。

当出现系统报警、一般故障和严重故障时，屏幕上将弹出一个报警窗口（可选方式）。这将提醒操作员到报警/故障屏幕去查找原因。

故障复位的作用清除所有故障状态，CST 状态正常和“备车完”指示显示。

2. 控制模式选择

CST 系统控制模式及其操作如下。

① 皮带机待机状态，主电机停止。系统图上将显示以下数据：油温范围为 0～300℉(0～149℃)；冷却泵指示开/关，由油温控制；加热器指示开/关，由油温控制；所有的模拟量如电机功率、离合器压力、输出轴速度和润滑压力均应显示为 0。

② 皮带机待机状态，主电机运行。对于两台以上的多机驱动系统，主电机将顺序启动，中间保持 5s 左右的间隔。当每台 CST 的主电机均启动后，系统图将显示以下状态和参数：电机功率小于 15%；润滑油压为 20%～50%之间（psi 或 kg/cm^2）；冷却压力为 20%～50%之间（psi 或 kg/cm^2）；备车完毕、CST 状态正常、运行使能、主电机运行、冷却泵运行、加热器运行、皮带机停止、制动、急停状态、主驱指示灯亮。

③ 皮带机启动状态，主电机运行。操作员发出皮带机启动信号，系统图将显示以下状

态：皮带机启动指示灯亮；离合器压力在逐渐增加。

④ 皮带机预压状态，主电机运行。系统图显示以下状态：皮带机预压指示灯亮，离合器压力在逐渐增加，制动指示灯灭。

⑤ 皮带机解除状态，主电机运行。系统图显示以下状态：皮带机解除指示灯亮，离合器压力在逐渐增加，输出轴速度逐渐增加，电机功率逐渐增加。

⑥ 皮带机加速状态，主电机运行。系统图显示以下状态：皮带机加速指示灯亮，冷却风机运行指示灯亮，离合器压力在逐渐增加，输出轴速度逐渐增加，电机功率逐渐增加。

⑦ 皮带机满速状态，主电机运行。皮带机满速指示灯亮，离合器压力根据负载变化，输出轴速度达到100%，电机功率根据负载变化，冷却风机在油温低于110℉（0～43℃）时，指示灯灭。

⑧ 皮带机制动状态，主电机运行。系统图显示以下状态：皮带机制动指示灯亮，离合器压力在逐渐减小，输出轴速度逐渐降低，电机功率随负载变化。当速度小于5%后，制动指示灯亮，系统返回到待机状态。

⑨ 皮带机制动状态，主电机停止。系统图显示以下状态：皮带机制动指示灯亮，急停状态指示灯亮，制动指示灯亮，离合器压力锁住，输出轴速度迅速降低，电机功率随负载变化。

3. 皮带机参数配置屏

该控制屏幕用于皮带机及CST参数配置。在启动主电机之前，操作员先应对该屏控制模式做出选择，如图6-6所示的皮带机控制选择。

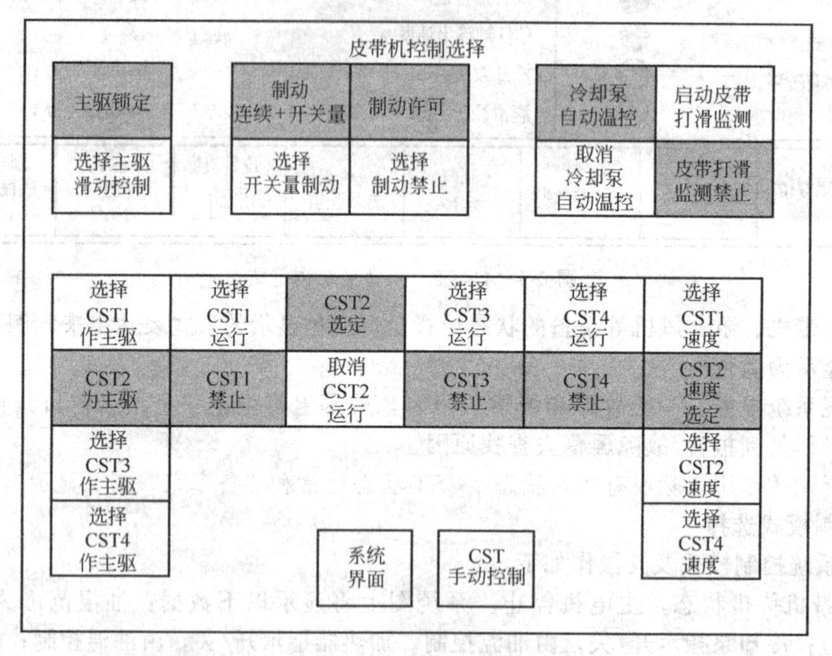

图6-6　CST驱动控制选项

不同选项的功能如下所述。

① 主驱速度控制传感器选择。用于运行过程中主驱输出轴速度监测。如果当主驱自身传感器发生故障时，则通过此选项可设置从驱作为主驱速度环控制反馈。

② 减速控制。用于设置制动停车的带速曲线为“S”形或线性。缺省采用线性方式，即离合器压力线性减小直到最低速度为止。若采用“S”形方式，离合器压力将按近似于正弦或余弦曲线降低直到最低控制速度为止。

③ 主驱自锁。用于设定主驱是工作在离合器滑差小于2%下，还是工作在自锁方式下。

④ CST禁止。用于选择在其中一台CST处于检修或维护状态时，禁止该台设备的运行而不影响皮带机的正常运行。

⑤ 主驱/从驱选择。主驱/从驱配置都是预先确定好或由控制程序自动处理。一般在同轴的两台CST之间选择，任何一台均可设置为主驱。

⑥ 皮带机打滑检测。用于设置皮带机打滑检测功能。通常不因皮带机轻度打滑而影响生产而取消该选项，则皮带机打滑处于±20%范围以内时将被忽略。

⑦ 制动控制（可选项）。若皮带机配置有独立的数字或模拟式制动装置，选择该选项后，在制动状态时将发出相应制动控制信号且制动装置接收反馈信号。

⑧ 冷却泵控制。冷却泵和油箱加热器的操作由PLC自动进行控制。在油温低于10℃时冷却泵和加热器都将自动启动。

皮带机和CST驱动配置选项如图6-7所示，以下分别给予说明。

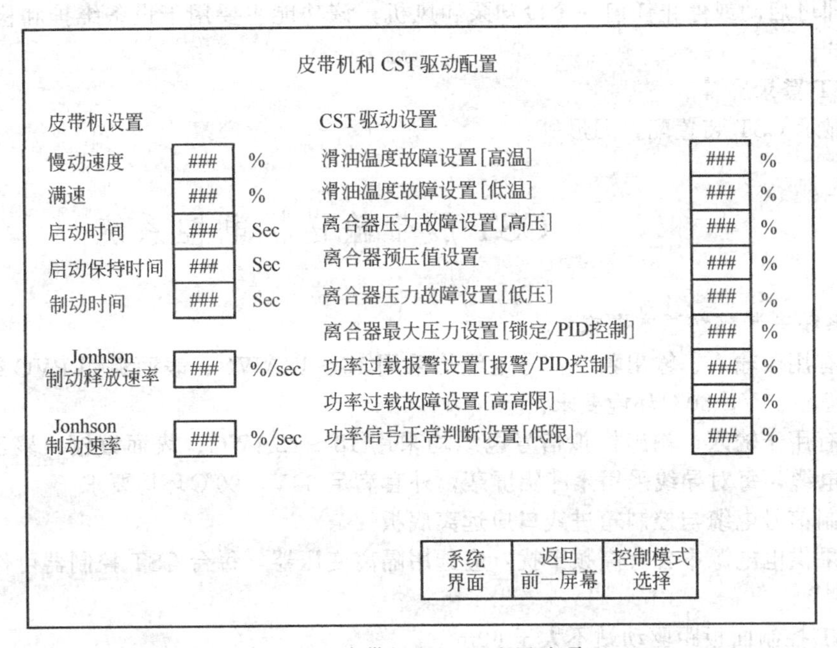

图6-7　皮带机和CST配置选项

（1）皮带机设置

① 爬行速度设定：用于皮带机检修。一般可在10%～50%之间设定，缺省值为20%。

② 满速设定：设定值为96%～100%，缺省值98%。

③ 启动时间：用于设定加速阶段的运行时间，可在40～300s之间设置，缺省值为60s。

④ 启动保持时间（延迟时间）：延迟时间可在1～25s之间设置，该值大小取决于皮带机的动态响应。缺省值为10s。

⑤ 制动时间：制动时的减速时间可在5～60s之间设定。缺省值为30s。

⑥ 制动解除（施加）速率：此参数适用于安装有连续制动装置的皮带机控制系统。速率可控制在10%～100%（5%～60%）内，缺省值为20%（10%）。

（2）CST设置

① 润滑油温上限：此参数将限定油温报警上限值，可在58%～65%之间设置，对应温度为0～149℃（0～300℉）。缺省值为61.5%，对应温度85℃（185℉）。

② 润滑油温下限：此参数可在0%～17%之间设定。缺省值为3.5%，温度为−12℃。

③ 离合器压力上限：此参数可在85%～95%之间设定，缺省值为90%。

④ 离合器预压限：此参数可在5%～20%之间设定，缺省值为15%。

⑤ 离合器压力下限：此参数可在3%～5%之间设置，缺省值为5%。该参数确保了在启动之前，若压力低于此限值将不触发“备车完”状态，CST不允许启动。

⑥ 离合器压力控制高限：此参数对应PLC的控制，可在65%～95%之间设置，缺省值为85%。

⑦ 功率过载报警限值：此参数可在65%～95%之间设置，缺省值为75%。

⑧ 功率故障跳闸限值：此参数可在70%～100%之间设置，缺省值为85%。

⑨ 功率最小限值：此参数可在5%～20%之间设置，缺省值为10%。当电机实际功率低于此限值时，控制系统将触发该“选项”，并停止皮带机运行。

4. 手动控制屏

当皮带机运行时，利用此控制屏可检查每个CST的冷却泵和风机的运行。操作者选择该屏幕，即可启动或停止任何一个冷却泵和风机，该功能主要用于设备维护和检查冷却泵、风机而设的。

5. CST登录屏幕

用于显示CST装置配置图形等。

第三节 CST胶带输送机电控系统

一、系统安装接线基本要求

① 所有用于输入、输出数字信号电缆均采用16～18AWG、表面镀铜PVC绝缘的双绞线，外套满足30V，80℃环境要求。

② 所有用于输入、输出模拟信号电缆均采用18～22AWG、表面镀铜、聚乙烯绝缘的PVC护套电缆，每对导线采用聚酯铝屏蔽，外套满足30V，80℃环境要求。

③ 控制信号电缆与控制箱进线口应远离底板。

④ 如果供电电源中含有高频干扰，应选用隔离变压器，每台CST控制器可作为300VA的负载处理。

⑤ CST控制面板距驱动站不大于60m。

⑥ 控制器与驱动装置电源应分开，如果二者须交叉时，应考虑垂直敷设。

⑦ 信号线与动力线分开，输入与输出线分开，不同类型的导线应明确标志。

⑧ 所有屏蔽线均应连接在控制器内部提供的接地柱上，不要在测量现场另设屏蔽接地。

⑨ 推荐在输出端采用屏蔽装置，如采取变阻器、RC网络、浪涌抑制器等，这些器件应有足够的额定值，确保安全抑制感性负载通断时所产生的瞬态峰值，提高设备的使用寿命。

二、皮带编码器

控制系统采用增量式光电编码器用于监测转动皮带滚筒位置。编码器采用轴销安装在滚筒的中心线上。其型号及参数为：AB-845T-DMI-2P-EH，DC1.5V，600Hz。

增量式编码器是一种光电式转角位移测量元件，实质是一个光电脉冲发生器和一个可逆计数器。在光电脉冲发生器圆盘上刻有节距相等的窄缝及a、b两组检测窄缝群，如图6-8（a）所示，节距同前。两组检测窄缝的对应位置错开1/4节距，其目的使a、b两个光电变换器输出信号在相位上相差90°。因圆盘与被测轴相连接，故两组检测窄缝静止不动。当被测轴转动时，两个光电变换器输出相位互差90°的两个近似正弦波，如图6-8（b）所示。输出信号经电路简单处理可得到相应的脉冲信号。当圆盘正转时（图中箭头所示），信号b超

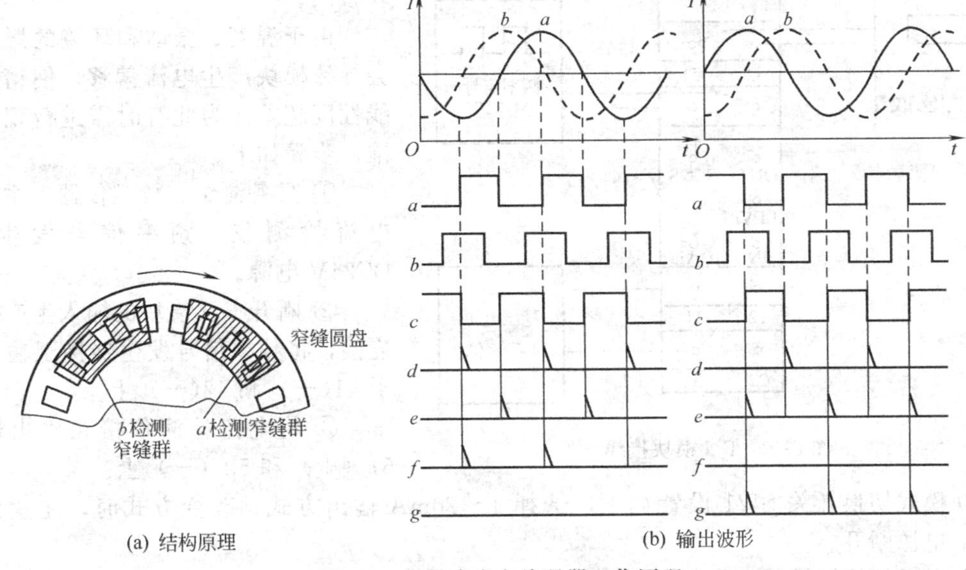

图 6-8　增量式光电编码器工作原理

前信号 a 90°，逻辑电路 f 端输出脉冲信号，当圆盘反转时，信号 a 超前信号 b 90°，逻辑电路 g 端输出脉冲信号。将这些脉冲信号送入可逆计数器进行累加，就可测出轴的旋转角度。

三、输出轴速度传感器

输出轴速度传感器是一种电磁式敏感元件，用于测量 CST 输出轴的转速。它是由装在机器轴上齿轮和安装在齿缘的铁心线圈组成，铁心为永久磁体。传感器结构如图 6-9 所示。

安装时铁心线圈的永久磁体应尽量与齿轮靠近，当齿轮旋转时，靠近永久磁体的齿轮被磁化，使固定的线圈相对切割磁力线而产生感应电动势。感应电动势的大小与永久磁体的磁感应强度、线圈匝数、永久磁体靠近齿轮的距离和转速有关。

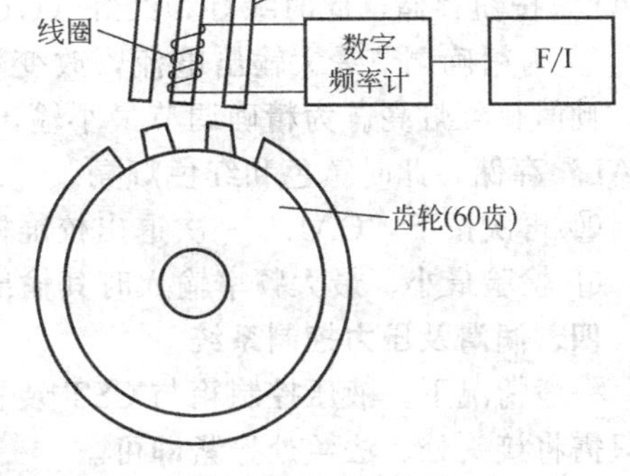

图 6-9　速度传感器结构图

线圈所产生的感应电动势的频率为

$$f=\frac{nz}{60}$$

式中，n 为转速，r/min，z 为齿轮的齿数。

若取 $z=60$，因此只需测量频率即可得到被测转速。当线圈尽量靠近齿轮外缘安放，线圈所产生的感应电动势近似于正弦波。

在实际应用中。探头与测速齿轮间隙应预先调节好，但在运行过程中，此间隙可能发生变化，在测不到速度信号时，需采取下列措施。

① 松动锁紧螺栓，顺时针旋转速度探头，直到触及测速齿轮顶。

② 逆时针旋转速度探头 1/4 或者 1/2 转，再拧紧螺栓。逆时针旋转一周，探头轴向退出 1.77mm。

③ 接上万用表，并给传感器提供 DC5V 电源，当探头接触到齿顶时，读数约为 0V。在探头退出 1/4 转时，读数 4.9V 为宜。

在某些系统中，CST 轴速度采用 F/I 频率电流转换模块（如 IIACTIONG478）。地面应用系统安装在 CST 接线箱中，井下应用系统安装在 CST 隔爆控制箱中。图 6-10 所示 F/I 模

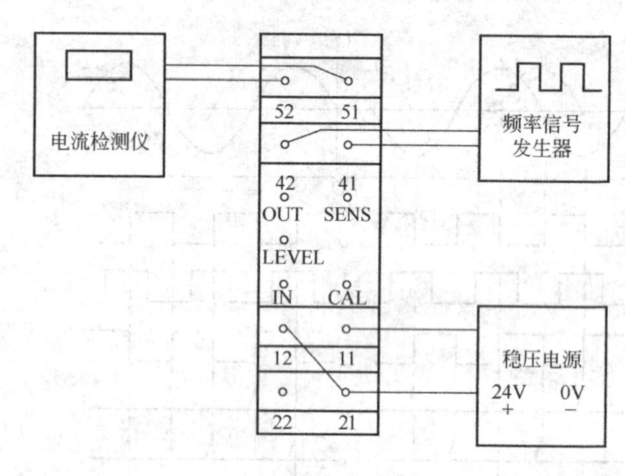

图 6-10 F/I 模块接线

块接线。

由于温度、振动和环境的影响均会导致模块产生电流偏移，使精度和线性度超差。为此有时需进行现场校准，步骤如下。

① 具备测试、校准仪器，主要有电流检测仪，频率信号发生器，DC24V 电源。

② 断开 F/I 模块的输入生产信号连接，将频率信号发生器接至输入端子 41(+) 和 42(−) 上。

③ 将电流检测仪接在输出端子 51 (+) 和 52 (−) 上。

④ 模式切换开关 SW1 设置如下，选择 4～20mA 输出方式，改变方式时，注意先将 DC24V 电源断开。

⑤ 逆时针旋转敏感电位器 (SENS)，直至听到“咔哒”声。

⑥ 调整频率信号发生器输出至最大 (方波，0.6V)，观察“LEVEL”指示灯 (绿色) 随输入频率的增加逐渐变化。如果观察不到，则逆时针调节直到现象出现。

⑦ 在绿色灯亮后，按下“CAL”按钮一次，这时模块进入校准模式，“IN”指示灯 (黄色) 和绿灯亮。

⑧ 输入最大频率，按下“CAL”按钮存储，此时仅黄灯亮。输入最小频率，按下“CAL”按钮存储，此时绿灯和红灯 (OUT) 亮。

⑨ 为精确调节最大输出电流，改变输入频率直至输出电流为 20mA。按下“CAL”存储，此时仅红灯亮。为精确调节最小输出电流，降低输入频率直至输出电流为 4mA。按下“CAL”存储，此时黄色和红色灯亮。

⑩ 再次按下“CAL”一次退出校准模式，此时绿色灯将随输入频率的增加而变亮。

⑪ 检验最小、最大频率输入时其输出是否正确，重复⑥～⑩直至达到指标。

四、润滑及压力控制系统

一般情况下，液压控制箱与 CST 装置一同到货，其管路连接及装配工作俱已作好，用户只需将接头处、法兰处拧紧即可。

实际安装运行中，应注意校准 PCV 阀，该项工作要求较高，通常由厂家完成。但在某些特殊情况下，可在现场进行校准。图 6-11 所示 CST 系统比例阀 (PCV) 及闭锁阀 (BLV) 电气连接。图中 TB-1 的 6 和 7 为变送器连接端，2 和 3 间接入 500Ω 电阻并与 PLC 输出 0～20mA 信号相连进行控制，模块 AMP 为 PCV 阀放大器模块。以下就校准基本方法作一介绍。

① 具备测试标准仪器：0～20mA 电流环信号发生器；模拟 PLC 输出信号；选取同时为 2 线制 4～20mA 变送器供电、读数的仪器等。

② 断开液压控制回路上到离合器的连接管路，并将管路堵死。

③ 断开 CST 控制箱与液压接线箱之间的 PCV 阀，离合器压力变送器有关的电气连接。

④ 给闭锁阀线圈通电，保证液压控制回路畅通。

⑤ 若 PCV 放大器为 YICKERD20 模块，各调节电位器功能如下：a. RAMP 电位器：放大器响应时间，逆时针方向旋转直到“咔嗒”声。此时电位器为最小值，表示放大器为瞬时响应无延迟。RAMP 为 10 圈式电位器。b. GAIN 电位器：放大器增益，逆时针旋转到 7

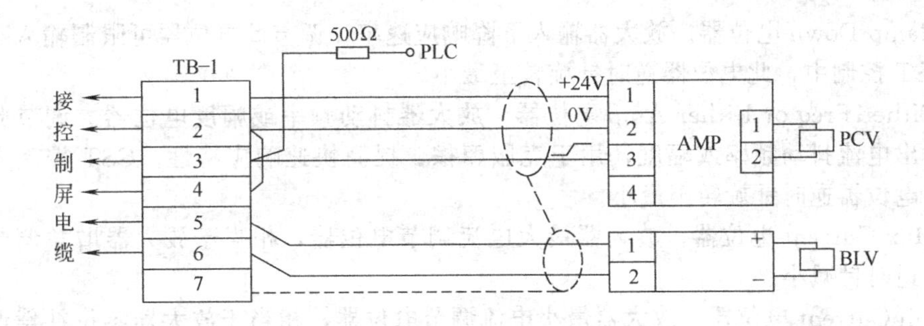

图 6-11 CST 系统比例阀/闭锁阀电气连接

点位，然后再返回 11 点位。c. DEADBAND 电位器：放大器死区，逆时针旋转到 7 点，然后再返回 9 点位。QDITHER 电位器：抖动功能电位器，逆时针旋转到底将取消抖动功能。

⑥ 调节 GAIN 电位器，直到从离合器压力变送器上读数为最大值。

⑦ 输入 0 给 PCV 放大器，调节 DEADBAND 电位器直到在压力变送器上观测压力在 4～6mA 间变化，对应放大器上 LED 灯亮或闪烁。

⑧ 重复上面步骤，直到 PCV 阀在 4～20mA 之间均可响应，压力变送器读数在最小和最大值间变化。

应当注意：一旦校准工作完成，必须解除所有临时连接，恢复正常信号连接及液压管路。

如果选用新型比例阀控制模块 4000167。因该模块为 4～20mA 输入方式，无需接入 500kΩ 电阻，可直接与 PLC 输出模拟量相连。

图 6-12 为 4000167 模块电路原理。该模块采用电流闭环控制方式，输出电流跟随输入设定，保证 PCV 阀线圈的电流恒定，并不受线圈阻抗变化的影响，从而确保阀位和输入保持线性关系。

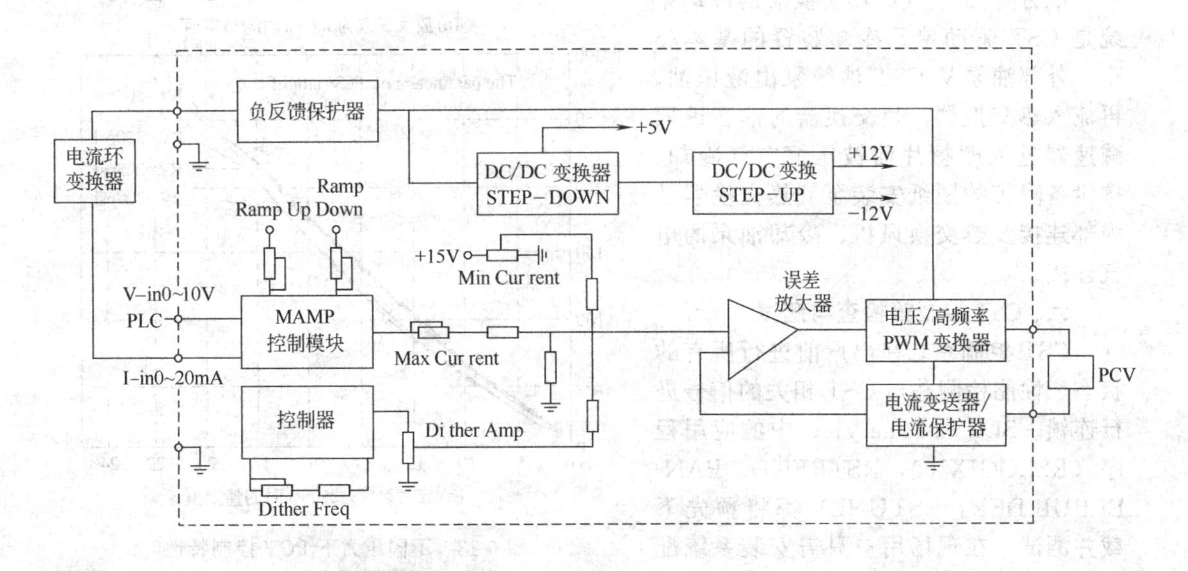

图 6-12 4000167 模块电路原理

图 6-12 中电位器及其功能如下。

① RampUp 电位器。放大器输入上升响应速率，调节此电位器可限制输入上升速率过大。CST 控制中，此电位器逆时针旋转至最小。

② Ramp Down 电位器。放大器输入下降响应速率，调节此电位器可限制输入下降速率过大。CST 控制中，此电位器逆时针旋转至最小。

③ Dither Freq or Dither Amp 电位器。放大器抖动频率或幅度电位器。调节此电位器可改变输出电流抖动频率或幅度，用于克服摩擦、提高快速响应特性。CST 控制中不用此功能，将电位器逆时针旋转至最小。

④ Max Current 电位器。放大器最大电流调节电位器，相当于放大器增益调节，顺时针增大，逆时针减小。

⑤ MinCurrent 电位器。放大器最小电流调节电位器，相当于放大器零位补偿调节，顺时针增大，逆时针减小。

⑥ PVC 阀控制特性。由于摩擦片在工作一段时间后会带来一定的压力损耗。该现象将导致摩擦片的控制压力达不到设计要求，从而影响 CST 的输出功率，必须采取相应的措施来解决问题。因此应熟悉 PCV 阀的控制特性。

图 6-13 所示不同压力下的 PCV 阀控制特性。图中某些曲线出现了重合现象，为此，特性给 PCV 阀控制带来了灵活的方式。利用这种重合特性可实现不同的无政府状态范围控制。例如系统压力为 2069kPa 时，系统可在 0～20mA 之间可控，而当系统压力为 1724kPa 时，系统只在 0～18mA 之间可控。所以通过调节系统压力。可保证一致的系统控制性能。

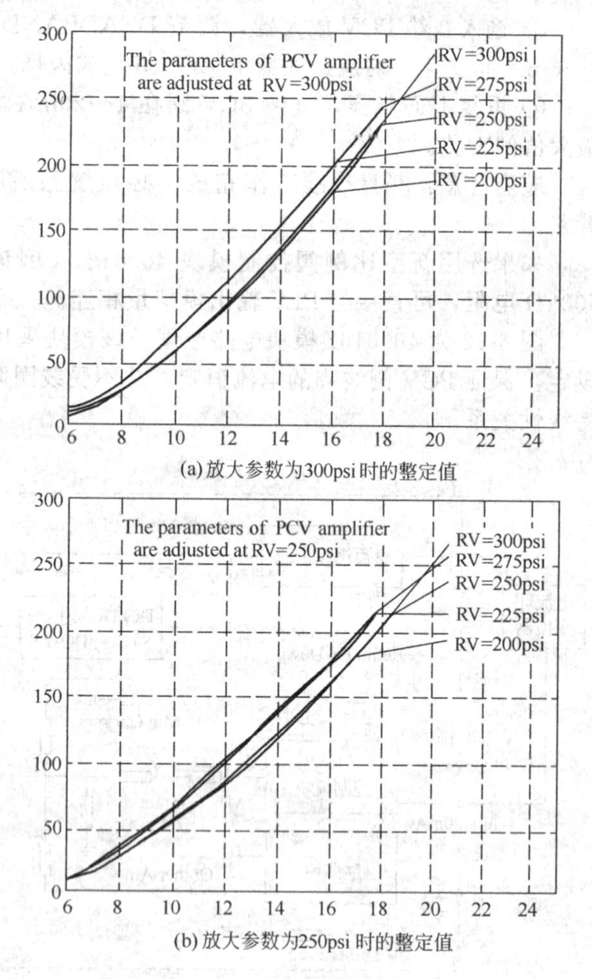

(a) 放大参数为300psi 时的整定值

(b) 放大参数为250psi 时的整定值

图 6-13 不同压力下 PCV 控制特性

五、冷却系统安装

配备有油-空气的热交换器的冷却系统是 CST 驱动单元冷却装置的基本类型。外部油泵从 CST 油箱泵出液压油，再流入热交换器，热交换器的油在返回减速器进入摩擦片前被压缩空气冷却。按设备附带的图纸安装泵、热交换器及内部连接及热交换风机、冷却油泵的电气连接。

六、CST 控制箱检查与测试

CST 控制系统在出厂前进行所有的状态、性能检测并与 CST 相关的信号进行连锁。SLC 和 PanelView 中的应用程序（RSLOGIX500，RSTREND，PANELBUILDER，RSTUNE）都将预先下载并测试。在现场用户只需安装系统配线及进行信号电缆布线连接。为保证 CST 安全和平滑的启动特性，在试运转时应进行以下测试。

1. 系统检查

系统安装完毕后，测试之前应对系统进行仔细检查，这将有效防止在后面测试过程中出现严重的问题。

① 确信 SLC 控制箱和系统中所有设备均安装正确。

② 确信所有电缆连接正确，检查所有接线端子及接地极的连接。

③ 检查电源电压与 PLC 电源模块工作电压选择跳线是否一致。

2. 断开输送机驱动滚筒的连接

在给 CST 控制箱通电前，为安全起见，应使 CST 输出轴与滚筒的连接断开。为了建立油压，必须启动主电机。

3. 控制系统的测试

先不启动主电机，仅给 CST 控制箱供电。PanelView 将显示系统总图屏幕“OVERVIEW”。同时 SLC 模块上所有的 LED 将指示模块的状态。

① 检查 CPU 模块上的程序模式开关应处于“RUN”位。

② 检查控制板上开关输入量信号：输送机启动、停止输入；输送机慢动选择输入；急停输入；主电机触点闭合状态；制动器释放信号。

③ 在手动模式下，检查冷却泵、风机、加热器的运行是否正常。

如果所有的模拟量变送器均工作正常，则“OVERVIEW”屏幕将显示正确的数字。

4. 皮带编码器测试

按照厂家提供图纸安装后，测试步骤如下：

① 从滚筒柱头螺栓上断开与编码器的连接；

② 注意编码器正确的旋转方向；

③ 手动旋转编码器输入轴，观察显示屏上显示，否则应检查电缆连接情况，必要时用标准频率标定器检测 F/I 模块输出；

④ 恢复测试前拆除，确保安装正确。

5. 空载测试

断开滚筒联轴节，仅启动主电机，观察如下环节。

① 显示屏上数据：输出轴速度、电机功率、油温、润滑油压、机械式冷却油泵压力。

② 手动方式启动冷却泵，观察冷却压力。

③ 手动方式给出离合器施加压力，观察离合器压力。

④ 从编程器上按下“OFF”，确信电机停车。按以下条件重复测试：紧急故障停车；润滑故障停车；油温过高停车。

⑤ 加载 PCV 测试程序并检查比例阀放大器的校准曲线，可通过 RSTREND 软件进行监测，确保其输出呈线性。

6. 制动器测试

① 选取制动器控制应用软件；

② 在编程器上仿真制动输出控制信号；

③ 检查制动系统反馈信号。

7. 皮带机空载运转测试

在 CST 控制器功能测试正常后，停止主电机并重新连接滚筒联轴节。然后将针对每台 CST 执行皮带空载运行测试。

① 模拟“运行”命令，单台启动主电机。

② 观察离合器压力曲线，在皮带机运行一段时间，观察以下参数：皮带编码器输出量；输出轴速度；电机功率信号；离合器压力；冷却压力和润滑压力；油温上升；制动器控制；调节压力 PID 和速度 PID 以得到满意的运行曲线。

③ 相类似，再启动第 2 台主电机，执行压力 PID 调节，用仿真软件观察曲线。

④ 在完成每台 CST 运行调节后，保持皮带机运行数小时观察参数状态，之后停止电机

运行。

⑤ 在主、从模式下，针对每个闭环控制调节PID参数。

⑥ 按下列模式检查驱动装置运行状态：a. 主驱动离合器滑差小于2%；b. 从驱动离合器“锁定”状态。

⑦ 按以下条件仿真系统故障：紧急停车、正常停车、润滑或冷却故障、系统通讯故障、油温过高、电机过载、速度故障。

8. 皮带机带载运行

皮带机空载测试完成后，可进行加载运行调试。按25%、50%、75%和100%的负载方式进行测试，调节PID模块参数，以得到良好的负载平衡控制曲线。用仿真软件跟踪被测重要参数状态。

第四节 CST控制系统故障处理

一、概述

CST控制系统故障报警分为以下三级。

① 一级，又称一般报警，该报警不会导致皮带机停机。系统检测到一般报警时，报警状态会被记录下来，同时显示屏相应指示灯亮。

② 二级，又称一般故障，通常将采取皮带机停机后处理。系统检测到停机故障或接收到远程停机指令时，系统将进入正常停机过程。

③ 三级，又称紧急故障，通常会使主电机停止运行。“主电机允许”触点被断开，同时闭锁阀也将切断液压控制油路。

针对不同级别的报警，系统会采取不同的处理措施。PLC控制器中包含有报警、故障处理程序，并将报警故障信息在屏幕上显示。当PLC触发系统报警、故障状态时，在显示屏上弹出一个报警窗口，显示对应的报警故障信息。报警窗口同时包含一个确认按钮，允许操作员确认或清除相应报警信息。

二、报警及故障状态屏

1. 皮带机报警状态屏

此屏幕显示与皮带机相关的报警状态，如图6-14所示。

① 电机负载平衡报警（00）。在皮带机加速阶段，当电机功率小于设定值，或在满速运行阶段功率小于主驱动功率的90%并超过15s时，则将触发报警状态为高电平。报警消失时此状态被自动清除。

② 功率PID闭环误差超限（01）。主电机功率设定误差为±10%。正常运行中，从驱的功率信号将与此值进行比较，当功率信号超过任何范围100ms，则报警状态为高电平。报警消失时此状态自动清除。

③ 速度PID闭环误差超限（02）。速度设定误差为±10%。在系统“解除”、“加速”、“满速”阶段，皮带速度信号将与此值进行比较，当速度信号超过任何范围100ms，则报警状态为高电平。报警消失时此状态自动清除。

④ 皮带机过载（03）。在“加速”阶段，若皮带机速度小于速度设定并持续15s，或“满速”阶段速度小于速度设定低限并持续15s时，将触发报警状态为高电平，报警消失时此状态自动清除。

⑤ 速度变送器故障（05）。当从F/I来的输入模拟信号低于2mA或高于22mA并持续100ms，则PLC锁定并确认是变送器故障。

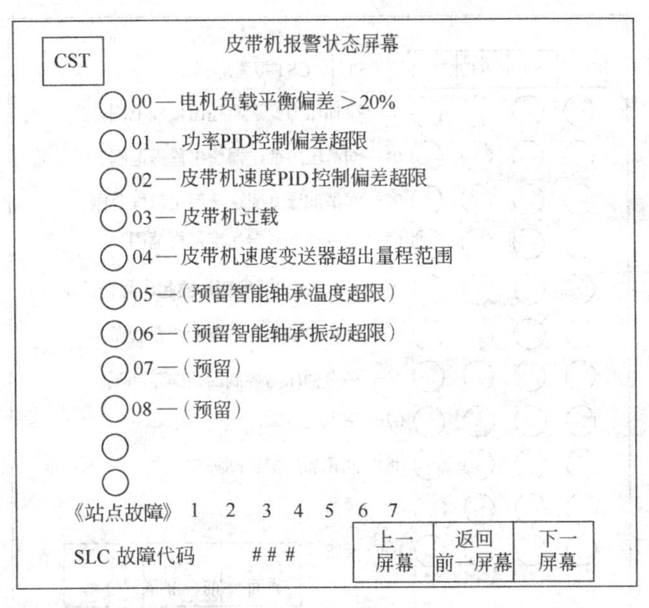

图 6-14 皮带机报警状态屏

2. 皮带机故障屏

皮带机故障状态屏与其报警状态屏类似，包括以下几种。

① 急停激活。远程或 CST 控制箱面板上的急停按钮动作将触发主电机停车。CST 控制箱上急停按钮为红色自锁按钮，通过按下旋转动作实现复位，急停动作后需靠复位解除急停状态。

② 制动闸未释放。当 CST 离合器预压结束后，PLC 发出制动释放信号（高电平，触点闭合)。系统应在 5s 内接收到反馈信号（制动限位开关触点闭合)，否则 PLC 将触发此故障位，禁止皮带机启动。

③ 制动闸限位开关故障。皮带机启动（系统解除、加速和满速阶段）检测到制动反馈限位开关故障达 1s，PLC 将触发此故障位。检查接线是否正常。

④ 慢动操作只允许单机运行。系统慢动操作只允许单机处于运行状态，若两台或两台以上电机运行状态下选择了慢动操作，PLC 将触发故障报警并禁止系统继续运行。

3. CST 报警状态屏

此屏幕显示与 CST 相关报警信息，如图 6-15 所示。

出现这些信息后，皮带机和主电机将继续保持运行状态，仅提醒工作人员在停车前应采取正确的措施。

① 冷却压力变送器超出量程范围（00)。PLC 系统检测变送器校准范围 4～20mA，若变送器输出信号低于 2mA 并达 500ms，系统将触发此报警。操作员应检查变送器和接线是否正常。

对于下述情况，如润滑油压力、润滑油温、离合器压力、CST 输出轴速度、主电机功率变送器超出量程范围（01～05)，系统检测与报警处理类同。

② 压力 PID 误差超限（06)。每台 CST 均有压力 PID 闭环控制，压力设定误差为 ±10%。正常运行期间，CST 的过程变量（PV 值，离合器压力反馈信号）将与此两个限值进行比较，若 PV 值超过此限值达 100ms，则报警位将被设置为高电平。报警状态消失时，报警位自动消除，皮带机正常运行。

③ 主电机过载报警（07)。操作员可根据情况设定主电机最大报警限值。在皮带机“解

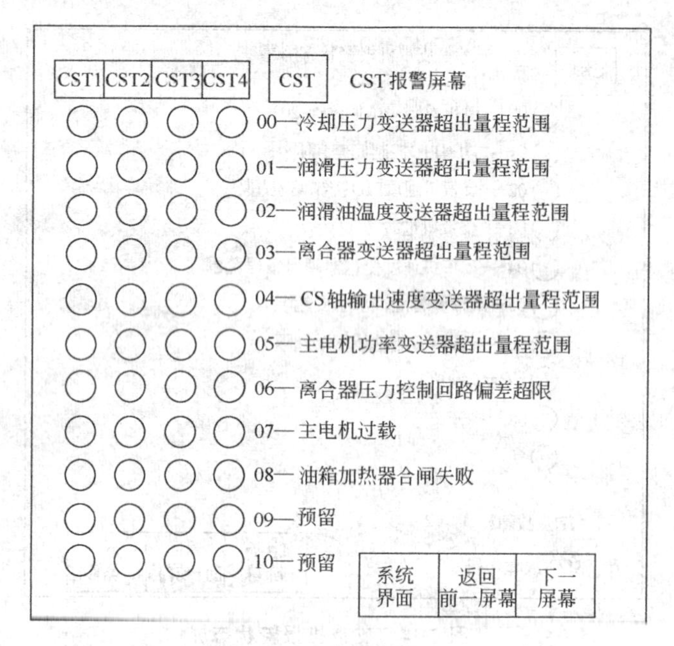

图 6-15 CST 报警状态屏

除”、“加速”和“满速”状态期间，当电机实际功率超过此限值时，报警位将设置为高电平并被锁存，显示屏给出相应显示信息。操作员必须通过故障复位按钮解除此报警，皮带机不停机并保持运行。

④ 加热器启动失败（08）。PLC 系统将监测加热器接触器辅助触点的反馈信号，若加热器启动后未接收到触点闭合信号达 500ms，将触发此故障位。操作员应检查接触器功能。

4. CST 故障状态屏

CST 故障状态屏与其报警状态屏类似，包括以下几种。

① 主电机启动故障（00）。PLC 系统将监测主电机接触器辅助触点的反馈信号。当发出启动指令后系统应在 500ms 内检测到接触器闭合信号，否则将触发此故障位并禁止系统启动。

② 主电机功率过低（01）。主电机设定的最低功率报警限为 5％～20％。空载运行期间，PLC 系统将连续监测功率变送器信号，当信号低于此限值达 100ms，将触发此故障位并停机。

③ 主电机过载（02）。操作员可设置主电机过载参数。若任一台电机过载超过 5s，将触发此状态位并停止皮带机运行。操作员应对加热器进行检查。

④ 油箱油温过低（03）。操作员可设置油箱油温低限故障参数。若任一台 CST 的油温低于此限值时均将触发此状态位并停止皮带机运行。操作员应检查加热器工作状况。

⑤ 冷却泵、风机启动故障（04～05）。PLC 系统将监测冷却泵和风机接触器辅助触点的反馈信号。当发出启动指令后系统应在 500ms 内检测到接触器闭合信号，否则将触发此故障位并禁止系统启动。

⑥ 冷却、润滑油压过低（06～07）。PLC 连续监测冷却、润滑油压，如果连续 500ms 监测到压力低于 10psi，系统将触发此状态位并停止皮带机运行。操作员应检查管路过滤器。

⑦ 油箱温度超限（08）。操作员可设置油温故障上限值。当 PLC 监测到油温超限信号且达 500ms，将触发并锁存此状态位，同时停止皮带机和主电机。系统只有在油温冷却到低于 165℉(74℃) 时才能重新启动。操作员应检查油位、热交换器和温度传感器 RTD。

⑧ 离合器预压压力低（09）。操作员可设置离合器压力低限参数。在启动之前，离合器

压力应在0位，在启动指令发出后系统即开始预压过程。如果在15s内不能建立起压力，将触发此状态位并被锁存，皮带机启动失败。故障可能由于润滑油过滤器阻塞，比例阀黏住或线圈损坏等。

⑨ 离合器压力超限（10）。操作员可设置离合器压力上限参数。运行中出现此故障达1s时，系统将触发此状态位并被锁存，同时将停止皮带机运行。故障可能是由于比例阀黏住或放大器参数发生偏移等。

⑩ CST处于解除状态时未检测到速度（11）。在离合器预压结束后的设定解除状态时间内没有检测到速度信号时，系统将触发此状态位并被锁存，皮带机启动失败。操作员应检查制动系统、比例阀动作或其他影响皮带机运行环节。

⑪ 离合器压力超限（12）。皮带机停车时，离合器上压力被完全泄放掉，PLC控制系统在启动之前将确保离合器活塞上无残压，操作员可设置离合器报警低限。启动前压力高于此值，系统将触发此状态位并被锁存，皮带机不会启动。操作员应对闭锁阀及离合器压力变送器进行检查。

⑫ CST打滑超限（13～14）。CST控制器连续监测输出轴速度，并将此速度与皮带机速度编码器进行比较。当误差超过±20%达5s时，系统将触发此状态位并被锁存。

⑬ CST主电机连续过载3次（15）。如果皮带机在重载下连续启动3次，则PLC控制系统将触发报警并停止主电机运行。

三、SLC5/04运行与故障诊断

1．SLC5/04运行状态

在SLC处理器上电后，系统将进行自检测试，所有的LED灯闪烁显示。SLC正常运行时，RUN灯亮；SLC处理器出现故障时，FLT灯亮。上电后SLC5/04将与编程设备或Panel View进行通讯连接，成功后通讯指示灯亮。SLC5/04处理器面板LED和模式开关设置见表6-1所示，表6-2描述了指示灯不同组合显示所代表的系统状态。

表6-1　SLC5/04处理器面板LED和模式开关设置

SLC5/04CPU			
RUN	◎	◎	FORCE
FLT	◎	◎	DH+
BATT	◎	◎	RS232
RUN		REM　　PROG	

表6-2　指示灯不同组合显示所代表的系统状态

指示灯	含义	状态	描述
RUN(绿色)	SLC运行指示	常亮	SLC处理器运行状态
		闪烁(运行)	处理器内存内容拷贝到存储器卡中
		常闭	非运行状态
FLT(红色)	SLC故障指示	闪烁(上电)	处理器未配置
		闪烁(运行)	处理器检测到CPU、机架和存储卡故障
		常亮	致命故障(非通讯)
		常闭	无故障
BTAA(红色)	CPU电池状态指示	常亮	电压不足或未装电池
		常闭	正常
		闪烁	I/O模块输出状态被强制但未使能

续表

指示灯	含义	状态	描述
FORCE(琥珀色)	SLC输出模块强制指示状态	常亮	强制使能(专业人士有此授权,调试用)
		常闭	无强制,无使能状态
DH+(绿色或红色)	DH+通讯网络状态	常亮	通讯正常状态
		闪烁(绿色)	处理器处于通讯中,但无主动点存在
		闪烁(红色)	DH+网络站点地址发生冲突
RS232(绿色)	DH1 或 DH485 通讯网络状态	常亮(DH1)	DH1发送状态
		常闭(DH1)	无发送
		常亮(DH485)	DH485通讯状态
		常闭(DH485)	致命错误(非通讯)
		闪烁(DH485)	处理器处于通讯中,但无主动站点存在

2. SLC系统错误代码

为用户提供方便，可通过PanelView系统的故障诊断程序来诊断SLC运行中错误，相应的错误代码（十进制）及其状态描述可查阅有关资料。

注意：大多数故障可通过钥匙开关实现清除，操作员可按以下顺序操作钥匙开关RUN≫PRUG≫RUN来清除故障。

第五节　CST胶带输送机电控系统

一、结构及技术特征

KⅪ5系列胶带机电控系统为CST可控驱动装置配套设备，主要为控制系统提供多路工作电源，同时可提供多路（3～4路）660V（1140V）动力回路，满足具有独立制动闸单元的电机、加热器和风机的需用。

系统控制箱体为方形隔爆外壳，主要由控制箱、机中控制箱、机尾控制箱和本安操纵箱组成。系统中配置有GOT控制器（内部为触摸/按键式PanelView操作站），可直接用于CST驱动装置的控制。

电控系统具有完善控制、保护和通讯功能。

控制方式分为：集控、就地、慢速、手动、检修、闭锁六种方式，利用外壳的工况选择转换开关来实现不同控制方式，满足生产现场不同情况的需求以及皮带输送机对驱动系统技术的要求。

由于CST装置自身设有功率、速度、压力变送器，当用户接有皮带机保护传感器，如拉线/跑偏开关、温度传感器、纵撕传感器、烟雾传感器、堆煤开关、皮带机测速传感器后，便可实现驱动系统、皮带输送机运行状态监测及故障保护。

在电控系统的机中机尾控制箱中设有RPT1-2通讯模块，通过PLC的通讯接口及其模块可实现皮带机的远程控制。

二、电控系统图简介

图6-16（a）为KX5-1140S/TH5型CST皮带输送机电控系统原理框图。

整个控制系统共计13张图（详见用户图册）。原理部分图号DS0312-YL1～YL10，系统接线图号DS0312-XT1～XT3。各图号及其功能如下。

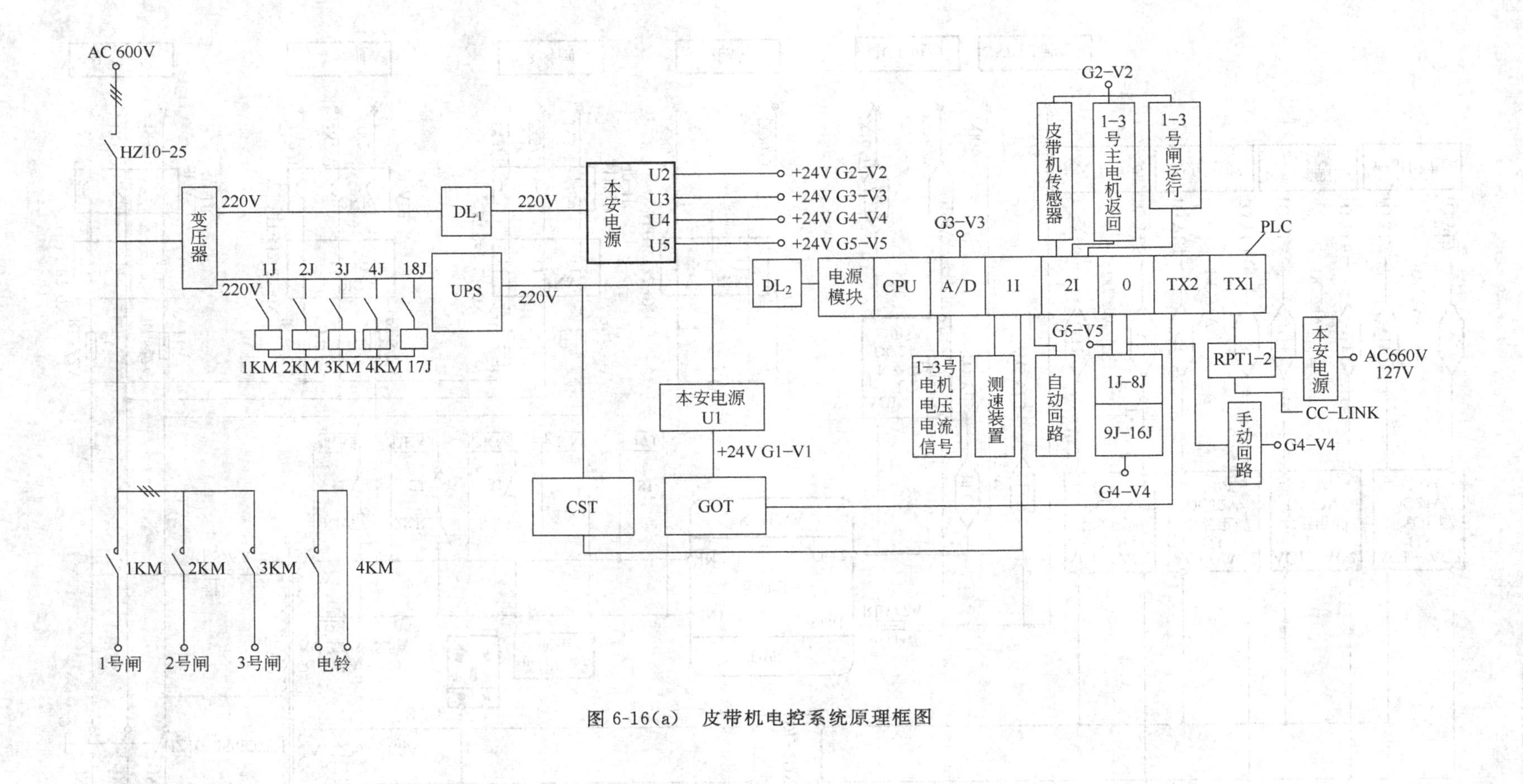

图 6-16(a)　皮带机电控系统原理框图

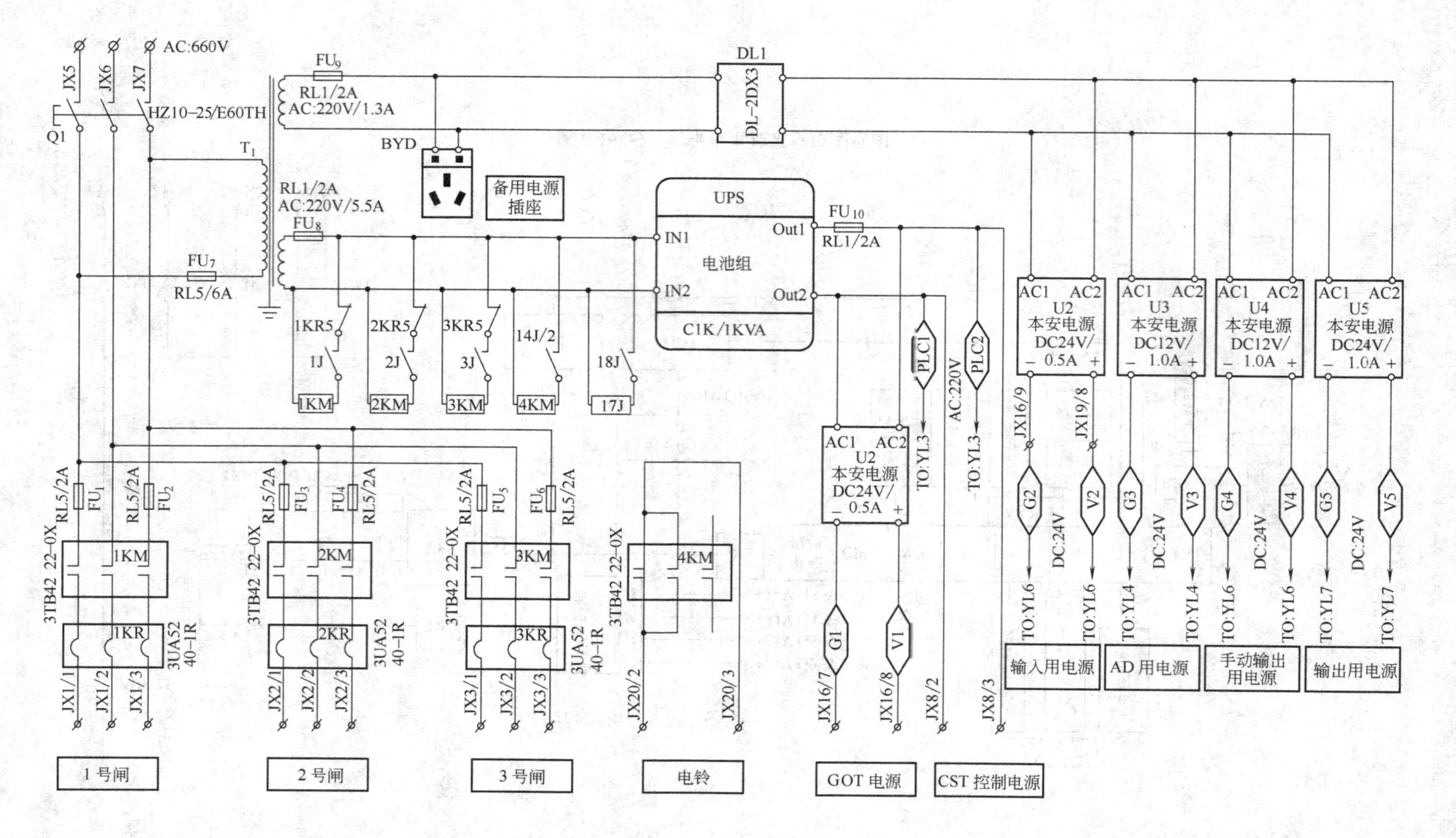

图 6-16(b) 电机控制及电源部分

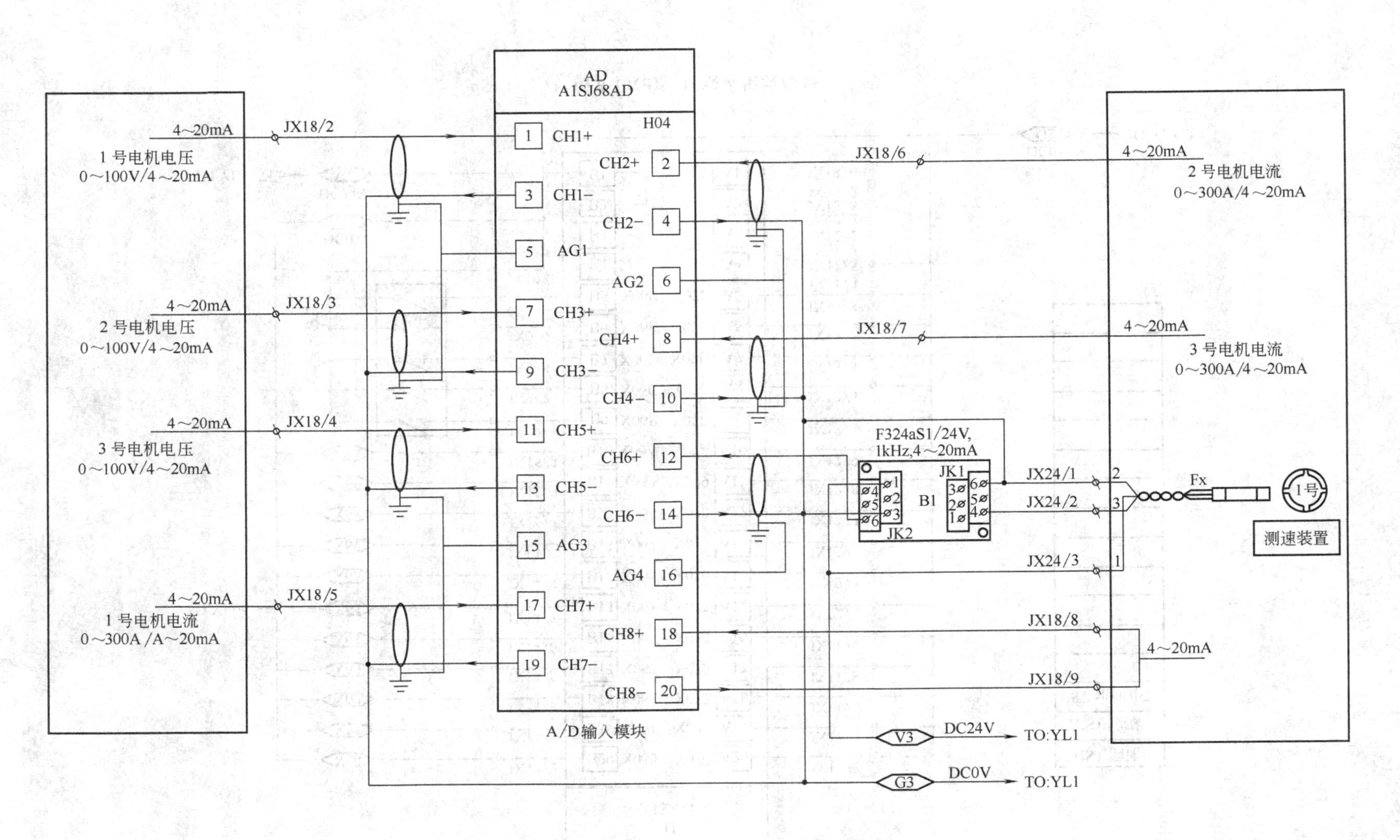

图 6-16(c)　A/D 输入模块部分

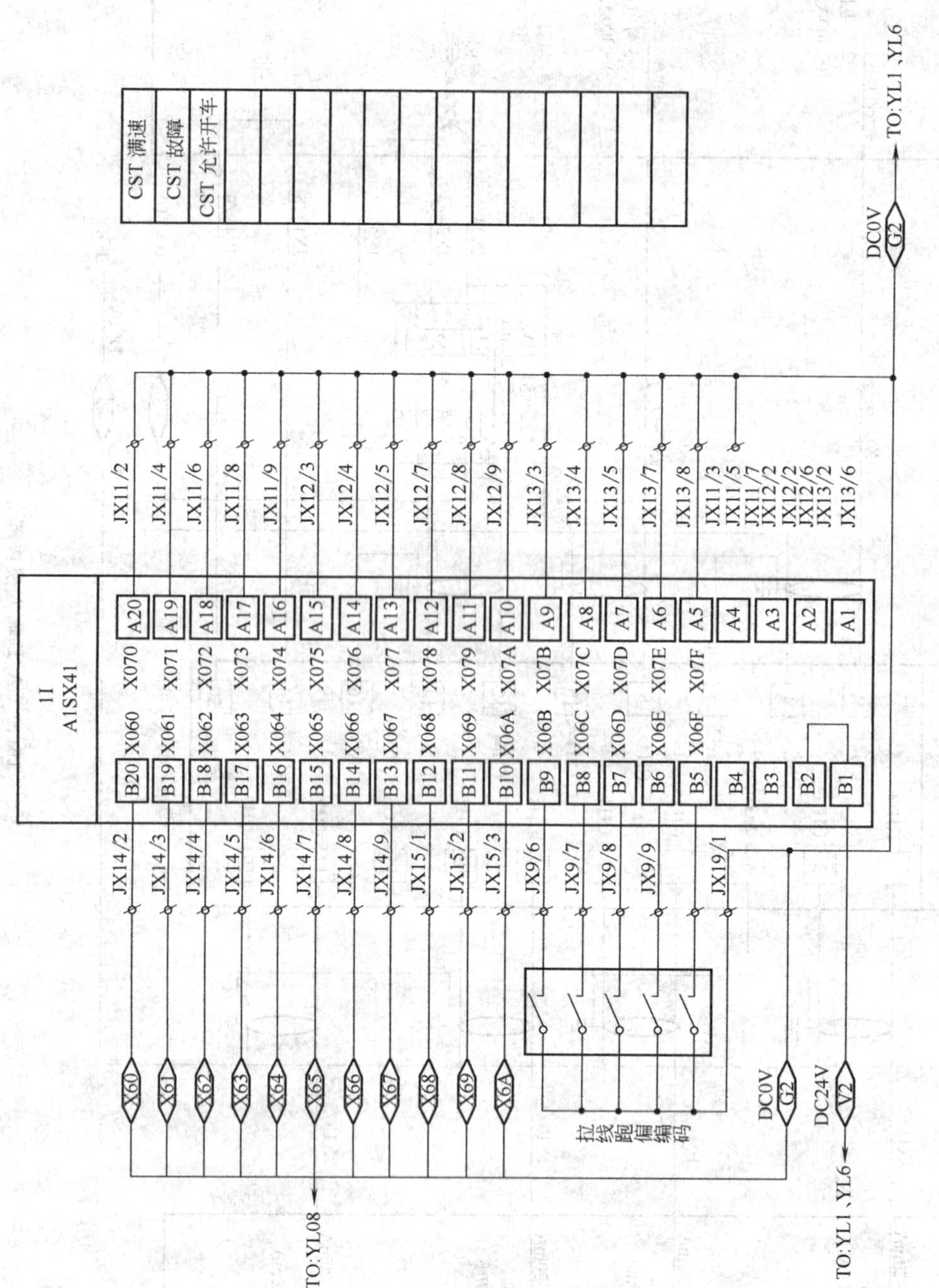

图 6-16(d) 1I输入模块部分

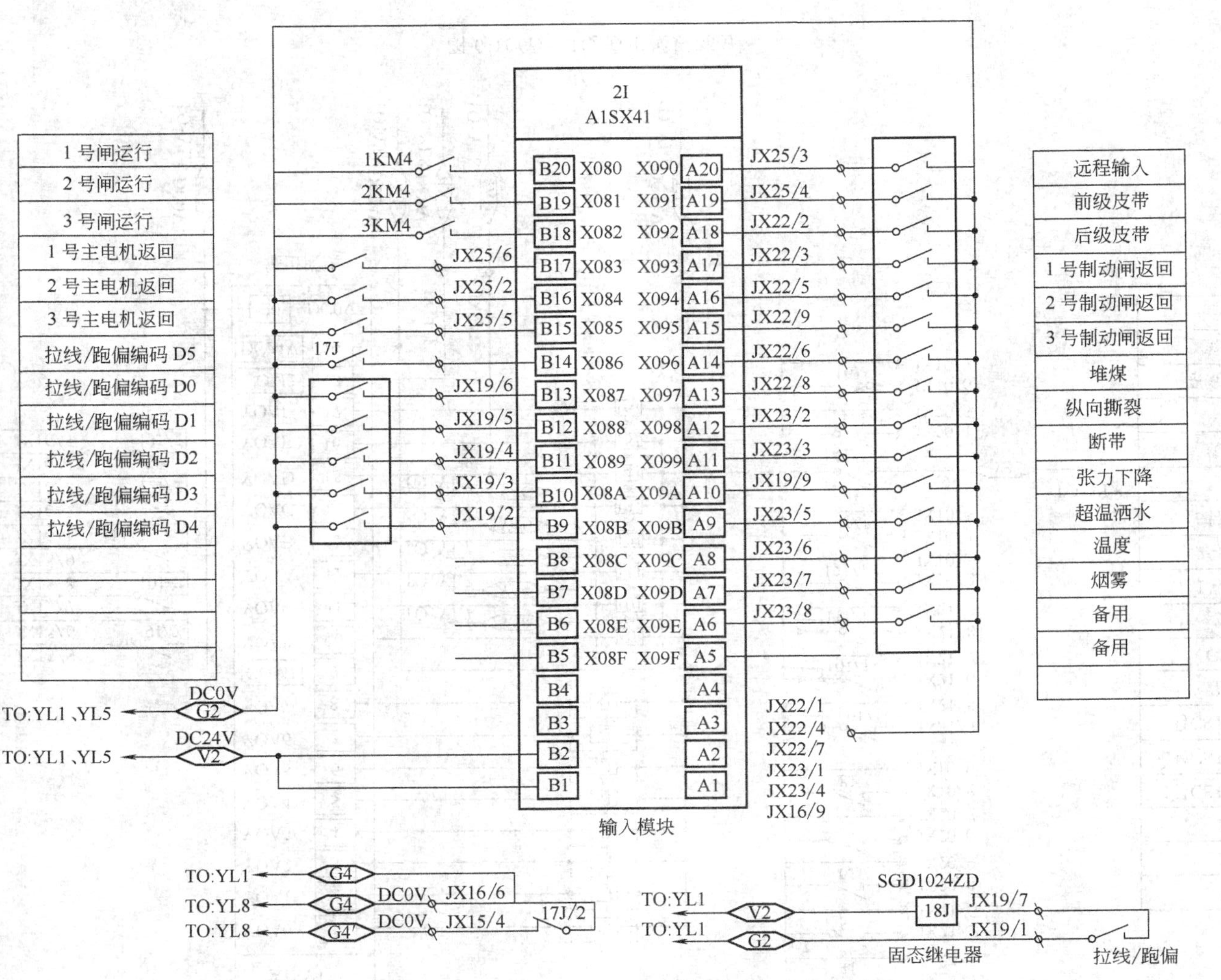

图 6-16(e) 2I 输入模块部分

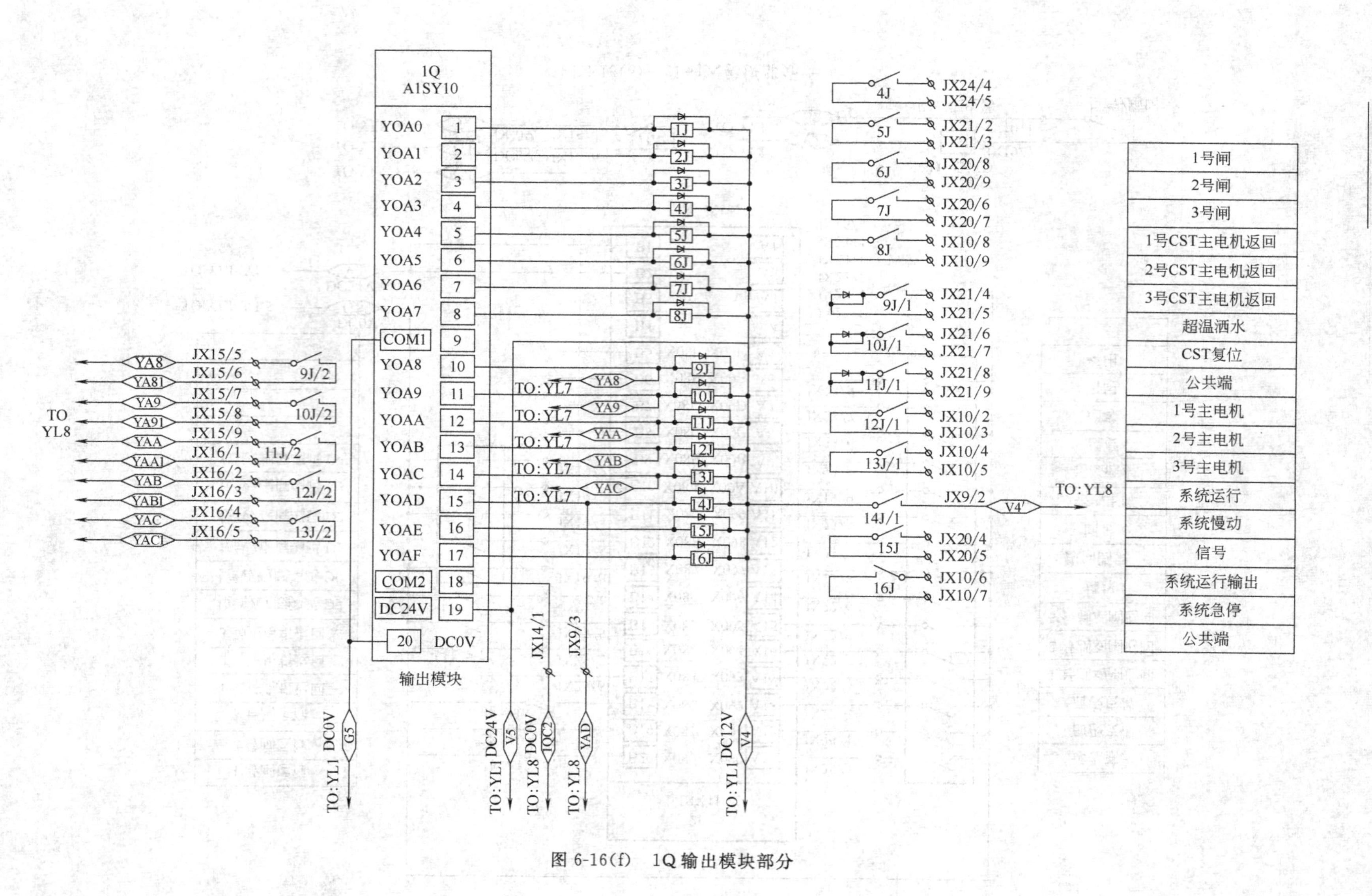

图 6-16(f) 1Q输出模块部分

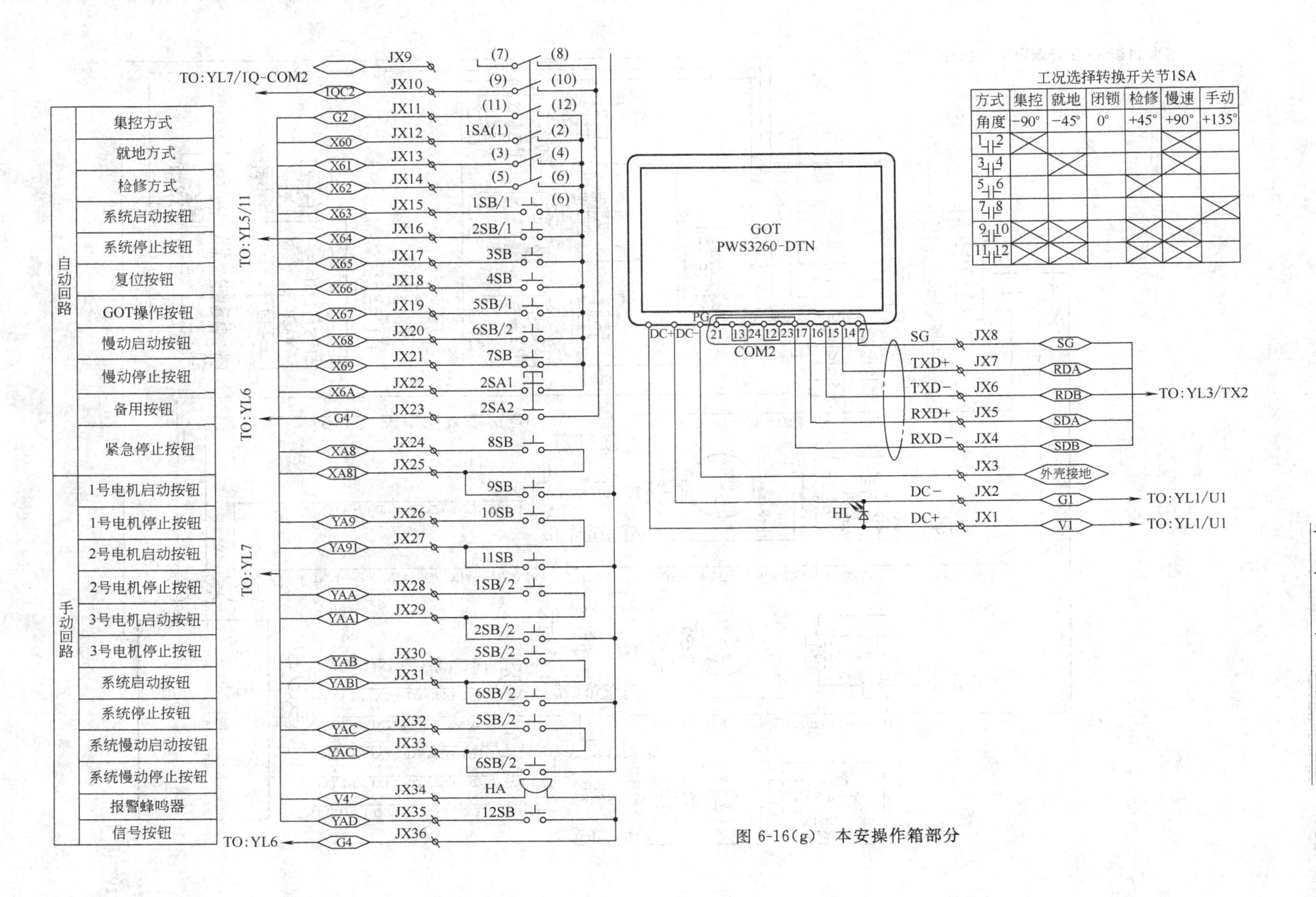

图 6-16(g)　本安操作箱部分

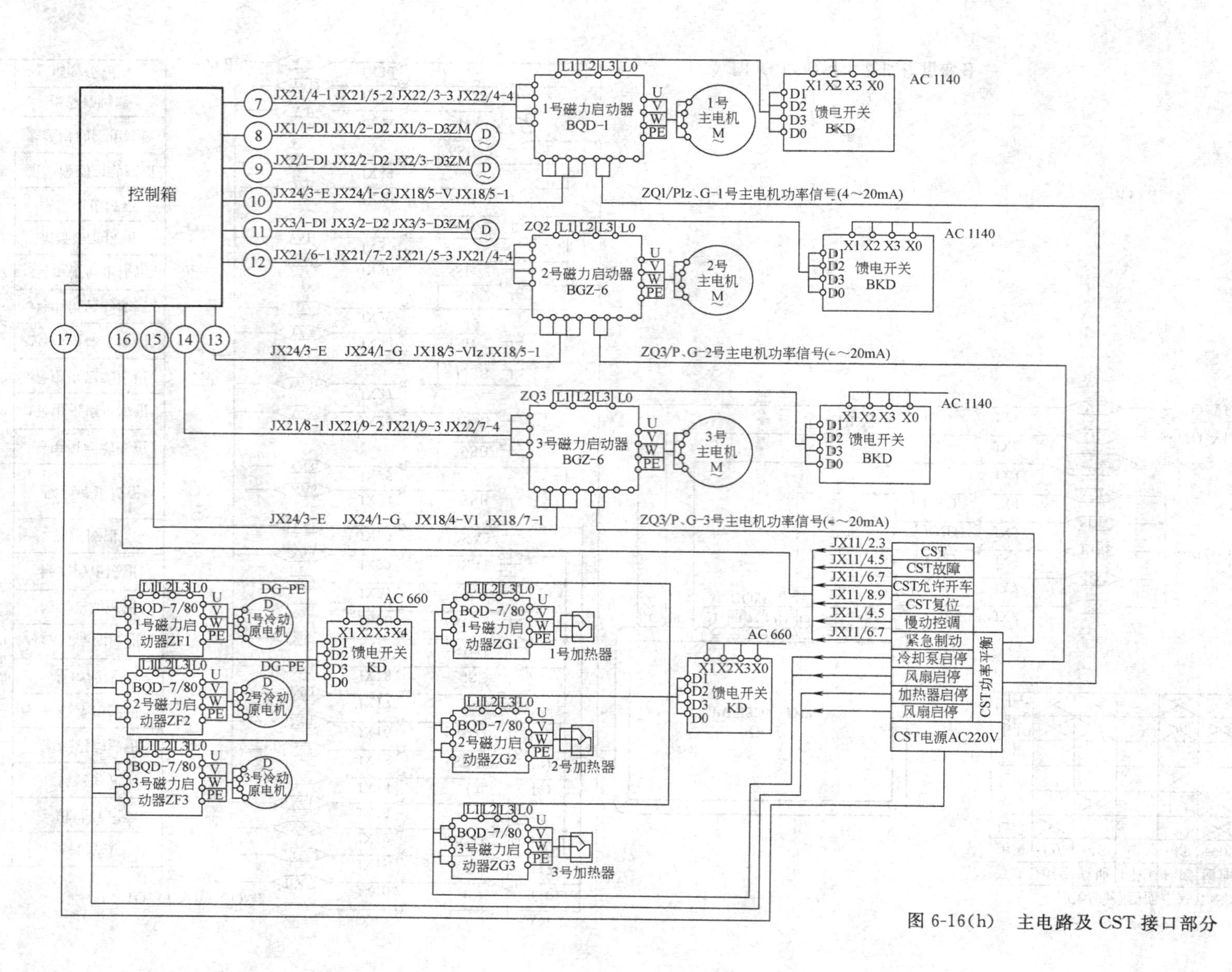

图 6-16(h) 主电路及CST接口部分

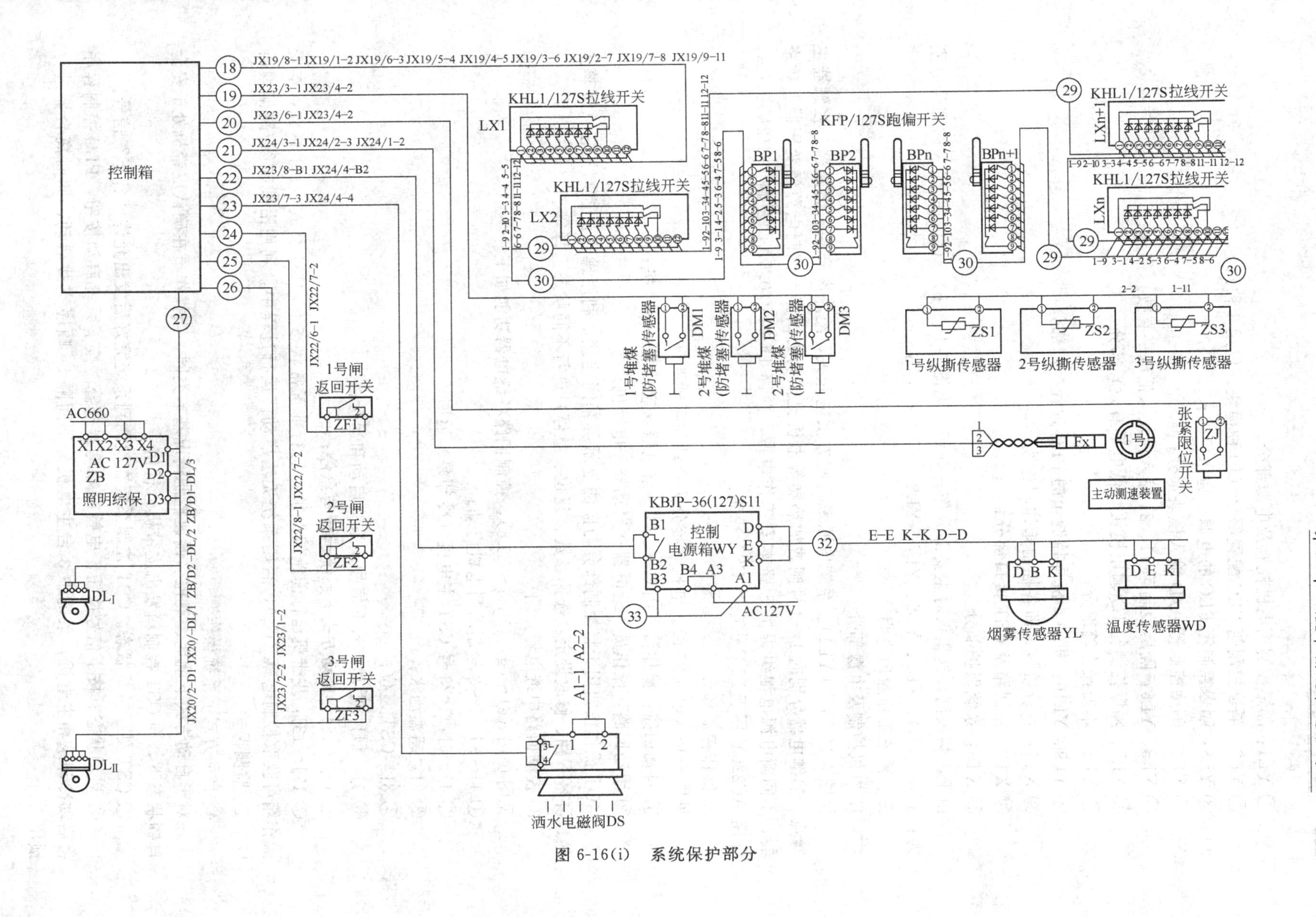

图 6-16(i) 系统保护部分

① YL1：隔爆控制箱电机控制及电源部分；
② YL2：隔爆控制箱 PLC 配置部分（10 种模块，仅用 8 种）；
③ YL3：隔爆控制箱 PLC 的电源、通讯模块；
④ YL4：隔爆控制箱 A/D 输入模块部分；
⑤ YL5、YL6：隔爆控制箱 11、21 输入模块（低电平有效）部分；
⑥ YL7：隔爆控制箱 1Q 输出模块（低电平有效）部分；
⑦ YL8：本安操作箱部分；
⑧ YL9、YL10：机中、机尾控制箱的 PLC 远程控制部分；
⑨ XT1：系统接线，即各控制箱体间连线；
⑩ XT2：主回路及 CST 接口部分；
⑪ XT3：系统保护部分。

由于篇幅限制，这里仅对主要部分作一介绍，见图 6-16（b）～(i)，所代表的图号分别为：YL1、YL4、YL5、YL6、YL7、YL8、XT2 和 XT3。

三、系统工作原理说明

1. 电机控制及电源部分

见图 6-16（b）（YL1）。系统电源来自前方供电开关，经隔离开关、熔断器、接触器主触点、热继电器分别向 1～3 号闸或加热器等电机提供动力回路，控制电源经变压器、断路器、不间断电源电池组提供 5 路本安工作电源，两路 DC24V/0.5A，三路 DC12V/1.0A，一路 AC220V 用于 PLC 供电及 CST 控制。

2. 操作控制部分

见图 6-16（g）（YL8）。电控系统分为自动与手动两种。

① 自动回路：操作员→PLC→CST→继电器→启动器→电动机；
② 手动回路：操作员→继电器→启动器→电动机。

GOT 操作按钮用于将控制部分与监测显示屏幕间连接，利用操作员控制按钮（屏幕上翻、屏幕下翻、修改设定、选择参数、复位、急停）进行不同状态选择等。

3. 控制回路中继电器介绍

见图 6-16（e）～(g)（YL6～YL8），控制回路各继电器功能如下。

① 1J～3J：1～3 号制动闸电机启动；
② 4J～6J：1～3 号 CST 主电机（冷却泵）返回；
③ 7J：超温洒水；
④ 8J：CST 复位；
⑤ 9J～14J：手动方式下信号及系统启动和运行；
⑥ 15J～16J：自动方式下系统运行与急停；
⑦ 17J～18J：皮带机运行前跑偏保护。运行前正常状态下，18J 释放，17J 释放，本安操作箱可获取控制电源（G_4），否则系统无法启动。运行过程中，利用沿线拉线/跑偏编码 D_0～D_5 监测保护。

4. 自动方式下系统操作

对于自动方式下就地、集控、慢速控制情况基本类同。当操作员在确认皮带机处于安全自锁状态下，向 CST 控制箱发出皮带机运行信号。

① CST 处于待机状态。CST 控制系统在检测到系统完好后发出允许“备车”信号。

② 启动状态。按下信号按钮，电铃或蜂鸣器报警。按下系统启动按钮，PLC 控制程序将启动冷却泵和主电机，系统中 3 台主电机分别间隔 5s 顺序空载启动，同时离合器进行预压。

③ CST 预压状态（离合器加压）。预压结束后，在速度和功率 PID 闭环调节下，检测皮带机启动状态。当皮带机具有独立制动单元时，在预压结束后，CST 控制系统输出开关量或模拟量信号至制动单元以释放制动闸。利用制动闸返回开关检测闸松紧程度。

④ 啮合、加速、满速状态。在检测到皮带机速度大于 3%时，皮带机进入啮合状态。在此期间，功率 PID 程序控制实现启动缓冲（延迟）。缓冲结束后，速度 PID 程序控制实现“S”形曲线上升加速。在检测到速度大于 95%时，系统进入满速状态。

⑤ 运行与监控。在系统正式运行后，利用各继电器、接触器辅助触点及变送器或传感器返回信号给 PLC，用以监测各电机或装置运行状态。若运行中出现故障，系统自动停车或人为紧急停车。

这里要说明几个问题：

① 自动方式下手动控制主要用于单台分别运行及检修，检修方式仅用于检修，此时系统是在无保护状态下工作，闭锁方式为一种禁止工作方式；

② 系统中制动闸和加热器所用电机或装置，需根据现场实际情况进行设置；

③ 与 GOT 连接需使用 25 芯插头专用通讯电缆，CC-LINK 总线需用专用通讯电缆。

第六节　KJ50 型 PROMOS 系统

一、概述

KJ50 型 PROMOS 系统是专门为煤矿设计的可编程监测控制系统。系统具有输入、输出语音通讯，安全保护、自诊断和其他系统通讯等功能。系统中产品为矿用本安型和矿用隔爆兼本安型两种，主要应用于综采工作面破碎机、输送机、转载机、泵站等设备集中顺序控制、单台控制、工作面通讯、闭锁及状态显示，用于采区顺槽皮带输送机控制、保护及状态显示。

1. PROMOS 系统组成

综采工作面 PROMOS 系统配置见表 6-3 所示。典型系统配置如图 6-17、图 6-18 所示。

表 6-3　综采工作面 PROMOS 系统配置

序号	用途		设备名称	型号	数量	备注
1	综采工作面顺槽皮带运输	综采工作面运输	矿用直流稳压电源	KDW10	1	dibI
2			控制器	KJF21	1	ibI
3			智能 I/O 接口箱	KCC1D	1	IbI
4			扩音电话	KTK1I	根据实际设	IbI
5			急停开关	KPG3	根据实际设	IbI
6			线路终端器	KFD1	1	IbI
7			信号耦合器	KJA5	1	ibI
8			跑偏开关	KGE9	根据实际设	IbI
9			速度传感器	KGSL	1	IbI
10			纵撕传感器	KPJ1B	1	IbI
11			烟雾传感器	KGV1	1	ibI
12			堆煤开关	KGU3B	1	ibI

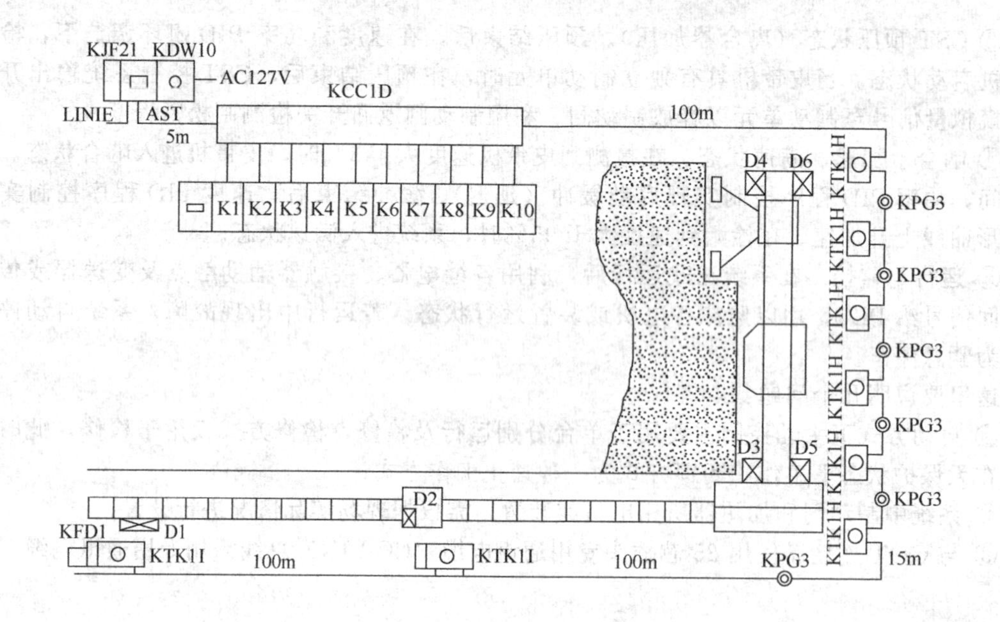

图 6-17 工作面运输系统配置

D1—破碎机；D2—载机；D3、D4—工作面前运输机电机；D5，D6—工作面后运输机电机；K1—破碎机开关；K2—转载机开关；K3—前运输机开关（头）；K4—前运输机开关（尾）；K5—后运输机开关（头）；K6—后运输机开关（尾）；K7—乳化泵开关；K8—乳化泵开关；K9—喷雾泵开关；K10—备用开关

注：急停开关 KFG3 和扩音电话 KTK1H 的数量根据实际情况确定。

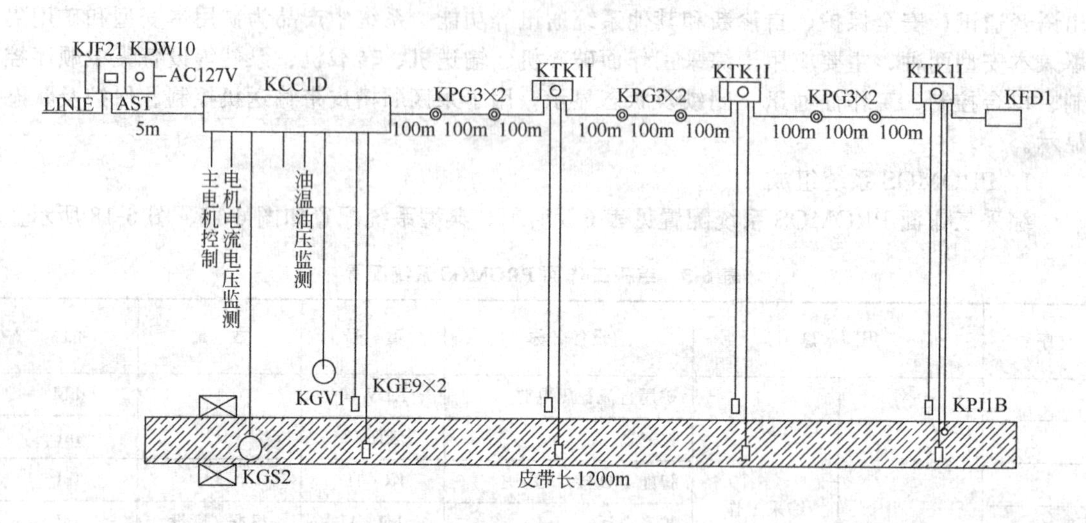

图 6-18 采区顺槽运输系统配置

2. 系统配置基本原则

① 每个系统的 AST 线（专用七芯电缆插头）都应从控制器开始，均以线路终端器结束。

② 在沿线设备布置上，每 100m 必须有一台 PROMOS 设备。

③ 沿线上智能 I/O 部件用于和传感器或执行装置相连，连接导线最大长度为 90m。

④ 本安控制器通过本安电源供电，应直接相连接；若本安电源专为系统中电话供电，在电源的出口必须加 120Ω 的电阻，方可和电话相连。电缆的总长度不大于 3km，并且每 100m 内至少有一台电话。

⑤ 控制器之间及控制器与地面之间用 LINIE 相连，连线的最大长度为 10km，必要时加耦合器可延长 7km。

⑥ 工作时终端电压不得小于 8V。

⑦ 所有接入本系统的外部设备必须是本安的，或经 PROMOS 系统的本安/非本安耦合器耦合的非本安设备。

3. 系统工作基本原理

PROMOS 监控系统有两种重要总线，LINIE 和 AST 总线。LINIE 总线用于上位机与井下控制器及控制器之间的连接；AST 总线用于控制器与智能型部件、非智能型部件间的连接。

PROMOS 系统监控功能是在用户的具体要求编程下完成的。在普通 PC 机的 Windows 环境下，应用 PROMOS-CAD 编程软件绘制配置图和逻辑关系图，经 PC 机的编译、汇编，直接生成控制器可以识别的机器码，通过通讯口传给控制器，也可通过 LINIE 总线将控制程序代码传给现场的其他控制器。控制器把程序代码存 A. E^2PROM 中，即可在每次上电后执行程序。

上电后，控制器首先对非智能部件进行查询，以确定其数量、状态。在对非智能部件检查完成后，开始对智能部件进行初始化，根据用户程序对其进行设置，以确定每一输入口是模拟量、开关量还是频率量，输出口是模拟量还是开关量。应当注意，虽然 AST 线上的设备排序无严格要求，但智能部件的配接顺序必须与程序设定号一致。

控制器同智能部件间的通讯为令牌式。控制器连续不断地向 AST 线发送令牌，当智能部件所接收的传感器信息发生变化需要向控制器汇报时，捕捉令牌并将其信息以报文的形式发送给控制器，这种方法称作汇报式。通过这种方法，智能部件只有在传感器状态发生改变时才能和控制器进行通讯。

智能部件连接所有的传感器及被控设备，利用传感器采集数据，智能部件进行预处理，然后传送给控制器，由控制器进行处理。控制器输出的指令是以报文的形式按地址直接给智能部件，智能部件接到报文后去执行控制器的指令。

4. 技术特征

(1) 系统的主要技术指标　系统的核心是控制器，系统中控制器最多为 256 台。控制器程序存储器为 E^2PROM，容量 256K，可扩展到 512K。开关量输入点为 64×4；开关量输出点为 64×4；模拟量输入点为 64×3；模拟量输出点为 64×3。

(2) 电源　供电电压 AC127V，波动范围－25%～＋10%；直流输出 3 路：DC12V×2，DC5V×1。

(3) 信号传输速度　LINIE 总线速度有 38.4、19.2、9.6、4.8kbit/s 4 种可选；AST 总线速度为 2.4kbit/s。

注意：系统 AST 线为专用七芯电缆结构；LINIE 总线正常时应用四芯通讯电缆，如有语音通讯要求时应再加二芯。

二、PROMOS 系统配置产品

1. 控制器

KJF21 型控制器是 KJ50 型 PROMOS 监控系统中的核心产品，它是一种多功能可编程通用型控制器。主要功能有：程序存储和处理，集中控制台，语音通讯、预警发生、故障报警，急停和闭锁，信息显示，参数设置，系统网络终端或服务器。

控制器外形如图 6-19 所示，面板功能有如下几种。

① 扬声器。受话方接收对方语音。

② 键盘。操作及参数设置。

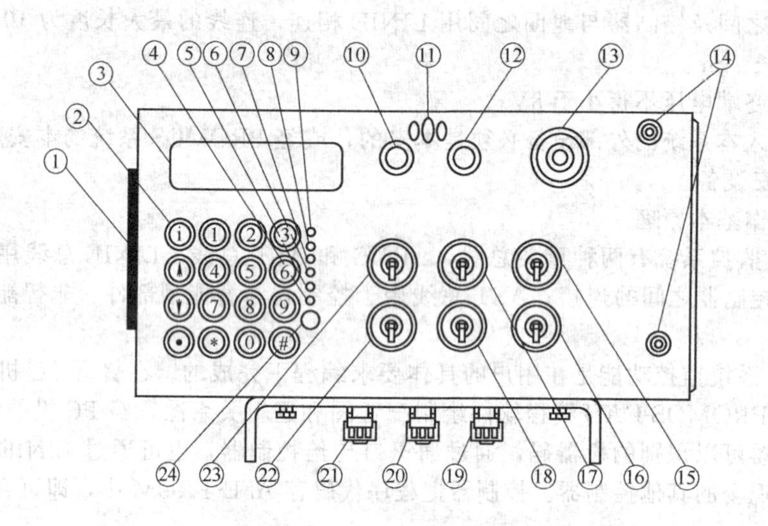

图 6-19 控制器外形

③ 液晶显示器。用来显示系统信息或故障信息（用汉语拼音显示）。

④ 磁感应开关指示灯。在利用磁感应开关进行参数设置时灯亮。

⑤ 运行指示灯。当控制器在自动方式下，系统所有设备都处于正常运行状态时灯亮。

⑥ 自动指示灯。当控制方式选择开关处于“自动”位时，灯亮。

⑦ 安全指示灯。当安全回路断，即紧急停止或断线时，灯亮。

⑧ 启停指示灯。在“自动”方式下，当启车或停车时，灯亮；启车或停车结束后，灯灭。在“维修”方式下，单独启动某台设备预警时，闪烁，7s 后，开始单台启动某台设备。

⑨ 配置指示灯。当系统所接外部设备线路故障时，灯亮。

⑩ 预警按钮。按下此按钮，沿线扬声器尖叫。

⑪ 麦克风。发话方向外发送语音信号。

⑫ 讲话按钮。与麦克风配合，发话时按下。

⑬ 急停开关。此开关为一红色按钮式，带有显示灯，按下灯亮，安全回路断开，系统紧急停车。

⑭ 前门锁孔。

⑮ 转载机单台启/停开关。维修方式下用于单台启/停。

⑯ 备用。

⑰ 破碎机单台启/停开关。维修方式下用于单台启/停。

⑱ 运输机单台启/停开关。维修方式下用于单台启/停。

⑲ LINIE 右。

⑳ AST 口。

㉑ LINIE 左。

㉒ 集中控制开关。为三位开关，具有停机位（左）、中间位和启车位（右）。

㉓ 控制方式开关。为三位开关，具有单机（左）、自动（中）、维修（右）3 个位置，分别对应 3 种不同控制方式。

㉔ 磁感应开关。在参数设置时使用（小磁铁放在开关上）。

控制器内部结构如图 6-20 所示，各部分功能如下。

① 待用卡位。

② PP2120 型 CMA 卡（主凹 U 为 68360，16 位高速芯片，存储器容量 256K）。

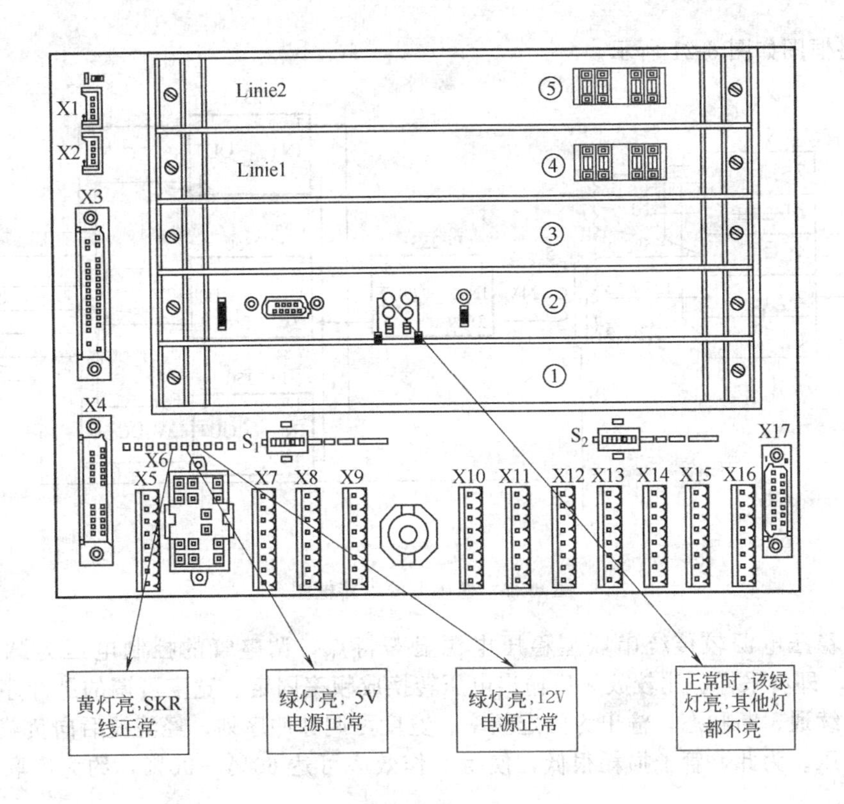

图 6-20　控制器内部结构

③ 待用卡位。

④～⑤ PE2160 型 LINIE 卡。

X1：AST 线 NF 语音通讯功能

X2：NF 语音内部通讯插座

X3：前面板通讯总线插座

X4：PS2305S 电源插座

X5：AST2，AST3 电源插座

X6：PS2300 电源 AMP 插座

X7：AST1 和 LINIE 外部电源插座

X8～X11：LINIE1，LINIE2 左、右插座

X12～X14：AST1，AST2，AST3 插座

X15：20MA 串口 A（S101）插座（通讯距离 1000m）

X16：20MA 串口 B（S102）插座（通讯距离 2000m）

X17：PS2501 型 I/O 模块连接插座

S1：AST 和 SKR 连接电源开关

S2：PS2501 模块和 AST 光缆连接开关

2. 矿用直流稳压电源

KDW10 型直流稳压电源是 PROMOS 系统中关键产品，为 PROMOS 系统提供本安电源。

本电源为开关型稳压电源，AC127V 输入电压经变压器变为 24V，经整流、滤波后成为 DC24V，经两级电压保护及电流保护后提供出本安 DC12V/1A 二路和 DC5V/1.7A 一路。一路 12V 用于控制器本身和 AST 设备；一路 12V 供给 LINIE 卡；5V 供控制器本身的 CPU

设备。电路框图如图 6-21 所示。

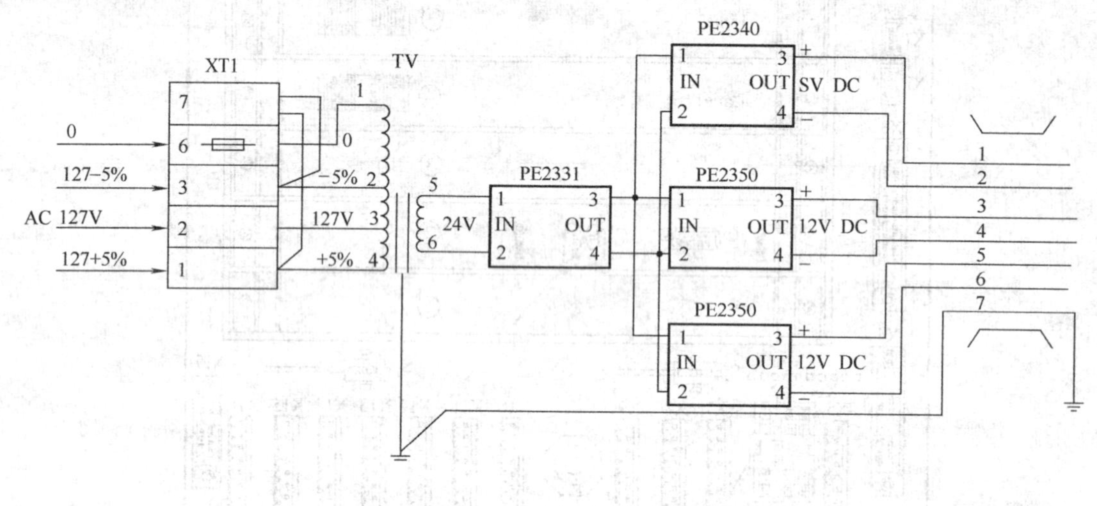

图 6-21 稳压电源电路框图

开关型稳压电源较传统串联型稳压电源显著特点，调整管的控制电压为脉宽调节器 PWM 信号，即将采样、比较放大后输出电压转换成频率固定、宽度可调的脉冲序列，使调整管处于连续通、断状态，输出为固定频率、宽度可调脉冲序列，经滤波后向负载提供连续平稳直流电压。为此，管子损耗很低，使得工作效率可达 60%～90%，约为串联型电源的 2 倍。

3. 智能 I/O 部件

KCC1 型系列智能 I/O 部件是 PROMOS 系统与外部进行信息交流的主要产品。它接受

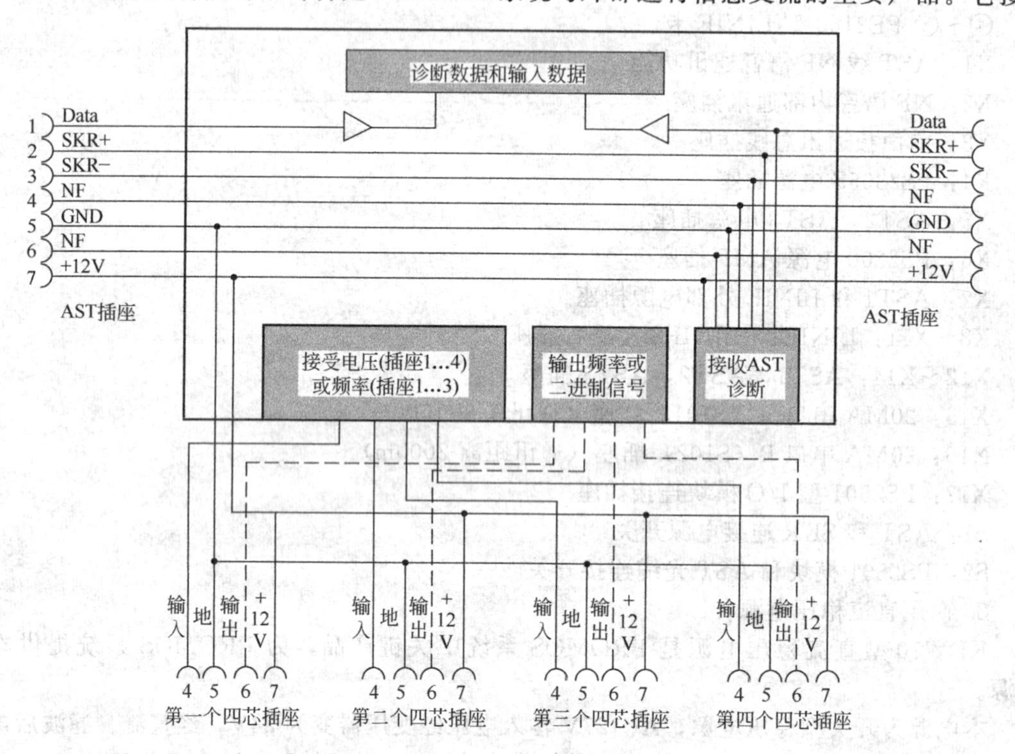

图 6-22 智能 I/O 部件框图

传感器采集来的信息并进行预处理，将此信号通过 AST 的数据线传输给控制器，由控制器进行综合处理后发出相应控制指令，以令牌的方式传输给智能 I/O 部件，由其驱动对应的执行元件。工作原理简图如图 6-22 所示。

图中沿线 AST 为七芯电缆结构，Data 为数据线，NF×2 为语音线，SKR＋、SKR－为控制指令线，＋12V、GND 为电源线。四芯插座与传感器或执行元件相连。

4. 急停开关

KPG3C 型系列急停开关是 PROMOS 系统中主要产品，用于在紧急情况下对设备进行停机或闭锁，保证人身和设备安全。电路框图如图 6-23 所示。

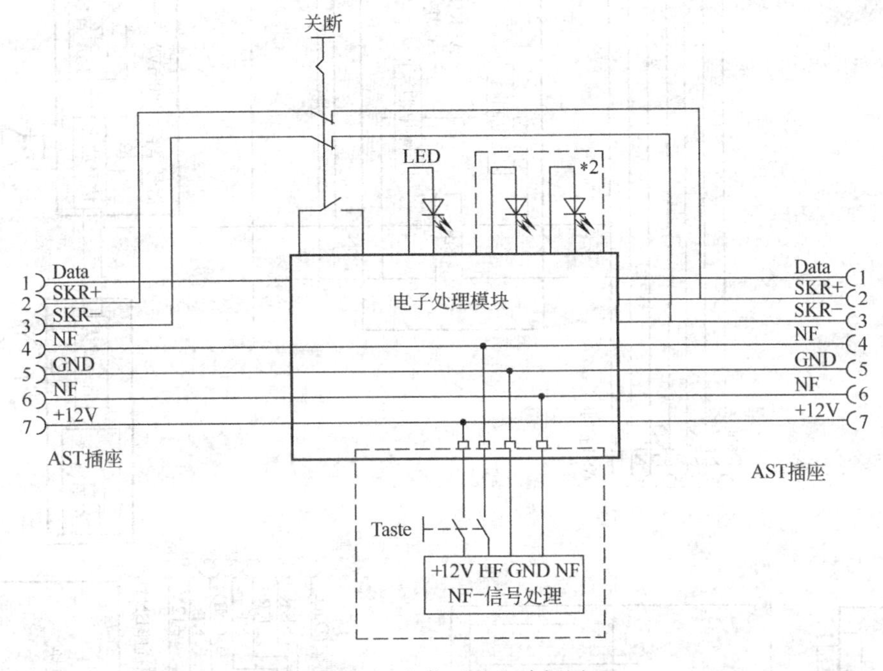

图 6-23　急停开关电路框图

该开关为拉线式开关，电路由两个常闭接点、一个常开接点、发光二极管和 MEL 电子模块组成。常闭接点与 AST 线路中的 SKR 安全回路相连，常开接点用于急停开关动作后触发 MEL 电路，发光二极管用于指示急停开关被动作。

5. 扩音电话

KTK1Ⅰ型系列扩音电话是 PROMOS 系统中产品之一，它有各种方式的组合，主要由语音通讯、急停开关、智能 I/O 部件组成，可用于语音通讯，又可对设备（如电机）进行停机和闭锁，还可以对外部设备进行控制，数据采集及现场管理。图 6-24 为 KTK1Ⅰ型扩音电话电路框图。

电路中急停开关和智能 I/O 部件部分工作原理与 KPG3，KCC1 相同。语音通讯部分如图 6-24（b）所示。包括发话、受话、预警发送，分别为单 212212 作方式。

电话的待机状态即为受话方式，电路连续监测着语音线（NF 线）状态，当 NF 线的信息小于 180mV 时，电源给扩音电话的蓄电池充电，充电电流为 13.5mA；当 NF 线上信息不小于 180mV 时，充电回路被切断，语音受话部分开始工作。语音信号→NF 线→隔离器→信号键、讲话键→信号放大→扬声器。

按下讲话键即可向外发话：语音信号→麦克风→信号放大→讲话键、信号键→隔离器→NF 线。

当按下信号键时即可向外预警，报警发生器产生 1.5kHz 信号，经信号键后向外线

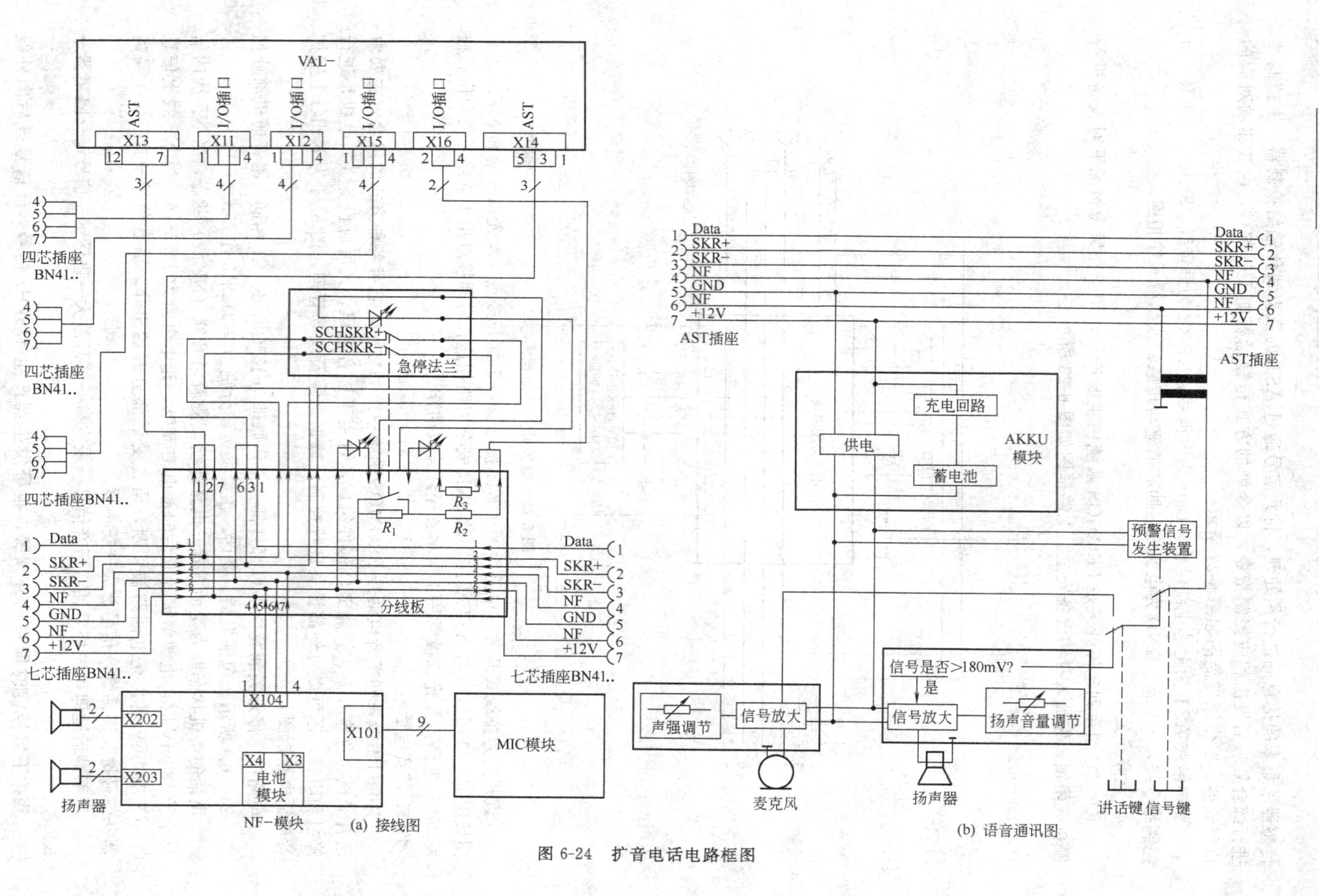

(a) 接线图

(b) 语音通讯图

图 6-24 扩音电话电路框图

传出。

注意：无论发话还是预警时，本机的扬声器均无回音。

6. 线路终端

KFD1 型系列线路终端是 PROMOS 系统中关键产品，安装在 AST 线路的末端，必不可少。通过它可以对系统的电源，安全回路起到监测作用。当终端处电源电压低于 8V 时，KFD1 将停止工作，电源电压高于 8V 后，自动开启安全回路。

KFD1 线路终端是由工作电源 NT5、通讯模块 ARK 和主板 3 部分组成，ARK 模块用于和控制器间进行通讯的主 CPU，并完成对电源电压的监测。在 SKR＋和＋12V 及 SKR－和 GND 间分别通过一个电阻和一个电感相连，解决沿线通讯电缆分布参数对信号传输的影响，为对 AST 线的安全回路进行监测创造条件。电路框图如图 6-25 所示。

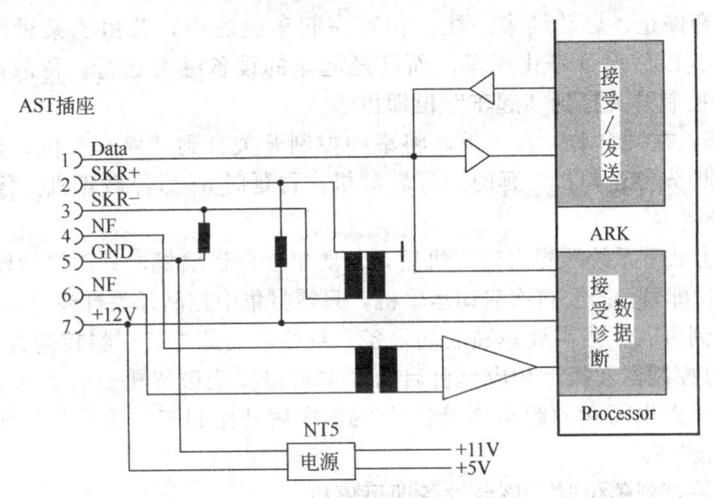

图 6-25　线路终端电路框图

7. 信号耦合器

KJA5 型系列本安信号耦合器是 PROMOS 系统中的配套产品，是本系统输入输出信息的转接设备，是外系统、传感器、被控设备和 PROMOS 系统相连的安全接口部件，该耦合器的输入输出都必须是本质安全型信号。

KJA5 型系列本安信号耦合器采用继电器，光电耦合器的隔离原理制成本安到本安的转换接口。电路如图 6-26 所示。

输入信号开关量 BC1.5V，数字量 5～36V，最高频率 2500Hz；接点量为无源接点。输出接点量 DC24V/5A 或 AC250V/5A；开关量电压 36V/20mA，最高频率 2500Hz。

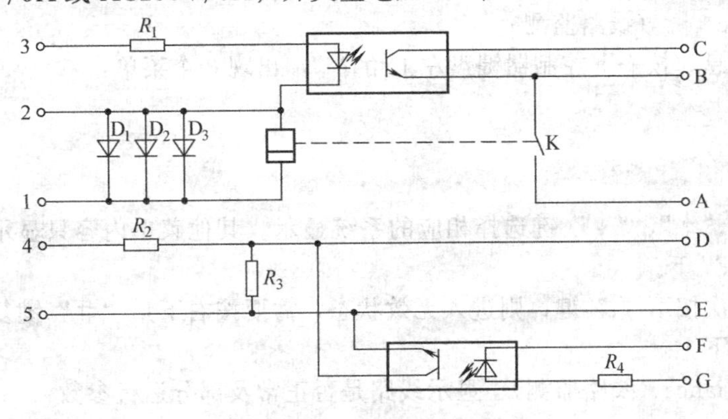

图 6-26　信号耦合器电路图

使用时将其设置在输入输出口和外围设备间，耦合器与AST输入输出口用M24螺母固定在一起，耦合器与传感器或执行器相联，可选用矿用橡套四芯电缆或随机供货电缆，最大外径ϕ14mm。

三、系统的使用

1. 运输机的控制

(1) 自动方式控制　当系统一切正常时，将控制方式选择开关置于“自动”位。

① 顺序起车：将集中控制开关置于“起车”位，则发出起车预警声，系统显示“ZhengzaiQiche”。预警5s后系统按逆煤流方向依次启动破碎机、转载机和运输机。即先启动破碎机且正常后，显示“POSUlji：ZidongYunxing”；接着显示“Zhuanzaiji：ZidongYunxing”：延迟13s后启动运输机，运输机正常启动后显示“Yunshuji：ZidongYunxing”，同时预警音停止，启动结束。注：在顺序起车过程中，若由于某种故障设备没有启动，则该设备及其以后设备停止起车，而已经起车的设备继续运行。待故障解除后继续起车，只要将集中控制开关打到“起车”位即可。

② 顺序停车：在“自动”方式下，将集中控制开关打到“停车”位，则系统按顺煤流方向依次停车，即先停运输机，延时后停转载机，再延时5s后停破碎机。停车过程中显示：“ZhengzaiTingche”。

在“自动”方式下系统顺序启动三机后，若要单独停运输机，只需将运输机单台起/停开关打到“停车”位即可。若要再次启动运输机，只需将集中控制开关打到“起车”位即可。

(2) 维修控制方式　当需要单独启动设备、维修时用此方式。将控制方式选择开关打到“维修”位，通过控制器面板上相应单台启动开关可以实现破碎机、转载机、运输机的单台起车。此时，系统发出间断的起车预警音达7s，之后开始起车，正常后显示。如；“Posuiji：DantaiYunxing”等。

当将某台开关打到停位时，该台设备即可停机。

注意：在此方式下，与上部胶带机没有闭锁。

顺便指出，若PROMOS系统与CST一同应用时，主电机正常运转后，CST逐渐加载到皮带满速，之后PROMOS系统将该满速信号作为皮带之间的联锁信号，发送给沿线搭接皮带机，以实现多台皮带机间的联锁。正常停车时，系统发出停车指令，先停主电机，然后卸载CST，直到系统全部停下为止。

2. 系统显示

一般情况下，控制器的显示器上可以出现3个菜单显示：

Zhuangtai　(系统状态)

GuzhangXianshi　(故障显示)

XianluJiance　(线路监测)

为了查看信息，按一下控制器键盘左上角“i”，出现3个菜单：

1=…；

2=…；

3=…。

按键盘上的“↑”、“↓”键选择相应的系统显示。其他菜单内容只显示30s，之后自动回到“Zhuangtai”下。

如果连续两次按下“i”键，则进入无效状态，需要按右下角“#”键复位。

菜单说明如下。

(1) XianluJiance（线路监测）　显示线路是否正常及部分运行参数：

① SkrxianDuanzai：××。如果系统SKR断载（路），则显示“××”为系统设备号。

控制器为第0台设备，终端器为末台（注意：智能I/O部件为两台)。参照系统配置图可查到哪两台设备之间SKR断线或第几个急停开关被按下。

② NF—DianhuaXian：0/1。平常显示为0。当按下预警键或讲话键，扬声器发音时为1，这时线路正常；当按下预警键或讲话键，0不变为1，则系统的NF线断。此时系统不能起车，必须维修。

③ Shuju0：××。这里“××”应为0。否则表明数据线与其他线短路。

④ Shuju1：××。这里“××”应为8～12之间的数字，否则表明数据线断开或与其他线短路，系统电压不足。

⑤ Gongdian Dianya：××。这里“××”应为8～12之间的数字，否则表明12V供电电压不正常。

⑥ Jiaoliu Dianya：××。这里“××”应为7～25之间的数字，否则表明（交流）安全回路不正常。

⑦ ASTXianCuozai：××。表示AST线或上面所连接的设备有错误。

(2) Zhuangtai（系统状态） 此菜单可以显示一些系统信息及急停点的位置。

例如：不同位置的急停开关动作。显示：Liting. Pidia. 100m。则表示皮带沿线第100m处急停动作；若控制方式开关打到“自动”位，显示：ZidongFangshi（自动方式）等。

(3) GuzhangXianshi（故障显示） 当系统所接外部设备发生故障时，在该菜单下显示相应的故障信息。

例如：破碎机起车后无正常返回信号，则显示：Posuiji—MeiFanHui；皮带头部烟雾故障的强制信息，则显示；YanWu. PiDai. Tou：QiangZhi等。

3. 参数设置

此菜单可根据生产需要修改参数。步骤如下：

① 进入状态菜单；

② 将小磁铁放在控制器的磁铁开关上，此时参数设置灯亮，并显示：CANSHUHAO（参数号)：×××；

③ 通过键盘“↑”、“↓”键移动光标输入参数号，按一下“#”进入参数设置；

④ 输入参数后按一下“#”；

⑤ 将小磁铁移开磁铁开关。

若要设置其他参数，重复步骤①～⑤。

系统中参数号及其含义由用户根据实际定义，如图6-17、图6-18系统中设置参数号举例见表6-4所示。

表6-4 PROMOS系统控制器参数号及其含义

综采工作面运输机		采区顺槽皮带运输机	
参数号	含 义	参数号	含 义
001	启车预警时间	102	强制头部左跑偏
002	破碎机启车时间	103	强制头部右跑偏
003	转载机启车时间	106	强制堆煤
004	运输机启车时间	107	强制纵撕
005	破碎机停车时间	108	强制卸载滚筒左轴温度
006	转载机停车时间	109	强制卸载滚筒右轴温度
007	运输机停车时间	110	强制主驱动滚筒左轴温度
101	强制上皮带返回	111	强制主驱动滚筒右轴温度
102	强制破碎机返回	112	强制打滑
103	强制装载机返回	113	强制烟雾
104	强制运输机返回	114	

4. 故障查找

若系统不能起车或不能正常运行时，首先观察控制器上指示灯，然后在“Zhuangtai”菜单下查是否有急停开关动作；否则进入“GuzhangXianshi”菜单下查故障信息；或进入“XianluJiance”菜单下查系统信息，是否存在AST线路错误等。

第七节　胶带输送机监测保护装置

一、速度传感器

KGS2型速度传感器安装在皮带运输机的节皮带处，用链条吊挂在皮带运输机架的两侧，使测速轮与下皮带接触，通过皮带运行带动测速轮转动来测定皮带机运行速度。

KGS2型速度传感器主要由测速轮和KJP1型接近开关组成。在测速轮的前面装有2块（或4块）磁铁，而接近开关一般由振荡器部分和放大器组成。测速轮旋转时，其面上的磁铁周期性与接近开关接近、分离，使振荡器周期性停振、起振，输出端连续出现高电平、低电平，即输出随之呈现4.7kΩ和51.7kΩ两种不同状态，PROMOS系统利用检测接近开关的通断频率来测定皮带速度。

二、烟雾传感器

烟雾（感烟）传感器安装在被保护设备、皮带等处的下风口5～50m内，安装间距一般在50～100m内。它能对出现火灾现场的烟雾进行就地监测、遥测和集中监视。

煤矿井下所用烟雾传感器主要有光电式和电离式两种。光电式采用光散射原理，检测火灾阴燃初期阶段产生的可见烟雾粒子，当火灾烟雾粒子浓度超限时，传感器接收烟雾粒子散射量增加而产生报警。PRONOS系统配套的KGV1型感烟传感器采用电离式，当火灾现场所发生的烟雾进入到电离室，位于电离室的检测源Am241放射。射线，使电离室内的空气离子成为正负离子。当无火灾烟雾进入时，检测、补偿电离室因串接成互补双电离室，极性相反，所产生的离子电流保持相对稳定，处于平衡状态；火灾发生初期，燃烧急剧氧化阶段所释放的气熔胶亚微粒子及可见烟雾大量进行检测电离室，吸附并中和正负离子，使电离电流急剧减少，改变电离平衡状态而输出检测信号，经过后接电路处理发出灯光报警信号。电路框图如图6-27所示。

传感器用四芯电缆与监控系统连接，四芯电缆一端为853插头直接与传感器相连。外壳上设有检测按钮和复位按钮。使用过程中应注意对检测电离室进行维护，通常在3个月应对

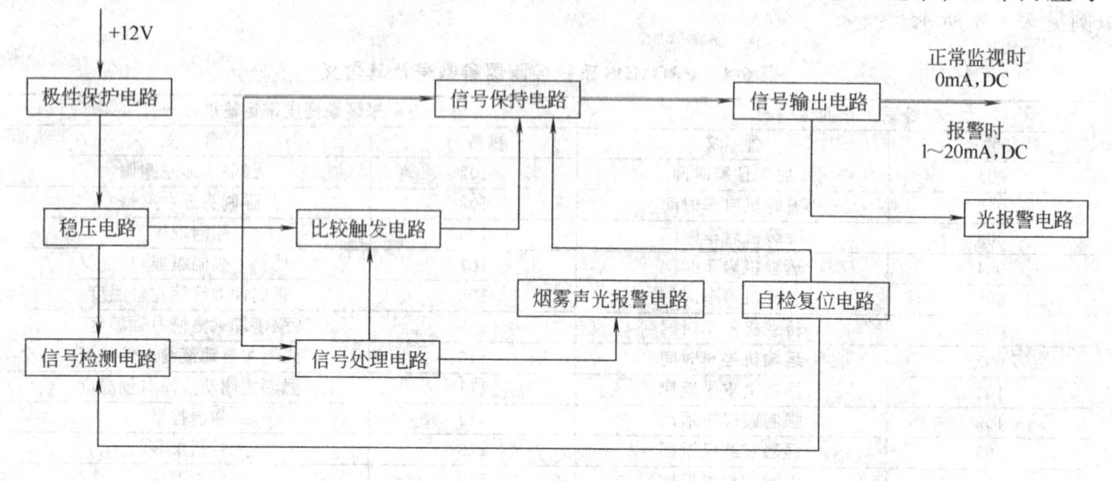

图6-27　电路框图

电离室给予清洗，拆下外罩，用棉花蘸上酒精擦洗去电离室上的粉尘。

三、纵撕传感器

KPJ1B 型纵撕传感器是一种磁感应方式的接近开关，通常安装在皮带机尾部装载物料处，探头位置在皮带下方，从而检测是否有铁钎穿透皮带、皮带搭角、漏煤等故障。由于传感器输出部分视为 4.7Ω 电阻和 47Ω 电阻与开关接点并接后的串联电路，如果发生上述故障，接近开关将短接其并联的 47Ω 电阻上接点，以返回给智能 I/O 不同的电压，反映开关动作，控制器接收相应的信息。

四、堆煤开关

KGU3B 型堆煤开关采用吊挂式，安装在皮带搭接处或检测物料的上方。如图 6-28（a）所示。

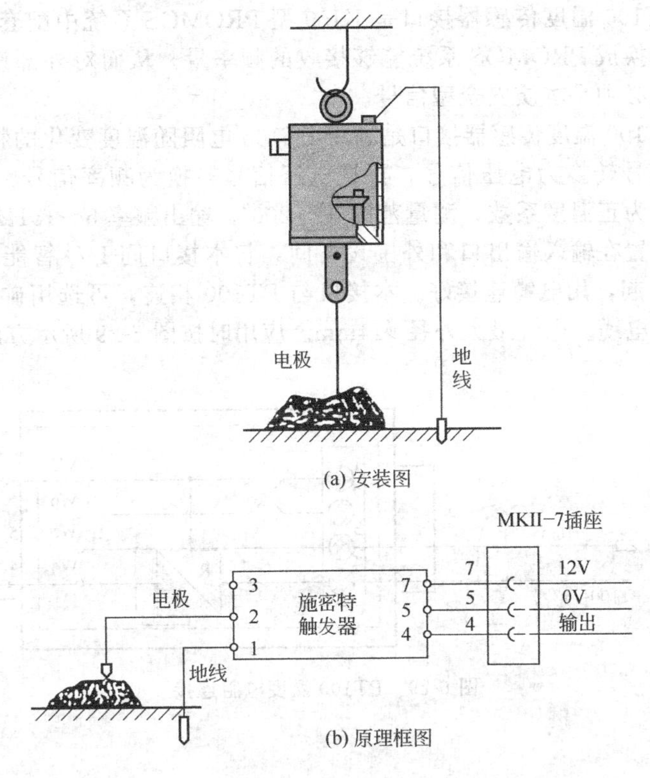

图 6-28　堆煤开关

当皮带运输机发生堆煤时，开关动作，PROMOS 系统发出指令，停止皮带机。同时也可作为煤仓煤位、水仓水位的检测。

工作原理框图如图 6-28（b）所示，其核心是一个施密特触发器，1 线为接地极，2 线为电极，4 和 5 线为输出线。当 1 线和 2 线之间电阻大于临界值（煤尚未触及电极）时，4 线 和 5 线之间电阻值约 52kΩ，当 1 线和 2 线之间电阻小于临界值（煤触及电极）时，4 线和 5 线之间电阻值约 4.7kΩ，系统根据其输出电阻的变化进行测量，从而确定是否出现堆煤情况。

使用时金属杆或吊挂链的长短应按检测要求调节。另外，考虑电极外壳与电极间常因存有煤尘或潮湿引起绝缘不良产生漏电流，造成输出电阻不准确（误动作），在电极座设有防漏环，故应定期清除电极座上过多煤尘，尤其在喷水后应将煤尘和水擦干净。

五、跑偏开关

KGE9A 型跑偏开关安装在皮带运输机的头尾两端（或沿线）皮带运输机架的两侧。当皮带与皮带架的相对偏移大于某一设定值时，PROMOS 系统控制器根据跑偏开关的输出状态可发出警报或停止皮带机运行。

跑偏开关由受皮带推力作用的摆杆和开关板组件的干簧管构成，干簧管是密封在玻璃管中的一组富有弹性的常开接点，当摆杆受皮带的推力向左或向右摆动，使开关板组件的干簧管逐次动作，跑偏开关的输出状态发生变化，PROMOS 系统可根据其变化情况判定皮带跑偏的程度，进而对皮带运输机进行报警或停止。

摆杆的有效摆动范围：一级跑偏 15°±5°，二级跑偏 30°±5°。当摆杆未受力（正常）时，输出电阻为 4.7kΩ，一级跑偏时，输出电阻为 29.3kΩ±10%，二级跑偏时，输出电阻为 89.7kΩ±10%。

六、温度传感器

PE3423 型 PT100 温度传感器接口是 KJ50 型 PROMOS 系统中配套产品，通过它可以把外部温度信息转换成 PROMOS 系统能够接收的频率量，从而对外部设备温度进行监测。该接口的输入输出必须是本质安全型信号。

PE3423 型 PT100 温度传感器接口是利用 PT100 电阻随温度变化的特性进行电阻采样，把这些采样电阻信号转换为电压信号，再把电压信号转换为频率信号输入到 PROMOS 系统。该传感器电阻为正温度系数，测量范围 0°～200°，输出频率 5～15Hz。

使用时将其设置在输入输出口和外围设备间，将本接口同 I/O 智能部件输入输出口用 M24 螺母固定在一起，用电缆连接好。本接口与 PT100 相连，可选用矿用橡套四芯电缆或本公司提供的四芯电缆。电缆最大外径 ϕ14mm。应用时按图 6-29 所示方法连接 PT100 温度电阻。

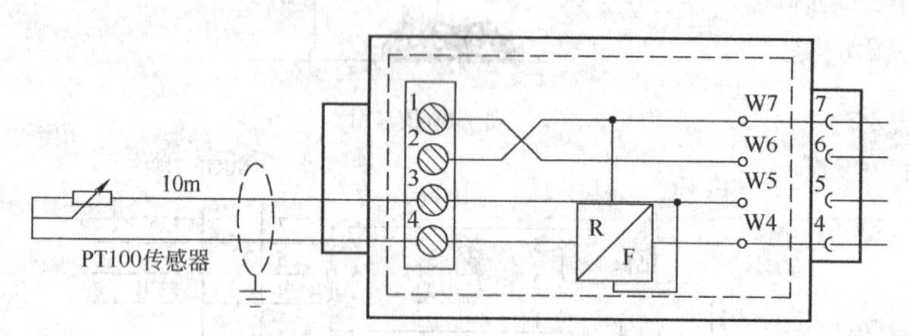

图 6-29 PT100 温度电阻连接

参考文献

［1］ 戴绍诚，李世文等编．高产高效综合机械化采煤技术与装置．北京：煤炭工业出版社，1998.

［2］ 郭海，穆连生等编．高产高效矿井综连采电气技术．北京：煤炭工业出版社，2005.

［3］ 伍斌等编．电力拖动与控制．徐州：中国矿业大学出版社，2000.

参考文献

[illegible]

[illegible]

[illegible]